$$h_{\alpha\beta}(t,z)=\begin{pmatrix}0&0&0&0\\0&f_+(t-z)&f_\times(t-z)&0\\0&f_\times(t-z)&-f_+(t-z)&0\\0&0&0&0\end{pmatrix}.$$

フリードマン-ロバートソン-ウォーカー宇宙論モデル

$$ds^2=-dt^2+a^2(t)\left[d\chi^2+\left\{\begin{matrix}\sin^2\chi\\ \chi^2\\ \sinh^2\chi\end{matrix}\right\}(d\theta^2+\sin^2\theta d\phi^2)\right]\qquad\left\{\begin{matrix}\text{閉じた宇宙}\\ \text{平坦宇宙}\\ \text{開いた宇宙}\end{matrix}\right\}$$

$$ds^2=-dt^2+a^2(t)\left[\frac{dr^2}{1-kr^2}+r^2(d\theta^2+\sin^2\theta d\phi^2)\right]\qquad\begin{pmatrix}k=+1,\text{閉じた宇宙}\\ k=0,\text{平坦宇宙}\\ k=-1,\text{開いた宇宙}\end{pmatrix}$$

測地線方程式

- テスト粒子の測地線方程式についてのラグランジアン

$$L\left(\frac{dx^\alpha}{d\sigma},x^\alpha\right)=\left(-g_{\alpha\beta}(x)\frac{dx^\alpha}{d\sigma}\frac{dx^\beta}{d\sigma}\right)^{1/2}$$

ここで σ は測地線の世界線 $x^\alpha=x^\alpha(\sigma)$ に沿った任意のパラメータである.

- テスト粒子の測地線方程式（座標基底）

$$\frac{d^2x^\alpha}{d\tau^2}=-\Gamma^\alpha_{\beta\gamma}\frac{dx^\beta}{d\tau}\frac{dx^\gamma}{d\tau}\qquad\text{または}\qquad\frac{du^\alpha}{d\tau}=-\Gamma^\alpha_{\beta\gamma}u^\beta u^\gamma$$

ここで τ は測地線に沿った固有時であり，$u^\alpha=dx^\alpha/d\tau$ は 4 元速度の座標基底成分で $\boldsymbol{u}\cdot\boldsymbol{u}=-1$ となる．クリストフェル記号 $\Gamma^\alpha_{\beta\gamma}$ はラグランジュ方程式または一般的な公式（8.19）式から得られる．光線の測地線方程式は τ をアフィンパラメータに換えたものと同じ形をとり，$\boldsymbol{u}\cdot\boldsymbol{u}=0$ を満たす.

- 保存量

$$\boldsymbol{\xi}\cdot\boldsymbol{u}=\text{一定}$$

ここで $\boldsymbol{\xi}$ はキリングベクトルで，たとえば計量 $g_{\alpha\beta}(x)$ が x^1 と独立な座標基底では $\xi^\alpha=(0,1,0,0)$ となる.

重力

Gravity: An Introduction to Einstein's General Relativity

James B. Hartle
ジェームズ・B・ハートル　牧野伸義［訳］

上

アインシュタインの
一般相対性理論入門

日本評論社

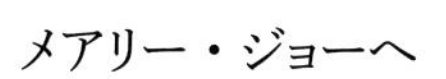

メアリー・ジョーへ

はじめに

アインシュタインによる重力の相対性理論 —— 一般相対性理論 —— は，定式化されてから 1 世紀たった．その中心には現代科学における最も美しく革命的な概念 ——重力は曲がった 4 次元時空の幾何学であるというアイディア —— がある．一般相対性理論は量子理論とともに 21 世紀物理学における 2 つの最も深遠な発展のうちの 1 つである．

一般相対性理論は太陽系で正確な検証が行われてきた．最も遠いスケールの宇宙の理解の土台となり，重力崩壊やブラックホール，X 線源，中性子星，活動銀河核，重力波，ビッグバンのような最先端の宇宙物理現象を説明するのに中心的な役割を担っている．一般相対性理論は現在の素粒子物理学における多くのアイディアの源泉の起源となり，弦理論のようなすべての力を統一する理論を理解するうえで必要不可欠となっている．

このテーマへの第一歩は，非常に基本的ですでに確立されており，いくつかの物理分野の核心でもあるし，また物理が専門でない人々にとってもたいへん面白いものなので，物理を専攻する大学生なら当然学ぶべきものである．しかし，学部レベルの学生に一般相対性理論を教えようとすると，必ずぶつかる基本的な問題がある．この教科を教えるにあたって妥当な順番（他の分野でも同じだが）は，必要な数学的知識を集め，基礎方程式を動機付け，それを解き，解を物理的に興味ある状況に当てはめることである．微分幾何学の知識を身に付け，アインシュタイン方程式を導入し，解くことはエレガントで満足のいく物語である．しかし，実際にそれを行い，学部の初期課程としてふさわしい時間内に多くの現代的応用に進むのはあまりに長い道のりである．

本書『重力 *Gravity*』では一般相対性理論をこれまでとは別の順序で導入する．本書の基づいている原理は付録 D（下巻）で長く議論するが，本質的な部分を選べば方針は以下のとおりである：最も単純な物理的なアインシュタイン方程式の解を導出なしでまず最初に示す．その解は，観測可能な結果がテスト粒子や光の運動を調べることによって理解される時空である．この方法によって学生は可能なかぎり早く物理現象に接することができる．それは古典力学に直接つながる部分であり，必要とされる新しい数学的アイディアが最小限に抑えられる．後でアインシュタイン方程式を導入して解き，これらの幾何学がどのように考え出されたのかを示す．

この方針に基づいた物理学科や学部後半の課程と本書の第I部と第II部が，25年にわたりカルフォルニア大学サンタバーバラ校（UCSB）の学部生のカリキュラムの一部を構成しており，良い結果が出ている．

謝辞

重力物理学における私の仲間たちが本書で何か新しいものを見つけたとすれば残念なことである．そう言うの理由は，本書が頼りきっている Landau and Lifshitz (1962)，Misner，Thorne and Wheeler (1970)，Taylor and Wheeler (1963)，Wald (1984)，そして Weinberg (1972)，これら古典となっているテキストを読み込んでいなかったことになるからだ．私はこれらの著作から受けた恩恵をその都度感謝を示すことはしなかったので，ここでまとめて礼を述べておきたい．

特に以下の人々に感謝する．Roger Blandford, Ted Jacobson, Channon Price, Kip Thorne, Bob Wald. 彼らは初稿に目を通し，数値の訂正に加え，全体的な構造にありがたいアドバイスをくれた．

数年に渡り初期段階から授業をしている私の同僚たちのコメントや批判から恩恵を被っている．Vernon Barger, Omer Blaes, Doug Eardley, Jerome Gauntlett, Gary Horowitz, Clifford Johnson, Shawn Kolitch, Rob Myers, Thomas Moore, Stan Peale, Channon Price, Kristin Schleich にはこの点について感謝している．多くの同僚が，個々の章に建設的なコメントを寄せてくれた．Lars Bildsten, Omer Blaes, Peter D'Eath, Doug Eardley, Wendy Freedman, Daniel Holz, Gary Horowitz, Scott Hughes, Robert Kirshner, Lee Lindblom, Richard Price, Peter Saulson, Bernard Schutz, David Spergel, Joseph Taylor, Michael Turner, Bill Unruh, Clifford Will には助けてもらったので，特に感謝したい．Eric Adelberger, Neil Ashby, Matt Colless, Francis Everitt, Andrea Ghez, John Hall, Jim Moran, Michael Perryman, Wolfgang Schleich, Tuck Stebbins, Max Tegmark, Dave Tytler, Jim Williams には Box や図に援助してもらい感謝している．Dave Arnett, Peter Bender, Dieter Brill, J. Richard Gott, Jeanne Dickey, Andrew Fabian, Jeremy Gray, Gary Gibbons, Wick Haxton, Gordon Kane, Angela Olinto, Roger Penrose との教育に

関する情報交換は有益だった．この長いリストの中で誰かを見落としたかもしれない．その人たちに謝らなければならないし，次の刷では入れようと思う．

多くの図を提供してくれた人たちには図のキャプションで感謝している．

誤りや書き間違い，それに明確さを欠く議論を指摘してくれた学生は数多くいる．そして Joe Alibrandi, Maria Cranor, Ian Eisenman, Bill Paxton, Taro Sato には特別な貢献をしてくれたことに感謝する．

Esther Singer と Reta Benhardt は講義ノートをタイプしてくれたが，それを本書はもとにしている．2 人には感謝している．しかし Thea Howard には特に感謝している．いろんな段階で電子的に原稿を入力しイラストのほとんどの電子原稿をつくってくれた．

Leonard Parker は，本書のウェブサイトにある曲率計算用ための *Mathematica* プログラムを書いてくれ，Lee Lindblom は第 24 章の星のモデルを計算してくれた．Matt Hansen は後半の段階で全ての原稿に目を通し，間違いを訂正し，価値あるコメントをくれた．彼らには特別に感謝を述べたい．

私の謝辞は，次の方々のことを忘れると完結しない．Adam Black を始めとする Addison-Wesley のスタッフ，Leslie Galen のもとでの Integre Technical Publishing, George Morris とともに Scientific Illustrators，これらのみなさんの協力と柔軟な対応，助言，忍耐に感謝を述べて締めくくりたい．

ありとあらゆる面で惜しみなく支えてくれ，締切だと言えば自らを省みず融通を利かせ，原稿の完成時期についてのあまりに甘い予測にも，限りなく寛容でいてくれた妻メアリー・ジョーに本書を捧げる．

ジェームズ・ハートル

2002 年 6 月

訳者まえがき

書名となっている「重力」を目にすると，物理学を習い始めた人やすでに習って興味を失った人はよいイメージを持っていないと思われます．物理の授業で習った，重力加速度 $9.8\,\mathrm{m/s^2}$ を使った自由落下や放物運動などの無味乾燥な内容を思い出すのではないでしょうか．さらに，こうした公式を授業の最初に無理矢理おぼえさせられて，それが壁となって物理が嫌いになってしまった人も多いと思います．

その一方で，物理学はわくわくするような対象を研究していることを見聞きし，期待して，物理学を学びたいと志す人は少なくありません．特に宇宙に関して興味を引くものを挙げると，たとえば，ブラックホールやタイムマシン，タイムワープ，ビッグバンなどかなり多くあります．また，宇宙の年齢が 138 億年に決まった，すばる望遠鏡で最遠の銀河団が見つかった，ダークマターの分布が明らかになったなど，宇宙に関する話題はニュースで取り上げられる日も少なくありません．

しかし，このような宇宙に関するトピックスはすべて，あの重力と大きく関係していると聞くと驚くとまではいきませんが，おやっと思う人も多いのではないでしょうか．

少し物理学を知っている人や物理学科の学部生なら，宇宙と重力は一般相対性理論によってつながっていることは聞いていたことはあるけれども，一般相対性理論を理解するには難しい数学を学ばなければならないことまでも思いは巡るでしょう．また，ここにも壁があります．

この壁を乗り越えるような道を与えてくれるのが，本書『重力（Gravity: An Introduction to Einstein's General Relativity）』です．書名の通り重力についてかなり包括的に書かれた大学学部生用の入門書です．著者はカリフォルニア大学サンタ・バーバラ校のハートル教授（James B. Hartle）です．ハートル教授は学部生に 30 年近く一般相対性理論を教えてきた経験を持ち，それを凝縮させてできたのが本書です．一般相対論の教育への熱意は "Hartle, J.B. (2006). *Gerenal relativity in the undergraduate physics curriculum*, Am. J. Phys. **74**, 14" からも伺われます．

重力とは時空の幾何学に還元されるというのがアインシュタインの考えであり，その基礎理論は一般相対性理論です．当然，一般相対性理論を基礎として重力理論が述べられ，その応用がかなりの広範囲にわたり書かれています．

これまでの教科書では，まず曲がった時空を分析するための微分幾何学が立ちはだかり，この難しい数学が重力とどのようにつながるのかが明らかではない段階で，共変微分やテンソルの計算を習わなければなりません．特に初学者に対しては苦痛でしょう．せっかく，有名な相対性理論にアタックしてやろうという気持ちも萎えてしまいます．しかし，本書では，通常の重力や一般相対性理論の教科書とは逆に，まず重力物理学が示され，その後にそれを記述する数学が導入されアインシュタイン方程式が求められます．著者が付録 D（下巻）で強調しているように，物理を最初に！が本書のスローガンなのです．

本書は，難しい数学は計量と測地線だけに抑え，重力理論を味わってもらうことを意図しています．第 I 部では，重力物理学の概観と特殊相対論などの基礎的な物理を復習し，第 II 部で，計量と測地線が与えられたものとして，時空の性質を調べています．球対称星の幾何学から太陽系における相対論の検証，重力崩壊，ブラックホール，重力波，さらに宇宙論まで扱っています．最少限の道具だけでも，曲がった時空におけるテスト粒子や光線の運動を通じて重力物理学を幅広く探査できることを本書は証明しているのです．最後に第 III 部でアインシュタイン方程式の導出とその応用を行っています．第 16 章（下巻）では未導出のままであった重力波の方程式および相対論星の構造を扱っています．

第 24 章の「相対論星」は他の章に比べて特異でしょう．この章では白色矮星や中性子星の構造を探っているのですが，物理の予備知識がかなり広範囲におよび難解です．この章で引用されている論文が著者によるものであることから，どうしても加えたかったのでしょう．

本書を通じて重力理論を幅広く学んで頂けると思います．しかしながら，原書が，教科書とはいえ，なにぶん 500 ページを超えるぶ厚い本なので，講義で使えたとしても十分時間がないこともあるし，興味をもって購入した読者にしてもすべてを知る必要のないこともあるでしょう．その場合には付録 D（下巻）の「コースの構成」にしたがって，興味のあるものに絞って読み進めていくことをお勧めします．

本書は，古典重力の教科書ですが，著者のハートルといえば，1980 年代の初めに量子宇宙論についてホーキングとの共同研究が話題になりました．宇宙の「初期条件」として“無境界”境界条件を採用し，量子的に宇宙を扱いました．アイディアが突飛であったため，注目を浴びました．その研究にも触れてもらいたかったのですが，内容が難しく進展も遅い分野であり，量子論を予備知識としなければならないため，学部生向きの教科書では難しいのでしょう．今後に期待します．

本書を刊行するにあたり，編集者の藤村行俊氏に御世話になりました．お礼を申し上げます．

訳者

新版訳者まえがき

旧版は出版社の事情等で，数年前に絶版になっていました．

一昨年，東京大学の須藤靖教授からの勧めがあり，このたび日本評論社から上・下巻の 2 冊として出版されることとなりました．新版の出版を機に，すべて見直し，細かいミス等を修正しました．

今回の作業は全体的に見直しただけで，出版当時計画中であった実験の進行状況についての訳注などはしていません．新事実がでても本書の内容が書き換わる必要性はまったくなく，単に補強されるだけです．新事実等については日本語のホームページでも解説が読めますので検索して参照してみてください．ただし，重力波の直接検出はテレビのニュースで報道されるほどインパクトが強かったため，訳注として（下巻の）第 16 章に簡単に触れました．

本書のような良書が再び出版されることをうれしく思い，その機会を与えていただいた須藤教授ならびに日本評論社，特に佐藤大器氏には御礼を申しあげます．

2016 年 3 月 23 日
牧野伸義

目　次

下巻目次

ノート

本書を書くときに方針とした教育原理を付録D（下巻）に説明した．しかし，以下のノートは本書を読み進めるのに便利なものとなるだろう．

- **Box**　Boxには，本文の基本的内容を解説したり広げたりする内容がある．関連する現象やアイディアの定性的な説明であることもあるし，実験の定性的な解説であることもある．本書で仮定する基礎的な力学や特殊相対論の知識を超える物理学の知識を要求する説明となっていることもある．**本書を理解するためには，必ずしもBoxを理解する必要はない．**
- **問題**　問題についている印には以下の意味がある．

  A = 他の問題よりも計算を多く必要とする．

  B = Boxの考察を参照する．

  C = 他の問題よりも難問．

  E = 計算というよりもオーダーを評価する．

  N = 計算機を必要とする．

  P = 本書で期待される物理学の予備知識以上のものが必要とされる．例えば電磁気学．

  S = 平易（著者の意見として）．

  印のない問題はふつうの問題で，本文を参照すればできる．難問ではない．
- ***Mathematica* プログラム**　いくつかの *Mathematica* プログラムが，一般的な計量や軌道，宇宙論モデルで使われる曲率の量を計算するために使える．以下のウェブサイトからダウンロードすることができる．
- **ウェブサイト**　本書について，最新の情報があるウェブサイトは執筆時では

  http://web.physics.ucsb.edu/~gravitybook/

  にある．ここには誤植や *Mathematica* プログラムのファイル，補足的な議論（ウェブサイトの増補），カラーの絵，執筆時で有益なサイトのリンクがある．
- **記号**

$\equiv$ 定義	$\approx$ 近似的に等しい
$\sim$ オーダーになっている	$\to$ 漸近的に近づく
$\odot$ 太陽	$\oplus$ 地球

第I部
ニュートン物理学と特殊相対論における空間と時間

主な重力物理学の現象を手短に述べ，空間と時間の幾何学が物理学の問題であるという考えを紹介する．ニュートン物理学と特殊相対論の本質となる要素をレビューする．時空の幾何学を表すための道具を示す．

第1章 重力物理学

重力は4つの基本的な力のうちの一つである．重力の古典論，つまりアインシュタインの一般相対性理論（一般相対論）が本書の主題である．一般相対論はブラックホールやパルサー，クエーサー，星の最終段階，ビッグバン，宇宙それ自身のような先端の宇宙物理学的現象を理解するための中心的存在となっている．一般相対論は，惑星軌道がニュートンの法則からわずかにずれることにも関わっているし，ふだん使われているGPS（Global Positioning System：汎地球測位システム）の作動においても必要な要素となっている．基本的な力としての重力はすべての相互作用を統一する理論を探求するための中心的存在であり，これらの「最終理論」のアイディアの多くは一般相対論を起源としている．

したがって重力の物理学は2つ意味で先端科学である．その重要な応用が現代物理学における最も長い距離と最も短い距離の両方にまたがっている．大きなスケールでは重力物理学は宇宙物理学と宇宙論につながっている．小さいスケールでは量子物理学と素粒子物理学に結び付いている．この2つの最先端はビッグバンで一つになる．そこでは現在において観測可能な宇宙全体が最小体積に圧縮されている．この入門書は古典的（非量子論的）重力理論のみ扱い，その直接の応用はほとんど大きなスケールに向けられるが，ここで進める考え方や方法は極端に小さい方の先端分野で別の装いをして再び現れる．この導入部で，古典的一般相対論が重要になる現象をいくつか眺めてみることにする．

一般相対論の起源は，1905年のアインシュタインの特殊相対性理論（特殊相対論）をきっかけに起きた概念的革命に遡ることができる．数世紀古いニュートンの重力法則は特殊相対論とは相容れない．ニュートンの法則にしたがうと，質量m_1とm_2の2つの物体が

$$F_{\mathrm{grav}}=\frac{Gm_1m_2}{r_{12}^2} \tag{1.1}$$

の大きさの重力で互いに引き合う．ここで r_{12} は物体間の距離で，G は重力定数 $6.67\times10^{-8}\mathrm{dyn}\cdot\mathrm{cm}^2/\mathrm{g}^2$ である．ニュートン重力は瞬時に作用する．1つの質量にはたらく力は，同時刻におけるもう1つの質量の位置と関係する．しかし特殊相対論では瞬間的な相互作用を禁じている．特殊相対論ではどんな信号も光速より速く伝わることはできない．したがってニュートンの重力はより基本的な理論の近似にすぎない．

1915年のアインシュタインによる相対論的重力理論への探索は新しい力の法則や相対論的重力場の新しい理論が形成されることで決着がついたのではなく，我々のもつ空間と時間の知見に概念的革命を起こす形で決着がついた．アインシュタインは，空間と時間の4次元的統合，つまり時空曲率を使うとすべての物体が重力場中で同じ加速度で落下するという実験事実が自然に説明されることを知った．質量は近くの時空を曲げ，すべての質量が落下するときにできる軌跡は，曲がった時空でまっすぐな経路になる．ニュートン理論では，太陽は地球に重力を及ぼし，地球はその力に反応して太陽の周りを運動する．一般相対論では，太陽の質量によってその周りの時空が曲がり地球は曲がった時空中をまっすぐ運動する．重力は幾何学なのだ．

この章の残りでは，一般相対論を理解するのに重要な現象のうち，宇宙で起きるものをいくつか紹介する．どんなとき重力が重要になるのかを理解するのに役立つ特徴がすでにニュートンの重力法則（1.1）からうかがえる：

- ニュートン理論はすべての質量間ではたらく普遍的な相互作用であるが，$E=mc^2$ の関係があるため相対論的重力理論では重力はエネルギーのあらゆる形態の間にはたらく相互作用である．
- 重力は遮ることができない．正の重力源を打ち消すような負の重力源は存在しないので，遮断できない．重力は常に引力である．
- 重力は長距離相互作用である．ニュートンの法則は $1/r^2$ の形の相互作用である．核力の強い相互作用と弱い相互作用にあるような，相互作用の範囲を決める長さのスケールは重力では存在しない．
- 実験できるエネルギースケールで重力は個々の基本粒子間にはたらく4つの基本的な相互作用の中で最も弱い．距離 r 離れた2つの陽子間に作用す

る電磁気的反発力に対する重力の比は

$$\frac{F_{\rm grav}}{F_{\rm elec}} = \frac{Gm_p^2/r^2}{e^2/(4\pi\epsilon_0 r^2)} = \frac{Gm_p^2}{(e^2/4\pi\epsilon_0)} \sim 10^{-36} \tag{1.2}$$

である．ここで $m_{\rm p}$ は陽子の質量で，e はその電荷である．

これら 4 つの事実から重力が物理学で果たしている役割のうちの多くを説明できる．例えば，重力は弱いけれども，なぜ重力が宇宙物理学や宇宙論における最も大きなスケールで宇宙の秩序を支配しているのか説明できる．宇宙の距離スケールは，強い相互作用と弱い相互作用がはたらく素粒子の領域をはるかに超えている．大きなスケールの物体が正味の電荷をもっていれば，電磁相互作用は長距離に及ぶであろう．しかし宇宙は電気的に中性であり，電磁気力は重力よりも強すぎるため，どんなに大きなスケールで正味の電荷が存在していても即座に中性化されてしまう．重力は大きなスケールにおいて宇宙の構造を支配している．

本書では重力が重要になる現象すべてでなく，**相対論的重力**が重要になるような現象を扱う．例えば，太陽の内部構造を理解するにはニュートン理論で十分である．相対論的重力が重要になるのは，質量 M と大きさ R の物体が光速 c とでつくる特徴的な無次元量

$$\frac{GM}{Rc^2} \tag{1.3}$$

が 1 に十分近いときである．6 ページの図 1.1 は宇宙の現象およびそれらの M と R の特徴的な値を表している．$2GM = c^2R$ の直線に最も近いものは相対論的重力が最も重要になる現象である．それではもう少し詳しく述べることにしよう．

太陽系の正確な重力

(1.3) 式によると，地球は相対論的な系ではない：$GM_\oplus/c^2R_\oplus \sim 10^{-9}$（天文学の記号では $\oplus$ で地球を表す）．しかし GPS の中心部にある時計にはそのような正確さが必要とされる（7 ページの図 1.2）．一般相対論的効果が GPS の作動に考慮されなければ 30 分ほどで正しくはたらかなくなる（第 6 章）．

太陽（$\odot$）では $GM_\odot/c^2R_\odot \sim 10^{-6}$ である．したがって，惑星軌道上で一般相対論の効果は小さいが，正確な観測を行えば検出可能である．例えば，水星が太陽に最も近づいたとき軌道のずれが生じるが，ずれの正確な計算値は一般相対論の検証のために使える．一般相対論は，太陽の近くを通過するとき光の経路が曲

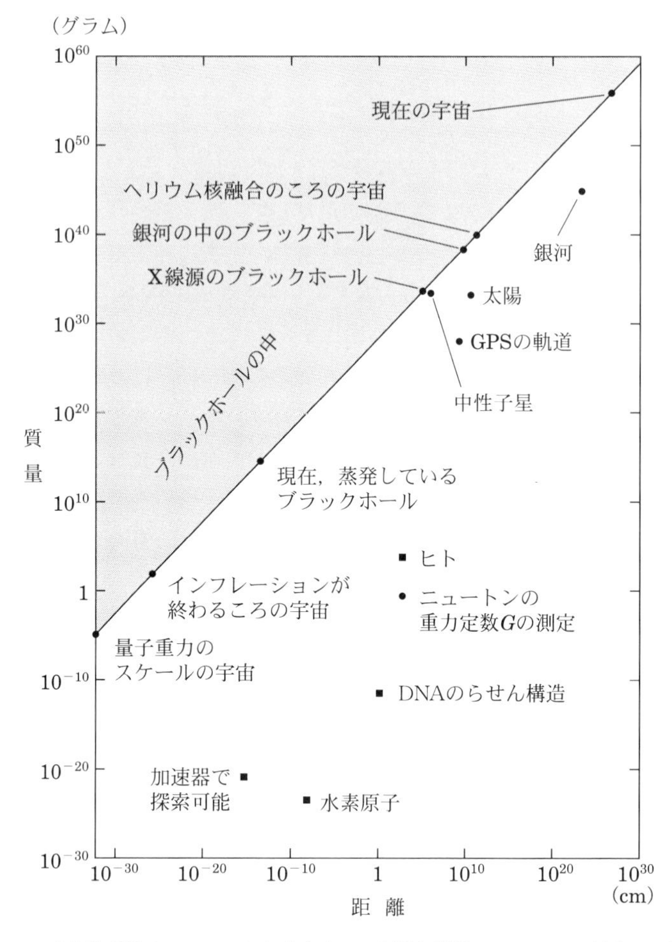

図 1.1　重力物理学は，ミクロから宇宙までの距離と質量のスケールの幅広い現象を扱う．現代物理学で考えられる最も大きなスケールを扱っている．この範囲全体にわたって重力が重要となる現象があり，それを特徴的な質量 M と特徴的な距離 R について示した．その代表的なものは●で示してある．重力があまり関係していない他の現象は■で表してある．対角に走る線より上の現象は，ブラックホールの内部で起きるため観測できない．対角線 $2GM = c^2R$ に近い現象は相対論的重力が重要になる．最も大きなスケールは宇宙物理学の最前線であり，最も小さいスケールは素粒子物理学の最前線である．最も小さいスケール（$\sim 10^{-33}$ cm）はプランク長さであり，これは古典重力と量子重力の境界である．宇宙の歴史の中のいろいろな瞬間で宇宙スケールと言われるものは，光がビッグバン以来到達した体積のスケールであり，その瞬間に宇宙の膨張率がいつも同じであったとしたときの体積に含まれる質量のスケールである．

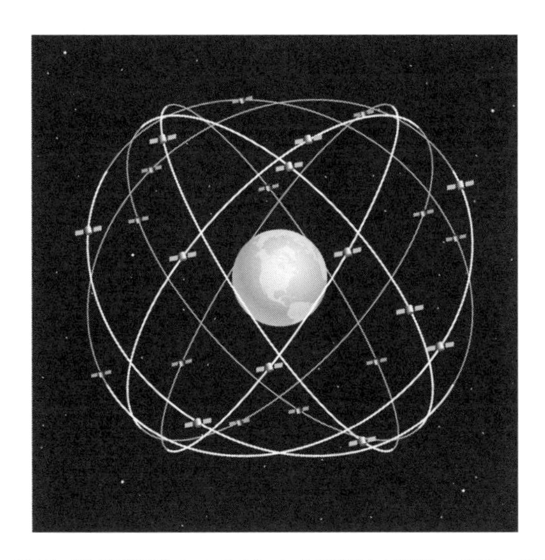

図 **1.2**　GPS（汎地球測位システム）の人工衛星の配置．GPS では一般相対論の小さな効果が重要となる．

図 **1.3**　かに星雲．1054 年地球に光が届いた超新星爆発の残骸．星雲は，中心で自転する相対論的中性子星からエネルギーを供給されている．

げられること，その通過時間がニュートン理論で予測されるものよりも大きくなることを予言する．この 2 つの小さい効果は今日の正確な天文観測に常に具体的に取り入れられている（第 10 章）．

相対論星

ほとんどの星は常に存在する重力に対抗して，中心の熱核反応で生じた熱がガスの圧力を高め，自身を支えている．星の熱核反応の燃料が尽きたとき重力崩壊が起きる．崩壊中の星のコアは結局は非熱的圧力源によって支えられることになり，非常にコンパクトな白色矮星や中性子星ができる．中性子星は 1 太陽質量のオーダーの質量と 10 km のオーダーの半径をもつが，$GM/c^2R \sim 0.1$ の相対論的な物体であり，その性質は第 24 章（下巻）で考察する．中性子星と白色矮星の質量には最大値があり，太陽質量の 1,2 倍程度となる．より重いコアが崩壊するとブラックホールが形成される．

ブラックホール

表面での重力が強過ぎてどんなものも，光ですら脱出できないほど圧縮されて小さい体積になると，ブラックホールが必ずできることを一般相対論は予言している（第 12 章，第 15 章（下巻））．ニュートン力学では，半径 R で発射された質量 m の粒子は，初期速度 V が脱出速度 $V_{\rm escape}$ より大きいと，質量 M の重力による引力から脱出できる．$V_{\rm escape}$ は運動エネルギーと負の重力エネルギーがつり合う速度のことであり

$$\frac{1}{2}mV_{\rm escape}^2 = \frac{GmM}{R} \tag{1.4}$$

を満たす．脱出速度は

$$\frac{2GM}{c^2R} > 1 \tag{1.5}$$

のとき光速を超える．ニュートン的分析は相対論的な状況では適用できないが，(1.5) 式は球形の質量が大きさ R のブラックホールであるための正しい相対論的判断基準である．

ブラックホールを定義する表面は**事象の地平**と呼ばれる．質量や情報，観測者が落下して通り過ぎることができるが，古典物理では何ものもそこから抜け出す

ことができない．本来，ブラックホールはゴタゴタした重力崩壊から形成されるものだが，一般相対論では著しく単純な物体であり，たった数個の量で特徴づけられると予言される．チャンドラセカールはこう言っている「自然界にあるブラックホールは，宇宙に存在するものの中で最も完全な巨視的物体であり，その構成において基本的な要素と呼べるものは，我々のもつ空間と時間の概念である．一般相対論にはそれらを記述する一意的な解の集まりしかないので，ブラックホールは最も単純な物体でもある」(Chandrasekhar 1983)

太陽質量の数倍のブラックホールは，伴星を回る軌道で発見されてきた．約 10 億太陽質量までの超重量ブラックホールが銀河中心で発見されている．我々の天の川銀河の中心には，約 30 億太陽質量のブラックホールがある．実際，執筆時点で，すべての十分重い銀河のコアにブラックホールがあるという証拠が増え続けている．

ブラックホールはそれ自身暗いけれども，その周りの時空は強く曲げられ，現代の宇宙物理学において最も劇的な現象が起きる舞台となっている．ブラックホールに落ちていく物体はその周りの軌道に進み，熱い円盤をつくり出し X 線源となっている（図 1.4）．磁化された物体が回転ブラックホールに流れると，ク

図 1.4　X 線連星 GRO J1655-40 のシミュレーションのイメージ．右の重い星が（見えない）ブラックホールの周りを回転し，質量を供給している．質量はブラックホールに向かって落下し円盤を形成し，非常に高温になり X 線を放射している．

エーサーの発電所となる．ブラックホールはおそらくガンマ線バーストの原因となっているであろう．ガンマ線バーストではビッグバン以来の最も大きな爆発が起きている（ブラックホールの発見と宇宙物理学的な重要性は第 13 章（下巻）のテーマである）．

重力波

一般相対論では，時空曲率のさざ波が真空中を光速で，光とは違った風に伝わることを予言している．このさざ波が**重力波**である（第 16 章 [*1]（下巻））．質量が非球対称で非直線的な運動をすると，常に重力波を放出するが（第 23 章（下巻）），2 つのコンパクト星の合体や重いブラックホールの合体，ビッグバンのような事象で最も多く発生する．質量は宇宙のいろいろなところで運動しており，重力波の電荷との類似性は，遮蔽（スクリーン）されないことである．そのため宇宙は重力波では特別暗いわけではない．実際，衝突中の銀河中心で合体するブラックホールは宇宙の事象の中で最も強いエネルギーを重力波として放出しているであろう．物質と弱く結合すること（前記の（1.2 式））から，重力放射は検出が難しい．しかし，この弱い結合が重力放射の検出を非常に面白くしている．一度発生すればほとんど吸収されないため，重力波によって宇宙に新しい窓が開かれ，ビッグバンの初期の瞬間やブラックホールの形成の核心をかいま見せてくれることだろう．

重力放射は地上では直接受信できていないが，放射を放っている物体が軌道に及ぼす影響を調べることによって検出されている．重力波は，時空曲率のさざ波を作っている質量の相対運動を正確に測定することによって検出できる．しかし，連星系から放出される波は地球にやってくる最も明るい重力波をつくるが，それでも 2 つのテスト粒子の間隔は 10^{20} 分の 1 オーダーの割合しか変わらない．執筆時，宇宙空間に建造しようと考えられている最も大きな重力波検出器のアームは 500 万 km に及ぶ長さであるが，実現してもこの腕の長さでの変化は原子サイズ程度である（図 1.5）．

それと同じくらいの実験的取り組みとして，現在検出器が地上で建設中で，宇宙空間で観測することに備えた研究が続いている．それを使えば，21 世紀の初めの数十年で重力波天文学が実現可能になるであろう．

[*1] 訳注：2015 年 9 月 14 日に LIGO（LIGO については第 16 章参照）で重力波が直接検出され，2016 年 2 月 11 日に発表があった．第 16 章に簡単な解説をつけている．

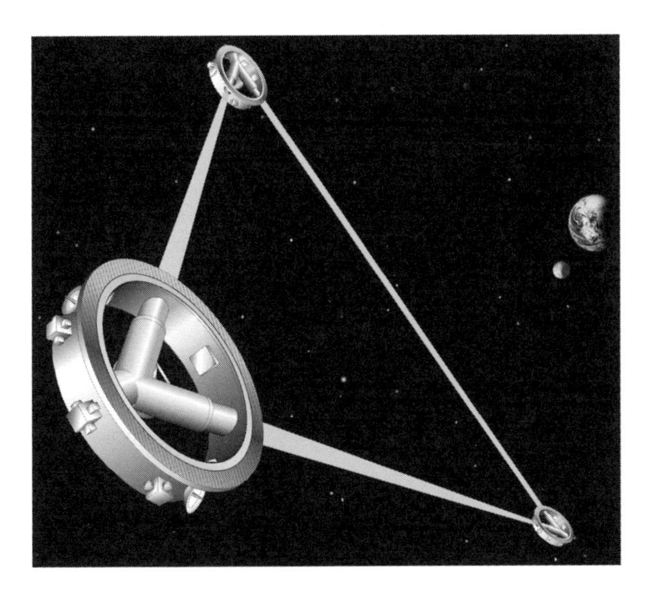

図 **1.5**　宇宙空間の LISA 重力波干渉計を芸術家が描いた概念図．レーザービームによって宇宙空間で 500 万キロ離れた 3 つの検出器がつながっている．検出器間に生じる小さな距離の変化を観測するにより重力波が検出できる．

宇宙

初めに述べたように，重力は空間と時間の最も大きなスケールで，宇宙の構造と進化を支配している．それらは**宇宙論**の領域である（下巻の第 17–19 章）．

銀河の運動の観測から，我々の宇宙が膨張していることがわかっている．銀河分布のもっとも大きなスケールの観測から，我々の宇宙は現在では著しく規則正しいことがわかっている．つまりすべての場所，すべての方向において平均的にかなり等しい．ビッグバンで生じた宇宙背景放射の観測から，宇宙が初めからかなり規則正しいことがわかっている．一般相対論は，このような規則正しい宇宙で空間幾何学にどのような曲がり方が許されるのかを予言する．相対論は時間における宇宙の進化も支配しており，それにしたがえば宇宙の未来だけでなく起源と歴史も理解できる．

一般相対論と現在の観測から宇宙がビッグバンから始まったことが推測できる．ビッグバンは，宇宙が無限の密度と無限の圧力，無限の空間曲率になっていた特

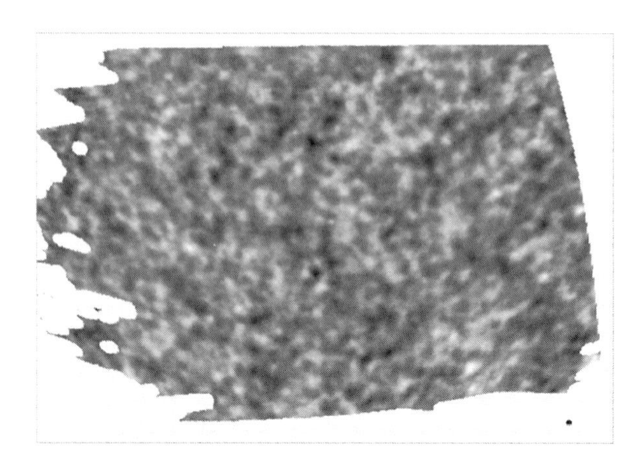

図 **1.6**　ビッグバン以後数十万年経った宇宙の写真．ブーメラン実験（Boomerang experiment）によるこの図は，宇宙背景放射の温度揺らぎを表しており，これは後に銀河へと成長する宇宙の不規則性に対応する．濃いところと薄いところの温度差はミリケルビンのオーダーである．

異な瞬間である．極端な量になっていたのだが，ビッグバンは空間的にかなり規則正しかった．実際，厳密な一様性からの唯一のずれは物質密度のごく小さな量子揺らぎだった．のちに重力のもとで集まり，最終的に結局現在我々の見ている星や銀河となっている．宇宙の大きなスケールに現れているたくさんの性質は，宇宙初期における重力物理と素粒子物理学の相互作用の結果から説明される．初期宇宙において，現在大きなスケールとなっている物質分布の種を蒔くことに加え，物質に対する反物質の量，物質に対する電磁波とニュートリノ，重力放射の量，元素の原初量が固定された．

量子重力

本書は古典重力を扱っているけれども，重力物理学の重要な現象を探査する中で量子時空は 1 か所だけ（第 13 章）触れることにする．プランク定数 $\hbar$ はすべての量子現象を特徴づける．量子重力現象は，$\hbar$ と G と c を組合せてつくる一意的な長さと時間，エネルギー，密度の次元の量

$$
\begin{aligned}
\ell_{\mathrm{Pl}} &\equiv (G\hbar/c^3)^{1/2} = 1.62 \times 10^{-33}\,\mathrm{cm}, \\
t_{\mathrm{Pl}} &\equiv (G\hbar/c^5)^{1/2} = 5.39 \times 10^{-44}\,\mathrm{s}, \\
E_{\mathrm{Pl}} &\equiv (\hbar c^5/G)^{1/2} = 1.22 \times 10^{19}\,\mathrm{GeV}, \\
\rho_{\mathrm{Pl}} &\equiv c^5/\hbar G^2 = 5.16 \times 10^{93}\,\mathrm{g/cm^3},
\end{aligned}
\tag{1.6}
$$

によって特徴づけられる．これらはそれぞれプランク長，プランク時間，プランクエネルギー，プランク密度と呼ばれる．アインシュタインの古典重力理論はもはやこれらのスケールで特徴づけられる現象には適用できない．時空の古典幾何学中に大きな量子揺らぎが現れると予想されるからである．このような状況ではアインシュタインの理論を，一般相対論が古典的極限となる重力の量子論に置き換える必要がある．

(1.6) 式をふと目に留めただけでも，量子的空間と時間が重要となる範囲が日常生活や身近な経験からかけ離れていることがわかる．我々の知る限り，宇宙にはプランクスケールが実感できる場所が 2 つだけある．それは，宇宙の始まりであるビッグバン（第 17–19 章）とブラックホールの量子的蒸発（第 13 章）である．しかし，量子重力は現代物理学の 2 つの最前線の前に立ちはだかっている．第一は重力を含む基本的相互作用の統一理論の追究である．その理論の単純さは E_{Pl} の高いエネルギースケールで現れるであろう．第二は宇宙の量子的初期条件の追究である．初期宇宙，ビッグバンでは大小のスケールが 1 つだった．最も大きなスケールは小さなサイズに圧縮され，最も大きなエネルギーに達する．量子重力は本書では考察しないが，ここで述べられる重力の古典論は現代物理学の最前線を理解するための大前提となる．

第2章 物理としての幾何学

本書は空間と時間，重力について書かれている．なぜなら（第1章で手短に述べたように）時空（時間と空間の4次元的統合）の曲率によって重力が生じるということが一般相対性理論のアイディアの核心となっているからである．重力は幾何学なのだ．この章では重力が幾何学であるというアイディアをもう少し進め，さらに時間と空間の幾何学がどのように記述され，物理学の実験と理論の対象になるのかを述べる．

2.1 重力は幾何学だ

一様重力中ですべての物体は，その組成と無関係に同じ加速度で落下するというのが実験的事実だ．もしガリレオが真空中でピサの斜塔から大砲球と羽を落としていたなら，地上に向かって $980\,\mathrm{cm/s^2}$ で加速していったであろう．この加速度の同値性は物理学におけるもっとも正確に検証された事実の1つである．例えば，執筆時に地球と月が太陽に向かって落下する加速度は 1.5×10^{-13} の精度で等しいことが知られている（Box 2.1, さらに詳しくは第6章を見よ）．この実験事実は一般相対性理論の土台となっている．

図2.1はボールを地上からまっすぐ上へ投げたとき，高さ h を時間の関数として描いたグラフである．ボールはある初速度で投げられ，減速し，最高点に到達し，下方に加速し，地上に戻る．他のどんな物体も同じ位置から同じ初速度で上に投げられれば，厳密に同じ曲線を描くであろう．

空間と時間において一意的に決まる軌道上を運動するのは重力の特性である．磁場中の物体の運動はもっている電荷の種類によって違う．ある電荷をもった物体はある方向に曲げられ，それと逆符号の電荷をもつ物体は別の方向に曲げられ

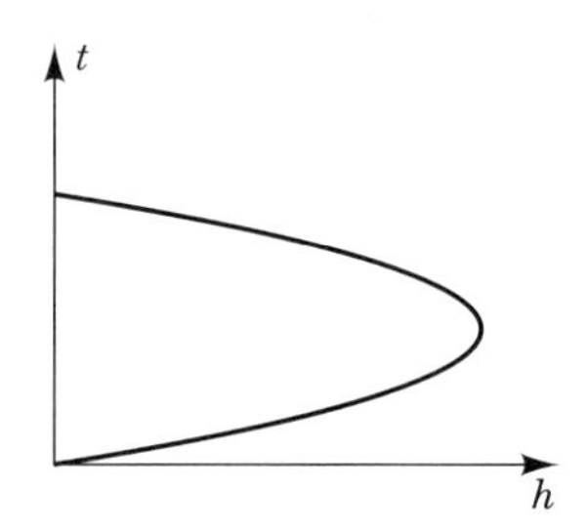

図 **2.1**　地表からある初期速度，重力加速度 $g = 980\,\mathrm{cm/s^2}$ で投げ上げられたボールが最高点に達し地球に戻っている．図は，特別な初期速度に対して時間 t と高さ h で表した典型的な放物線を示している．時間軸を縦軸にとるという，相対論で標準的な描き方を採用している．同じ初期速度で投げ上げられたどんな物体も同じ時空曲線を描く．アインシュタインの一般相対論では物体は地球の質量によって生じた曲がった時空内を直線経路にしたがって運動する．

るだろうし，電荷のない物体は全く曲げられないだろう．唯一重力中でだけ，同じ初期条件をもったすべての物体が空間と時間の中で同じ曲線にしたがう．

アインシュタインのアイディアは，この経路の一意性が時空と呼ばれる空間と時間の 4 次元幾何学によって説明されるというものであった．特に，地球のような質量の存在により近くの時空は曲がり，そして，他にどんな力もはたらかないとき，すべての物体はこの曲がった時空中をまっすぐ進むことをアインシュタインは提案した．力から解放された物体はニュートン力学の 3 次元ユークリッド空間をまっすぐに運動する．これはニュートンの第一法則の一部分である．アインシュタインのアイディアは，地球が太陽の周りの軌道上を運動するのは太陽によってつくり出されるわずかな時空の非ユークリッド幾何学中をできる限りまっすぐな経路にしたがっているからで，重力が作用するためではないとするものである．

Box 2.1　重力場中の加速度の等価性の月レーザー測距

重力中ですべての物体が同じ加速度で落下するという事実を今のところ最も正確に検証しているのは，地上の実験室においてではなく，太陽の周りでともに落下している地球と月の加速度を比較することである．結果は 1.5×10^{-13} 以下の誤差の中にある（Williams *et al.* 1996, Anderson and Williams 2001）．

（左）マクドナルド天文台で送られる月へのレーザーパルス.（右）逆反射鏡の位置

レーザーパルスを月に送り，月面上の反射鏡によって地球に戻されるまでの往復時間を測定する時間内で，地球に対する月の位置がどのように変化するかを非常に正確に調べることで検証された．これは**月レーザー測距法**（lunar laser ranging）と呼ばれる．現在，月までの距離は地球と月の平均距離 384401 km のうち数センチの精度で決められている．つまり，10^{10} 分の 1 の精度となる．

これらの測定のカギは，コーナーキューブ逆反射鏡にある．この装置の幾何学には，どんな入射光線がどんな方向から来ようとも，来た方向に反射されるという便利な性質がある（問題 1 を見よ）．1969 年と 1971 年のアポロ 11 と 14, 15 は月面のいろいろな位置に 100 から 300 配列のコーナレフレクタを置いてきた．ロシア–フランス配列が 1973 年無人宇宙船ルノホート 2 号（Lunakhod II）によって置かれた．

月面の逆反射鏡

1969 年以来，月の軌道をこれらの機器を使って決める系統的な計画が，主にテキサス州のロック山のマクドナルド天文台とフランス，グラースのコート・ダジュール天文台で行われている．レーザーは現在 200 ピコ秒持続するパルスを 1 秒間に 10 回送っている．各パルスには 10^{18} 個の光子がある．大気中の回折や屈折やその他の効果により，ビームは月面で半径 7 km に広がり，その結果送った光子のうち 10^{-9} だけが逆反射鏡に当たる．戻ってきたときには反射点は 20 km に広がり，1 m の望遠鏡でも反射された光子のうち 10^{-9} だけしか検出できないであろう．結局，数秒ごとに反射光子 1 個が検出される．戻ってきた光子は 1970 年以来執筆時までの 30 年以上検出され続けている．

2.2 幾何学の実験

1820 年代後半に偉大なる数学者ガウス（C. F. Gauss）が空間のユークリッド幾何学の標準定理の 1 つ，三角形の内角の和が 180° であるという定理を確かめるために実験を行ったという話がある．ホーヘンハーゲン（Hohenhagen）とブロッケン（Brocken），インゼルベルク（Inselsberg）の山頂を頂点として使い，光線が直線上を進むという仮定のもとで，ガウスは角度を測り，和をとって，角度が測られた精度で 180° であることを確かめたと言われている（18 ページの図 2.2 を見よ）．

歴史的証拠からではガウスが本当にこの実験をしたかどうかは定かではない．だが，ガウスはそうしたかもしれないし，またそのことは，論理からだけでは角度の和が 180° であることを保証できないという重要なことを強調している．物理空間の多くの幾何学がユークリッドと違う可能性がある．そうであれば，三角形の内角の和を測定した結果が 180° と違うことが予測される．空間の幾何学は実験で確かめるべき問題だ．これは物理学の問題であり，測定と仮説，検証が必要である．この本を読み終えるまでにガウスの実験について知るだろう．ガウスが十分な精度で実験を行えていたならば，地球の質量 $M_\oplus$ によって生じる内角の和の小さな差が，太陽と他の惑星の影響とともに

$$\left|\begin{pmatrix}\text{ラジアン単位での}\\ \text{三角形の内角の和}\end{pmatrix}\right| - \pi \sim \frac{\text{三角形の面積}}{R_\oplus^2}\left(\frac{GM_\oplus}{R_\oplus c^2}\right) \tag{2.1}$$

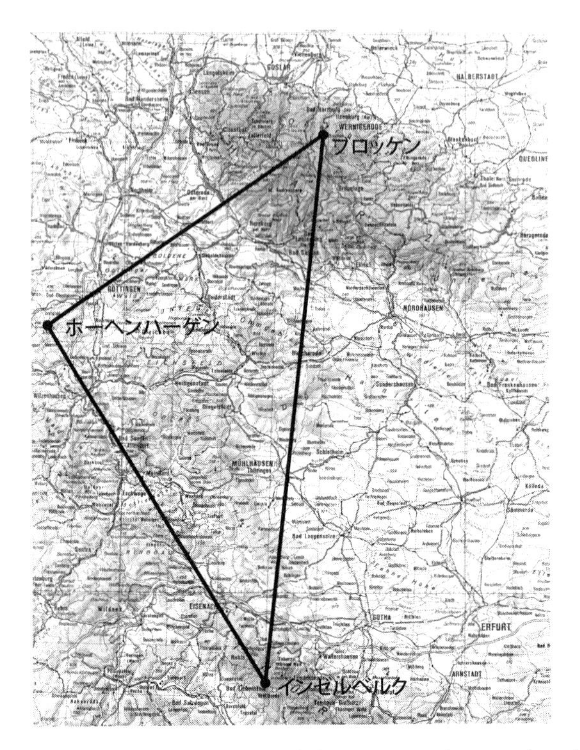

図 2.2　ホーヘンハーゲン（Hohenhagen）とブロッケン（Brocken），インゼルベルク（Inselberg）の山頂の位置を示すドイツの現代地図．山頂の位置は，ガウスが三角形の内角の和が 180°（ユークリッド幾何学では 180°）であるかどうかをチェックするために用いた三角形の頂点に対応する．

のオーダーであることを発見していたであろう．$R_\oplus$ は地球の半径である．比 GM/Rc^2 の形になっていることに注意すること．これは第 1 章で議論したように弱い相対論的効果の特徴である．山頂間の距離は 69 km, 85 km と 107 km である．これらを使って，この計算を実行すると差が 10^{-15} ラジアンのオーダー（！）である．これほど小さい差は現在の技術を持ってしても検出不可能であろうが，しかし現在の実験では太陽によって作られるユークリッド幾何学からのずれを検出でき，宇宙論の非常に大きなスケールにおける空間幾何学を測定することができる（Box 2.2 を見よ）．

Box 2.2 宇宙の空間幾何学の決定法

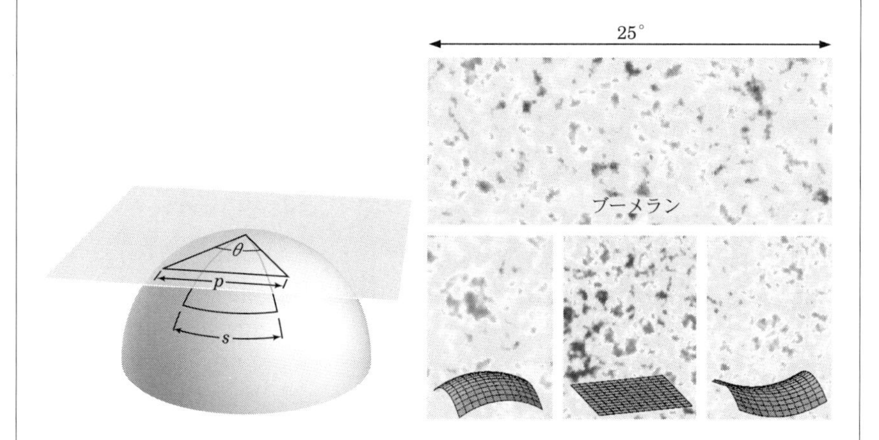

現代の測定法ではガウスが行ったとされるものとそう違わず，見える宇宙の中で遠い距離スケールにわたる空間曲率を決めることができる．第 18 章（下巻）で詳しくみるように，一般相対性理論に加え，宇宙における銀河と放射の分布の観測から，時間のある瞬間では 3 次元空間の大きなスケールの幾何学にはいくつかの可能性しかないことが示唆される．平面の平坦幾何学，正に曲がった球面の幾何学，局所的にはポテトチップスの表面のように負に曲がった幾何学があり，平坦，正曲率，負曲率の場合の 3 次元空間への幾何学に対する拡張になっている．我々の宇宙の空間幾何学はどうやったら測定することができるのだろうか．

1 つの方法を少しだけ理解するために（実際の宇宙は膨張しているのだが，宇宙の幾何学と対照的に）時間を固定した空間幾何学を想像しよう．さらにサイズ p の既知の物体が既知の距離 d にいくつか存在することが判明したと想像しよう．もし幾何学が平面のように平坦だとすると，これらの物体の張る角度 θ は p/d となるであろう．しかし，この Box の図が示しているように，幾何学が球のように正に曲がっていれば，それより小さい大きさ s の物体と同じ角度を張ることになる [*1]．別の言い方をすれば，同じ大きさの，遠くにある物体は平坦にあるときよりも，球面のような正の曲面にあるときの方が，大きな角度を張るのだ（問題 6）．同様に，負の曲面内で張

[*1] 図について考えてもよくわからないなら，球面がゴムでできていて，北極に接する平面で平らになっていると想像せよ．北極における経線の角度は変わらないが，赤道と緯度線は引きのばされなければならない．よって球面上の経度の範囲を張る物体を見込む角度は平面ではより大きな物体の張る角度になる．

る角度は小さくなる（詳しくは下巻の問題 18.12 を見よ）．この考察は第 19 章（下巻）の宇宙膨張を考慮すれば，修正しなければならないであろうが，定性的な結果は同じである．大きさと距離がわかっている物体の角度サイズを測定することは，その間に横たわる空間の幾何学が平坦か，正曲率，負曲率なのかを決める 1 つの方法になる．宇宙背景放射にはこのような特質が備わっている．

宇宙背景放射（Cosmic Microwave Background radiation, CMB）はホットビッグバンからの光である．宇宙が膨張し冷え，物体が放射に対して十分透明になった瞬間に放たれた光である．それはほぼ 138 億年をかけて自由に進み我々のところまで到達している．宇宙が時間的に変わらないと仮定すればほぼ 138 億年をかけてやってきていることになる．放射の温度は 2.73 K にまで冷え，すべての方向でほぼ同じである．まったく同じというわけではなく，10 億分の 1 度程度の小さな温度揺らぎが観測されている．これらの揺らぎの起源を説明する理論から長さのスペクトルを予言できる．それには揺らぎを特徴づける長さスケールが存在する．したがって揺らぎは遠くにある既知の大きさのスペクトルを形成する特徴的なものになる．よって角度サイズを観測すれば宇宙の空間幾何学を測定することができる．右の図はブーメラン実験（de Bernardis *et al.* 2000）によって観測された天球の幅 25° の領域における温度揺らぎのマップを示している．下の 3 つの図は，幾何学が正に曲がっている（左），平坦（真中），負に曲がっている（右）場合について，理論的に求められたもともとのサイズのスペクトルに基づいて，マップがどのように見えるかをシミュレーションしたものである．角度スペクトルを定量的に比較すると，幾何学は非常に平坦に近いことが示される（近い将来，より正確な結果が得られるだろうが，基づいている考えは同じになるだろう）．空間幾何学は測定可能で，物理の問題である．

2.3　いろいろな幾何学

いろいろな幾何学のアイディアは 2 次元の場合には容易に説明できる．平面のユークリッド幾何学を学んだとき，点や直線，距離，平行，三角形，円，弦などの概念に出会った．よく知られた理論には三角形について，ちょうど今考察されたものが含まれている：

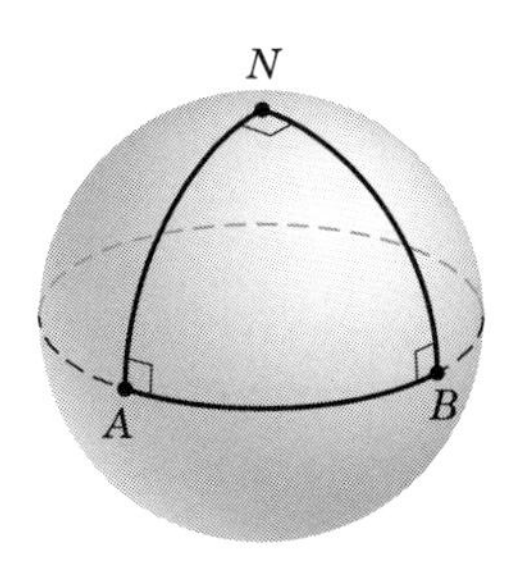

図 **2.3** 内角の和が 270° である球面三角形 NAB. 三角形は，北極で 90° の角度で交わる緯度線を 2 辺とし，これらがぶつかる赤道の区間からなっている．これらはすべて大円の一部であり，したがって球面幾何学では直線である．

$$\sum_{\text{頂点}} (\text{内角}) = \pi. \tag{2.2}$$

他にも円の半径と円周の比には関係がある：

$$\frac{(\text{円周})}{(\text{半径})} = \frac{C}{r} = 2\pi. \tag{2.3}$$

球面は 2 次元幾何学の別の例になり，ここでは平面幾何学の結果が別の定理に置き換わる．直線は球面上で，2 点間の距離が最も短い線として定義できる．つまり，大円の一部である．三角形は 3 つの大円が交差したものからできている．円は，(球面上で測定したとき) 中心から等距離にある点の軌跡である．こういったものがいくつかある．面積 A の球面三角形に対し

$$\sum_{\text{頂点}} (\text{内角}) = \pi + \frac{A}{a^2} \tag{2.4}$$

が成り立つ．ここで a は球面の半径である．

(2.4) 式は，球面三角形の内角の和が常に π よりも大きいことを示している．例を図 2.3 に示した．三角形の大きさが曲率半径 a に比べて小さくなればなるほど，平面と曲がった球面の差を区別するのが難しくなっていく [*2]．小さい面積 ($A/a^2 \ll 1$) のとき，平坦空間の結果 (2.2) は (2.4) 式のよい近似になっていく．

22 ページの図 2.4 に示したちょっとした幾何学を使って，球面上の円の半径に

[*2] (2.4) 式を (2.1) 式と混同してはいけない．(2.1) 式は，地球を取り囲む 4 次元の曲がった時空中を進む光線がつくる三角形に対して成り立つ式である．それは一般相対論にしたがっている．(2.4) 式は，2 次元球面状の大円の一区間をなす三角形についての式である．

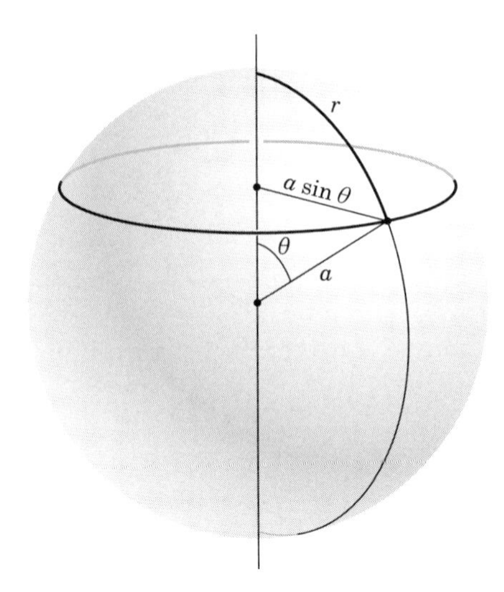

図 **2.4**　球面の幾何学における円の半径と円周の関係．円は（面上で測ったときの）中心から等距離にある面上の点の軌跡である．θ の値を固定すると緯度線によって円ができるが，この図で北極は円の中心に一致するように選ばれている．半径 r は北極からこの緯度までの距離であり，経度が一定の線に沿って測れば同じになる．

対する円周の比を計算すると

$$\frac{(\text{円周})}{(\text{半径})} = \frac{C}{r} = 2\pi\frac{\sin(r/a)}{(r/a)} \tag{2.5}$$

を示すことができる．再び，$r \ll a$ ならば，右辺は平坦空間の結果（2.3）に帰着する．

その幾何学を決めるために地表を離れる必要はない．地表上で作業を行う（ガウスのような）測量士は三角形の内角の和や円の半径と円周のようなものを測定することができる．(2.4) 式や (2.5) 式のような公式に合わせることによって，原理的に表面の幾何学が球面かどうかを知り，a を決めることができる．同様に，3 次元で測量することによって，原理的にどんな余分な次元も必要とせず，空間の幾何学を決めることができる．

3 次元の曲がった幾何学を視覚化することは，2 次元ほど簡単ではない．2 次元の曲がった幾何学はユークリッド 3 次元空間中の面としてよく表される．だが，ある単純な 3 次元幾何学は，仮想上の 4 次元ユークリッド時空中の曲面として考えることができる．例えば，すでに考察したような 2 次元曲面の拡張として，3

次元幾何学は 4 次元中の 3 次元球面である．もし空間が 3 次元球面幾何学ならば，直線上をどの方向に旅行しても，結局は出発点に戻ることになるだろう．だが，空間の幾何学のより詳しい情報は局所的に決められる．例えば，空間幾何学のようなものの中で半径 r の 2 次元球面の体積は

$$V = 4\pi a^3 \left\{ \frac{1}{2} \sin^{-1}\left(\frac{r}{a}\right) - \frac{r}{2a}\left[1 - \left(\frac{r}{a}\right)^2\right]^{1/2} \right\} \tag{2.6a}$$

$$\approx \frac{4\pi r^3}{3}\left[1 + ((r/a)^2 \text{ オーダーの補正})\right] \qquad r/a \text{ が小さいとき} \tag{2.6b}$$

であることがわかる [*3]．ここで，a は 3 次元球面幾何学の曲率の特徴的な半径である．(2.6b) 式で示したように，半径が a よりもずっと小さい 2 次元球では，体積と半径の関係はユークリッド平坦空間の結果に近づく．もし 3 次元空間が 3 次元球面幾何学のようであれば，2 次元球の半径と体積を十分慎重に測定すれば，曲率の特徴的な半径 a は決められる．第 18 章（下巻）で発見することになるが，アインシュタインの理論はこの 3 次元球面を大きな距離スケールで一様宇宙の空間幾何学の 1 つの可能性として予言する．19 ページの Box 2.2 にはこれらのスケールで空間を測量する努力を記述した．

2.4 幾何学を決める

2 次元幾何学には平面と球面だけでなく，数えられないくらい多くの幾何学がある．例えば，卵の表面の幾何学，いくつか丘をもった面上の幾何学などである．3 次元でも同様に無限に幾何学がある．これらの幾何学は数学的にどのように記述され，比較されるのだろうか．

幾何学を比較する 1 つの方法は，より高次元のユークリッド幾何学中の面として（平面，球，卵形などとして）埋め込むことである．だが，もっとも単純な 3 次元または 4 次元面を 4 次元や 5 次元中の面として考える以外，ほとんど不可能である．別の次元は物理的に不必要だ．測定可能な物理的次元だけを使って幾何学を内的に記述することが求められる．

他にも，少ない数の公理や要請を与えることによって幾何学を決め，それらから結果を定理として求めるという考え方がある．たとえば平面の幾何学に対してはユークリッドの 5 つの公理がある．2 点から一意的に直線が決まる，平行線は

[*3] この結果は例 7.6 で明確に導出されるだろう．

決して交わらない，などである．他にも単純な幾何学は同じようにそれぞれの公理によって特徴づけることができる．たとえば，球面の幾何学では，ユークリッド幾何学の平行線の要請が，2 つの平行線は必らず 2 点で交わるという公理に置き換わっているように，公理の集まりとしてまとめることができる．だが，この方法にも制約がある．じゃがいもの表面上の幾何学をどんな公理で記述することができるのだろうか．我々はより局所的で詳しい記述法を必要としている．

幾何学を一般的に記述するための重要な点は，微積分を使って，すべての幾何学を互いに近い 1 組の点の間の距離に集約することである．互いに近い（無限小離れた）2 つの点を結ぶ曲線に沿って測った距離は積分によって求められる．直線とは 2 点を結ぶ最短の曲線である．半径が小さいとき，角度は半径に対する弧の長さの比である．面積や体積，その他は，それ自身が互いに近い 2 点間の距離によって決まる面積素や体積素による多重積分によって構成できる．互いに近い 2 点間の距離を決めることおよび微分や積分を使うことにより，最も一般的な幾何学が決められる．数学のこの分野は微分幾何学と呼ばれる．次節でこの題材について少しだけ調べてみることにする．

2.5　座標と線素

平面のユークリッド幾何学

点を決める 1 つの系統だった方法は近傍の点との間の距離をあらかじめ決めておくことである．座標系は各点に一意的に番号を付けるが，それにはたくさんの方法がある．たとえば 2 次元では直交座標系 (x, y), 原点周りの極座標系 (r, ϕ) などがある（図 2.5）．

互いに近い点は座標でも近い値をもつ．たとえば，(x, y) と $(x + dx, y + dy)$ は dx と dy が無限小のとき近い．同じように (r, ϕ) と $(r + dr, \phi + d\phi)$ は近い．

直交座標 (x, y) において，点 (x, y) と $(x + dx, y + dy)$ の間の距離 dS は

$$dS = \left[(dx)^2 + (dy)^2\right]^{1/2} \tag{2.7}$$

である（図 2.5 を見よ）．同じ規則を極座標で表すことができる．点 (r, ϕ) と $(r + dr, \phi + d\phi)$ の間の距離は

$$dS = \left[(dr)^2 + (rd\phi)^2\right]^{1/2} \tag{2.8}$$

である（図 2.5 を見よ）．

(2.8) 式とこれと似たものは，dr と $d\phi$ が小さいときのみ正しい．だが，有限で大きな距離は積分することにより無限小の関係から作り上げていくことができる．では例として，半径 R の円において，直径に対する円周の比を計算しよう．中心を原点に選び，直交座標で円の式は

$$x^2 + y^2 = R^2 \tag{2.9}$$

である．

円周 C は，円の周りを dS で積分したものである．(2.7) 式を使うと，これは

$$C = \oint dS = \oint \left[(dx)^2 + (dy)^2\right]^{1/2} \tag{2.10a}$$

$$= 2\int_{-R}^{+R} dx \left[1 + \left(\frac{dy}{dx}\right)^2\right]^{1/2}_{x^2+y^2=R^2} \tag{2.10b}$$

$$= 2\int_{-R}^{+R} dx \sqrt{\frac{R^2}{R^2 - x^2}} \tag{2.10c}$$

となる．$x = R\xi$ の置き換えをすると

$$C = 2R\int_{-1}^{1} \frac{d\xi}{\sqrt{1-\xi^2}} = 2\pi R \tag{2.11}$$

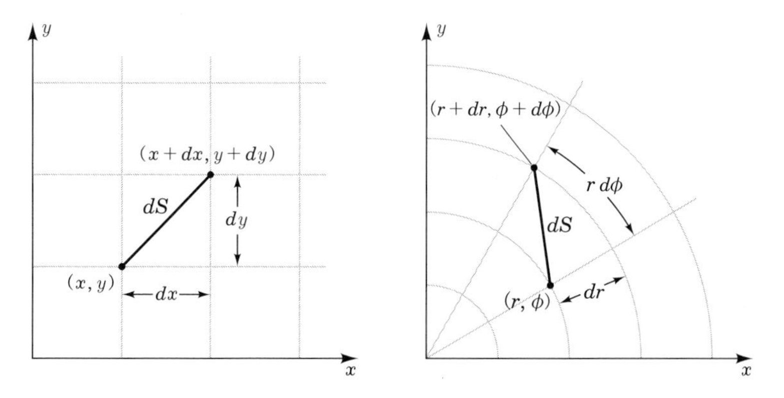

図 2.5　直交座標と極座標．直交座標と極座標は平面内で系統的に点に番号を割り振る方法であり，互いに近い点の距離はどちらを使っても表すことができる．

が得られる．これは正しい答えである．この積分は π の定義と受け取ることができるだろう．数値的にこれを行えば $\pi = 3.1415926535\cdots$ が求まるだろう．

半径と円周の関係を求めることは極座標ではかなり容易だ．この場合，円の式は単に $r = R$ である．円上で（2.8）式を評価し，円の上で dS について積分を実行すると

$$C = \oint dS = \int_0^{2\pi} R d\phi = 2\pi R \tag{2.12}$$

となる．極座標を使えば，(2.12）式にたどり着くことが容易なことから，与えられた問題に対してある座標が別の座標よりも優れていることがわかる．

この方法を進めていくことによって，ユークリッド平面幾何学の定理をすべて得ることができるだろう．たとえば 2 本の直線がなす角度は，交点を中心とする円を 2 直線が切り取る長さ ΔC を半径 R で割った比で定義できる：

$$\theta \equiv \frac{\Delta C}{R} \qquad \text{（ラジアン）}. \tag{2.13}$$

この定義を使えば，三角形の内角の和が π であることが証明できるだろう．実際，(2.7）式や（2.8）式からユークリッド平面幾何学の公理を確かめることができるだろう．すべての幾何学は距離の間の関係に集約され，すべての距離は互いに近い点の間の距離の積分に集約され，すべてのユークリッド平面幾何学は(2.7）式や（2.8）式に含まれる．

まとめると，幾何学は（2.7）式や（2.8）式のような線素によって決められ，その線素はある座標系で 2 つの互いに近い点の間の座標間隔であり，2 点間の距離を与える．逆に，線素は dS^2 の 2 次の関係式として書かれ，たとえば

$$dS^2 = dx^2 + dy^2 \tag{2.14}$$

となる．微分には括弧をつけていない．幾何学の線素の形は座標系から座標系に移ると変わるが［例えば（2.7）式と（2.8）式］，幾何学は同じである．

球の非ユークリッド幾何学

非ユークリッド幾何学の例として半径 a の 2 次元球面が挙げられる．3 次元極座標の角度 (θ, ϕ) を使って，球面上の点に番号をふることができる．点 (θ, ϕ) と $(\theta + d\theta, \phi + d\phi)$ の間の距離は少し手を動かして作業する（図 2.6）と

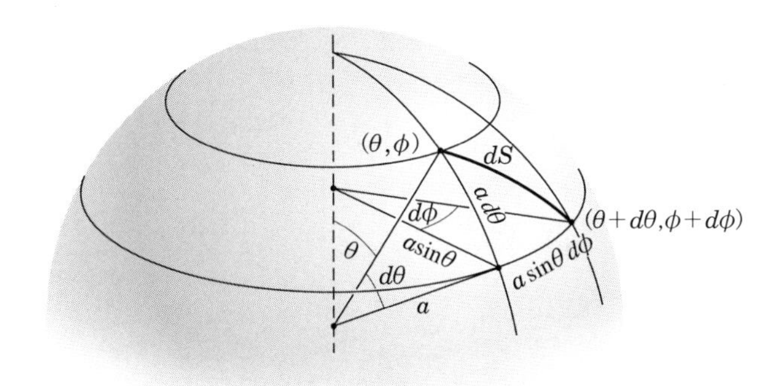

図 2.6　球面における線素の導出．導出には 2 次元球が 3 次元ユークリッド空間内の曲面であることを使う．無限小離れた 2 つの点の位置 (θ, ϕ) と $(\theta + d\theta, \phi + d\phi)$ を示した．一定の緯度 θ にある ϕ と $\phi + d\phi$ の点の間の距離が $a \sin\theta d\phi$ である．経度一定の線に沿って θ と $\theta + d\theta$ 離れた点の間の距離は $ad\theta$ である．θ と ϕ 座標線は直交するので，これら 2 つの微分の 2 乗の和は，$d\theta$ と $d\phi$ が無限小のとき，2 つの点の距離 dS の 2 乗になる．これから（2.15）式が得られる．

$$dS^2 = a^2(d\theta^2 + \sin^2\theta d\phi^2) \tag{2.15}$$

であることがわかる．これは球面上の線素である．

球面上の円の半径に対する円周の比を求めるために線素（2.15）を使おう．円とは，面の中の固定点（中心）から表面上で一定の距離（半径）にある球面上の点の軌跡を意味する．球面上のどの一点も他の点と幾何学的に区別できないので，便宜上，極軸が円の中心にくるように極座標の方向をむける．したがって円は定数 θ を持った曲線である．定数 Θ に対して方程式

$$\theta = \Theta \tag{2.16}$$

によって定義される円を考えよう．円周はこの曲線の距離である．曲線上の互いに近い点は $d\phi$ 離れているが $d\theta = 0$ になっている．よって，(2.15）式は $dS = a \sin\Theta d\phi$ であり，円周は

$$C = \oint dS = \int_0^{2\pi} a \sin\Theta d\phi = 2\pi a \sin\Theta \tag{2.17}$$

となる．半径は $d\phi = 0$ で中心から θ 方向の曲線に沿った円の距離である．この

曲線に沿って（2.15）式は $dS = ad\theta$ となり，半径は

$$r = \int_{\mathrm{center}}^{\mathrm{circle}} dS = \int_0^{\Theta} ad\theta = a\Theta \tag{2.18}$$

となる．(2.18) 式を使って，(2.17) 式の Θ を消去すると，非ユークリッド幾何学である球における円周と半径の間の関係は

$$C = 2\pi a \sin\left(\frac{r}{a}\right) \tag{2.19}$$

となる．この式の中で a は，幾何学を特徴づける固定された数値である．この値は幾何学の曲り具合を表している．円の半径が球の半径よりもずっと小さいとき $r \ll a$, 近似的に

$$C \approx 2\pi r \tag{2.20}$$

とでき，これはユークリッド幾何学で見慣れた結果である．地表面の幾何学が球と同じであると近似してもよいだろう．

いろいろな射影法が地表の地図を作るために使われるが，それらは Box 2.3 で示したように球の幾何学を表すための様々な座標系に対応する．

Box 2.3　地図投影

地表面の 2 次元地図をつくるためにいろいろな投影法が使われるが，それは身近な幾何学をいろいろな座標系で表現するよい例となる．地表の幾何学を 2 次元球面とすることはすぐれた近似である．ふつうの極座標では線素は（2.15）式で与えられ，a は地球の半径となる．地球の表面で角度 ϕ は経度である（ϕ を度よりもラジアンで測る）．緯度 λ は $\pi/2 - \theta$ である．経度と緯度で表すと，線素は

$$dS^2 = a^2(d\lambda^2 + \cos^2\lambda d\phi^2) \tag{a}$$

で与えられる．地図を作るために，球面に新しい座標 x と y を導入する．λ と ϕ とは

$$x = x(\lambda, \phi), \qquad y = y(\lambda, \phi) \tag{b}$$

の関係によって定義される．これらを平面内の直交座標として使い，大陸の輪郭と町の位置などを表示する．別の投影法では別の関数 $x(\lambda, \phi)$ と $y(\lambda, \phi)$ を使うことになる．これらの関数を球面から平面へ（数学的な）写像を与えるものと考えることができる．

関数の数ほど投影法が存在する．もっとも簡単な例は

$$x = (L\phi)/2\pi, \qquad y = (L\lambda)/\pi \tag{c}$$

である．ここで L は地図の幅である．これはちょうど ϕ と λ を直交軸上の x と y としてプロットしたものである．結果は図にあるように**正距円筒図法**と呼ばれるものである．だが，球面の幾何学の特徴をいくつか平面上に残せる便利な投影法が存在する．しかしすべての特徴を残せるわけではない．それは球面の幾何学が平面のものとは別物だからだ．

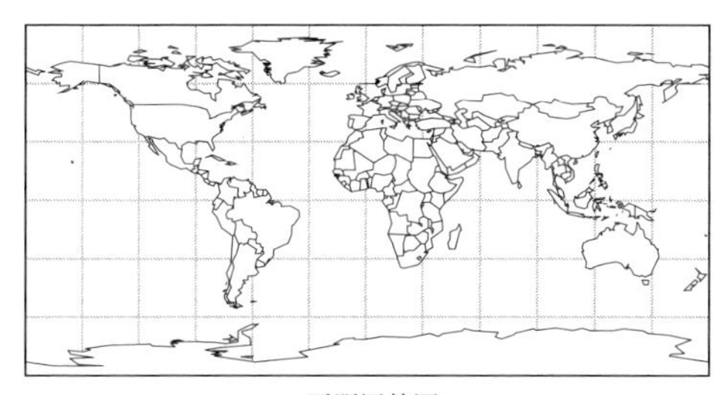

正距円筒図

投影法の1つの大きな分類では，それらでは経度が x に線形となっている：

$$x = \frac{L\phi}{2\pi}, \qquad y = y(\lambda) \tag{d}$$

この種の投影法に対し，本当の距離は線素

$$dS^2 = a^2\left[\left(\frac{2\pi}{L}\cos[\lambda(y)]\right)^2 dx^2 + \left(\frac{d\lambda}{dy}\right)^2 dy^2\right] \tag{e}$$

で与えられる．

この種の簡単な例は1569年 クレーマー（G. Kramer）によって発明されたメルカトル図法であり，以下で説明する．クレーマーの考えは，地図上の角度を方位磁針の振る舞いと等しくなるようにするというものだ．つまり，球から平面への写像は点から見た角度がそのまま保たれる．船乗りがカラカスからリスボンの間を航海しようとすると，この2つの港を地図上で直線を引いて結ぶだろう．この線と y 軸との角度は北から測った方向であり，カラカスからリスボンへ船が進む航海の間一定に保たれる．関数 $y(\lambda)$ または $\lambda(y)$ をどのように選べばこのような地図を描けるのだろうか．

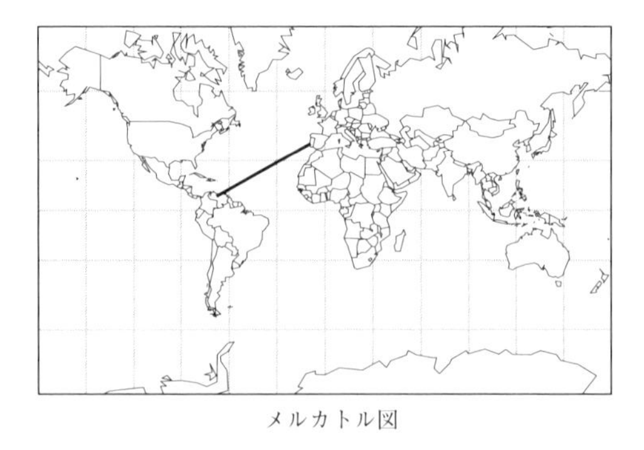

メルカトル図

角度は（2.13）式でみたように距離の比である．球面上の線素が平面上の線素 $dS^2_{\mathrm{flat}} = dx^2 + dy^2$ に比例すれば，球面上の 2 方向の間の角度は平面内で対応する方向の間の角度と等しい．よってクレーマーのアイディアを実行するために（e）式が，ある関数 $\Omega(x, y)$ に対して

$$dS^2 = \Omega^2(x, y)(dx^2 + dy^2) \tag{f}$$

と書けるような関数 $\lambda(y)$ を探す．明らかに

$$\frac{d\lambda}{dy} = \frac{2\pi}{L} \cos\lambda \tag{g}$$

となる必要がある．$\lambda = 0$ に $y = 0$ を対応させると

$$y(\lambda) = \frac{L}{2\pi} \int_0^{\lambda} \frac{d\lambda'}{\cos\lambda'} = \frac{L}{2\pi} \log\left[\tan\left(\frac{\pi}{4} + \frac{\lambda}{2}\right)\right] \tag{h}$$

が得られる．(d）式と（h）式でメルカトル図法を定義する．赤道 $\lambda = 0$ は $y = 0$ の線に写像され，両極 $\lambda = \pm\pi/2$ はそれぞれ $y = \pm\infty$ に写される．

（f）式で定義される球面計量と平坦計量の間の比例因子 $\Omega(x, y)$ は

$$\Omega(y) = \frac{2\pi a}{L} \cos\lambda(y) = \frac{4\pi a}{L} \frac{e^{2\pi y/L}}{1 + e^{4\pi y/L}} \tag{i}$$

である．メルカトル図法のよく知られた特徴の多くはこの因子からくる．たとえば，経度 Δx 離れた同じ緯度線上にある 2 つの点を考えよう．2 点間の物理的距離は

$$\Delta S = \Omega(y)\Delta x \tag{j}$$

であり，経度に依存する．北極 $y \to \infty$ ではそうなるべきであるが，この距離は 0 に縮まる．$\Omega(y)$ があるために，高緯度で実際の距離 x は座標距離よりも小さくなる．

面積に対しても同じことがいえる．座標上で辺の大きさが Δx と Δy の小さい長方形の面積は

$$\Delta A = [\Omega(y)\Delta x][\Omega(y)\Delta y] = \Omega^2(y)\Delta x \Delta y \tag{k}$$

である．したがって，グリーンランドはメルカトル図法で南アメリカ大陸と比べると大きく見えるけれど，実際の面積はずっと小さい．

より一般的な面の幾何学

平面と球の線素は，ユークリッド空間内の面とみなして幾何学の描像からうまく意味づけられた．しかし一般相対性理論では，まず初めに線素から出発し幾何学の性質を計算しなければならないということがごくふつうである．

例として，線素

$$dS^2 = a^2(d\theta^2 + f^2(\theta)d\phi^2) \tag{2.21}$$

を考えよう．関数 $f(\theta)$ はいろいろ選ぶことができる．$f(\theta) = \sin\theta$ に選ぶと球面の幾何学（(2.15) 式）になる．しかし，他の $f(\theta)$ を選ぶと，線素 (2.21) 式によって表される内的幾何学は 3 次元ユークリッド空間内のどんな面の幾何学となるのだろうか．いくつか手がかりがある:

(1)　線素はすべての ϕ に対して同じなので，軸に対して軸対称な面に対応する．

(2)　定数 θ の円の円周 $C(\theta)$ は（(2.21) 式から）

$$C(\theta) = \int_0^{2\pi} af(\theta)d\phi = 2\pi af(\theta) \tag{2.22}$$

である．

(3)　極と極の間の距離は

$$d_{\text{pole-to-pole}} = a\int_0^{\pi} d\theta = \pi a \tag{2.23}$$

である．これらのいろいろな測地的な性質を導き出すことにより表面の

図を描くことができる．例 2.1 に示す．

●例 2.1　ピーナッツ幾何学●

$$f(\theta) = \sin\theta\left(1 - \frac{3}{4}\sin^2\theta\right) \tag{2.24}$$

によって決められる面を考えよう．面は $\theta = \pi/2$ の赤道面で反転対称である．(2.22) 式で表される θ 一定の円周は $\theta = 0$ から出発すると，初めのうちは増加するが，そのうち $f(\theta)$ が減少すると減少し，そして増加し，再び減少する．どんな θ の値でも，円周は球面としたときの値よりも小さい．たとえば，赤道では

$$C\left(\frac{\pi}{2}\right) = 2\pi a\left(1 - \frac{3}{4}\right) = \frac{\pi a}{2} \tag{2.25}$$

である．円周の最大値は $\theta = \sin^{-1}(2/3) = 0.73$ ラジアンの角度で，$(8\pi/9)a$ である．(2.23) 式にしたがうと，極から極の距離は πa になるので，この面は図 2.7 で示した球を引き伸ばした「ピーナッツ」型になる．

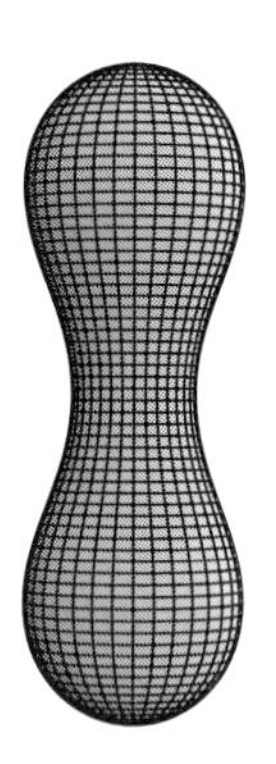

図 2.7　(2.21) 式と $f(\theta) = \sin\theta(1 - 3/4\sin^2\theta)$ で決まる幾何学を持った平坦 3 次元空間内の曲面．水平な罫線は θ 一定線である．θ が変化すると円周は (2.22) 式にしたがって変わる．鉛直線は対称性のある軸の周りに等角度で引かれた ϕ 一定の線である．この例は非常に対称性の高いピーナッツの表面のように見える（このような曲面の構成法は 7.7 節で扱う）．

2.6 座標と不変性

前述した，面内の円の半径に対する円周の比を計算すると，直交座標か極座標を使ったかに関係なく，同じ答えが得られた．答えが同じになるはずだというこ

とはわかりきっている．円の周りの距離と中心からの円の距離は，あいまいのない量であり，平面内の点に番号を付けることに使われた座標の選び方に**独立**である．円盤を例にとれば，端にある点が中心から等距離にあるかどうかを巻尺を使って調べることによって端が円であるかどうかチェックできるであろう．そして円周を見つけて，巻尺を使い，半径に対する円周の比を計算することができるであろう．これらの操作に座標系は含まれていない．座標系は単に幾何学に点を割り振るための便利で系統的な方法にすぎない．それ自身には意味がないのである．点にジョーやアリス，フレッド，$\cdots$ と名前を付けることもできるだろう．地図上ではニューヨークや北京など，そうしている．しかし微積分の方法を幾何学の問題に適用する場合には，このような名前の付け方は体系的でもないし便利でもない．座標は名前の体系的な集合であるが，座標系の数は無限にあり，それらはすべて同等だ．極座標を用いた円周の計算は（2.12）式と（2.11）式で示したように，ある計算に対しては便利かもしれないし，28 ページの Box 2.3 の地図で示したように，ある目的または別の目的に対して便利なのかも知れない．しかしどんなものを使っても答えは同じだ．

平面における直交座標と極座標の同等性は一般的にみられる．2 つの座標系は，平面の点の名前の異なった付け方なので，その間をつなぐ関係がなければならない．点は座標 (x, y) または (r, ϕ) のどちらかの名前が付けられる．これらの名前の間の変換は**座標変換**と呼ばれる．この場合，

$$x = r\cos\phi, \qquad y = r\sin\phi \tag{2.26}$$

である．座標変換（2.26）の力を借りれば，二つの線素（2.7）式と（2.8）式の間の同等性は機械的に説明できる．(2.7）式から始め，(2.26）式から dx, dy を計算する：

$$dx = (dr)\cos\phi - r\sin\phi(d\phi) \tag{2.27}$$

$$dy = (dr)\sin\phi + r\cos\phi(d\phi). \tag{2.28}$$

これらを（2.7）式に代入して，整理すれば極座標の dS^2 の（2.8）式を得る．ここでのポイントは，互いに近い点の距離 dS が**不変量**だということだ．これは計算に使う座標に依らない量である．

計算に使う座標は任意であり，答えは物理的に不変なもので表現されなければならない．次章で，不変量の例を多数見るだろう．

問　題

1. ［B］（a）平面内で，光線が直角コーナーレフレクタにどんな角度で入射しても同じ角度で戻されることを示せ．

（b）3 次元中で立方体コーナーレフレクタを使えば同じことが起きることを示せ．

2. ［S］ 地上で角度を測定すると，太陽の中心は，地球の中心よりもずっと遠くにある．しかし太陽は地球よりもずっと重い．(2.1) 式を使って，ガウスが行ったとされるような角度の測定にどちらの方が大きな効果を与えたであろうか．それを評価せよ．

3. ［C］（a）球面上の三角形の 2 つの角度が直角のとき，内角の和と面積の間の関係が，(2.4) 式で与えられることを確かめよ．

（b）この関係を一般的に証明せよ．

4. 以下の場合について球面上の三角形の例を描け．

（a） 内角の和がわずかに π よりも大きい．

（b） 角度の和が 2π に等しい．

（c） 球面上の三角形の内角の和が (2.4) 式にしたがうものの中で最大のものを求めよ．和が最大になる三角形を示して見せることができるか．

5. 半径 a の球面上の 2 次元幾何学で半径 r（中心から円周までの距離）の円の面積を計算せよ．これが $r \ll a$ のとき πr^2 になることを示せ．

6. ［B］ 半径 a の球面上で緯度線上の長さ s の区間を考えよう．この区間は球面上で北極から距離 d にある．

この区間が張る経度線の角度はいくらか．この角度は，区間が平面上で同じ距離を張ったとするときと比べ大きいか小さいか．

7. 平面内で直交座標 (x, y) から新しい座標 (μ, ν) への座標変換を考えよう：

$$x = \mu\nu, \qquad y = \frac{1}{2}\left(\mu^2 - \nu^2\right).$$

（a） xy 平面上で μ 一定曲線と ν 一定曲線を描け．

（b） 線素 $dS^2 = dx^2 + dy^2$ を (μ, ν) 座標へ変換せよ．

（c） μ 一定曲線と ν 一定曲線は直角に交わるか．

（d） 原点を中心とする半径 r の円を μ と ν の方程式で表せ．

（e） (μ, ν) 座標を使って，直径に対する円周の比を計算せよ．正しい答えが得られたか．

8. [A] 卵の表面は軸対称幾何学のよい近似となる．2 次元軸対称幾何学の線素 (2.21) において，表面が卵の幾何学に似るように $f(\theta)$ を選べ．両極間の距離に対する軸回りの最も大きな円の比を計算せよ．

9. 地球の表面は完全な球面ではない．両極を通る大円の円周の 1/4 は 9985.16 km である．これは赤道の円周の 1/4 の 10018.75 km よりもわずかに小さく，地球はわずかにつぶれている．地表面が (2.21) 式において小さな ϵ に対して

$$f(\theta) = \sin\theta(1 + \epsilon\sin^2\theta)$$

の線素の軸対称面でモデル化できるとする．どんな a と ϵ の値が極半径と赤道半径を再現するだろうか．

コメント：極周りの 1/4 がほとんど正確に 1000 万メートルであることは決して偶然ではない．これがメートルのもともとの定義だからだ．

10. [B] **正積図法** 正積図法は地図上の面積と地球の面積が一定の割合をもつものをいう．$x = L\phi/2\pi$ とするとどんな関数 $y(\lambda)$ によって正積図ができるのだろうか．[ヒント：無限小面積 $dxdy$ を，球面上のどんな場所においても球面上で対応する無限小の面積と比例定数が同じなら，面積が大きくなっても比例定数は同じになるだろう]

11. [B] **円錐図法** 円錐図法は地上の点を地図上の面内の極座標 (r, ψ) に置く．(球面上の座標 ϕ との混乱を避けるため ψ を使う) よって一般的に $r = r(\lambda, \phi)$ および $\psi = \psi(\lambda, \phi)$ である．特に簡単な円錐図法には北極を極座標の原点として使い，$r = r(\lambda)$ および $\psi = \phi$ とする種類のものがある．

(a) この種類に対して，球面上の線素を r と ψ で表せ．

(b) 地図上の各面積と球面上の対応する面積の間に比例定数が存在するような正積図法にする関数 $r(\lambda)$ を求めよ．[ヒント：問題 10 のヒントを見よ]

12. [B, N] **あなたの世界図**　Box 2.3 の地図は *Mathematica* のプログラム `WorldPlot` を使って作った．動径座標を使って，あなたの住む町を中心にして，世界を眺める投影図を作れ．

第3章 ニュートン物理学の空間と時間, 重力

第 2 章で幾何学の考えとその記述法を紹介した. この章ではニュートン力学で仮定された空間の幾何学と時間の概念を考察する. これは力学と, 後の展開で重要となる特殊相対性理論を復習するときにも役立つだろう.

3.1 慣性系

ニュートン力学では, 空間に対して幾何学, 時間に対して特別な考えを仮定する. 力のはたらいていない粒子, つまり**自由粒子**の運動に関する規程はニュートンの第一法則が明白に示している. ニュートンの第一法則にしたがえば, 自由粒子は等速で直線上を運動する. ところで, どんな幾何学が「直線」を定義するのだろうか. どのような時間の考えによって「等速」が決まるのだろうか.

ニュートンの第一法則での直線とは 3 次元ユークリッド空間中で 2 点間を結ぶもっとも短い道のりのことである. 空間の幾何学は直交座標における線素

$$dS^2 = dx^2 + dy^2 + dz^2 \tag{3.1}$$

によって記述され, dS によって無限小座標間隔 dx, dy, dz 離れた 2 点間の距離が決まる. この幾何学は平面の 3 次元幾何学の自然な拡張になっている. したがって**平坦空間**と呼ばれる. 平坦ユークリッド幾何学がニュートン力学の空間に対して仮定されている.

ニュートン力学の平坦空間でどんな運動が記述されるのか理解するために, 自由粒子があちこち動いている世界を想像しよう. 実験室内の観測者は, その中で動いている粒子の運動を記述し理解しようと努める (図 3.1 を見よ). 観測者は運動を記述するために, 実験室の壁と床が交わり, それらがぶつかる角を直交座

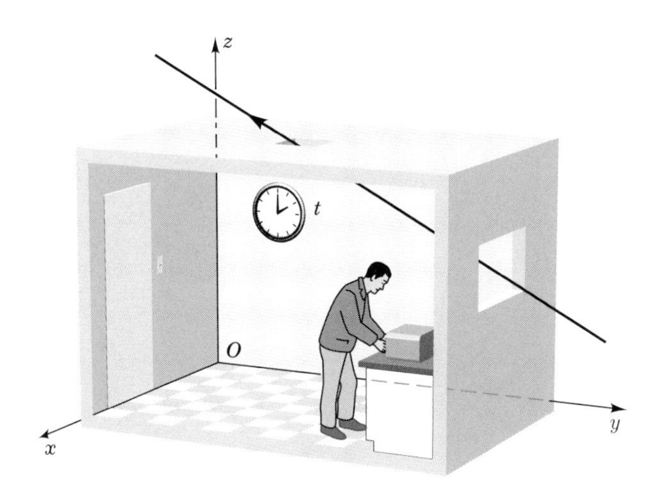

図 3.1　1 つの実験室で基準系が 1 つ決まる．理想的な実験室内で観測者は直交座標系 (x, y, z) の原点として部屋の角を選ぶことができる．軸を床と壁が交わるところに一致させる．3 つの座標軸と，時計で測定する時間とともに基準系が定義でき，観測者はそれを使って実験室で粒子の運動を記述し，ニュートン運動の法則を記述する．

標 (x, y, z) の原点に選ぶことができる．これらの座標を使い，粒子が動いている空間内の点に数値を割り当てることができる．座標系は**基準系**または短く**系**と言われる [*1]．

実験室はたくさんある．一様に運動しているものや，加速度運動しているもの，互いに回転しているもの，またはこれら 3 つの組合せになっているものも可能である（38 ページの図 3.2 を見よ）．しかしこれらの基準系のすべてが力学の法則を表す目的に対して同等に使いやすいとは限らない．基準系の特に便利なものを以下のように構成することができる：すべての時間を通じて自由粒子を直交座標系の原点として選ぶ（39 ページの図 3.3 を見よ）．ある瞬間にこの原点にある 3 つの直交するジャイロスコープの軸を 3 つの直交座標 (x, y, z) に選び，後の瞬間でもこれらのジャイロスコープの方向によって (x, y, z) を定め続ける．もっと一般的には原点が直線軌道に沿って運動していれば，そのままの形を保ったまま初めの軸を平行に（回転することなく）移動させる．できあがった座標系は**慣性**

[*1] 本書では座標系に対する同意語として系という言葉を使う．この言葉を非常に正確に定義する必要はないけれど，系は観測者の実験室と（ここでのように）強く関連しており，一般的に全体を覆っているが，空間と時間の限られた領域で使いやすいときもある．ニュートン力学と特殊相対性理論の慣性系は空間と時間全体を覆うことのできる例外的存在である．

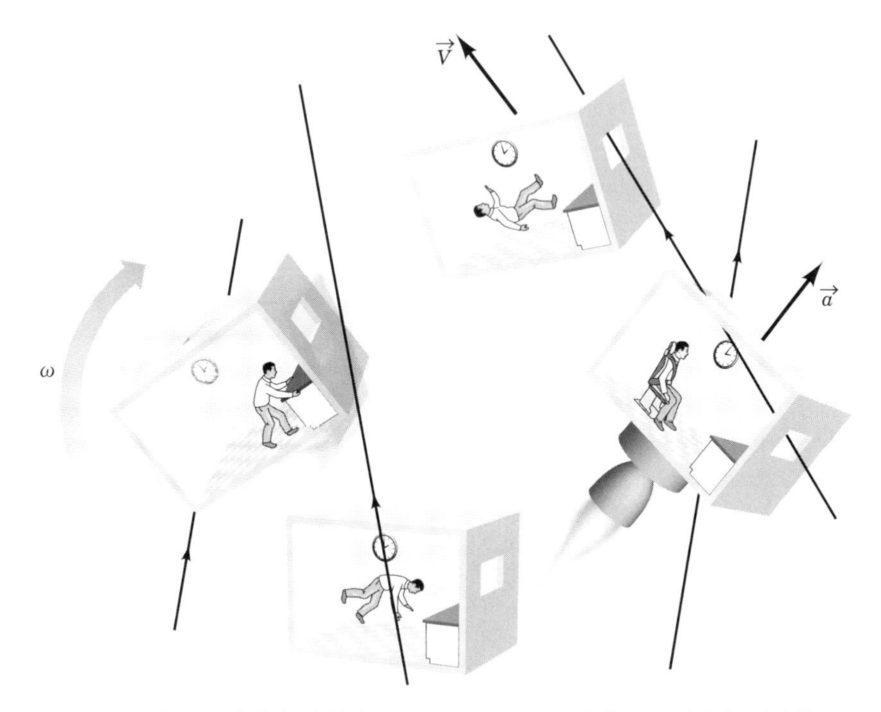

図 3.2　すべての基準系が慣性系ではない．図は 4 つの理想化された実験室が自由粒子の世界を運動しているところを示している．図 3.1 で説明したように各実験室は基準系になっている．一番下の実験室が慣性系であるとしよう．一番下の実験室に対して一様運動する実験室（一番上）も別の慣性系である．だが，一番下の実験室に対して回転する実験室（左）や加速度運動する実験室（右）は慣性系にはならない．

系 [*2] と呼ばれる．

ニュートン力学の法則は慣性系で最も標準的で単純な形式になる．慣性系の観測者は，すべての自由粒子の位置がある一定の割合で変わるようなパラメータ t を見つけることができる．これが時間である．どんな 1 粒子の運動もその座標を時間の関数 $(x(t), y(t), z(t))$ として，加速度をゼロとして記述することができる：

$$\frac{d^2x}{dt^2} = 0, \qquad \frac{d^2y}{dt^2} = 0, \qquad \frac{d^2z}{dt^2} = 0. \tag{3.2}$$

(3.2) 式はニュートンの第一法則を表す式である．しかし実際はむしろ慣性系

[*2] 慣性系の同意語は無数にあり，それらは典型的には慣性直交基準系の短縮形である．

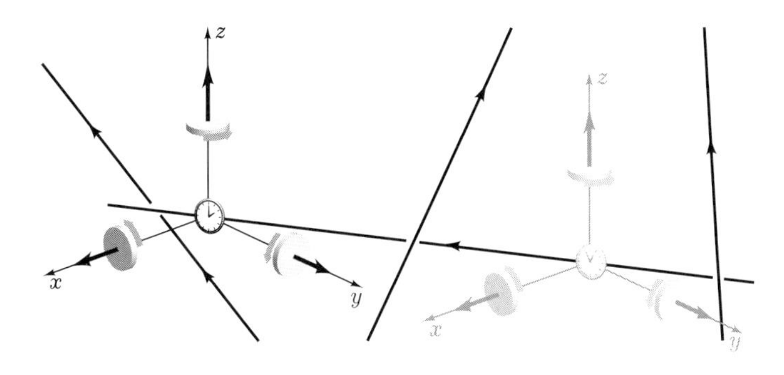

図 3.3 慣性系の構成．1 粒子の位置を系の原点に選ぶ．直交する 3 つ軸は粒子とともに動くジャイロスコープによって定義される．この 3 つの直交座標 (x, y, z) からなる系は他の粒子の運動を記述する慣性系となる．

は，ニュートンの第一法則が（3.2）式の形で成り立つような直交座標系として定義されている．

力学の法則を使うと，慣性系の観測者は時間 t を測定する時計を組み立てることができる．たとえば，1 つの自由粒子の位置を使えば t を測定することができる．その位置が時間的に一定の割合で変化するからである．

すべての直交座標系が慣性系であるわけではない．たとえば，地上の実験室の基準系は厳密には慣性系ではない．自由粒子の運動方程式は（3.2）式ではなく，さらに地球の回転から遠心力やコリオリ力を受けている．フーコーの振り子がゆっくりと歳差運動するのは，地球に固定された系が慣性系ではなく，慣性系に対して回転しているというまさにその現れである（別のこのような測定については Box 3.1 を見よ）．

慣性系はたった 1 つでなく多数存在する．すでに述べた構成法にしたがい，3 つの直交した方向を 3 つの軸に選べば，初めの座標に対して回転した新しい座標系 (x', y', z') を定義できる．第一の座標からずらし一定の速度で運動する別の自由粒子を原点として選ぶことができる．回転，変位，一様運動 (またはそれらの組合せ) が慣性系の中で他との違いを生じる少ない方法であることがわかる．

2 つの違った慣性系で構成した直交座標系 (x, y, z), (x', y', z') は 3 次元平坦空間上の点に別の数値を割り振っているだけのことである．したがって，これら 2 つの座標系の目盛付けの間には互いを結び付ける関係がなければならない．つまりこれが座標変換だ．変位と回転，一様運動に対する座標変換の簡単な例はそれぞれ以下のようになる．

（1） x 軸に沿って距離 d の変位（図 3.4 を見よ）：

$$\begin{aligned} x' &= x - d \\ y' &= y \\ z' &= z. \end{aligned} \tag{3.3}$$

（2） z 軸回りの角度 φ の回転（図 3.5 を見よ）：

$$\begin{aligned} x' &= (\cos\varphi)x + (\sin\varphi)y \\ y' &= -(\sin\varphi)x + (\cos\varphi)y \\ z' &= z. \end{aligned} \tag{3.4}$$

（3） x 軸方向に速度 v で一様運動（図 3.6 を見よ）：

$$\begin{aligned} x' &= x - vt \\ y' &= y \\ z' &= z. \end{aligned} \tag{3.5}$$

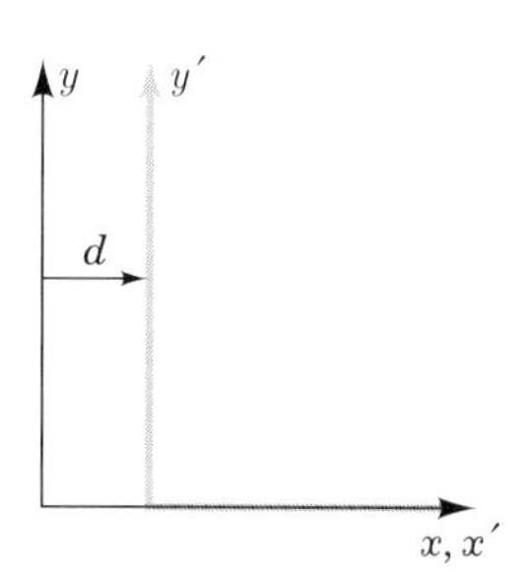

図 **3.4**　x 軸に沿って距離 d 離れた関係にある 2 つの直交座標系．

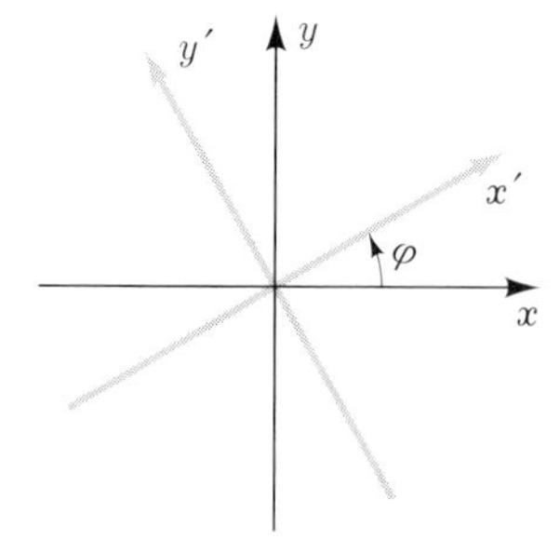

図 **3.5**　z 軸について角度 φ 回転した関係にある 2 つの直交座標系．

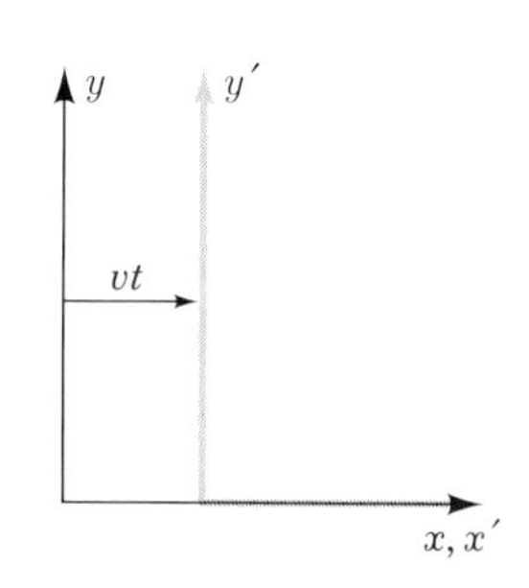

図 **3.6**　x 軸に沿って一様速度差 v の 2 つの直交座標系．

座標変換 (3.3)，(3.4)，(3.5) は位置を番号づけする座標が 2 つの慣性系間でどのように結びつけられるかを示している．ところで時間の関係はどうなっているのだろうか．ある慣性系内の観測者に対して，自由粒子に対する運動法則が単純な形になるような時間をどのようにしたら見つけられるかをすでに考察した．しかし別の慣性系で同じように作られた時間 t' は同じなのであろうか．より具体的に言えば，ある慣性系で同時に起きた 2 つの事象は別の慣性系でも同時なのであろうか．ニュートン力学ではこれらの質問に対して明白に yes と答える．あらゆる慣性系の観測者に対して時間の概念は 1 つしかないのがニュートン力学の中心となる**仮定**である．これが「絶対」「普遍」時間であり，どんな慣性系でも運動の法則に同じように入っている．したがって， $t' = t$ が成り立ち，互いに一様な速さ v で運動する 2 つの座標系の間の変換法則（3.5）の完全な形は

$$\boxed{\begin{aligned} x' &= x - vt \\ y' &= y \\ z' &= z \\ t' &= t \end{aligned}} \tag{3.6}$$

である．これは**ガリレイ変換**と呼ばれている．絶対時間のニュートン的なアイディアは特殊相対性理論で破棄される．相対論では慣性系が違えば時間の概念は違う．

Box 3.1 リング干渉ジャイロスコープによる地球の回転の測定

地上の実験室は地球が回転しているため慣性系ではない．地球の回転率は太陽の昇り沈みのような天体現象を参照しなくても地上の閉じた実験室の内部だけで行える実験で測定することができる．ジャイロスコープの歳差運動やフーコーの振り子の観測はその方法の 1 つであろう．しかし正確な測定はリング干渉ジャイロスコープで行うことができる．この機器の背後にあるアイディアは右の図をつかって説明できる．リング上の一点から同じ位相の波が互いに反対方向に放射される．円周上を回って反対に進み，リング上の出発点で検出される．もしリングが回転していなければ，波は同じ距離を回り位相が合って，干渉が起き強め合う．リングの中心が止まっている慣性系を使い，その系でリングが角速度 Ω で回転していると何が起きるかを調べてみる．どちらの波もリングを回っていて一方では，検出器は放射の時刻の位置から角度 $\Omega \times$ (経過時間) だけ回転しているだろう．リングと反対に回転している波は同じ方向に回転する波に比べ時刻 $\Delta t_{\rm counter}$ 後に検出器に到達し，進む距離は $v\Delta t_{\rm counter}$ である．v は波の速度である．この距離は $(2\pi - \Omega\Delta t_{\rm counter})R$ でもある．R はリング

の半径である．この二つを等しいとして $\Delta t_{\text{counter}}$ を求めると，距離は $(2\pi R)/(1+(\Omega R/v))$ となる．同じような式からリングと同じ方向に進む波の距離が得られ，それは分母の符号を変えただけで同じ式となる．2 つの距離の差は

$$(4\pi R^2 \Omega/v)[1-(\Omega R/v)^2]^{-1}$$

である．この距離が波長の整数倍になると，二つの波は干渉し強め合い，半整数倍のときには弱め合うだろう．これをサニャック効果（*Sagnac effect*）という．

地球の回転はこのように電磁波を用いて測定されている．しかし，特に執筆時，最も正確な結果が原子干渉計で原子の量子ド・ブロイ波を使って得られている［たとえば Gustavson, Bouyer, and Kasevich（1997）］．質量 m の物質のド・ブロイ波長は $h/(mv)$ であり，実験における原子の速度ではこの波長は可視光の波長よりもかなり短い．強め合いと弱め合いの干渉の差は半波長なので，物質波の干渉を使えば原理的には非常に正確な測定ができる．回転の厳密な測定は重要である．第 14 章（下巻）で習うように，一般相対性理論では物質の回転は近くの慣性系の回転に影響を及ぼすからである．

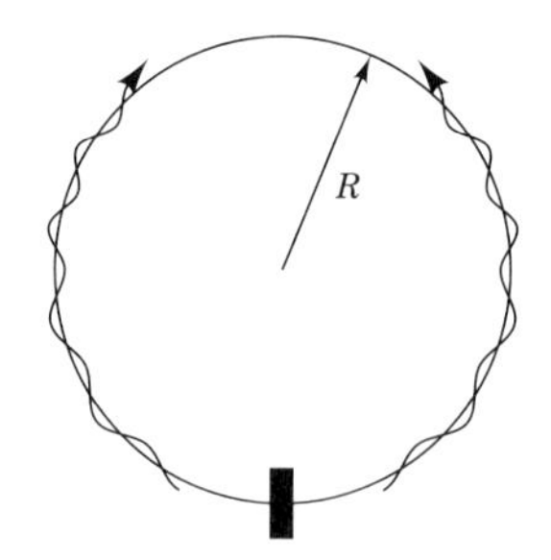

3.2　相対性原理

ニュートンの第一法則が力学のすべてではない．ニュートンの第二法則によって，一定速度からのずれ（加速度）は力と結びつく．だが，ニュートンの第二法則を含むすべてのニュートン力学は以下の**相対性原理**と密接に結びついている：

> 相対性原理
> 同じ実験を別々の慣性系でしても同じ結果になる

あなたは閉じた実験室にいるとする．ニュートンの第一法則をチェックする実験をすれば，実験室系が慣性系かどうかを決めることができるだろう．しかし相対性原理によれば，実験室の内側で実験室が無限に多い慣性系の中のどれになるかを決めるための実験は存在しない．言い替えれば，絶対変位や絶対回転，絶対速度の概念は存在しないのだ．この状況を加速度系と対比しよう．理想的に滑らかな路面上の車の中で目隠しをされると，車が止まっているか，一様速度で運動しているのかを知ることはできない．しかし，加速しているかどうかを知ることは可能である．この相対性原理は次章で述べるようにアインシュタインが特殊相対論を発見する上で重要な役割を果たした．

「物理法則を習うとき，重力の法則，電気磁気の法則，核反応の法則など，複雑でこまごまとした原理がたくさんあることに気づくであろう．しかし，これらのこまごまとした法則をまとめてしまう偉大で一般的な法則が存在する．すべての法則がそれにしたがっているのだ」このようにファインマン（Richard Feynman）（1965）は相対性原理のような原理を特徴づけた．たくさんの法則に関係する原理が数学的に正しいと思ってはいけない（相対性原理の文面の中にある「同じ」ということばは厳密に何を意味しているのだろうか）．だが，こまごまとした法則に共通な性質が存在するという事実から目を背けてもいけない．たとえば，相対性原理は，力学の法則がすべての慣性系で同じ形式になると表現している．正確な意味を形式で表すことは難しいが，そのアイディアはニュートンの第一法則によって説明することができる．式（3.2）が ある慣性系で成り立つとする．回転や変位，一様運動は（3.2）式の形を維持する．それを示すために，(3.3)，(3.4)，(3.5）式を時間に関して単に 2 回微分し $t = t'$ を使うと d と θ, v は時間について定数なので，各 3 つの場合で（3.2）式は

$$\frac{d^2x'}{dt'^2} = 0, \qquad \frac{d^2y'}{dt'^2} = 0, \qquad \frac{d^2z'}{dt'^2} = 0, \tag{3.7}$$

となり，(3.2）式と同じ形になる．自由粒子の方程式の形はすべての慣性系で同じである．特に，その形はガリレイ変換のもとで不変である．

相対性原理は変位と回転の差だけが異なる慣性系間の物理法則の形式を関係づけているのだが，ユークリッド幾何学が対称性を共有しているという理由のみで相対性原理は成り立っている．2 次元の空間の幾何学がじゃがいもの表面のように曲がっていれば，物理法則は変位と回転のもとで不変にはならない．

線素

$$dS^2 = dx^2 + dy^2 + dz^2 \tag{3.8}$$

が変位と回転のもとでどのように変わるのかを調べることによって，ユークリッド幾何学におけるこれらの対称性を確かめることができる．これらの変換公式はそれぞれ（3.3）式と（3.4）式によって与えられる．例として回転を考えよう．その変換は（3.4）式によって与えられる：

$$\begin{aligned} x &= (\cos\varphi)x' - (\sin\varphi)y' \\ y &= (\sin\varphi)x' + (\cos\varphi)y' \\ z &= z'. \end{aligned} \tag{3.9}$$

これらを（3.8）式に代入すると

$$\begin{aligned} dS^2 &= (\cos\varphi dx' - \sin\varphi dy')^2 + (\sin\varphi dx' + \cos\varphi dy')^2 + dz'^2 \\ &= dx'^2 + dy'^2 + dz'^2 \end{aligned} \tag{3.10}$$

が得られる．線素の形は回転のもとで不変であり，したがって，ユークリッド幾何学である．同じことが変位に対しても言える．

3.3 ニュートン重力

ニュートンの重力の法則は重力 $\vec{F}$ を，質量 M の質点 A が距離 r 離れた質量 m の別の質点 B に作用することだと述べている．この力は引力で，方向は質量を結ぶ直線に沿い，大きさは r^2 に反比例する：

$$\vec{F}_{\mathrm{grav}} = -\frac{GmM}{r^2}\vec{e}_r. \tag{3.11}$$

ここで，$\vec{e}_r$ は A から B に向かう単位ベクトルであり，G はニュートンの重力定数 $6.67 \times 10^{-8}\mathrm{dyn}\cdot\mathrm{cm}^2/\mathrm{g}^2$ である． B にはたらく重力は

Box 3.2 マッハの原理：慣性系とは何か？

ニュートン力学では慣性系を互いに関係づける方法を具体的に述べている．しかし，慣性系を宇宙にある物理的な特徴物に結びつける方法は明らかにしていない．だが，慣性系を物理的な特徴と関連させる簡単な方法がある．以下の思考実験を考えることによってこのことに迫ることができる．

あなたは雲で覆われた空のもと地球の北極にいるところを想像しよう．フーコーの振子が垂直に吊るされている．振子の揺れる面は地表に対して歳差している．振子の揺れる面が止まっている慣性系があり，それが地球に対して回転している．そこで雲が切れると，この慣性系が遠い星に対して止まっているか，一様に運動しているかを知ることができるようになるだろう．経験にもとづけば，力学の慣性系は宇宙の遠い物質に対して止まっているか，一様運動している．局所慣性系と遠い物体の間のこうした関連性が必要であるというのがバークレー（Bishop Berkeley 1685–1753）と物理学者マッハ（Ernst Mach 1838–1916）のアイディアである．この関係は**マッハの原理**と呼ばれることがある．だが，一般相対性理論ではこの関係は不要である．振子の揺れる面が変わらない系が遠い星に対して回転していれば，宇宙が回転しているといっても構わない．遠い物体にあるこの種の一様性 —— 宇宙背景放射（CMB） —— から宇宙全体の回転に強い上限が与えられている．第 14 章（下巻）で見るように一般相対性理論では物質の回転運動は慣性系に影響を及ぼす．

$$\vec{F}_{\rm grav} = -m\vec{\nabla}\Phi(\vec{x}_B) \tag{3.12}$$

である．ここで m は B の質量，$\vec{x}_B$ は B の位置であり，$\Phi(\vec{x})$ は A によってつくられる**重力ポテンシャル**である：

$$\Phi(\vec{x}) = -\frac{GM}{r} \equiv -\frac{GM}{|\vec{x}-\vec{x}_A|}. \tag{3.13}$$

B が，いろいろな位置 $\vec{x}_A$ にあるたくさんの質点 M_A, $A = 1, 2, \cdots$ から引力を受けていれば，(3.12) 式の力を与えるポテンシャルはその各々の質点からの重力ポテンシャルの和

$$\Phi(\vec{x}) = -\sum_A \frac{GM_A}{|\vec{x}-\vec{x}_A|} \tag{3.14}$$

となる．物体が**質量密度** $\mu(\vec{x})$ で連続分布をしているときには，(3.14) 式は体積素 d^3x の質量 $\mu(\vec{x})d^3x$ についての積分になる．つまり

$$\Phi(\vec{x}) = -\int d^3x' \, \frac{G\mu(\vec{x}')}{|\vec{x}-\vec{x}'|} \tag{3.15}$$

になる．

電磁気学に詳しい読者なら，(3.15) 式と静電ポテンシャルが似ていること，重力 (3.12) と静電気力が似ていることにすぐ気がついたであろう．この類似性がすぐわかるように表 3.1 に示した．これらの類似性の起源は，力が 2 つの物体の距離の 2 乗に反比例することである．重力における質量は静電気における電荷である．だが，質量は常に正であるため重力はいつも引力であり，反発力もある静電気とは違う．

重力と静電気の類似をさらに推し進めることができる．ニュートン重力場 $\vec{g}$

$$\vec{g}(\vec{x}) \equiv -\vec{\nabla}\Phi(\vec{x}) \tag{3.16}$$

を導入する．これは電磁気で電場に相当するものである．重力ポテンシャル (3.15) の微分形は

$$\vec{\nabla}\cdot\vec{g}(\vec{x}) = -4\pi G\mu(\vec{x}) \tag{3.17}$$

または

表 3.1 ニュートン重力と静電気力

	ニュートン重力	静電気力
2 つの物体の間の力	$\vec{F}_{\rm grav} = -\dfrac{GmM}{r^2}\vec{e}_r$	$\vec{F}_{\rm elec} = +\dfrac{qQ}{4\pi\epsilon_0 r^2}\vec{e}_r$
ポテンシャルから得られる力	$\vec{F}_{\rm grav} = -m\vec{\nabla}\Phi(\vec{x}_B)$	$\vec{F}_{\rm elec} = -q\vec{\nabla}\Phi_{\rm elec}(\vec{x}_B)$
球体の外部のポテンシャル	$\Phi = -\dfrac{GM}{r}$	$\Phi_{\rm elec} = \dfrac{Q}{4\pi\epsilon_0 r}$
ポテンシャル場の方程式	$\nabla^2\Phi = 4\pi G\mu$	$\nabla^2\Phi_{\rm elec} = -\rho_{\rm elec}/\epsilon_0$

ここで $\vec{x}_A$ と $\vec{x}_B$ は重力の場合，質量 M と m の位置であり，静電気力の場合 Q と q の位置である．それらの距離は $r = |\vec{x}_A - \vec{x}_B|$ であり，$\vec{e}_r = (\vec{x}_B - \vec{x}_A)/r$ である．$\vec{F}_{\rm grav}$ は M が m に及ぼす重力であり，$\vec{F}_{\rm elec}$ は Q が q に及ぼす力である．$\Phi_{\rm elec}$ は静電ポテンシャルであり，$\rho_{\rm elec}$ は電荷密度である．

$$\boxed{\nabla^2\Phi(\vec{x}) = 4\pi G\mu(\vec{x})} \tag{3.18}$$

である．ここで ∇^2 はラプラシアン $\partial^2/\partial x^2 + \partial^2/\partial y^2 + \partial^2/\partial z^2$ である．静電場のポアソン方程式に相当するものがニュートン重力場の方程式である．

●例 3.1 ニュートンの定理● 球対称な質量分布の外側の重力場は全質量だけに依存する．この結果はニュートンの定理と呼ばれる．これを証明するために，すべての質量を含むような半径 r の球の内側の体積 $\mathcal{V}(r)$ について（3.17）式の両辺を積分すると

$$\int_{\mathcal{V}(r)} d^3x\vec{\nabla}\cdot\vec{g} = -4\pi G\int_{\mathcal{V}(r)} d^3x\,\mu(r) = -4\pi GM \tag{3.19}$$

となる．ここで M は全質量である．左辺を半径 r の球面についての面積分として表すために発散定理（ガウスの定理とも呼ばれる）を使うと

$$\int_r d\vec{A}\cdot\vec{g} = -4\pi GM \tag{3.20}$$

となる．球対称のため $\vec{g}$ は r にのみ依存し，方向は動径方向だけである．したがって面積分は $4\pi r^2|\vec{g}(r)|$ となる．ここで $|\vec{g}|$ は $\vec{g}$ の大きさである．よって，もし $\vec{e}_r$ が動径方向の単位ベクトルならば

$$\vec{g}(r) = -\frac{GM}{r^2}\vec{e}_r \tag{3.21}$$

であり，M にのみ依存する．同様に，どんな球対称の質量分布の外側でも重力ポ

テンシャルは無限遠を 0 に規格化すると M だけに依存する：

$$\Phi(r) = -\frac{GM}{r}. \tag{3.22}$$

質量 M が中心に集中していても，薄い球殻上に分布していても，一様分布であっても，その他の球対称な形状をしていようとも関係ない．内側の質量が動いていても，動径方向だけに動いている限り同じである．球対称質量分布の外側の場とポテンシャルは（3.21）式と（3.22）式によって与えられ，全質量が保存するので常に時間的に一定である．一般相対論でも曲がった時空も球対称質量分布の外側にあれば，全質量にのみ依存する．

●例 3.2　ケプラーの法則●　重力中心を回る軌道上の衛星に対して，ケプラーの法則から軌道周期とその大きさは関係づけられる．質量 M の球対称中心の周りで半径 R, 周期 P の円軌道の例を取り上げて考えてみよう．関係は向心加速度 V^2/R（V は軌道速度）と重力加速度が等しいとすることで求められ，

$$\frac{V^2}{R} = \left(\frac{2\pi R}{P}\right)^2 \frac{1}{R} = \frac{GM}{R^2} \tag{3.23}$$

となる．この式は

$$P^2 = \frac{4\pi^2}{GM} R^3 \tag{3.24}$$

であり，周期の 2 乗が長軸半径の 3 乗に比例する特別な場合になっている．

第 6 章で，ニュートン重力と加速度が，曲がった時空中で運動する自由粒子の理論として幾何学的に再度定式化されるのを見ることになるだろう．

3.4　重力と慣性質量

重力の法則（3.12）にニュートンの運動法則 $\vec{F} = m\vec{a}$ を代入することで

$$m\vec{a} = -m\vec{\nabla}\Phi \tag{3.25}$$

または

$$\vec{a} = -\vec{\nabla}\Phi \tag{3.26}$$

が得られる．これは，すべての物体が質量や組成に関係なく重力場中で同じ加速度で落下することを表している．2.1 節で手短に述べたように，この自由落下加

速度の普遍性が一般相対性理論の幾何学的理解の中心となる．

この自由落下の普遍性に向けられた偉大なる洞察は，(3.25) 式の質量によって果たされる 2 つの役割を区別することによって得られる．方程式の左辺の質量は物体の慣性という性質を支配し，その役割から物体の**慣性質量** m_I と呼ばれる．これはニュートンの運動法則

$$\vec{F} = m_I \vec{a} \tag{3.27}$$

に一般的に含まれる質量である．左辺にある力のもと（重力や電磁気，弾性など）が何であっても成り立つ．

(3.25) 式の右辺の質量は物体間の重力の強さを表すため，物体の**重力質量** m_G と呼ばれる．これは逆 2 乗則

$$\vec{F}_{\text{grav}} = -\frac{G m_G M_G}{r^2} \vec{e}_r \tag{3.28}$$

に現れる質量であり［(3.11) 式を参照］，電荷と類似している．重力質量は (3.12) 式

$$\vec{F}_{\text{grav}} = -m_G \vec{\nabla} \Phi(\vec{x}_B) \tag{3.29}$$

に入ってくる．そして重力質量密度は重力ポテンシャル (3.18) の発生源である：

$$\nabla^2 \Phi(\vec{x}) = 4\pi G \mu_G(\vec{x}). \tag{3.30}$$

また，重力質量は重力場 $\vec{g}$ 中で物体の重さと等しいことはよく知られている：

$$\vec{F}_{\text{grav}} = m_G \vec{g}. \tag{3.31}$$

表 3.1 内のすべての質量，質量密度は重力質量である．

すべての物体は重力場中で同じ加速度で落下することが実験からわかっている．したがって慣性質量と重力質量はすべての物体で比例しなければならない．重力質量はある物体，つまりフランスのセーブルの標準キログラムを基準とする慣性質量と等しいと**定義**することができる．加速度の等価性は，比例定数がすべての物体で等しいことを意味する：

$$\boxed{m_I = m_G} \tag{3.32}$$

15 ページの Box 2.1 で示したように，これは物理の中で最も正確に検証された関

係式のうちの 1 つである（このことについてさらに多くは第 6 章で）．

m_I の数値（すべての力に対して力学的法則の中で慣性を操る）と特殊な力——重力 —— への結合定数としての m_G の数値が等価であることはまさに驚くべきことである．ニュートン理論では，このことは説明できない実験事実のように見受けられる．重力の幾何学理論が可能で一般相対性理論の基礎となっているのはこの実験事実があるからである．もし同じ初期条件ですべての物体がその組成と無関係に同じ曲線に沿って落下するなら，その曲線は時空の幾何学の特徴であって，物体にはたらく力の特徴ではない．

3.5 ニュートン力学の変分原理

物理 —— それは作用があるところ．
（作者不詳）

ニュートン力学の法則は最小作用の原理 [*3] と呼ばれる変分原理で定式化することができる．この原理を拡張すれば，曲がった時空で粒子の運動方程式を定式化する道しるべとなるであろう．ポテンシャル $V(x)$ の中で 1 次元中を運動する質量 m の粒子の単純な場合から始めて最小作用の原理を復習する．運動の方程式はラグランジアンによってまとめられる：

$$L(\dot{x}, x) = \frac{1}{2}m\dot{x}^2 - V(x). \tag{3.33}$$

ここでドットは時間微分を表す．ニュートンの法則 $m\ddot{x} = -dV/dx$ はラグランジュ方程式

$$-\frac{d}{dt}\left(\frac{\partial L}{\partial \dot{x}}\right) + \frac{\partial L}{\partial x} = 0 \tag{3.34}$$

によって表すことができる．

図 3.7 に示した，時刻 t_A で点 x_A と時刻 t_B で点 x_B をつなぐ経路を考えよう．各経路に対して，作用

$$S[x(t)] = \int_{t_A}^{t_B} dt L(\dot{x}(t), x(t)) \tag{3.35}$$

と呼ばれる実数をつくろう．作用は汎関数の例である．これは関数（この場合 $x(t)$ の関数）から実数への写像である．

[*3] 変分原理は作用原理と呼ばれることがある．

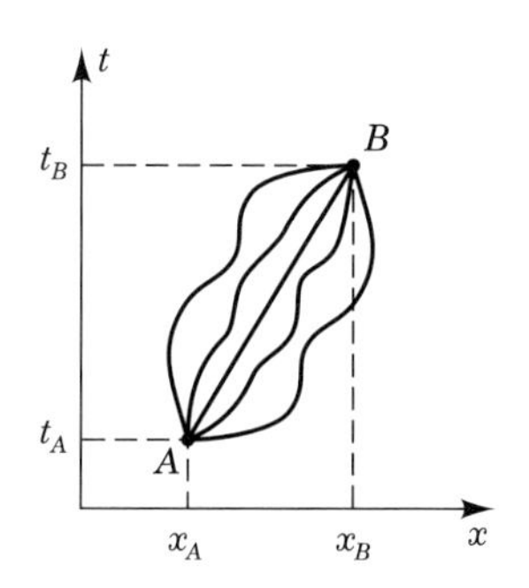

図 3.7　時刻 t_A 位置 x_A と時刻 t_B 位置 x_B を結ぶいろいろな経路を示した．しかしニュートンの運動方程式にしたがっている粒子は，そのうちの 1 つに沿って運動する．その経路は作用が極値をとるものである．

t_A で x_A と t_B で x_B をつなぐすべての曲線の中で作用が極値をとるものがラグランジュ方程式（3.34）を満たす．これがニュートン力学における変分原理である．

ニュートン力学の変分原理

粒子は，ある時刻における点と後の時刻における別の点の間で計算される作用が極値をとるように運動する．

言い方を替えれば，ニュートンの運動法則にしたがう粒子は作用が極値をとる経路にしたがう．以下で，極値が何を意味するかを説明し，その原理を説明することにする．

1 変数関数 $f(x)$ が極値をとるのは 1 階微分が 0 になる点である．その点では極大をとるかもしれないし，極小かもしれないし，鞍点かもしれない．極値では，x に小さい変化 δx を与えても関数の値は 1 次の変化 δf は起きない．その理由は，δx の 1 次では

$$\delta f = \frac{df}{dx}\delta x \tag{3.36}$$

であり，極値では $df/dx = 0$ だからだ．

n 個の変数 $x^1, \cdots, x^n$ の関数 $f(x^1, \cdots, x^n)$ が極値をとるのはすべての偏微分 $\partial f/\partial x^a$ $(a = 1, \cdots, n)$ が 0 になるところである．このような極値は任意の変分

$\delta x^a,\ a = 1, \cdots, n$ に対して，関数の第一変分が 0 となるところとして特徴づけられる：

$$\delta f = \sum_{a=1}^{n} \frac{\partial f}{\partial x^a} \delta x^a = 0. \tag{3.37}$$

次元が多くなると，極値は関数の極大や極小になっているとは限らない．ある方向には極大で，別の方向には極小ということもある．

作用汎関数 $S[x(t)]$ の極値は (x_A, t_A) と (x_B, t_B) をつなぐ経路の任意の変分 $\delta x(t)$ に対して 1 階の変分 $\delta S[x(t)]$ が 0 になることで定義される．$\delta S[x(t)]$ を計算することは，単に，作用（3.35）の定義の $x(t)$ に $x(t) + \delta x(t)$ を代入し，$\delta x(t)$ の 1 次まで展開し，部分積分をすると

$$\delta S[x(t)] = \int_{t_A}^{t_B} dt \left[\frac{\partial L}{\partial \dot{x}(t)} \delta \dot{x}(t) + \frac{\partial L}{\partial x(t)} \delta x(t) \right] \tag{3.38a}$$

$$= \frac{\partial L}{\partial \dot{x}(t)} \delta x(t) \bigg|_{t_A}^{t_B} + \int_{t_A}^{t_B} dt \left[-\frac{d}{dt} \left(\frac{\partial L}{\partial \dot{x}(t)} \right) + \frac{\partial L}{\partial x(t)} \right] \delta x(t) \tag{3.38b}$$

となる．

t_A の x_A と t_B の x_B を結ぶ経路の変分は端点で必ずゼロになる $\delta x(t_A) = \delta x(t_B) = 0$．したがって（3.38b）式の第一項は 0 になる．$\delta S[x(t)]$ が 0 になるという条件のため，残っている項は任意の $\delta x(t)$ に対して 0 にならなければならない．そうなるのは（3.38b）式の被積分関数が恒等的に 0 になるときであり

$$-\frac{d}{dt} \left(\frac{\partial L}{\partial \dot{x}} \right) + \frac{\partial L}{\partial x} = 0 \tag{3.39}$$

となる．経路がラグランジュ方程式を満たすと作用が極値をとる．

この結果は 1 次元の運動にだけに留まらない．ラグランジアンが n 個の座標 $x^a(t)$ とその微分の関数ならば，作用は n 個の式

$$-\frac{d}{dt} \left(\frac{\partial L}{\partial \dot{x}^a} \right) + \frac{\partial L}{\partial x^a} = 0, \qquad a = 1, \cdots, n \tag{3.40}$$

を満たすとき極値をとる．

●例 3.3　特殊な変分●　運動方程式にしたがう経路から離れるどんな変分に対しても極値をとれば，それは特殊な変分 (微分方程式における特解のようなもの) に対しても極値でなければならない．t_A で x_A と t_B で x_B の間を運動する自由

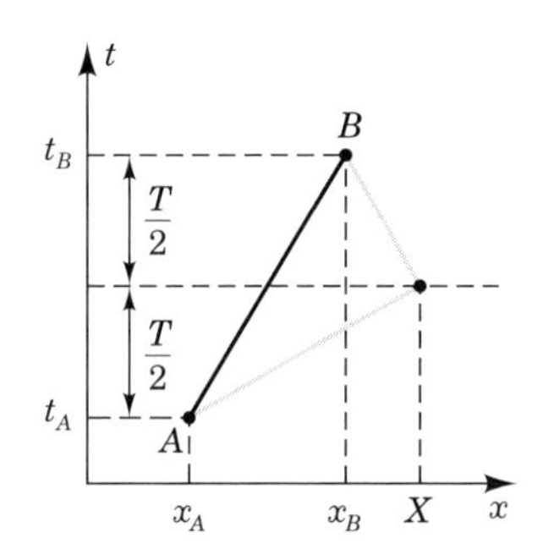

図 3.8 この図は時刻 t_A, 場所 x_A と時刻 t_B, 場所 x_B を結ぶ粒子の経路の特別なものを表している．薄い経路は 2 つの直線からなっており，t_A と t_B の中間の時刻で位置 X を通り，X がパラメータとして入っている．作用の極値をとる経路が実線となっており，2 点をつないでいる．これがニュートンの法則にしたがう経路である．

粒子（$V(x)=0$）を考えよう．ニュートンの法則によれば，自由粒子はその間を一定の速さで運動し，その速さは $(x_B-x_A)/T$ になる．$T\equiv t_B-t_A$ は経過時間である．これが図 3.8 に示した直線経路である．この経路では T の半分の時間が経ったとき，粒子は $(x_B+x_A)/2$ の位置にいる．ニュートンの法則にしたがう経路と，一定の速度で x_A からある別の位置 X にいき時刻 T で x_B 着く経路を比べてみよう．例が図 3.8 に示してある．これらの経路の作用 $S(X)$ は X の関数であり，各区間で速度一定なので（3.35）式から簡単に求められる．その速度は初めの区間で $(X-x_A)/(T/2)$ であり，次の区間で $(x_B-X)/(T/2)$ である．時間 t で，一定速度 V で運動する粒子の区間で計算される作用は $mV^2t/2$ である．これらの区間の作用の和は

$$S(X)=m\left[(x_B-X)^2+(X-x_A)^2\right]/T \tag{3.41}$$

である．作用が極値をとる経路は $dS/dX=0$ を満たす．唯一の解は

$$X=(x_B+x_A)/2 \tag{3.42}$$

であり，これはニュートンの法則にしたがう経路である．

問 題

1. 自由粒子が慣性系 (x,y,z) の xy 面内で $x=d$, $y=vt$ の軌跡上を運動している．d と v は定数である．その慣性系に対して，共通の z 軸（$z=z'$）を角速

度 ω で回転している直交座標系 (x', y', z') を考えよう．回転系で $x'(t)$, $y'(t)$, $z'(t)$ のしたがう運動方程式はどうなるか．$x'y'$ 面で粒子の軌跡の概形を描き，それが運動方程式を満たしていることがわかるようにせよ．

2. ニュートン力学の慣性系から一様に加速する系へ変換することによってニュートンの運動法則が不変でないことを示せ．加速度系での運動方程式はどうなるか．

3. ［B,S］45 ページの Box 3.2 で述べたフーコーの振り子の歳差運動は 1 時間当たり何度になるか．

4. 半径 R, 全質量 M の一様質量密度をもつ球の内外の重力ポテンシャルを求めよ．無限遠で 0 になるようにポテンシャルを規格化せよ．

5. 汎関数

$$S[x(t)] = \int_0^T \left[\left(\frac{dx(t)}{dt} \right)^2 + x^2(t) \right] dt$$

を考えよう．$S[x(t)]$ が極値をとり，条件

$$x(0) = 0, \qquad x(T) = 1$$

を満たす曲線 $x(t)$ を求めよ．$S[x(t)]$ の極値はいくらか．極大か，極小か．

6. ［B,E,C］月の自己重力エネルギーを月の静止質量との比として評価せよ．この比は重力質量と慣性質量が等しいことを検証する範囲で月レーザー測距の 10^{-13} 程度の精度よりも大きいか小さいか．

第4章

特殊相対性理論の原理

アインシュタインが1905年に提唱した特殊相対性理論によって，前章で概観したニュートンの空間と時間の考えを根本的に見直さざるを得なくなった．特殊相対性理論では，ユークリッド空間とそれとは独立の絶対時間からなるニュートンのアイディアは，時空と呼ばれる4次元統合体にまとめられる．この章では時空の非ユークリッド幾何学から始めて，特殊相対性理論の基本的原理を復習する．

4.1 速度の加法則とマイケルソン–モーレーの実験

電磁場を支配するマクスウェル方程式がニュートン力学のすべての慣性系内で同じ形式にならないという結論を得るために，マクスウェル方程式について多く知る必要はない．マクスウェル方程式から光が速さ c で進むことがわかる．c はマクスウェル方程式に基本パラメータとして入っている [*1]．しかし慣性系間のガリレイ変換（3.6）にしたがえば，互いに運動する慣性系間では光は違った速度で進むべきだ，ということになる．

具体的には，(V^x, V^y, V^z) がある慣性系で測定された粒子の速度成分であり [*2]，$(V^{x'}, V^{y'}, V^{z'})$ がその慣性系に対して x 軸方向に速度 v で運動する慣性系で測られた速度成分であるとする．すると（3.6）式から

$$V^{x'} = \frac{dx'}{dt'} = \frac{dx'}{dt} = \frac{dx}{dt} - v = V^x - v \tag{4.1}$$

となり，y と z 成分の自明な変換とともにまとめると

[*1] 物理量 ϵ_0 と μ_0 がマクスウェル方程式について基本パラメータであるという考えに慣れているかもしれないが，$\mu_0 \equiv 4\pi \times 10^{-7}$ は純粋に数値であり，$\epsilon_0 = 1/(c^2\mu_0)$ である．

[*2] ほとんどの場合，$\vec{V}$ のような大文字は慣性系で測定された粒子の速度に使われ，$\vec{v}$ のような小文字はある慣性系に対する別の慣性系の速度に使われる．しかし，ときどきこの記法にしたがわないこともある．

$$
\begin{aligned}
V^{x'} &= V^x - v \\
V^{y'} &= V^y \\
V^{z'} &= V^z
\end{aligned}
\tag{4.2}
$$

となる．これはニュートンの速度の加法則と呼ばれる．

変換 (4.2) からマクスウェル方程式が 1 つの慣性系でしか正しくないことがわかる．マクスウェル方程式から光の速度が 1 つしか得られないからだ．19 世紀に，この系が光の伝わる物理的媒質 ——「エーテル」—— の静止系だと考えられた．エーテル静止系に対して運動している慣性系では光の速度は (4.2) 式にしたがう．

マイケルソン (Albert Michelson) とモーレー (Edward Morley) はニュートンの速度の加法則 (4.2) を光の場合について実験し，1887 年結果を出版した．この実験の現代版を Box 4.1 に詳しく述べた．マイケルソンとモーレーは地上の実験室で地球の軌道運動の方向に進む光速とそれに垂直な光速を軌道上の 2 点で比べた (図 4.1 を見よ)．太陽の周りを地球が運動しているということは，軌道上のほと

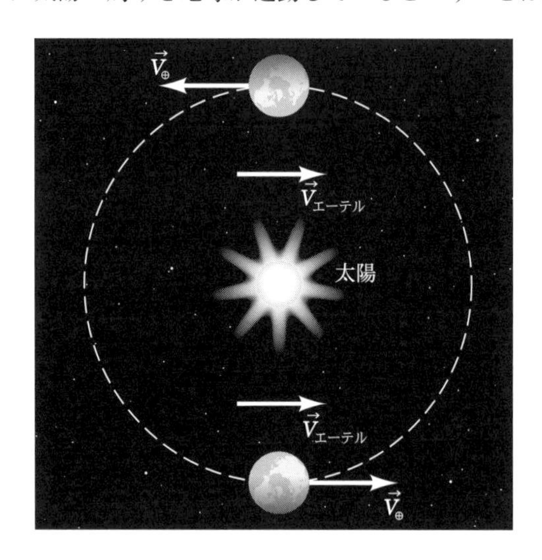

図 **4.1**　マイケルソン–モーレーの実験．一様なエーテルが太陽に対して速度 $\vec{V}_{\text{ether}}$ で運動しているとする．または同じことだが，太陽が速度 $-\vec{V}_{\text{ether}}$ でエーテルに対して運動しているとする．太陽に対する地球の速度を軌道上の一点で $\vec{V}_\oplus$ としよう．その点でエーテルに対する地球の速度は $\vec{V}_\oplus - \vec{V}_{\text{ether}}$ である．6ヶ月後地球の速度はほぼ $-\vec{V}_\oplus$ になっており，エーテルに対する速度は $-\vec{V}_\oplus - \vec{V}_{\text{ether}}$ である．速度差はエーテルの速度 $\vec{V}_{\text{ether}}$ と無関係に，$2\vec{V}_\oplus$ になっている．

んどの位置でエーテルに対して運動しているということになる．軌道上のある点でエーテルに対して止まっていれば，6 か月後にはエーテルに対して 2 倍の軌道速度で運動していることになるだろう．簡単のため太陽がエーテルに対して静止しているとしよう．$V_\oplus$ を地球の軌道速度とすると，ニュートンの速度の加法則 (4.2) から，地球の運動に対して垂直な光の速度は c であり，平行な速度は $c \pm V_\oplus$ になることになる．しかしマイケルソンとモーレーは速度差を検出できなかった．明らかにニュートンの速度の加法則は正しくない．ニュートン力学とマクスウェル方程式のどちらかを修正しなければならない．それは力学の方であった．

Box 4.1 現代版マイケルソン–モーレーの実験

1978 年ブリエ（Brillet）とホール（Hall）は光の伝播の等方性について新しい制限を定めた．ヘリウム–ネオンレーザー（$\lambda = 3.39\,\mu$m）がファブリ–ペロー干渉計に放射を供給する．実質的にこの干渉計は，ある距離離して固定された 2 枚の鏡によって仕切られた光共振器である．このレーザーの振動数を常に調節し，共振器の定在波を維持する．$f = c/\lambda$ の関係があるため，光速にどんな小さな変化が生じてもレーザーの振動数 f に変化が起きる．レーザーと共振器は重い花崗岩のテーブルに置かれており，空間の方向を比べるために回転できるようになっている．ビームを分割し回転軸を上がるようにし，それを定常参照レーザーと比較することによってレーザーの振動数を決める．もしも光速が 2 つの直交する方向で異なれば，振動数は $\cos(2\phi)$ に依存する．ここで ϕ はプラットフォームの回転角である．ブリエとホールの結果は

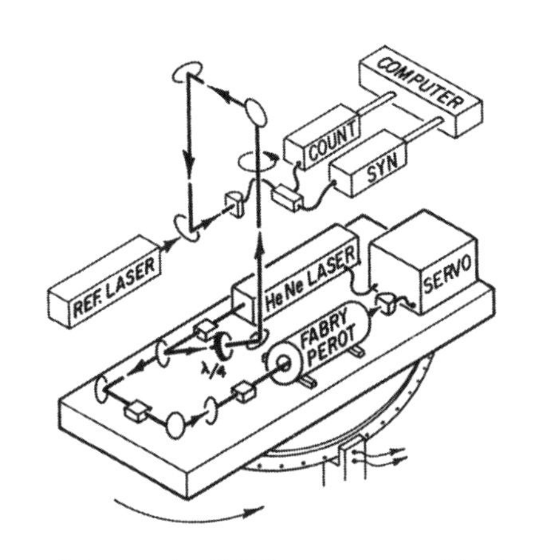

$$\Delta f / f = (1.5 \pm 2.5) \times 10^{-15}$$

であり，これから振動数がまったく変化していないといえる．ニュートン的速度の加法では振動数の偏移が $(V_\oplus/c)^2 \approx 10^{-8}$ であることが予測されるだろう（$V_\oplus$ は地球の軌道速度）．ブリエとホールの実験では，この古典的予言値よりも 1000 万分の 1

のスケールで小さく，有意な結果が得られなかった．

4.2 アインシュタインの革命とその成果

アインシュタインは 1905 年にニュートン力学を修正することに成功し，その理論は**特殊相対性理論**または短縮して**特殊相対論**と呼ばれる．アインシュタインは定式化するために 3.2 節の相対性原理がマクスウェル方程式によって表される電磁現象でも成り立つことを仮定した．特に光速がすべての慣性系で同じ値 c になることを仮定した．現在ではこの仮定はマイケルソン–モーレーの実験によって動機づけられたと考えられている [*3]．しかし，相対性原理を受け入れるとき，ニュートン力学ではガリレイ変換を採用していたため，ニュートンの速度の加法則が導かれるので，アインシュタインはそれを採用しなかった．むしろアインシュタインはすべての慣性系で光速が同じ値になる慣性系間の新しい関係を発見した．

すべての慣性系で光速が同じであると仮定すると，絶対時間というニュートンのアイディアを見直し，最終的にはあきらめる必要がでてくる．同時性のアイディアを調べると，この仮定が最も浮き彫りになる．2 つの事象が同じ時刻に起きれば同時である．ニュートン理論では，絶対時間を採用しているので，2 つの事象がある慣性系で同時ならば他のすべての慣性系でも同時である．光速一定の仮定のアイディアがいかに大きなインパクトを与えるかを見るため，図 4.2 と図 4.3 に示した思考実験を考えよう．

3 人の観測者 A, B, O が長さ L のロケットに乗っている．O は A と B の中間点にいる．A と B はそれぞれロケットに沿って O に向けて光信号を放つ．O はこの信号を同時に受信する．どちらの信号が先に放たれたのか．光速がすべて同じならば答えは慣性系で違ってくる．

図 4.2 の慣性系ではロケットが静止している．この系で止まっている観測者が推測すると「ロケットは止まっており，2 人の観測者 A, B は O から等距離にいる．したがって 光の信号が A から O まで伝わる時間は B から O までと同じである．信号が同じ瞬間に O に届いたので，同時に放たれたはずだ」

60 ページの図 4.3 に示したように，ロケットが動いているように見える慣性系

[*3] 本当の歴史はいつもそうであるように複雑である（Miller 1981, Pais 1982）．

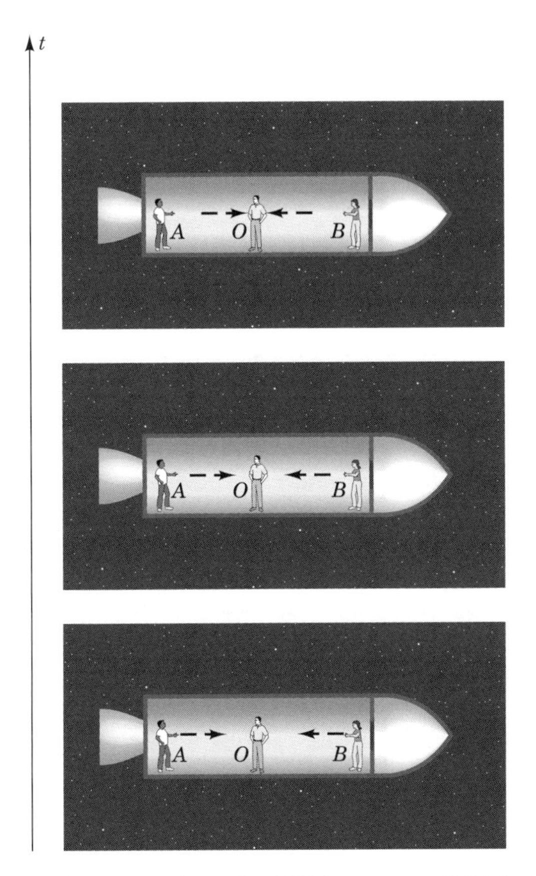

図 **4.2** ある慣性系から見たとき，3 人の観測者 A, B, O が静止しているロケットに乗っている．観測者 A, B は O から等距離にいる．A と B が光信号を放ち，O が同時に受信した．図を下から上へ移動すると，ロケットと信号の様子が 3 つの等間隔で時間が進み，最終的には信号が O に同時に到着している．A と B の信号が速さ c で同じ距離を進み同時に到着するので，信号は同時に発信されていなければならない．

では別の結果が得られる．この系で静止している観測者は以下のように推測するだろう．「O が信号を同時に受信した．信号を放つ前では，つねに B の位置は A の位置よりも O の受信位置に近いことがわかる．A と B の両方の信号は光速 c で伝わるので，A の信号は B よりも先に送られたことになる．O に同時に着くためには，A の信号は B よりも長い距離を移動しなければならないからだ」

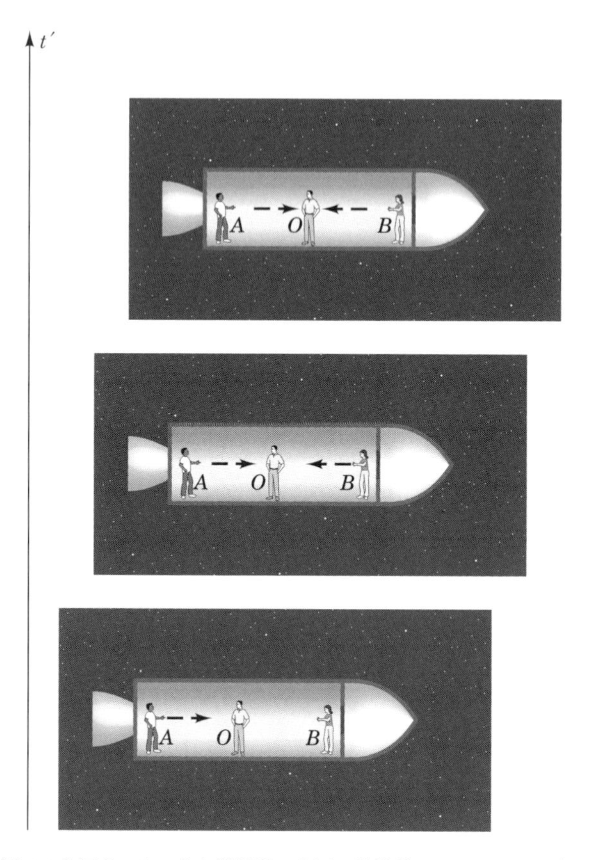

図 4.3　図 4.2 と同じロケットと観測者．今回の慣性系ではロケットが速さ V で右に運動している．下から上へ図は等間隔に時間が進んでいる．いちばん上の図では，A と B の信号が O で同時に受信されている．下の 2 つは A と B の発信を示している．O に同時に着くことから，A からの方が B よりも早く発信されていなければならない．A の方が長く進まなければならないからだ．よって 2 つの信号は同時に発信されていないことになる．

よって，光速が一定であるとすると，ある慣性系で同時に起きた 2 つの事象は，その慣性系に対して運動している慣性系では同時ではない（問題 7 と比べよ）．ニュートンの時間のアイディアは破棄されなければならない．次にどうするかをみる．

4.3 時空

ニュートンの第一法則は，自由粒子は等速直線運動をしなければならないというものだが，特殊相対性理論でも変更されない．したがって，3.1 節と図 3.3 で慣性系の構成法を述べたが，これも変更されない．つまり，自由粒子の直線軌道にしたがって原点をまず選ぶ．そしてある瞬間，3 つの直交軸 (x, y, z) を選ぶ．それ以降は，原点が動くのに合わせて軸を平行に移動させ，(x, y, z) を定義する．こうして慣性系ができる [*4]．

それぞれ慣性系には，自由粒子の運動の法則が（3.2）式の形になるような時間の概念がある．しかし前節で考察した同時性についての見解にしたがえば，別の慣性系の時間と一致するというニュートン物理学の仮定を受け入れる理由などない．むしろ，慣性系にはそれぞれの時間の概念があり，同時性の概念がある．したがって慣性系には **4** つの軸からなる直交座標 (t, x, y, z) を張ることができ，それと別の慣性系には別の 4 つの軸からなる直交座標 (t', x', y', z') が張れる．したがって物理学にとって，正しい幾何学的舞台は単独の空間と絶対時間ではなく，**時空** [*5] と呼ばれる空間および時間の **4** 次元統合体である．時空を 3 次元空間と 1 次元時間に分解する方法は慣性系によって違う．互いに運動する慣性系間の変換はガリレイ変換（3.6）と似ているが，時間と空間が混ざったものとなるだろう．これを 4.5 節で調べることになる．

特殊相対性理論を他と区別する明確な仮定は 4 次元時空の幾何学である．これから進むことにしよう．

時空図

4 次元時空を記述するために，我々はまず道具を用意する．それは単純すぎて当り前な気がするかもしれないが，非常に強力で必要不可欠なものである．それは**時空図**のアイディアである．時空図は慣性系のうち 2 つの座標軸についてプロットしたものである．4 つの軸があるが 1 枚の用紙は 2 次元でしかないので，2 つ，せいぜい 3 つの軸が引けるだけだ．x-y プロットが 3 次元空間の 2 次元スライスであるのと同じように，時空図は時空のスライスまたは時空の一部である．

[*4] 特殊相対性理論の慣性系はローレンツ座標と呼ばれることがある．

[*5] 相対論屋は統一的なアイディアであることを示すために，時間と空間の代わりにこの言葉「時空」を使う．

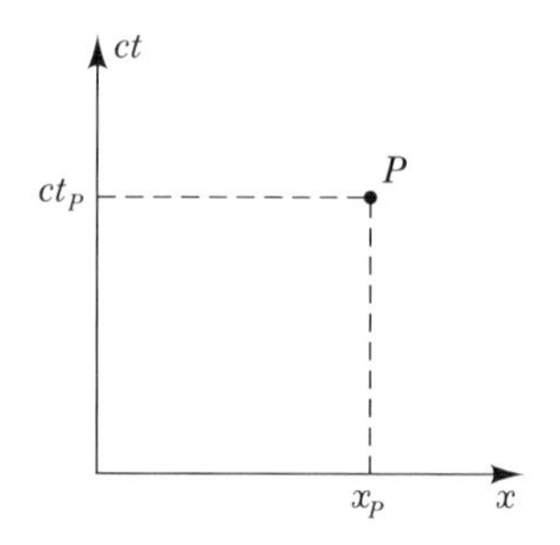

図 **4.4**　ある慣性系の座標における 4 次元時空中の 2 次元スライスを示す時空図．事象がある空間の場所 (x_P) とある時間 (t_P) で特定される時空の点 P で起きた．

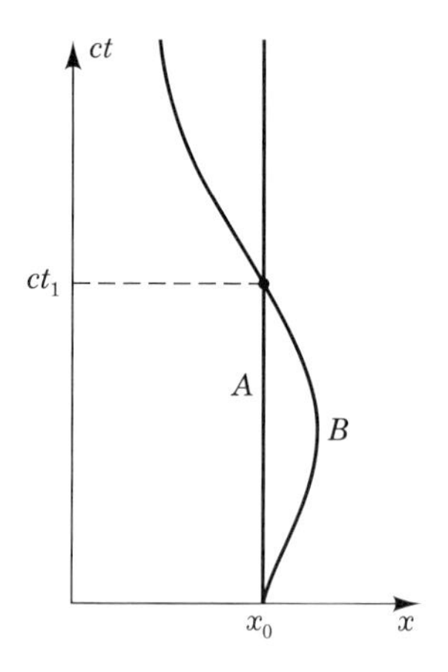

図 **4.5**　時空中の世界線．A は慣性系 (ct, x) でずっと x_0 に静止している粒子の世界線である．世界線 B は $t = 0$ で x_0 から加速し，減速し，向きを変え $t = t_1$ で x_0 を横切り x の負の方向に進む観測者を表す．

図 4.4 に典型的な例を示した．1 つの軸として t でなく，ct を使うのが妥当であろう．そうすれば 2 つの軸は同じ単位になる．

時空の点 P は**事象**と呼ばれる．ある特定の時刻に特定の場所で起きるからであり，それは時空の 1 点となる．たとえば超新星爆発は 1054 年，かに星雲の位置に起きた 1 つの時空の事象である．事象 P は慣性系の座標 (t_P, x_P, y_P, z_P) の時空位置に置くことができる．図 4.4 にこれを示した．

粒子は，**世界線**と呼ばれる時空曲線で表される．それはいろいろな時刻で粒子

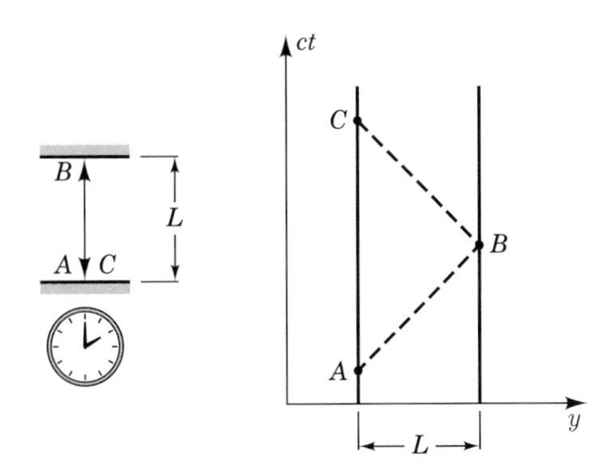

図 **4.6** 左図は座標 (t, x, y, z) によって張られる慣性系で静止している 2 つの平行な鏡を示している．光のパルスは鏡の間を往き来し，下の鏡から事象 A で発射されたパルスの時刻と戻ってきた事象 C の時刻の時間間隔は $\Delta t = 2L/c$ になる．パルスの世界線は右図の時空図で示されており，y 軸は光線が進む鉛直方向である．A と C の事象は時間間隔 Δt 離れているが，同じ空間点 $\Delta x = \Delta y = \Delta z = 0$ である．こうした配置は，パルスが下の鏡に戻ってくる時間ごとに $2L/c$ 進む時計のモデルと見なすことができる．

の位置を示す曲線であり，たとえば $x(t)$ と表す．図 4.5 に 2 本の世界線を時空図に示した．世界線の傾きは，$d(ct)/dx = cdt/dx = c/V^x$ であることから c/V^x である．速度 0 の傾きは無限大に相当し，光速 c は単位 1 の傾きになる．したがって光線は時空図で $45°$ の線に沿って運動する．65 ページの Box 4.2 に世界線が走る過去の時空図の例を示した．

平坦時空の幾何学

特殊相対性理論の重要な仮定は時空の幾何学にある．それは第 2 章で学んだように，近傍の 2 点間の距離を与える線素によって具体化される．この線素から特殊相対性理論の考察を始めるのが妥当なのであろう．だが，そうする前に線素の形をつくるための動機づけをしたい．すべての慣性系で光速が c であるというアインシュタインの仮定を線素と関連付ける簡単な思考実験をしてみよう．

思考実験を図 4.6 に示した．ある慣性系で距離 L 離れて 2 枚の平行な鏡が静止している．その中の事象は (t, x, y, z) で表される．我々は y を鏡面に対して垂直方向に選び，x を平行方向に選ぶ．光信号は鏡の間を往き来する．図 4.6 の右図は時空図の世界線を表している．時計により光線の出発事象 A とそれと同じ空間

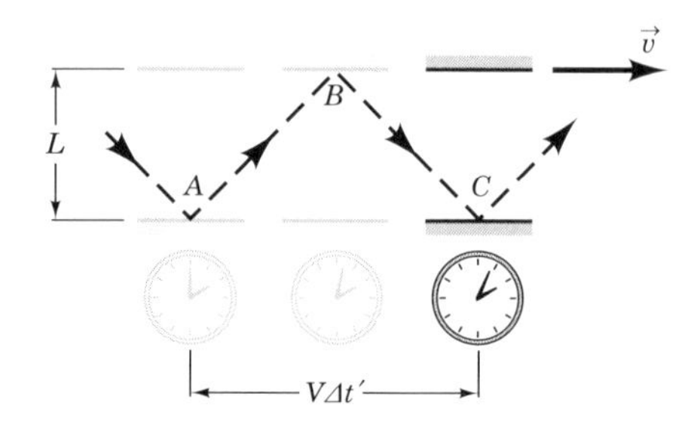

図 4.7　図 4.6 で述べた思考実験がここでは，鏡の水平方向 x' 方向に速さ V で運動する慣性系 (t', x', y', z') で表されている．パルス光の経路が示されており，光は往復の距離を時間 $\Delta t'$ かけて進む．発射と到達の事象は空間で $\Delta x' = V\Delta t'$, $\Delta y' = \Delta z' = 0$ 離れている．経路の長さは $2[L^2 + (\Delta x'/2)^2]^{1/2}$ であり，c で割ると $\Delta t'$ が得られる．

点に戻ってくる事象 C の間の時間を測定する．これら 2 つの事象は鏡が静止している慣性系で座標間隔

$$\Delta t = 2L/c, \qquad \Delta x = \Delta y = \Delta z = 0 \tag{4.3}$$

離れている．

慣性系 (t, x, y, z) に対して速度 V で x の負の方向に鏡面に対し平行に運動する慣性系について同じ思考実験を行い分析する．x 軸に平行な x' 軸をもつ座標系 (t', x', y', z') によって事象を表す．この系で，鏡は x' の正の方向に速さ V で運動している．これを図 4.7 に示した．この系でパルスの往復の時間間隔 $\Delta t'$ はどれだけだろうか．この質問を以下で分析し答えよう．光線は発射 A と戻り C の間に x' の負の方向に $\Delta x' = V\Delta t'$ の距離を進む．y' 方向の距離は L である．光が横切る距離は 2 つの慣性系で同じであると仮定している（これについて詳しくは問題 16 を解け）．したがって発射と戻りの全距離は $2[L^2 + (\Delta x'/2)^2]^{1/2}$ である．アインシュタインが行ったように，この慣性系で光速が c であると仮定すると，時間 $\Delta t'$ はこの距離を c で割ったものである．この系で A と C の間の座標間隔は

$$\Delta t' = \frac{2}{c}\sqrt{L^2 + \left(\frac{\Delta x'}{2}\right)^2}, \qquad \Delta x' = V\Delta t', \qquad \Delta y' = 0, \qquad \Delta z' = 0 \tag{4.4}$$

である（右辺は，V と c, L ですべて簡単に書けるが，ここではその必要はない）．

（4.3）式と（4.4）式からすぐ

$$-(c\Delta t')^2 + (\Delta x')^2 = -4[L^2 + (\Delta x'/2)^2] + (\Delta x')^2 = -4L^2 = -(c\Delta t)^2 \tag{4.5}$$

が得られる．数学的な同等性が不変量を発見するカギであり，時空の幾何学を記述する線素を見つけるカギである．不変量とは両慣性系で同じ値をとる量のことである． $\Delta x = 0$ であり， Δy と Δz も両系で 0 なので, (4.5) 式に加えてもよく

$$\boxed{(\Delta s)^2 \equiv -(c\Delta t)^2 + (\Delta x)^2 + (\Delta y)^2 + (\Delta z)^2} \tag{4.6}$$

が両系で同じであることわかる．具体的には

$$(\Delta s)^2 \equiv -(c\Delta t)^2 + (\Delta x)^2 + (\Delta y)^2 + (\Delta z)^2 \tag{4.7a}$$

$$= -(c\Delta t')^2 + (\Delta x')^2 + (\Delta y')^2 + (\Delta z')^2 \tag{4.7b}$$

となる．この関係は簡単な思考実験で得られたのだが，一般的に 2 つの慣性系からみた 2 つの事象の時間と空間を含むどんな思考実験でも成り立つ．$(\Delta s)^2$ は慣性系を変えても不変である．

Box 4.2 時空の列車

時空図は特殊相対論が現れる以前にも使われていた．ここに Marey（1885）から引用したパリ–リヨン線の列車の時刻表を示す．

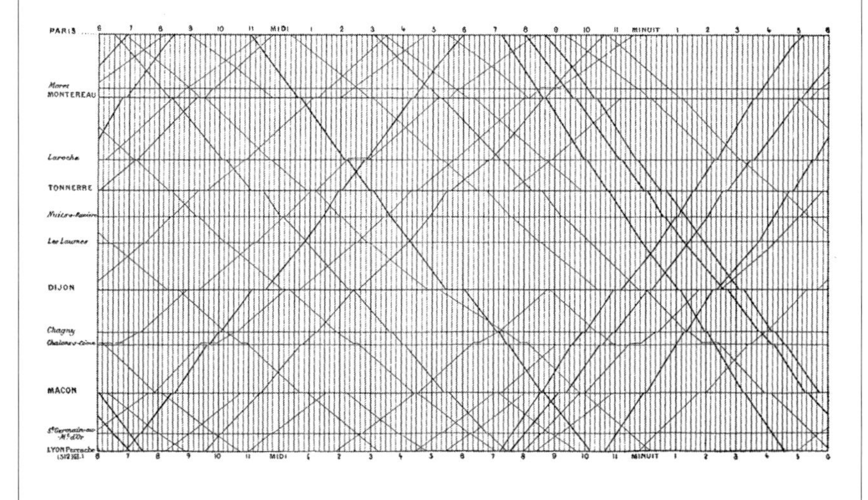

不幸にも，時刻表の制作者は相対論の表記を予期しておらず，時間を横軸にとっている．駅の世界線（静止している）は横軸である．傾いた線は，駅の間をいろいろな速さで運動し，また，駅で停車する列車を表している．速い列車の線の傾きは急であるが，時間軸は 1 時間を単位として測られているので，45° の線は光速ではない．図を 90° 回転させて見ると，特殊相対論の表記法と同じになる．

点の間の距離で時空幾何学を決めているのだが，その距離はその点を番号づけする座標系すべてで同じでなければならない．距離を定義する線素はすべての慣性系で同じ形でなければならないということを相対性原理は要請する．したがって（4.7）式の不変性から $(\Delta s)^2$ が時空点の間の 2 乗距離であることが動機づけられる．より正確には，線素 [*6]

$$\boxed{ds^2 = -(cdt)^2 + dx^2 + dy^2 + dz^2} \tag{4.8}$$

（(4.6) 式の無限小版）は 4 次元時空の幾何学を定義し，特殊相対性理論の出発点となることを仮定しよう．線素がすべての慣性系で同じ形をとると要請することによって，慣性系を結びつけるローレンツ変換を 4.5 節で導くだろう [*7]．(4.8) 式で決まる幾何学は（負の符号のため）非ユークリッド的であるが，第 21 章（下巻）で正確に述べるような意味で平坦である．したがってこれは**平坦時空**と呼ばれる．これは，数学者ミンコフスキー（H. Minkowski）にちなんで**ミンコフスキー空間**と呼ばれることもある．ミンコフスキーは，アインシュタインが特殊相対性理論を導入した後すぐミンコフスキー空間を提案した．

●例 4.1　時空の地図としての時空図●　メルカトル図上の距離と地上の本当の距離の関係を混同することはないだろう．メルカトル図法の地図は地球の幾何学を 1 枚の紙の上に射影したものである．しかし紙の幾何学は地球のとは違う（28 ページの Box 2.3 を見よ）．同じように時空図は［(4.6) 式を参照］

$$(\Delta s)^2 = -(c\Delta t)^2 + (\Delta x)^2 \tag{4.9}$$

[*6] 時空の 2 乗距離を決める線素の符号には 2 つのとり方がある．1 つが本書で使う（4.8）式で，もう 1 つが全体に負をかけた式であり，他書で使われている．本書のほとんどの部分で時空距離に ds^2 や $d\tau^2$ のような小文字を使い，空間距離には dS^2 や $d\Sigma^2$ のような大文字を使う．

[*7] 歴史的には，この変換は 58 ページで述べた仮定からアインシュタインが求めた．それからすぐ時空のアイディアはミンコフスキーによって導入された．今日でも多くの初歩的な教科書がこの歴史の順序にしたがっている．

によってまとめられる幾何学の時空をもつ2次元部分を，$(\Delta S)^2 = (\Delta x)^2 + (\Delta y)^2$ でまとめられる幾何学をもつ紙面上に射影したものである．時空図を表すページ上の距離を時空中の本当の距離とごちゃまぜにしてはいけない．図4.8の時空図中の点の間の距離について以下の質問に答えてもらうことであなたの理解度をチェックしてみよう．(4.9) 式の右辺の絶対値の平方根を長さとして，このページの下の解答であなたの答えをチェックせよ．

(a) 三角形 ABC のどの辺が最も長いか．どれが最も短いか．枡目の長さの単位は何か．

(b) A と C を通る経路の中で最も短いものはどれか．$A\ C$ をつなぐ直線か．それとも ABC の各辺を通る経路か．

問題 (c) と (d) として，上と同じ問題を三角形 $A'B'C'$ について答えよ．

平面幾何学と時空図の要素には似たところがある．図4.8にその1つがある．原点を中心とする半径 R の円の類似として，原点から一定の**時空距離**にある点の軌跡があり，これは双曲線 $x^2 - (ct)^2 = R^2$ を構成している．R に対する双曲線

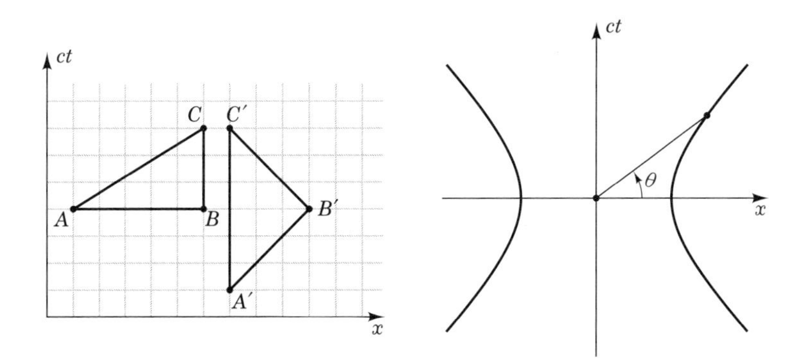

図 4.8 ちょっとした時空幾何学．左図には2つの三角形の時空図，本文にその性質が書かれている．右図には円と対比すべき双曲線の時空図が示されている．それは原点からの時空距離が一定である．図の双曲角 θ は原点から双曲線に沿った時空距離と x 軸から双曲線に沿った時空距離の比である．

(a) 辺の長さは $|AB| = 5$, $|BC| = 3$, $|AC| = (-3^2 + 5^2)^{1/2} = 4$ である．最も長い辺は AB で，最も短いのが BC である．(b) A と C を結ぶ直線経路が最も短い．(c) 辺の長さは $|A'B'| = |B'C'| = (-3^2 + 3^2)^{1/2} = 0$ で $|A'C'| = 6$ である．最も長い辺は $A'C'$ で，他が最も短い．(d) 最も短い経路は $A'B'C'$ であり，その長さは0である．実際，A' と C' を結ぶ直線は近くのどの直線と比べても最も長い．4.4節で見るだろう．

に沿った弧の比によって双曲角を

$$ct = R\sinh\theta, \qquad x = R\cosh\theta, \tag{4.10}$$

で定義する．これが図に示してある．円と双曲線の類似性が理解できるのは有益であるが，相対論では類似性に頼りすぎてもよくない．

光円錐

$(c\Delta t)^2$ の項の前に負の符号があることが線素 (4.8) の特筆すべき性質である．時空の幾何学は 4 次元ユークリッド幾何学ではない．特に，2 点間の距離の 2 乗は正と負，0 になることができる．$(\Delta s)^2$ が正のとき，2 つの点は**空間的に離れている**と言われる．この場合，たとえば $\Delta t = 0, \Delta x \neq 0$ である．$(\Delta s)^2$ が負のとき，2 つの点は**時間的に離れている**と言われる．たとえば，2 つの点が同じ場所 $\Delta x = \Delta y = \Delta z = 0$ で，時間が違う（$\Delta t \neq 0$）場合である．$(\Delta s)^2 = 0$ のとき，2 点は**ヌル離れている**と言われる．たとえば，2 点が $\Delta y = \Delta z = 0$ であるが，$\Delta x = c\Delta t$ のときである．ヌル離れた点は速さ c で運動する光線によって結ぶことができる．したがって**光的に離れている**という表現は**ヌル離れている**と同じ意味である．まとめると，間隔には 3 種類ある：

$$(\Delta s)^2 > 0 \qquad \text{空間的に離れている} \tag{4.11a}$$

$$(\Delta s)^2 = 0 \qquad \text{ヌル離れている} \tag{4.11b}$$

$$(\Delta s)^2 < 0 \qquad \text{時間的に離れている．} \tag{4.11c}$$

時空中の点 P からヌル離れた点の軌跡は**光円錐**になる [*8]．P の光円錐は 4 次元時空中の 3 次元面である．その一部（P の未来光円錐）は P から外に向いて進む光線によって作られる．その次元のうち 2 つは光が進むことのできる方向で，3 番目は光が進んでいる方向である．もう 1 つの部分（P の過去光円錐）は P に収束する光線によって作られる．未来光円錐を，P の時刻と位置から放出された光の球面パルスが時空中を掃く面と考えてもよいだろう．過去光円錐は P に収束する光の球面パルスに掃かれる面である．

言うまでもないことだが，この定義は特別な慣性系を必要としておらず，時空

[*8] ヌル円錐の方を好む著者もいる．光だけが速さ c で進むわけではなく，重力，たぶんニュートリノ（訳注：ニュートリノは質量があるらしく，光速より遅い可能性が高い）なども光速で進むからである．だが，光円錐には長い歴史があり，我々は光円錐を使い続ける．

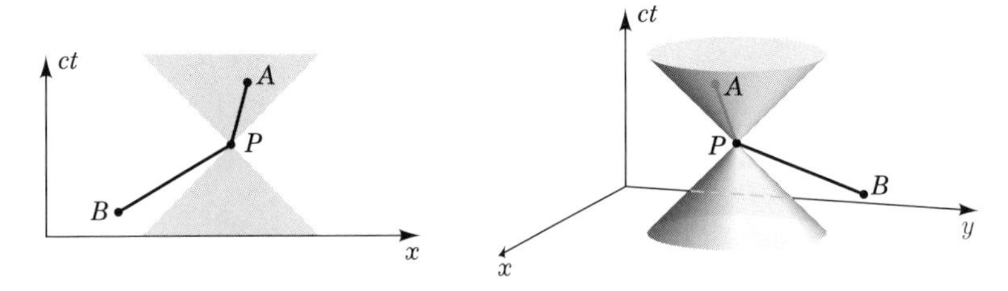

図 **4.9** 左図の時空図は 4 次元平坦時空の 2 次元のスライス (ct, x) を示している．点 P からのびている $45°$ の線はヌル離れている点の集合である．これらは，P の光円錐とこのスライスが交差しているところであり，かげのついた楔形の領域がそうであるように，点 A は P と時間的に離れている．上方のかげのついた楔形は未来光円錐の内部であり，下の楔形の領域は過去光円錐の内部である．かげのない領域は光円錐の外側である．かげのない領域がすべてそうであるように，点 B は P から空間的に離れている．右図は同じ点 P を示しているが，空間が 1 次元多い．光円錐は P で放たれる光または P に集まる光のパルスがたどる点の軌跡である．パルスの伝わる面は空間 3 次元で広がる球面または縮まる球面である．空間の次元数が少ないことから，円錐は増大する円形の断面のように見える．

幾何学の距離だけを使っている．しかし光円錐に対する直観を身につけるためには特別な慣性系の時空図を使うとよい．2 つの例を図 4.9 に示した．

時空の各点 P にはそれぞれ光円錐がある．光円錐は時空幾何学の重要な性質である．P から時間的に離れた点は光円錐の**内部**にある（図 4.9 の点 A のように）．P から空間的に離れた点は光円錐の**外部**にある（図 4.9 の B 点）．

光線の経路は時空中で光速に対応する傾き一定の直線である．つまりヌル世界線に沿う．光線の世界線に沿ったすべての点 P で直線はその点の光円錐に接している（70 ページの図 4.10 を見よ）．光線に沿った 2 点間の距離は 0 なのだ．

質量のある静止粒子は**時間的な世界線**に沿って運動し，常に軌跡上にあるすべての点の光円錐の内側にある（図 4.10 を見よ）．その速さはその点における光速よりも小さい．

空間的世界線を運動する物体があるということは，これまで考察してきた特殊相対性原理とは矛盾しないであろう．このような仮説上の物体は**タキオン**と呼ばれ，光速よりも遅く運動することはできないだろう（問題 15）．しかしタキオンの存在は物理学の他の原理，つまり因果律や正のエネルギー（positive energy）のようなものと相容れないだろう（問題 5.23 を見よ）．しかも誰も観測したこと

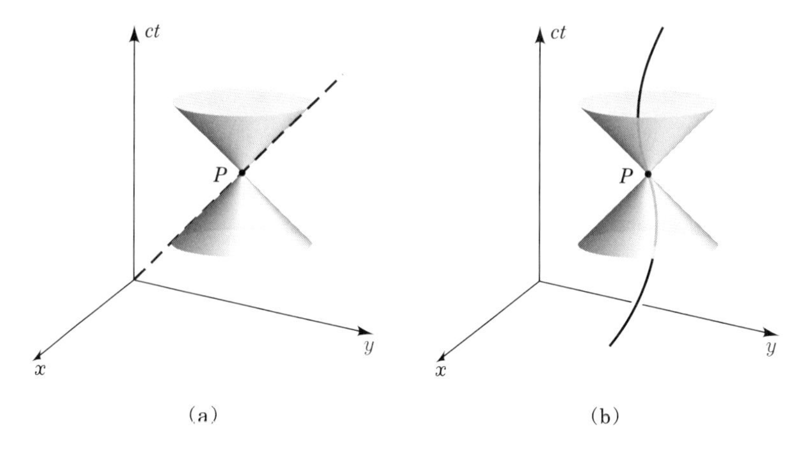

図 4.10　(a) 光線の経路は軌跡上のすべての点で光円錐に接していなければならない. (b) 粒子の時間的経路は軌跡上のすべての点の光円錐の内側になければならない. すべての慣性系で光線は速さ c で運動し, 粒子が c より遅く運動するという不変性を用いた言い方もできる.

がない. 我々はこれ以降タキオンを無視し特殊相対性理論では粒子は光速以下で運動すると仮定する.

Box 4.3　超光速運動

天文学者は電波銀河中に見かけ上光速を超えて運動するガス雲を観測している. 電波源 3C345 はその 1 例である. 図はガスの角度位置の時間経過を示しており, Birette, Moore and Cohen (1996) からのものである. ガスの塊は数十光年の大きさがあり, この電波源から出ている. C2 と記されているガスは約 0.5 mas/yr の角度変化率で外向きに運動している (1 mas ≡ 1 ミリ秒角はロンドンにある 1 本の髪の毛をパリから見た角度に対応する).

(角速度) × (距離) を使ってこの角速度と距離から得られる線形速度は光速の 10 倍より大きくなる (問題 5).

しかし, この安易な計算は正しくない. このガスは実はギリギリ光速 c より遅く我々に向かってほとんどまっすぐ運動している. ガスは非常に速く近づいてくるので, 光が我々のところまでやってくるために進まなければならない距離は短くなり, ガス

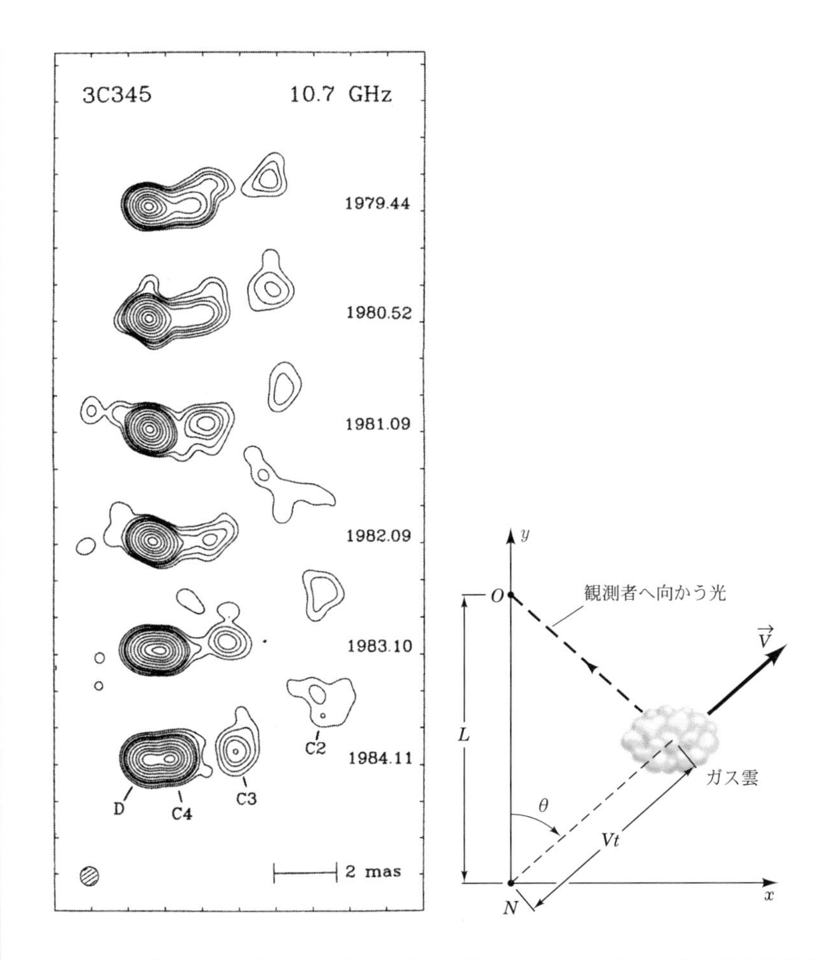

が横方向に運動しているときよりも光は速く到達する．これで見かけ上の超光速運動を説明できる．

この効果は 2 番目の図によって定量的に説明することができる．ガスは時刻 $t = 0$ に 3C345 の銀河核から出発し，視線方向から角度 θ の方向に速さ V で外向きに運動する．$t_{\rm obs}$ を時刻 t でガスから放出された光を観測者が観測した時刻とする．伝播距離は 2 つの方法で計算され，等しくなければならない：

$$
\begin{aligned}
c(t_{\rm obs} - t) &= \sqrt{(L - Vt\cos\theta)^2 + (Vt\sin\theta)^2} \\
&\approx L - Vt\cos\theta, \qquad\qquad Vt \ll L.
\end{aligned}
$$

これを解いて t と $t_{\rm obs}$ の関係を求める：

$$t_{\rm obs} = t[1-(V/c)\cos\theta] + (L/c).$$

観測者が見る横方向の速さ V_T は

$$V_T = \frac{dx}{dt_{\rm obs}} = \frac{dx}{dt}\frac{dt}{dt_{\rm obs}} = \frac{V\sin\theta}{1-(V/c)\cos\theta}$$

である．θ が小さく，V が c に近いと，V_T は c よりも大きくなり，特相対性理論と矛盾がない．

したがって光円錐は時空中の点の間の因果関係を決めることになる．P で起きた事象は未来光円錐上とその内側の点に信号を送ったり影響を及ぼすことはできるが，その外にはできない．P では P の過去光円錐上またはその内側の事象だけから情報を受け取ることはできるが，その外側からはできない．同時の相対性から，ある事象が他の事象よりも後で起きたということは一般的には意味がないと言える．事象はある慣性系で空間的に離れた別の事象よりも後に起きているし，別の慣性系ではその事象よりも前に起きている．しかし 2 つの時間的に離れた事象のどちらが先に起きたかということには意味がある．P の未来の事象は未来光円錐の内側にあるからで，光円錐の内にあるか外にあるかは時空の性質であり，すべての慣性系で同じである．

時間的距離と空間的距離の幾何学的違いは測定装置に反映される．時計は時間的な距離を測定する装置であり，ものさしは空間的な距離を測る装置である．時間的世界線上の互いに近い 2 点は時間的に離れている（$ds^2 < 0$）．粒子の世界線の距離を測定するために

$$d\tau^2 \equiv -ds^2/c^2 \tag{4.12}$$

を導入すると便利である．$d\tau$ は時間の単位を持った実在する量である．時間的曲線上を運動する時計は距離 τ を測定する．この距離の別名を固有時といい，世界線に沿って運ばれる時計によって測られる時間である．

4.4 時間の遅れと双子のパラドックス

時間の遅れ

特殊相対性理論の時空幾何学についてのほんの少しの事実から，有名な結果がいくつか得られる．最初は**時間の遅れ**の現象である．時間的世界線上の 2 点 A, B 間の固有時 τ_{AB} は（4.8）式と（4.12）式の線素から以下のように計算できる：

$$\tau_{AB} = \int_A^B d\tau = \int_A^B \left[dt^2 - (dx^2 + dy^2 + dz^2)/c^2\right]^{1/2} \tag{4.13a}$$

$$= \int_{t_A}^{t_B} dt \left\{1 - \frac{1}{c^2}\left[\left(\frac{dx}{dt}\right)^2 + \left(\frac{dy}{dt}\right)^2 + \left(\frac{dz}{dt}\right)^2\right]\right\}^{1/2}. \tag{4.13b}$$

よりコンパクトにまとめると

$$\boxed{\tau_{AB} = \int_{t_A}^{t_B} dt' \left[1 - \vec{V}^2(t')/c^2\right]^{1/2}} \tag{4.14}$$

となる．$\sqrt{1 - \vec{V}^2/c^2}$ が 1 よりも小さいことから，固有時 τ_{AB} は間隔 $t_B - t_A$ よりも短い．これは**時間の遅れ**と呼ばれる現象で，少しあいまいなスローガン「動いている時計はゆっくり進む」にまとめられる．速度 $\vec{V}$ がほぼ一定であると考えられるような十分短い時間間隔 Δt では，(4.14) 式の微分形がよく使われる：

$$d\tau = dt\sqrt{1 - \vec{V}^2/c^2}. \tag{4.15}$$

74 ページの図 4.11 にこの関係を示した．

（4.14）式または（4.15）式は加速度運動している時計でも成り立つことを強調しておきたい[*9]．加速度運動する時計の関係を検証した有名なテストを Box 4.4 に述べた．

●例 4.2　時計のモデル●　時間の遅れのこれまでの議論では時計のもつはたらきに言及してこなかった．時間の遅れは時空幾何学の帰結であり，時計について知るべきことは，時計が時間的曲線に沿って距離を測定する機械であることだ．

[*9] ときどき，特殊相対論は一定速度の運動だけしか扱えないという間違った主張に出くわすことがある．これは真実から遠い．こうした誤った考えはおそらく，慣性系は互いに一様運動だけしか違わず，加速度運動していてはいけないという事実のためであろう．しかしこれはニュートン力学でも同じことであり，加速度運動の説明に関係している．高エネルギー加速器内の高エネルギー粒子の高速運動は特殊相対性原理によって表される加速度運動の日常的な例である．

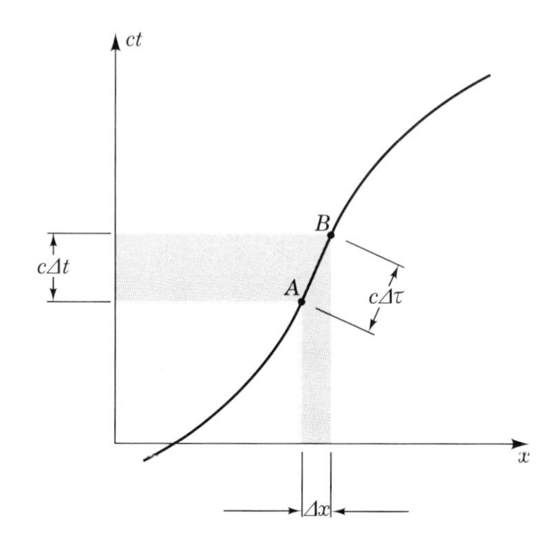

図 4.11　固有時と座標時間．この図の曲線は x 方向に運動する粒子の世界線である．粒子が持っている時計は世界線上で固有時を測定しており，これは時間の単位で表した世界線上の時空距離である．小さな座標間隔 Δt, Δx 離れた時空の 2 つの点 A, B の固有時 $\Delta\tau$ は（4.8）式と（4.12）式の平坦時空の線素によって与えられる．Δt は $\Delta\tau$ より長い．つまりこれが時間の遅れである．平面のユークリッド幾何学で判断すると，Δt は $\Delta\tau$ よりも短く見える．しかし，平坦時空の (ct, x) スライスの幾何学はユークリッド幾何学ではない．

とはいえ，時間の遅れが時計の動きからどのように読み取れるのかを知ることは教育的であるし，図 4.6 と図 4.7 で説明したモデルは簡単な例になる．光のパルスが反射しあうことがここでの時計の仕組みとなる．光のパルスが上下の鏡で次々に行き来することは，時計の世界線に次々に生じる間隔を定義する事象になる（図 4.11 を参照）．これらの事象間の固有時間隔 $\Delta\tau$ は時計の静止系における事象の時間間隔であり，それは $\Delta\tau \equiv \Delta t = 2L/c$ である［(4.3) 式を参照］．時計が速さ V で運動する系の時間間隔 $\Delta t'$ は（4.4）式の最初の 2 つの式で $\Delta x'$ を消去することにより求められる．その結果は

$$\Delta\tau = \Delta t'(1 - V^2/c^2)^{1/2} \tag{4.16}$$

となる．これはちょうど速さ V で運動する時計の微分の関係（4.15）である．この時計のモデルから時間の遅れが生じることがよくわかる．

双子のパラドックス

空間の 2 点間を運動する時計が出発した点に戻ったとしても，その時計によって刻まれる時間は，道のりに依存することを（4.14）式は示している．これが有名な双子のパラドックスの原因である．

双子のアリスとボブはある慣性系内の空間のある点を時刻 t_1 で静止状態から出発した．これを図 4.12 に示した．アリスは出発点から離れ，その後時刻 t_2 に出発点に戻って静止する．ボブは出発点に止まったままである．ボブの時計は $t_2 - t_1$ 経過した．(4.14）式の $(1 - \vec{V}^2/c^2)^{1/2}$ は常に 1 よりも小さいため，アリスの時計は常にこれよりも遅く進む．動いている方は止まっている方よりも年をとらないのだ．

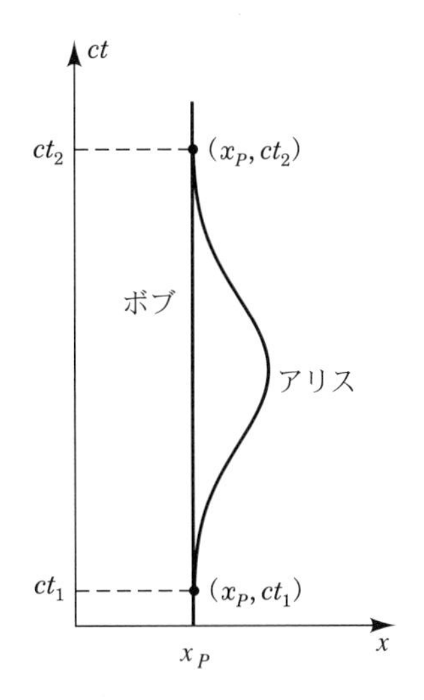

図 **4.12**　時空の観点から見た双子のパラドックス．アリスとボブは同じ 2 つの時空点を結ぶ別々の世界線を運動している．これらの曲線の長さは違い，それぞれの世界線の時計に刻まれる固有時も違う．

Box 4.4　CERN のミューオン寿命実験

他の粒子に崩壊する素粒子はある種の時計として使うことができる．崩壊確率は典型的に指数的な崩壊法則にしたがう．ある特定の粒子の崩壊時間は不定であるが，粒

子の集団は時間 t の後 $\exp(-t/\tau_p)$ 倍 崩壊せずに残っている．ここで寿命 τ_p は素粒子の種類に特有な量である．

素粒子は粒子加速器の中で光速に近くなる．特殊相対論によれば速く運動する粒子の寿命は静止しているときに比べ $\gamma \equiv (1-\vec{V}^2/c^2)^{-1/2}$ 倍長くなる［(4.14) 式を参照］．もし $\tau_p(\gamma)$ が γ に対応する速さで動く粒子の寿命ならば，

$$\tau_p(\gamma) = \gamma\,\tau_p(1)$$

となる．ここで $\tau_p(1)$ は静止状態の寿命である．加速器中の粒子崩壊を観測すると，時間の遅れを検証することができる．

特に正確な検証が 1970 年代の終わりに CERN にある特別なミューオン貯蔵リングで行われた（Bailey *et al.* 1977）．ミューオン（μ^+）は正または負に帯電した素粒子である．寿命 2.2μs でニュートリノと電子または陽電子に崩壊する（どちらになるかはミューオンの電荷による）．

ミューオンは貯蔵リング内で 14 m の円軌道上を $V/c = 0.9994$ に対応する $\gamma = 29.3$ で運動した．両方の電荷のミューオンが円運動すると，リングを取り巻く計数器が崩壊生成物として電子または陽電子を検出することで寿命が測定される．電子と陽電子の数は時間の関数として記録され，寿命 $\tau_\mu^\pm$ や崩壊に影響を与えるその他のパラメータを使って崩壊法則の公式に合わせられる．結果は $\tau_\mu^+ = 64.419 \pm 0.058\,\mu$s, $\tau_\mu^- = 64.368 \pm 0.029\,\mu$s であった．静止状態の寿命は時間の遅れから $\tau_\mu^\pm(\gamma)/\gamma$ と推測され，独立して測定した静止状態のミューオンの寿命 $\tau_\mu^\pm(1)$ と比較された．最もよく合う結果は μ^+ で

$$[\tau_\mu^+(1) - \tau_\mu^+(\gamma)/\gamma]/\tau_\mu^+(1) = (2 \pm 9) \times 10^{-4}$$

であった．これは特殊相対性理論の予言と非常によく一致している．ニュートンの公式 V^2/R を基礎とした評価値でさえもミューオンの向心加速度は大きく ($\sim 10^{18}\,\mathrm{cm/s^2}$)，時間の遅れは加速度に依存しないことのよい証拠となる．

●例 4.3●　アリスは瞬間的に加速して，一様な速さ $\frac{4}{5}c$ になり，ボブからまっすぐ離れ，瞬時にボブの方に向きを変え，同じ速さ $\frac{4}{5}c$ になりボブのところで瞬時に減速して止まった．ボブの時間は 50 年経っていた．アリスはどれくらい経っていたか．

それぞれが過ごした年月は出発と帰還の間のそれぞれの世界線に沿った固有時であり，(4.14) 式で計算される．瞬間的な加速度の寄与を理解するために加速度は短い時間 2ϵ に渡って一様であるとまず仮定しておき，ϵ が 0 の極限をとる．中間の時刻 t_{mid} より ϵ 前の時刻と ϵ 後の時刻の間で $V = \dfrac{4}{5}c(t_{\mathrm{mid}} - t)/\epsilon$ である．この間隔の積分 (4.14) への寄与は ϵ に比例するだろうし，ϵ が 0 になると無視できる．アリスがさらに 2 度加速するときにも成り立つ．よって運動する時計は 50 年間静止している時計よりも $[1-(4/5)^2)]^{1/2} = 3/5$ 倍ゆっくりになり，アリスは 30 歳年をとっていることになる．

辞書 American Heritage dictionary ではパラドックスとは，「見かけ上矛盾しているが，それでも本当に思える表現」と定義されている．アリスの立場から状況を調べるとパラドックスにぶつかる．ボブは一様に運動し，向きを変え一様な速さで戻ってくる．ボブの立場からも同じ状況になっており，アリスは一様な速さで離れ，向きを変え，一様な速さで戻ってくる．しかし結果は対称ではなく，アリスはボブよりも若い [*10]．状況も対称ではない．アリスとボブは時空中の 2 つの異なった世界線を進み，出発点と到達点を結ぶ距離は異なっている．それらの時計はそれぞれ距離を測定し別の値を指す．

直線と最長距離

双子のパラドックスは平坦時空の非ユークリッド幾何学の重要な性質を例示している．(4.14) 式が示すように，アリスが点 A と B の間を進むことのできるすべての時間的世界線はボブの直線よりも短い（図 4.12 のような図の中で曲線は長く見えるが，幾何学が非ユークリッドであるため，実際には短い．例 4.1 を思い出せ）．4 次元平坦時空中で直線は時間的に離れた 2 点を結ぶ線の中で最も長い [*11]．これを確かめるために，時間的に離れた 2 点 A, B を考えよう．ある一定の速度 $\vec{V}$ で運動する世界線が 2 点を結ぶ直線経路になっている．その速度を使って別の慣性系に変換し，2 つの事象が同じ場所で起きるようにする．その系は上で考察したボブの系のようなものである．アリスのようなまっすぐでない経路を進む観測者が測定するとボブよりも事象間の時空距離が短くなる．時空距離

[*10] 地球の時空がわずかに曲がっているときの双子のパラドックスの直接実験は 150 ページの Box 6.2 を見よ．

[*11] 曲がった時空中では直線経路が最大の固有時をもつとは限らない．固有時が極値をとる経路が最も長い．

は計算した慣性系に依存しない．3 次元空間で直線はどんな 2 点間の距離と比べても短いが，平坦時空では時間的に離れた 2 点間の距離が最も長い．

4.5 ローレンツブースト

慣性系間の関係

ニュートン力学の 3.1 節と特殊相対性理論の 4.3 節の両方で慣性系を構成するときに行った考察から，2 つの慣性系が互いに回転角だけ違うか，ある方向にずれているか，一様運動している（またはそれらの組合せ）という違いがあることがわかった．回転または変位はニュートン力学のときと同じように作用するが，ここでは一様運動に関する変換を探そう．それは (3.6) 式のガリレイ変換を特殊相対性理論に一般化するものである．

線素 (4.8) は 4 つの直交座標 (t, x, y, z) で特殊相対論的時空の幾何学を特徴づける．慣性系ではニュートンの第一法則が (3.2) 式の簡単な形式をとる．線素が他の直交座標 (t', x', y', z') で同じ形式をとらなければならないことを相対性原理は要請している．別々の慣性系をつなぐ変換則は (4.8) 式のような形式を保存するものでなければならず，実際この要請によって決まり，**ローレンツ変換**と呼ばれる．

3.2 節でユークリッド空間の線素

$$dS^2 = dx^2 + dy^2 + dz^2 \tag{4.17}$$

が (x, y, z) の直交座標の変位と回転によって不変であることをみた．特殊相対論の線素 (4.8) は $-(cdt)^2 + dS^2$ と書かれるため，空間変位と回転も線素 (4.8) を変えないだろう．しかし，どのような新しい変換が 4 次元平坦時空の非ユークリッド線素の形を保存するのだろうか．新しい変換の最も重要な例は時間と空間の間の回転という類似性である．これらは**ローレンツブースト**と呼ばれ，1 つの系から一様運動差のある別の系への変換に対応する．

わかりやすくするため，(ct, x) 平面における回転との類似性を考えよう．これらは y と z を変えずに ct と x を混ぜ合わせるもので，それは (t, x, y, z) と (t', x', y', z') の間の変換である．(4.8) 式を変えない性質をもつ変換は (3.9) 式のような回転の類似であるが，時空の非ユークリッド的性質のため，三角関数が双曲線関数に置き換わる．具体的に書くと

$$ct' = (\cosh\theta)(ct) - (\sinh\theta)x \tag{4.18a}$$

$$x' = (-\sinh\theta)(ct) + (\cosh\theta)x \tag{4.18b}$$

$$y' = y \tag{4.18c}$$

$$z' = z \tag{4.18d}$$

である．ここで，θ は $-\infty$ から ∞ まで変わりうる（実際，θ は例 4.1 でさらっと述べた意味での双曲的角度である）．変換（4.18）は線素（4.8）を変えないことが直接な計算で難なく確かめられる：

$$\begin{aligned}(ds)^2 &= -(cdt')^2 + (dx')^2 + (dy')^2 + (dz')^2 \\ &= -[\cosh\theta(cdt) - \sinh\theta(dx)]^2 \\ &\quad + [-\sinh\theta(cdt) + \cosh\theta(dx)]^2 + (dy)^2 + (dz)^2 \\ &= -(cdt)^2 + (dx)^2 + (dy)^2 + (dz)^2.\end{aligned} \tag{4.19}$$

よって (t', x', y', z') は新しい慣性系を張ることができる．

80 ページの図 4.13 で新しい (ct', x') が古い (ct, x) 軸の上にプロットされている．回転との類似は明らかであるが，重要な差もある．(ct', x') 座標の中の原点 $(x' = 0)$ で静止している粒子の世界線は ct' 軸と一致する．しかし (ct, x) 座標でその粒子は一定の速さで x 軸方向に運動している．速さ v は（4.18b）式で $x' = 0$ とすることで求めることができ，

$$v = c\tanh\theta \tag{4.20}$$

となる．(ct', x') 座標で別の x' の値のところで静止している粒子は (ct, x) 座標で同じ速さで x 軸方向に一様に運動している．(t, x, y, z) から (t', x', y', z') への変換はある慣性系から x 軸に沿って速さ v で一様運動する別の慣性系への変換である．このような変換はローレンツブーストと呼ばれる [*12]．

（4.18）式をローレンツブーストとするためには,（4.20）式を使って，θ を v で消去すればよい．公式 $\cosh^2\theta - \sinh^2\theta = 1$ を導入した簡単な代数計算をすると，

[*12] 特に初等的な教科書ではローレンツブーストはローレンツ変換と呼ばれることがある．ここで使われているようにローレンツ変換は時空の線素を一定にするすべての座標変換である．それはローレンツブーストの他に回転や変位も含む．ローレンツブーストはローレンツ変換の特殊な場合である．

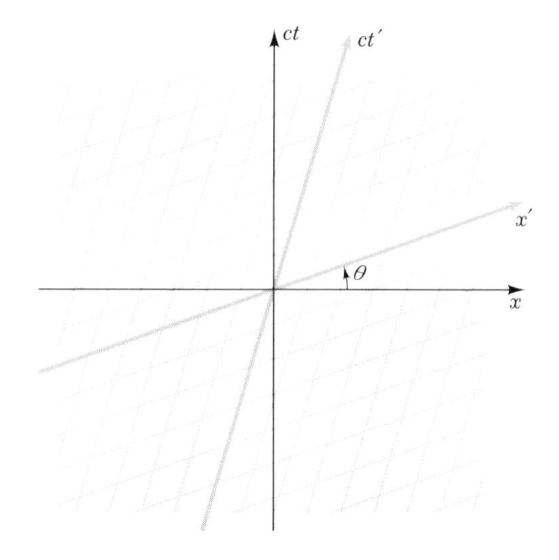

図 4.13　時空図上の座標の変化としてのローレンツブースト．(ct, x) 時空図上にプロットされた (ct', x') 座標のグリッドを示している．グリッドは (4.18) 式で定義される．紙面上のユークリッド幾何学内で (ct', x') 座標は互いに直交していない．しかし時空の幾何学の中では直交している（例 4.1 で考察した時空図と地図の間の類似性を思い出せ）．(ct, x) 軸が直交しているように (ct', x') 軸も直交していなければならない．それはある慣性系と他の慣性系の間に物理的な違いはないからだ．直交性は例 5.2 でははっきりと確かめられる．双曲角 θ は 2 つの座標の間の速度の測定量である．

$$t' = \gamma(t - vx/c^2) \tag{4.21a}$$

$$x' = \gamma(x - vt) \tag{4.21b}$$

$$y' = y \tag{4.21c}$$

$$z' = z \tag{4.21d}$$

ここで標準的な記号

$$\gamma = (1 - v^2/c^2)^{-1/2} \tag{4.22}$$

を使った．逆変換は単に v を $-v$ に変えることで得られる：

$$t = \gamma(t' + vx'/c^2) \tag{4.23a}$$

$$x = \gamma(x' + vt') \tag{4.23b}$$

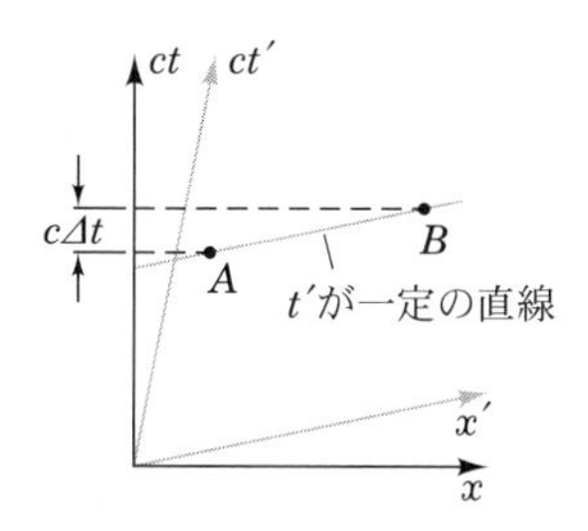

図 **4.14** 事象 A と B は (ct', x') 系では同時である．なぜなら同じ t' の値で起きているからである．しかし (ct, x) 系では同時ではない．そこでは A は B より以前に起きている．

$$y = y' \tag{4.23c}$$

$$z = z' \tag{4.23d}$$

$v/c \ll 1$ のとき（4.21）式はガリレイ変換（3.6）になり，またそうならなければならない．

同時の相対性

図 4.13 に示した 2 つの慣性系の時空図から特殊相対論的効果のいくつかを直接理解することができる．たとえば (ct', x') 系の観測者に対して同時に起きた 2 つの事象 A, B を考えよう．A と B は図 4.14 で示したように，t' 一定の線上にある．しかし最初の慣性系に対して x' の負の方向に v で動く慣性系では二つの事象の間に時間差 Δt がある．これが 4.2 節で議論した同時の相対性である．時間差 $\Delta t = t_B - t_A$ の数値は 2 つの系をつなぐローレンツブースト，特に（4.23）式から計算できる．もし $\Delta x' = x'_B - x'_A$ が (ct', x') 系で同時（$\Delta t' = 0$）の事象間距離とすると

$$\Delta t = \gamma(v/c^2)\Delta x' \tag{4.24}$$

となる．4.2 節で議論したように事象 B は事象 A の後に起きたのだが，(4.24）式からそれがどれだけかを知ることができる．

●例 4.4　人工衛星位置システムのトーイモデル●　簡単のため空間 2 次元に限る．つまり水平方向（x）と鉛直方向（y）である．あなたは地上 $y = 0$ で迷子になった．高さ h の頭上には人工衛星の一群が速さ V で運動しており，慣性系で

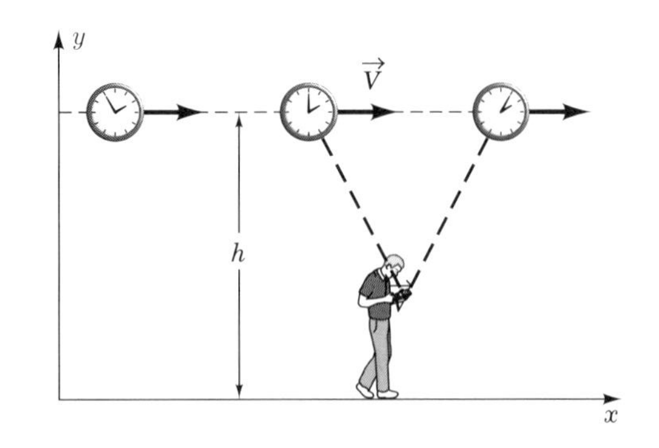

図 **4.15**　人工衛星位置システムのトーイモデル．人工衛星が頭上を運動しており，それぞれが自身の静止系で発信時刻とそのときの位置 x を発信している．時間の遅れとローレンツ収縮，同時の相対性を考慮に入れることにより，2 つの衛星から同時に受け取る情報を利用して地上の位置を決めることができる．

それぞれ一様な距離 L_* 離れている（図 4.15 を見よ）．人工衛星には時計があり，それぞれの静止系で同じ時間を刻むように同期化されている．人工衛星は規則的な間隔で時計の時刻と x 方向の位置を発信している．あなたは両側にある近くの 2 つの時計から同時に信号を受ける．それぞれの発信時刻は同じである．これは，あなたが 2 つの時計のちょうどまん中にいることを意味するのだろうか．いや違う．そうであるためには信号があなたの静止系で同時に発信されていなければならないだろう．同時の相対性のため，右の時計からの信号はあなたの系で左の時計からの信号よりも $\Delta t = \gamma(V/c^2)L_*$ 遅れて発信された［(4.24) 式を参照］．したがってあなたはどちらかの時計の方が近くにいて，この情報からそれがどれだけ近いか計算することができる．さらに一般的に，時間の遅れやローレンツ収縮，同時の相対性を考慮に入れることにより，同時に受信された 2 つの信号の発信時刻の差からあなたの x 方向における位置を計算することができる（問題 14）．

この例は GPS がヒントになっている．GPS は第 6 章で述べることになるが，ここではいくつかの点で簡略化しており，最も重要なことだが重力を無視している．同時の相対性は GPS でも重要なのだろうか．よりよく理解するために，GPS の数値をこのモデルに入れてみよう．ただしもっと細かい分析が必要だ．上空には 24 機の GPS 人工衛星があり，軌道周期はそれぞれ 12 時間である．地球が静止している慣性系からみると，人工衛星が速さ $V \sim 4\,\mathrm{km/s}$，中心から $R_s \approx 2.7 \times 10^4\,\mathrm{km}$ の距離で軌道運動していることになる．人工衛星間の距離は

ほぼ $2\pi R_s/24 \sim 7 \times 10^3\,\mathrm{km}$ で，$\Delta t \sim 3 \times 10^{-7}\,\mathrm{s}$ である．時間の誤差は小さいが，10 m の精度を達成するためには，GPS システムは，この距離を光が通過する時間よりもよい精度で測らなければならなず，それは約 $3 \times 10^{-8}\,\mathrm{s}$ になる．同時の相対性は GPS では重要である．

ローレンツ収縮

長さ L_* の棒を考えよう．この長さは棒の静止系の値である．速さ V で運動している慣性系で測ると棒の長さはどうなるか．図 4.16 の時空図からなぜ L が L_* と違うかがわかる．棒の長さはその端で**同時に** 起きた 2 つの事象間の距離である．しかし同時の概念は慣性系で違うため，棒の長さの測定値も違う（このような測定のよい例については問題 17 を見よ）．棒が運動している系における長さ L は $t' = 0$ における棒の両端の時空距離であり，図 4.16 の中では ●で示してある．この距離は静止系で（4.6）式から計算することもでき

$$L^2 = L_*^2 - (c\Delta t)^2 \tag{4.25}$$

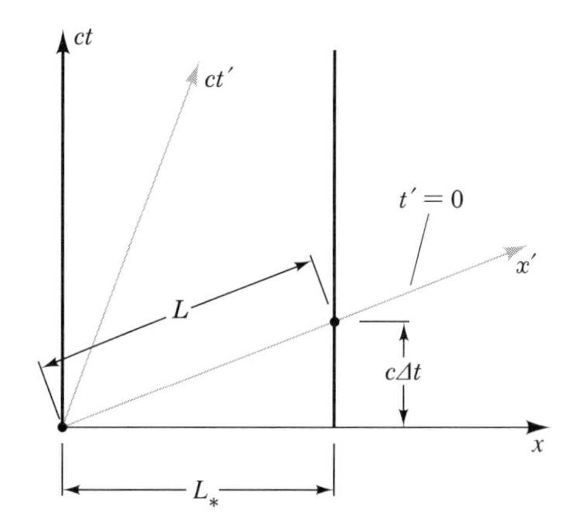

図 4.16　長さのローレンツ収縮．図は，座標 (ct, x) によって張られる棒の静止系で x 軸方向に向いた端の世界線を表している．世界線間の距離 L_* は棒の静止系の長さである．同じ図に，棒の静止系に対して V の速さで運動する慣性系 (ct', x') の軸も示してある．この系で，棒は速度 $-V$ で x' 軸方向に運動している．この系における棒の長さ L は時刻 t' における両端の距離である．時刻 $t' = 0$ における両端の事象はこの図で ●によって表されている．長さ L は図の長さ L_* よりも長く見えるけれども，時空が非ユークリッドであるため，実際は短い．

である．(4.21a) 式から $t' = 0$ は $t = (V/c^2)x$ の直線であり，よって $\Delta t = (V/c^2)L_*$ となる．したがって

$$\boxed{L = L_* \sqrt{1 - V^2/c^2}} \tag{4.26}$$

となる．これがローレンツ収縮である．

速度の合成

慣性系間をつなぐローレンツブーストを習ったので，これからニュートン的な速度の合成則（4.2）を相対論的法則に置き換えることにする．粒子の運動が $x(t), y(t), z(t)$ で表される系と，$x'(t'), y'(t'), z'(t')$ で表される系を考えよう．第二の系は第一の系の x 軸に沿って速度 v で運動している．(4.21) 式から第一の慣性系の粒子の速度 $\vec{V} = d\vec{x}/dt$ と第二の慣性系の速度 $\vec{V}' = d\vec{x}'/dt'$ の間の関係を計算することができる．つまり

$$V^{x'} = \frac{dx'}{dt'} = \frac{\gamma(dx - vdt)}{\gamma(dt - v/c^2 dx)} \tag{4.27}$$

である．右辺の分子分母を dt で割ると

$$V^{x'} = \frac{V^x - v}{1 - vV^x/c^2} \tag{4.28a}$$

が得られる．同様に

$$V^{y'} = \frac{V^y}{1 - vV^x/c^2}\sqrt{1 - v^2/c^2} \tag{4.28b}$$

$$V^{z'} = \frac{V^z}{1 - vV^x/c^2}\sqrt{1 - v^2/c^2} \tag{4.28c}$$

を得る．これが，ニュートン的な速度の合成（4.2）を一般化した相対論的規則であり，$v/c \ll 1$ でニュートンの合成則になる．

●例 4.5　光速はすべての慣性系で同じである●　ある慣性系で粒子が x 軸方向に速さ c で運動している．この慣性系に対して x 軸方向に v で運動する慣性系で粒子の速度はどうなるか．

この質問の解答は c となるが，(4.28a) 式に $V^x = c$ を直接代入することでも得られる：

$$V^{x'} = \frac{c - v}{1 - v/c} = c. \tag{4.29}$$

4.6 単位系

鋭い読者は t の代わりに ct を使うことで対称性が現れることを見逃さなかったであろう．その理由は線素（4.8）の中に見ることができる．そこには定数 c が空間の単位と時間の単位の間の変換係数，毎秒約 3×10^{10} センチメートルとして現れている．時空の視点からすれば，c の値は歴史的偶然で決まったものである．それはあたかも空間幾何学を扱うのに y 方向をインチで，x と z 方向をセンチメートルで扱う習慣があるかのようである．空間で互いに近い 2 点の間の距離が

$$dS^2 = C^2 dy^2 + dx^2 + dz^2 \tag{4.30}$$

であるかのようである．ここで $C = 2.54\,\mathrm{cm/in}$ である．空間と時間は 1 つの時空連続体中における別々の方向なので，センチメートルまたは秒などの同じ単位で測ることが望ましい．定数 c はこれら 2 つの単位の変換係数となる．今日では光速は測定されるものではなく，変換係数 [*13]

$$c = 299792458.0000 \cdots \mathrm{m/s} \tag{4.31}$$

（0 がずっと続く！）として厳密に定義されるものである．

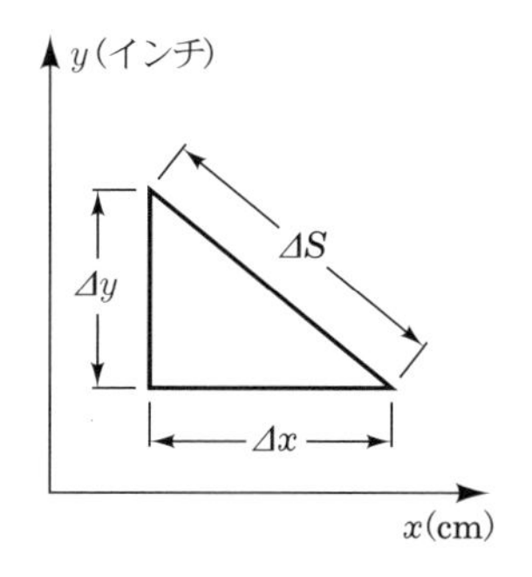

図 4.17　もし y 方向の距離がインチで測られ x 方向の距離がセンチメートルで測られたとすると，ピタゴラスの定理は $\Delta S^2 = C^2 \Delta y^2 + \Delta x^2$ となるだろう．ここで $C = 2.54\,\mathrm{cm/in}$ である．

[*13] 執筆時で，1 秒はセシウム原子の 2 つのエネルギー最低状態の間の遷移放射の 9192631770 サイクルとして定義され，1 メートルは，(4.31) 式によって秒を使って定義される．

時間を長さの単位で測定することは，力学における伝統的な質量距離時間（$\mathcal{MLT}$）単位系から質量距離（$\mathcal{ML}$）単位系に変えることを意味する．付録 A にいろいろな単位系の考察と本書で使われる単位系の間の変換規則を付けた．

空間と時間を長さの単位で測ることは我々の公式のいたるところで $c = 1$ とおくことである．たとえば時間がセンチメートルで測られる単位では

$$ds^2 = -dt^2 + dx^2 + dy^2 + dz^2 \tag{4.32}$$

であり $d\tau^2 = -ds^2$ で，速度は単位がない．ローレンツブーストの（4.21）式は

$$t' = \gamma(t - vx) \tag{4.33a}$$

$$x' = \gamma(x - vt) \tag{4.33b}$$

$$y' = y \tag{4.33c}$$

$$z' = z \tag{4.33d}$$

となる．$\gamma \equiv (1 - v^2)^{-1/2}$ である．こうした理由により $\mathcal{ML}$ 単位系は非公式には $c = 1$ 単位系と呼ばれる．$c = 1$ 単位系をこれ以降の本書で使うことにする．

多くの実用的な理由から慣性系で空間と時間に別々の単位を使い続けた方が便利なことがある．たとえば講義の長さが 8990 億メートルと言うよりも 50 分と言う方が簡単である．時間の単位で測定された量や空間の単位で測定された量だとわかれば，c はいつでも戻すことができる．その処方箋は付録 A にあるが，以下の例でこの方法の使い方を説明した．

●例 4.6　c を戻す●　時間がセンチメートルで測られた単位系の式は正しい場所に変換係数 c をつけることによって，秒で測られた単位系にかわる．ローレンツブーストの一部（4.33a）を例にあげよう．$\mathcal{MLT}$ 単位系で速さの次元は $\mathcal{L}/\mathcal{T}$ である．(4.33a) 式の次元のない v は v/c に置き換えられなければならない．これは γ の定義にも含まれる．左辺の単位が $\mathcal{T}$ になり，(4.33a) 式の右辺のすべての項の単位が正しくなるために，x を x/c に置き換えなければならない．その結果が (4.21a) 式である．

問　題

1. ［B,S］フランス新幹線 TGV（train à grande vitesse）はパリ（ガール・ドゥ・リヨン）を 8:00 に発ち，リヨン（パール・デュー）に 10:04（24 時間時計）に

着く．新幹線は途中どこにも停車しないとして，65 ページの鉄道時空図の紙面上に電車の世界線をプロットせよ．パリとリヨンの距離を 472 km とすると，新幹線の平均の速さはどうなるか．

2. 固有長さ L の宇宙船が地球から垂直方向に $4c/5$ の速さで発射された．宇宙船のロケットと地球に設置された時計が $t = 0$ になったとき，ロケットの最後尾から光信号が発信された．(a) ロケットの先頭に光が到着したのはロケットの時計でいつか．(b) 地球の時計ではいつか．

3. ある走者が長さ 20 m のポールを持って長さの方向にあまりに速く走ったため，実験室系では 10 m の長さになってしまった．走者は奥行き 10 m の小屋に表のドアを通ってポールを入れた．ポールの先端が裏のドアに達したちょうどその瞬間，表のドアが閉じ，ポールが 10 m の小屋に収まり，裏のドアが開き，走者は出ていった．だが走者の視点ではポールは 20 m の長さで小屋はたった 5 m である．したがって，ポールは決して小屋に収まらない．この見かけ上のパラドックスを定量的に，時空図を使って説明せよ．

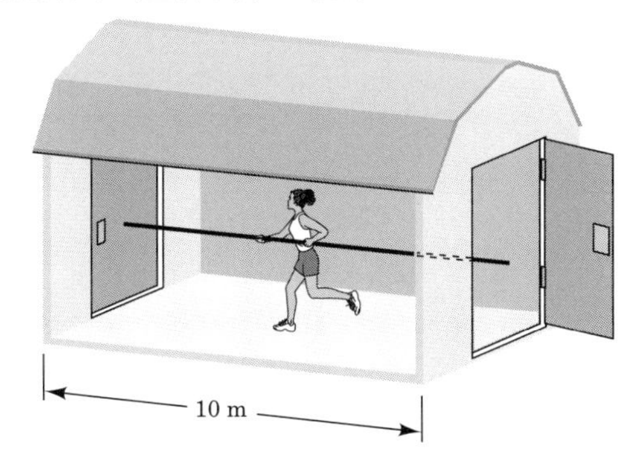

4. 人工衛星が赤道の地表から 200 km の距離にある円軌道上を地球の自転と同じ方向に運動している．このような人工衛星の時計は地球の時計に比べ 1 日に何秒遅れるか（特殊相対論効果だけを計算せよ）．

5. ［B,E］電波源 3C345 は宇宙膨張にしたがっており，その距離は，後退速度と赤方偏移と我々の宇宙の仮定から決められる（もし宇宙論についてほとんど習ったことがなければ第 19 章（下巻）の問題 1 を解け）．しかし距離を求めるためのアイディアはハッブルの法則から得られる．それによると距離 d と後退速度の観測値 V の間には

$$V = H_0 d$$

の関係がある．ここで $H_0 \approx 72(\mathrm{km/s})/\mathrm{Mpc}$ はハッブル定数である（pc パーセクのような天文学的単位については本書の見返しを見よ）．3C345 の速さ V は約 $0.6c$ である．70 ページの Box 4.3 とこれらの事実を使い，(事実に反して）C2 が視線方向を横切っていると仮定しその速度の粗い評価をせよ．

6. 例 4.2 で，動いている時計における時間の遅れがどのように理解されるのかがわかった．そこでは運動方向に沿って置かれた 2 つの鏡からなる時計のモデルがどのように作動するかがわかるようになっていた．運動方向に垂直に置かれた同じ時計を使っても同じ結果が得られることを示せ．

7.［S,P］(4.4）式で速さ V で運動している 2 台の鏡の間を行き来する光のパルスの移動時間 $\Delta t'$ を求めた．この時間は鏡が静止している系における移動時間 Δt(（4.3）式) とは違う．絶対時間を使うニュートン物理学ではこれらの時間は必ず一致するだろう．ニュートン物理学の原理を使って（4.4）式の $\Delta t'$ を求める解析を行い，鏡の静止系がエーテルの静止系であると仮定し，(4.4）式が成り立つことを示せ．

8.［S］図 4.8 に示した三角形 ABC の 2 つの辺 AC と AB の間の双曲角を計算せよ．

9. 双子 ジョーとエドを考えよう．ジョーは彼の時計で測って 7 年間 $24c/25$ の速さでまっすぐに進み，向きを変え半分の速さで戻ってくる．エドは家にいる．エドの視点からジョーとエドの運動を示す時空図を作れ．ジョーが戻り 2 人が会ったとき，ジョーとエドの年齢差はいくらか．

10. スタニスワフ・レム（Lem, S.）『星からの帰還（Return from the Stars)』は双子のパラドックスで双子の一人が帰還したとき直面するであろう問題を扱っている．以下の一節がある：

> くいいるような彼女の眼が光っていた．
>
> 「百二十七年前だった，当時三十歳のぼくは，宇宙探査隊……フォーマルハウト（南のうお座のアルファ星）へ向かうパイロットだった．二十三光年の星だよ．往復の旅行に地球時間で百二十七年，宇宙船時間で十年かかって四日前やっともどってきたばかりだ．……ぼくの宇宙船プロメテウス号は月に残して，そこからきょう飛んできたんだ」*14

すべての加速度が瞬間的で，プロメテウス号の速度がその間で一定だと仮定すると，地球からフォーマルハウトまでどんな速度で旅行をしたことになるか．

*14　『星からの帰還』スタニスワフ・レム 著，吉上昭三（翻訳）早川書房 1977 年，p.42.

11. ［C］アリスとボブは半径 R の円環の周囲を互いに反対方向に運動している．円環が静止している慣性系で 2 人は一定の速さ V で運動している．2 人は時計を持っており，円環上の同じ点に 2 人が来た瞬間，時計の針を 0 に合わせた．ボブの予測では，次にすれ違ったとき，アリスが彼に対して運動していることから，時間の遅れにより彼女の時計は彼の時計よりも遅れる．一方，アリスの予測では，同じ理由によりボブの時計が遅れる．二人ともが正しいはずがない．何が間違っているのか．時計は本当はどうなっているのか．

12. (a) 3 次元平坦空間のどんな 2 点間においても，直線経路 $(dS^2 = dx^2 + dy^2 + dz^2)$ の距離が最も短いことを明確に示せ．

(b) 平坦時空では空間的に離れた 2 点を結ぶ経路のうち直線が最も短いか．

13. ある慣性系で 2 つの事象が 3 m 離れて同時に起きた．この実験室系に対して運動している系で，1 つの事象が別の事象より 10^{-8} 秒遅れて起きた．この運動している慣性系でこの 2 つの事象は空間的にどれだけ離れているか．この問題を 2 通りの方法で解け．第一に 2 つの慣性系をつなぐローレンツブーストを使う方法，第二に 2 つの事象の時空距離の不変性を使う方法．

14. ［C］この問題は，例 4.4 で考察した人工衛星位置システムのトーイモデルに関するものである．近くにある 2 つの衛星 A, B から信号を同時に受け取って，衛星の位置が x'_A, x'_B で，同様に時刻 t'_A, t'_B も受け取り $t'_A = t'_B$ であったとしよう．時刻と位置は人工衛星の静止系で決められ，衛星時計の時刻はすべて同期化されている．あなた自身の位置を決めるための条件を求めよ．それを評価し，人工衛星の中間点からあなたの位置のずれを V/c の 1 次まで求めよ．V は人工衛星の速さである．

15. 速度の合成 (4.28) 式から以下のことを示せ. (a) もし 1 つの慣性系で $|\vec{V}| < c$ ならば，他のどんな慣性系でも $|\vec{V}| < c$ である. (b) もし 1 つの慣性系で $|\vec{V}| = c$ ならば他のどの慣性系でも $|\vec{V}| = c$ である. (c) もし 1 つの慣性系で $|\vec{V}| > c$ ならば，他のどの慣性系でも $|\vec{V}| > c$ である.

16. 相対運動と垂直な方向の長さは変わらない．

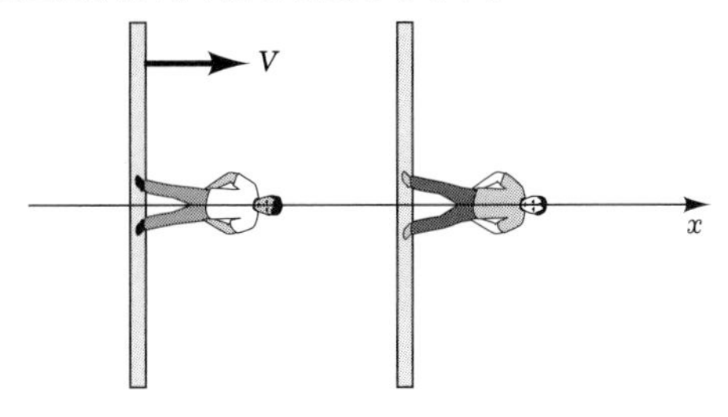

2 つのメートル尺を考えよう．1 本は止まっており，もう 1 本はここに示したように 1 つ目の尺に直交する軸方向に運動しており，その方向は自身にも垂直である．それぞれのメートル尺の中心には観測者が立っている．

17. x 軸についての対称性から，観測者はともにメートル尺の両端が同時にすれ違うのを見ることと，もし一方のメートル尺が他よりも長ければ，長い方がどちらになるのかを互いに認めあえるかどうか議論せよ．

18. 相対性原理を破ることなく長さは同じになることを議論せよ．

19. ローレンツ収縮の別の導出．例 4.2 で時計モデルの動作が時間の遅れとどのように整合性をとるのか示した．この問題の目的は，ローレンツ収縮が長さの測定の理想的な方法とどのように整合性をとるかを示すことである．

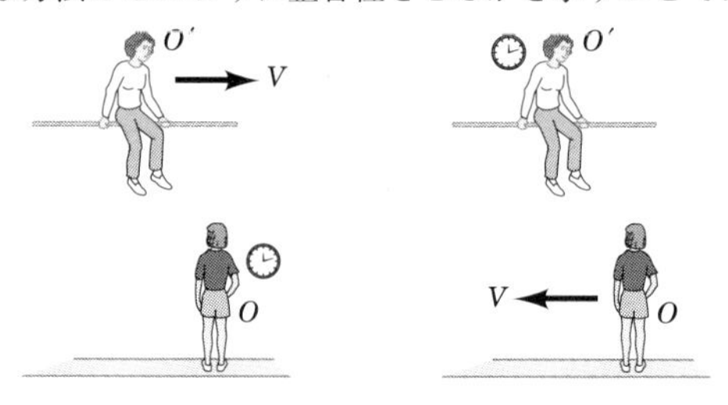

速さ V で運動する棒の長さは，固定された点を速さ V で通過するのにかかる時間から決められる（左図）．静止した棒の長さは固定された物体が速さ V で端から端まで動くのにかかる時間を測定することで求められる（右図）．2 つの時間の間の時間の遅れを考慮することで，運動する棒の長さが静止の長さからローレンツ収縮を受けたものに一致することを示せ．

20. ［S］時間的に離れた 2 つの事象に対して，$\Delta t \neq 0,\ \Delta\vec{x} = 0$ となる慣性系が存在することを示せ．空間的に離れた 2 つの事象に対して $\Delta t = 0,\ \Delta\vec{x} \neq 0$ となる慣性系が存在することを示せ．

21. ［C］フィルム面に対して平行に光速に近い速さで一様に運動する物体の写真を撮ると，収縮して見えるというよりも回転しているように写っている．なぜか説明せよ（物体はカメラのレンズから小さい角度に見えると仮定せよ）．

第5章 特殊相対論的力学

ニュートン力学の法則は前章で導入した特殊相対論の原理と矛盾のないように書き換えなければならない．この章では4次元時空の視点から特殊相対論的力学を述べる．ニュートン力学は，この特殊相対論的力学の近似であり，ある慣性系で運動の速さが光速よりずっと遅いときに成り立つ．ここでは4元ベクトルの中心となる考えから始める．

5.1 4元ベクトル

4元ベクトルは4次元平坦時空中の向きを持った線分として定義される．3次元ユークリッド空間で向きのついた線分として3次元ベクトル（この章では3元ベクトルと呼ばれる）が定義されるのと同じだ．太文字で4元ベクトルを表す．たとえば3元ベクトル $\vec{a}$ と区別するために $\boldsymbol{a}$ とする．こうした**4元ベクトル**と**3元ベクトル**を区別する用語を使うのはこの章だけで，以降の章ではこの2つに対してベクトルという言葉を使うことにするので，文脈から区別してもらいたい．

4元ベクトルは通常のベクトルの規則にしたがい，定数倍したり加減できる(92ページの図5.1を見よ)．4元ベクトルの**長さ**はベクトルの始点と終点間の時空距離の絶対値である．始点と終点が空間的に離れている4元ベクトルは**空間的**と呼ばれ，時間的に離れている場合に**時間的**と呼ばれ，ヌルのときは**ヌル**と呼ばれる．ヌル4元ベクトルの長さは0である．いろいろな4元ベクトルを92ページの図5.2に示した．

4元ベクトルの定義や和，定数倍の規則，長さの計算はどれも特別な慣性系を必要としていない．それらは不変である．つまりすべての慣性系で同じである．力学の法則が4元ベクトルで定式化されると，すべての慣性系で同じ形をとり，

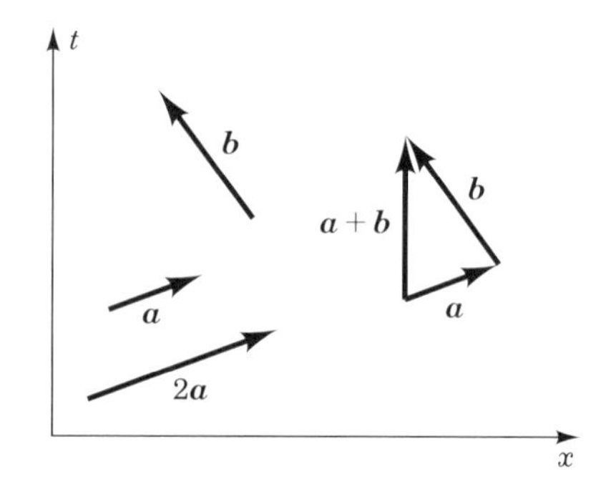

図 **5.1**　4 元ベクトルの和と定数倍．2 つの 4 元ベクトル $\boldsymbol{a}$ と $\boldsymbol{b}$ を加えるために，三角形ができるまで平行移動する．和 $\boldsymbol{a}+\boldsymbol{b}$ は 1 つ目のベクトルの始点から 2 つ目の終点に向いた直線区間である．4 元ベクトルの定数 α 倍は方向が同じでその長さが α 倍の 4 元ベクトルである [*1]．

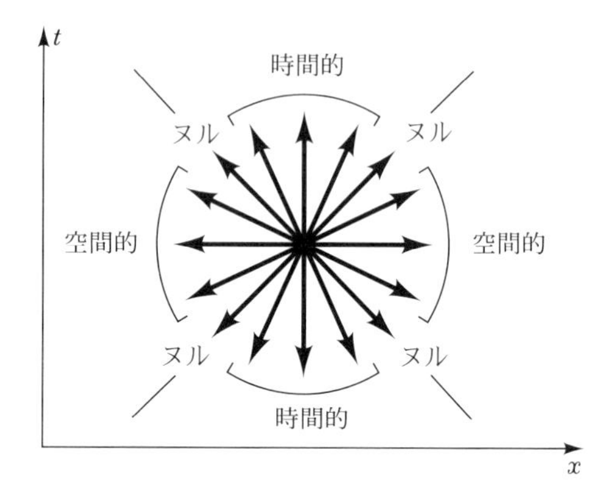

図 **5.2**　時間的，空間的，ヌル 4 元ベクトル．3 種類の 4 元ベクトルが時空中でそれぞれ時間的，空間的，ヌル的方向に向いている［図 4.9 を参照］．ヌル 4 元ベクトルの長さは時空の非ユークリッド幾何学の中で $\mathbf{0}$ であることに注意する．

その予測は特殊相対性原理に合致するであろう．ここに 4 元ベクトルの実用性と重要性がある．

[*1] ヌルベクトルに同じことをするためには，まず長さが 0 でない 2 つの 4 元ベクトルの和として書き，α 倍し，そして加え合わせる．

基底 4 元ベクトルと成分

基底 4 元ベクトルを慣性系内で t, x, y, z 座標軸方向に単位長さをもつものとして導入することができる．これを図 5.3 に示した．これらの基底 4 元ベクトルを $\boldsymbol{e}_t, \boldsymbol{e}_x, \boldsymbol{e}_y, \boldsymbol{e}_z$ または $\boldsymbol{e}_0, \boldsymbol{e}_1, \boldsymbol{e}_2, \boldsymbol{e}_3$ と記す．ここで 0 は t を表し，1 は x といった風に表している．これら 4 つのベクトルは 4 元ベクトルの基底と呼ばれる．それは図 5.4 に示したように，すべての 4 元ベクトルはこれらの線形結合として表すことができるからである：

$$\boldsymbol{a} = a^t \boldsymbol{e}_t + a^x \boldsymbol{e}_x + a^y \boldsymbol{e}_y + a^z \boldsymbol{e}_z. \tag{5.1}$$

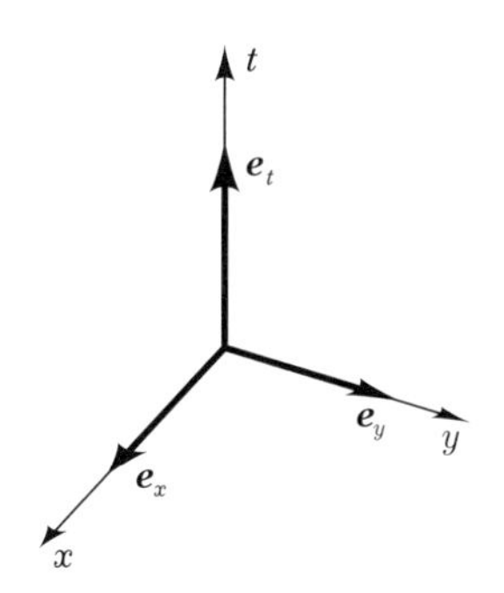

図 **5.3**　座標軸に沿った基底 4 元ベクトル．

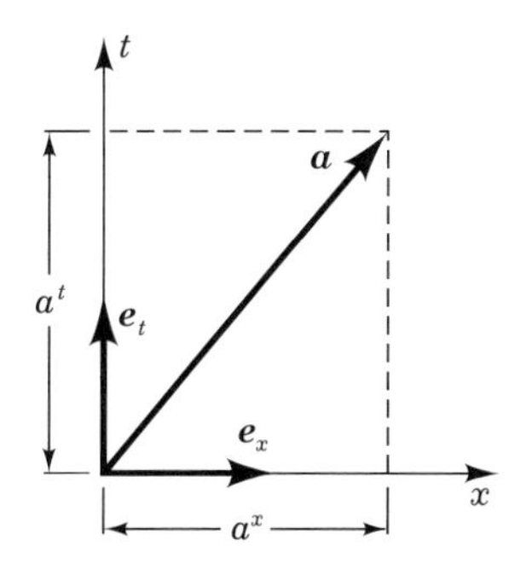

図 **5.4**　4 元ベクトル $\boldsymbol{a}$ は座標軸に沿った成分 (a^t, a^x, a^y, a^z) によって表すことができる．

(a^t, a^x, a^y, a^z) または (a^0, a^1, a^2, a^3) は 4 元ベクトルの成分と呼ばれる [*2]．成分にはいつも添字をつけて書いておく [*3]．

(5.1) 式を表す便利な方法は

$$\boldsymbol{a} = a^0\boldsymbol{e}_0 + a^1\boldsymbol{e}_1 + a^2\boldsymbol{e}_2 + a^3\boldsymbol{e}_3 \tag{5.2}$$

のようなものである．または

$$\boldsymbol{a} = \sum_{\alpha=0}^{3} a^\alpha \boldsymbol{e}_\alpha \tag{5.3}$$

である．(5.3) 式は総和規約を使うとさらにコンパクトに書くことができる．これは，上下に同じ添字が繰り返されるときは，和をとるというものである．ギリシャ文字の添字は 0 から 3 まで，ローマ字は 1 から 3 までの和をとる．このことから

$$\boldsymbol{a} = a^\alpha \boldsymbol{e}_\alpha \tag{5.4}$$

は (5.3) 式と同じである．同様に，3 元ベクトルに対して

$$\vec{a} = a^i \vec{e}_i \tag{5.5}$$

である．ここで $\vec{e}_i, i = 1, 2, 3$ は $(\boldsymbol{e}_1, \boldsymbol{e}_2, \boldsymbol{e}_3)$ と一致する．繰り返される添字は和を表し，(5.4) 式は

$$\boldsymbol{a} = a^\beta \boldsymbol{e}_\beta = a^\gamma \boldsymbol{e}_\gamma = \cdots \tag{5.6}$$

とも書ける．したがって繰り返される添字はダミーの添字または和の添字と呼ばれる．7.3 節で総和規約について多くを述べなければならないだろう．

4 元ベクトルの成分と基底 4 元ベクトルの成分を決めることは 4 元ベクトルそのものを決めることになる．今後のため成分の表示法をいろいろ並べておこう：

[*2] 数学の予備知識が少しはある読者はいろいろな種類の 4 元ベクトルを区別できることを知っているかもしれない．この区別は第 20 章(下巻)まで必要ないだろう．成分の定義はここでするようなものだけにしておく．

[*3] もうここまでで太文字を手書きするのは難しいので 4 元ベクトルをどのように書いたらよいか困っているかもしれない．電子組版以前には印刷所へ太字であることを指示するのに文字の下に波線を書いたが，これと同じことをしてもよい．その場合は，(5.1) 式は

$$\underset{\sim}{a} = a^t \underset{\sim}{e}_t + a^x \underset{\sim}{e}_x + a^y \underset{\sim}{e}_y + a^z \underset{\sim}{e}_z$$

となるだろう．

$$a^\alpha = (a^t, a^x, a^y, a^z), \qquad a^\alpha = (a^t, a^i), \qquad a^\alpha = (a^t, \vec{a}). \tag{5.7}$$

●例 5.1　変位 4 元ベクトル●　4 元ベクトルの簡単な例は，図 5.5 に示したような 2 つの事象 A, B 間の変位 4 元ベクトル $\Delta\boldsymbol{x}$ である．

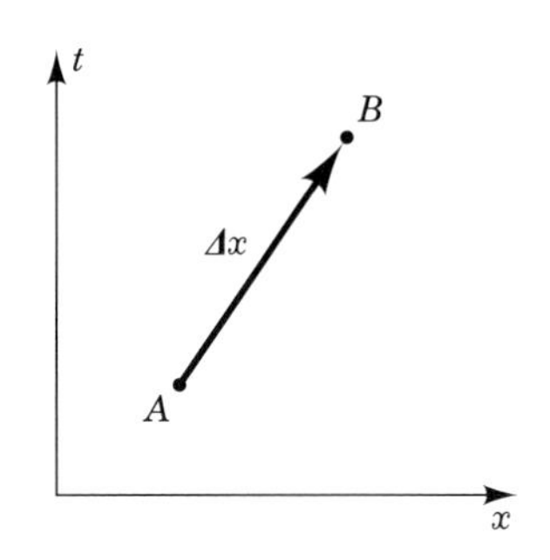

図 5.5　時空中の 2 点 A, B の間の変位 4 元ベクトル $\Delta\boldsymbol{x}$.

もし (t_A, x_A, y_A, z_A) がある慣性系の事象 A の座標で，(t_B, x_B, y_B, z_B) が事象 B の座標ならば，それらの間の変位 4 元ベクトル Δx の成分は $(t_B - t_A, x_B - x_A, y_B - y_A, z_B - z_A)$ である．これはよりコンパクトな形で

$$\Delta x^\alpha = x_B^\alpha - x_A^\alpha \tag{5.8}$$

と書くことができる．この式は α の値の 1 つ 1 つ $(\alpha = 0, 1, 2, 3)$ に対して，4 つの方程式をまとめたものである．添字 α は**自由な添字**と呼ばれる．「自由」という言葉を使うのは 0 から 3 までのどんな値でもとれ，それぞれが別々の方程式になっているからだ．

慣性系が違えば座標の基底 4 元ベクトルが違うため，4 元ベクトルの成分も違ってくる．4 元ベクトルの成分は，変位 4 元ベクトルの成分がそうであるように，慣性系の間で変わる．たとえば，x 軸に沿って速さ v の一様運動で関係づけられている 2 つの慣性系に対して（4.21）式のように，4 元ベクトル $\boldsymbol{a}$ の成分は

$$a^{t'} = \gamma(a^t - va^x) \tag{5.9a}$$

$$a^{x'} = \gamma(a^x - va^t) \tag{5.9b}$$

$$a^{y'} = a^y \tag{5.9c}$$

$$a^{z'} = a^z \tag{5.9d}$$

のように変換する（もし（4.21）式の c がどこに行ったのかと不思議に思うのなら，前章の最後で，これ以降で $c = 1$ の単位系を使うと述べたことを思い出せ）．

スカラー積

スカラー積（内積）は 3 元ベクトルでそうであったように，4 元ベクトルの計算でも重要な概念である．2 つの 4 元ベクトル $\boldsymbol{a}$ と $\boldsymbol{b}$ のスカラー積を $\boldsymbol{a} \cdot \boldsymbol{b}$ で表す．4 元ベクトルの場合もスカラー積における通常の数学規則を満たす：

$$\boldsymbol{a} \cdot \boldsymbol{b} = \boldsymbol{b} \cdot \boldsymbol{a} \tag{5.10a}$$

$$\boldsymbol{a} \cdot (\boldsymbol{b} + \boldsymbol{c}) = \boldsymbol{a} \cdot \boldsymbol{b} + \boldsymbol{a} \cdot \boldsymbol{c} \tag{5.10b}$$

$$(\alpha \boldsymbol{a}) \cdot \boldsymbol{b} = \alpha(\boldsymbol{a} \cdot \boldsymbol{b}). \tag{5.10c}$$

ここで $\boldsymbol{a}, \boldsymbol{b}, \boldsymbol{c}$ はどんな 4 元ベクトルでもよく，α は任意の定数である．

基底 4 元ベクトルのすべて組についてスカラー積がわかっていれば，4 元ベクトルのスカラー積を計算することは簡単である．もし $\boldsymbol{a} = a^\alpha \boldsymbol{e}_\alpha, \boldsymbol{b} = b^\beta \boldsymbol{e}_\beta$ ならば

$$\begin{aligned} \boldsymbol{a} \cdot \boldsymbol{b} &= (a^\alpha \boldsymbol{e}_\alpha) \cdot (b^\beta \boldsymbol{e}_\beta) \\ &= (\boldsymbol{e}_\alpha \cdot \boldsymbol{e}_\beta) a^\alpha b^\beta \end{aligned} \tag{5.11}$$

である（ここには 2 回の和がある．1 度は α について，もう 1 度は β についてである）．慣性系の直交軸 (t, x, y, z) を向いている基底 4 元ベクトルのスカラー積 $\boldsymbol{e}_\alpha \cdot \boldsymbol{e}_\beta$ には特別な記法が使われる：

$$\eta_{\alpha\beta} \equiv \boldsymbol{e}_\alpha \cdot \boldsymbol{e}_\beta. \tag{5.12}$$

その結果 $\boldsymbol{a} \cdot \boldsymbol{b}$ は

$$\boxed{\boldsymbol{a} \cdot \boldsymbol{b} = \eta_{\alpha\beta} a^\alpha b^\beta} \tag{5.13}$$

と書くことができる．ここでは α と β について和をとる．$\eta_{\alpha\beta}$ がわかると，すべてのベクトルのスカラー積は決まる．

変位 4 元ベクトルとそれ自身のスカラー積が 2 点間の距離の 2 乗となるという

要請により $\eta_{\alpha\beta}$ が決まる：

$$(\Delta s)^2 = \boldsymbol{\Delta x} \cdot \boldsymbol{\Delta x}. \tag{5.14}$$

したがってスカラー積によって定義される 4 元ベクトルの長さは終点と始点間の長さとして定義される長さと一致する．(4.6) 式の $(\Delta s)^2$ とこれを比べ，(5.12) 式と (5.10) 式の結果として $\eta_{\alpha\beta} = \eta_{\beta\alpha}$ に注意すると

$$\boxed{\eta_{\alpha\beta} = \begin{array}{c} \\ 0 \\ 1 \\ 2 \\ 3 \end{array} \begin{array}{c} \begin{array}{cccc} 0 & 1 & 2 & 3 \end{array} \\ \begin{pmatrix} -1 & 0 & 0 & 0 \\ 0 & 1 & 0 & 0 \\ 0 & 0 & 1 & 0 \\ 0 & 0 & 0 & 1 \end{pmatrix} \end{array}} \tag{5.15}$$

となる．ここで $\eta_{\alpha\beta}$ は対角対称行列として表されている．(5.14) 式を眺めると行列 $\eta_{\alpha\beta}$ を和の記号とともに使うことにより，平坦時空の線素 (4.8) を特にコンパクトにまとめた形

$$\boxed{ds^2 = \eta_{\alpha\beta} dx^\alpha dx^\beta} \tag{5.16}$$

に表すことができる．この役割から $\eta_{\alpha\beta}$ は平坦時空の計量と呼ばれる．

(5.15) 式を (5.13) 式に代入すると，2 つの 4 元ベクトルのスカラー積 $\boldsymbol{a} \cdot \boldsymbol{b}$ と同等な式が得られる：

$$\boldsymbol{a} \cdot \boldsymbol{b} = -a^t b^t + a^x b^x + a^y b^y + a^z b^z, \tag{5.17a}$$

$$\boldsymbol{a} \cdot \boldsymbol{b} = -a^0 b^0 + a^1 b^1 + a^2 b^2 + a^3 b^3, \tag{5.17b}$$

$$\boldsymbol{a} \cdot \boldsymbol{b} = -a^t b^t + \vec{a} \cdot \vec{b}. \tag{5.17c}$$

定義が特別な系を参照していないということから，スカラー積はすべての慣性系で同じになる．別の慣性系で $\boldsymbol{a}$ の成分が $(a^{t'}, a^{x'}, a^{y'}, a^{z'})$ で，$\boldsymbol{b}$ の成分が $(b^{t'}, b^{x'}, b^{y'}, b^{z'})$ となるとき，数値 $\boldsymbol{a} \cdot \boldsymbol{b}$ は同じであり

$$\boldsymbol{a} \cdot \boldsymbol{b} = -a^{t'} b^{t'} + a^{x'} b^{x'} + a^{y'} b^{y'} + a^{z'} b^{z'} \tag{5.18}$$

となる．このことは定義からわかるが，(5.9) 式からも確かめられる．

●例 5.2　ローレンツブーストでは座標軸の直交性が保たれる●　　図 4.13 の (t', x') 軸では（$c = 1$ が使われている），印刷されたページの幾何学中ではその直交性が明らかではないが，時空の幾何学中で軸は直交している．(t, x) の中でこれをはっきり見るために，t' 軸に沿った単位変位 4 元ベクトル $\boldsymbol{a}$ と x' 軸に沿った単位変位 4 元ベクトル $\boldsymbol{b}$ を考えよう．4 元ベクトルの (t', x', y', z') 成分を $a^{\alpha'} = (1, 0, 0, 0)$, $b^{\alpha'} = (0, 1, 0, 0)$ とする．(t', x', y', z') 系で表すと（5.17）式から $\boldsymbol{a} \cdot \boldsymbol{b} = 0$ なので，これらの 4 元ベクトルは直交する．このことからどんな慣性系でも直交することがわかるのだが，教育的には，(t, x, y, z) 系で計算して明らかにした方がよい．(5.9）式から (t, x, y, z) 成分は

$$a^{\alpha} = (\gamma, v\gamma, 0, 0), \qquad b^{\alpha} = (v\gamma, \gamma, 0, 0) \tag{5.19}$$

である．(5.17）式から再び

$$\boldsymbol{a} \cdot \boldsymbol{b} = -\gamma(v\gamma) + (v\gamma)\gamma + 0 + 0 = 0 \tag{5.20}$$

が得られる．

5.2　特殊相対論的運動学

4 元ベクトルの考え方を導入したので，それらを使って時空中で粒子の運動を記述しよう．これが特殊相対論的力学の主題である．

粒子が時空中を時間的世界線にしたがって運動している．この曲線はある慣性系で時間 t の関数として 3 つの空間座標 x^i を与えることで決まる．世界線を 4 次元で表すよりよい方法は，パラメータ σ の 1 価関数として粒子の 4 つすべての座標 x^{α} を与えることである．世界線を動くと σ の値が変わる（図 5.6 を見よ）．σ の各々の値に対して 4 つの関数 $x^{\alpha}(\sigma)$ は曲線上の点を定める．いろいろなパラメータが可能だが，自然なものは固有時である．これは任意の出発点から世界線に沿って測られた時空距離 τ を与え，正にも負にもなる．したがって世界線は方程式

$$x^{\alpha} = x^{\alpha}(\tau) \tag{5.21}$$

によって記述される．4.3 節で考察したように，時計は時間的世界線に沿って距離を測る装置である．距離 τ は世界線に沿って運ばれる時計で測定することができるであろう．それは世界線に沿った固有時と呼ばれる．

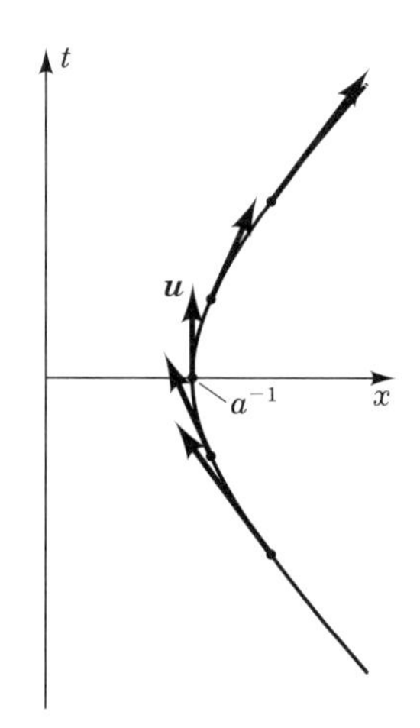

図 **5.6**　単純な加速度世界線．固有時 τ をパラメータとして（5.24）式で表される世界線が決まっているところを示している．点（●）は $a\tau$ $(=\sigma)$ を -1 から 1 まで 1/2 ずつ増やした位置を示している．これらの点で 4 元ベクトル $\boldsymbol{u}$ を半分の大きさで示してある．$a\tau$ が 1.5 と -1.5 の次の点はグラフから出てしまう．時空の幾何学の中で，点は曲線上で等間隔にあり，4 元ベクトルはすべて同じ長さである．なぜ点の間隔が広がって行き，紙面上で $|\tau|$ が大きくなるとベクトルが長くなるように見えるのか説明できるだろうか．

●例 5.3　単純な加速をする世界線●　粒子が x 軸に沿った世界線

$$t(\sigma) = a^{-1}\sinh\sigma, \qquad x(\sigma) = a^{-1}\cosh\sigma \tag{5.22}$$

上を運動している．a は長さの逆数の次元をもった定数である．パラメータ σ は $-\infty$ から ∞ まで変わる．σ のそれぞれの値に対して（5.22）式は時空中の点 (t, x) を定める（この例では y と z は重要ではなく，以下では現れないようにする）．σ が変わると世界線は時空中を進む．

図 5.6 には時空図上の世界線が描かれている．これは双曲線 $x^2 - t^2 = a^{-2}$ である．また別に，世界線は $x(t) = (t^2 + a^{-2})^{1/2}$ でも表されるが，（5.22）式のパラメータの与え方の方が t と x に対してより公平である．世界線は直線ではないので加速している．この世界線に沿った固有時 τ と σ の関係は

$$d\tau^2 = dt^2 - dx^2 = (a^{-1}\cosh\sigma d\sigma)^2 - (a^{-1}\sinh\sigma d\sigma)^2 = (a^{-1}d\sigma)^2 \tag{5.23}$$

となる［（4.12）と（4.8）式を参照］．σ が 0 のとき，τ を 0 に固定すると $\tau =$

$a^{-1}\sigma$ であり，世界線は固有時を使って（5.22）式の形式で

$$t(\tau) = a^{-1}\sinh(a\tau), \qquad x(\tau) = a^{-1}\cosh(a\tau) \tag{5.24}$$

と表すことができる．

4 元速度 $\boldsymbol{u}$ は，世界線上の位置を固有時パラメータ τ について微分したものがその成分 u^α になる 4 元ベクトルである：

$$\boxed{u^\alpha = \frac{dx^\alpha}{d\tau}} \tag{5.25}$$

4 元速度 $\boldsymbol{u}$ は世界線の各点で世界線に接している．変位は $\Delta x^\alpha = u^\alpha \Delta\tau$ で与えられるからである（図 5.7 を見よ）．

4 元速度の 4 つの成分は，t と固有時 τ の間の関係（4.15）を使うことにより，3 元速度 $\vec{V} = d\vec{x}/dt$ で表すことができる：

$$u^t = \frac{dt}{d\tau} = \frac{1}{\sqrt{1-\vec{V}^2}}. \tag{5.26}$$

および

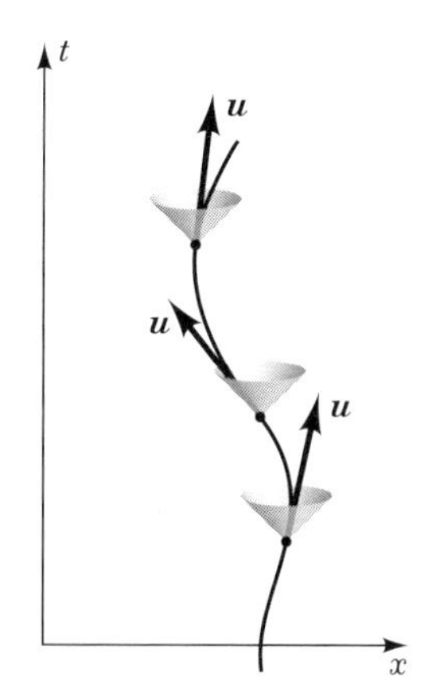

図 **5.7**　4 元速度 $\boldsymbol{u}(\tau)$ は粒子の世界線上の各点で単位時間的接 4 元ベクトルになっている．その点の光円錐の内側にある．この図は 2 次元プロットである．しかし，2 次元の情報しかなくても 3 次元光円錐を描くことは習慣的であるし，3 次元であることが頭に浮かぶ．

$$u^x = \frac{dx}{d\tau} = \frac{dx}{dt}\frac{dt}{d\tau} = \frac{V^x}{\sqrt{1-\vec{V}^2}} \tag{5.27}$$

である．これらをまとめる際に，(4.22) 式の $\gamma \equiv (1-\vec{V}^2)^{-1/2}$ を思い出して使うと

$$\boxed{u^\alpha = (\gamma, \gamma\vec{V})} \tag{5.28}$$

である．これからすぐ $\boldsymbol{u}$ 自身との内積が

$$\boxed{\boldsymbol{u}\cdot\boldsymbol{u} = -1} \tag{5.29}$$

であることがわかる．このことから 4 元速度は常に時間的単位 4 元ベクトルであることがわかる［(5.17) 式を参照］．実際，(5.13) 式を使ってスカラー積を

$$\boldsymbol{u}\cdot\boldsymbol{u} = \eta_{\alpha\beta}\frac{dx^\alpha}{d\tau}\frac{dx^\beta}{d\tau} = -1 \tag{5.30}$$

の形に書けば直接確かめられる．最後の等号は (5.16) 式の形の線素と $ds^2 = -d\tau^2$ によって成り立つ．

●例 5.4　単純な世界線の 4 元速度●　例 5.3 で考察した世界線の 4 元速度 $\boldsymbol{u}$ の成分は

$$u^t \equiv dt/d\tau = \cosh(a\tau), \qquad u^x \equiv dx/d\tau = \sinh(a\tau) \tag{5.31}$$

である［(5.25) 式を参照］．これは正しく規格化されている：

$$\boldsymbol{u}\cdot\boldsymbol{u} = -(u^t)^2 + (u^x)^2 = -\cosh^2(a\tau) + \sinh^2(a\tau) = -1. \tag{5.32}$$

図 5.6 にいくつか例を示した．

粒子の 3 元速度は

$$V^x = \frac{dx}{dt} = \frac{dx/d\tau}{dt/d\tau} = \tanh(a\tau) \tag{5.33}$$

である．これは決して光速を超えないが ($|V^x| = 1$), $\tau = \pm\infty$ で光速に近づく．

5.3 特殊相対論的力学

運動方程式

ニュートンの第一法則は特殊相対論的力学でも非相対論的力学同様に成り立つ．力がなければ物体は静止するか，等速直線運動をする．まとめると

$$\frac{d\boldsymbol{u}}{d\tau} = 0 \tag{5.34}$$

である．(5.28) 式の観点では，この式から $\vec{V}$ がすべての慣性系で一定であることがわかる．

相対論的力学の目標はニュートンの第二法則 $\vec{F} = m\vec{a}$ にあたるものを導入することである．これは決して**導出されるもの**ではなく，納得のいくいくつかの性質を満たすようなものでなければならない：(1) 相対性原理を満たさなければならない．つまりすべての慣性系で同じ形をとる．(2) 力が 0 になれば (5.34) 式にならなければならない．(3) 粒子の速さが光速よりもずっと遅いとすべての慣性系で $\vec{F} = m\vec{a}$ にならなければならない．これらから

$$\boxed{m\frac{d\boldsymbol{u}}{d\tau} = \boldsymbol{f}} \tag{5.35}$$

を選ぶのが自然であろう．定数 m は**静止質量**と呼ばれ，粒子の慣性の性質を特徴づけるものである．$\boldsymbol{f}$ は**4 元力**と呼ばれる．上の要請 (1) は 4 元ベクトル方程式であることから満たされている．(2) は自明である．(3) は $\boldsymbol{f}$ を適切に選ぶことより満たされる．これは相対論的力学およびニュートンの第二法則の相対論的な一般化にふさわしい運動の法則である．**4 元加速度ベクトル** $\boldsymbol{a}$ を

$$\boldsymbol{a} \equiv \frac{d\boldsymbol{u}}{d\tau} \tag{5.36}$$

で定義して導入することで，運動方程式 (5.35) はよく知られた形

$$\boxed{\boldsymbol{f} = m\boldsymbol{a}} \tag{5.37}$$

に書くことができる．

(5.35) 式は 4 つの式を表しているが，そのすべてが独立ではない．4 元速度の規格化 (5.29) から

$$m\frac{d(\boldsymbol{u}\cdot\boldsymbol{u})}{d\tau}=0 \tag{5.38}$$

であることがわかる．(5.36) 式から $\boldsymbol{u}\cdot\boldsymbol{a}=0$ であり，さらに (5.37) 式を使うと

$$\boldsymbol{f}\cdot\boldsymbol{u}=0 \tag{5.39}$$

が得られる．この関係から，独立な式が 3 つしかないことがわかる．これはニュートン力学と同じである．その関係をすぐ考察することにしよう．ニュートンの第三法則についても考察する．

●例 5.5　必要な 4 元力●　例 5.3 と 例 5.4 で述べた世界線の 4 元加速度 $\boldsymbol{a}$ の成分は

$$a^t\equiv du^t/d\tau=a\sinh(a\tau), \qquad a^x\equiv du^x/d\tau=a\cosh(a\tau) \tag{5.40}$$

である．この加速度の大きさは $(\boldsymbol{a}\cdot\boldsymbol{a})^{1/2}=a$ であり，このため定数 a は適切な文字である．この世界線上の粒子を加速するために必要な 4 元力は $\boldsymbol{f}=m\boldsymbol{a}$ である．ここで m は粒子の静止質量である．

エネルギー運動量

(5.35) 式から自然にエネルギーと運動量の相対論的概念に進むことができる．**4 元運動量**を

$$\boldsymbol{p}=m\boldsymbol{u} \tag{5.41}$$

で定義すると，運動方程式 (5.35) は

$$\frac{d\boldsymbol{p}}{d\tau}=\boldsymbol{f} \tag{5.42}$$

になる．

4 元運動量の重要な性質はその定義式 (5.41) と 4 元速度の規格化 (5.29) から得られる：

$$\boxed{\boldsymbol{p}^2\equiv\boldsymbol{p}\cdot\boldsymbol{p}=-m^2} \tag{5.43}$$

(5.28) 式の立場で，4 元運動量の成分は慣性系で 3 元速度 $\vec{V}$ と

$$p^t = \frac{m}{\sqrt{1-\vec{V}^2}}, \qquad \vec{p} = \frac{m\vec{V}}{\sqrt{1-\vec{V}^2}} \tag{5.44}$$

の関係がある．速さが小さい（$V \ll 1$）と

$$p^t = m + \frac{1}{2}m\vec{V}^2 + \cdots, \qquad \vec{p} = m\vec{V} + \cdots \tag{5.45}$$

となる．よって速さが小さいと $\vec{p}$ はふつうの運動量になり，p^t は運動エネルギーと静止質量の和になる．この理由で，$\boldsymbol{p}$ は**エネルギー運動量 4 元ベクトル**とも呼ばれ，その成分はある慣性系で

$$p^\alpha = (E, \vec{p}) = (m\gamma, m\gamma\vec{V}) \tag{5.46}$$

となる．ここで $E \equiv p^t$ はエネルギーで，$\vec{p}$ は **3 元運動量**である．（5.43）式をエネルギーについて解き 3 元運動量で表すと

$$\boxed{E = (m^2 + \vec{p}^2)^{1/2}} \tag{5.47}$$

になる．この式から静止質量が相対論的粒子のエネルギーの一部としてどのように組み込まれているかがわかる．実際，静止粒子に対して（5.47）式はふつうの単位で $E = mc^2$ となる．これは物理学の中で最も有名といったらいいすぎかもしれないが，相対論の中で最も有名な式には違いない．

特殊相対論的運動学の中で重要な応用例は粒子の反応である．全 4 元運動量は粒子の衝突で保存し，これは，エネルギー保存則と全 3 元運動量保存則に対応する．宇宙物理学の重要な例が 112 ページの Box 5.1 にある．

特別な慣性系で，(5.35) 式の相対論的運動方程式とニュートンの法則の関係は **3 元力** $\vec{F}$ を

$$\frac{d\vec{p}}{dt} \equiv \vec{F} \tag{5.48}$$

と定義することでより明確になる．これはニュートンの法則と同じ形であるが，3 元運動量が相対論的な形（5.44）になっている．したがって特相対論的な問題を解くことはニュートンの運動方程式を解くのと本質的に同じである．唯一の差は運動量と速度の関係（5.44）にある．ニュートンの第三法則はニュートン力学のときのように，力 $\vec{F}$ にはたらき，(5.48) 式を通じて粒子系の全 3 元運動量がすべての慣性系で保存することを意味している．明らかに $\vec{f} = d\vec{p}/d\tau = (d\vec{p}/dt)(dt/d\tau) =$

$\gamma\vec{F}$ が成り立つ．(5.28) 式と (5.39) 式を使うと，4 元力は 3 元力により

$$\boxed{\boldsymbol{f} = (\gamma\vec{F}\cdot\vec{V}, \gamma\vec{F})} \tag{5.49}$$

と書くことができる．ここで $\vec{V}$ は粒子の 3 元速度である．運動方程式 (5.42) の時間成分は

$$\frac{dE}{dt} = \vec{F}\cdot\vec{V} \tag{5.50}$$

であり，これはニュートン力学でよく知られた関係である．運動方程式 (5.42) の時間成分は他の 3 成分から得られる．よって 3 元力を使うと，運動方程式はニュートン力学と同じ形になるが，相対論的形式ではエネルギーと運動量の式となっている．速度が小さいとき (5.45) 式からニュートンの第二法則 (5.48) の特殊相対論版は非相対論的形式になっていることがわかる．ニュートン力学は特殊相対論的力学の低速近似である．

●例 5.6　磁場中の相対論的荷電粒子●　電荷 q と静止質量 m をもつ粒子が一様磁場 $\vec{B}$ 中を全エネルギー E で運動している．円軌道の半径はどうなるだろうか．粒子にはたらく 4 元電磁気力の成分はどうなるだろうか．

すでに述べたように電磁気は特殊相対論でも変わらないため磁場中で荷電粒子にはたらく 3 元力は

$$\vec{F} = q(\vec{V}\times\vec{B}) \tag{5.51}$$

である．ここで $\vec{V}$ は荷電粒子の速度である．粒子はよく知られた運動方程式 (5.48) にしたがいながら一定の速さで半径 R の円軌道上を運動している．したがって

$$\frac{d\vec{p}}{dt} = \frac{d}{dt}\left(\frac{m\vec{V}}{\sqrt{1-V^2}}\right) = \frac{m}{\sqrt{1-V^2}}\frac{d\vec{V}}{dt} \tag{5.52}$$

となる．向心加速度 $d\vec{V}/dt$ は純粋に運動学的関係 V^2/R によって与えられる．したがって

$$\frac{m\gamma V^2}{R} = qVB \tag{5.53}$$

よって

$$R = \frac{mV\gamma}{qB} = \frac{|\vec{p}|}{qB} = \frac{\sqrt{E^2 - m^2}}{qB} \tag{5.54}$$

となる．これは半径と全エネルギーの関係を与える．4 元力の時間成分は $f^t = \gamma\vec{F}\cdot\vec{V} = 0$（磁場は仕事をしない）であり動径成分は

$$f^r = \gamma F^r = qVB\gamma = \frac{qB}{m}\sqrt{E^2 - m^2} \tag{5.55}$$

である．

5.4 自由粒子の運動の変分原理

3.5 節で復習したように，ニュートン力学は最小作用の原理でまとめることができる．特殊相対論の自由粒子の運動も同じような最小作用によってまとめることができる．これは極値的固有時の原理だ．その原理は，4.4 節で考察したように双子のパラドックスからすでに明らかである．時空中で自由粒子が運動する直線は 2 つの事象を結ぶ経路の中で固有時が最も長いものである．この節ではこの事実から変分原理を構成し，変分原理が自由粒子の運動方程式（5.34）を示唆することを説明する．このことは重要である．なぜなら第 8 章でこの議論に立ち戻ることになるからだ．そこでは極値的固有時の原理を曲がった時空の自由粒子に仮定して，自由粒子の運動方程式を導くだろう．

極値的固有時の変分原理は以下のように述べることができる：

> 自由粒子の運動の変分原理
> 時間的に離れた 2 点をつなぐ自由粒子の世界線は
> 2 点間の固有時が極値をとるものである．

時間的に離れた 2 点 A と B とそれらを結ぶあらゆる時間的世界線を考えよう（図 5.8）．曲線にはそれぞれ固有時

$$\tau_{AB} = \int_A^B d\tau = \int_A^B [dt^2 - dx^2 - dy^2 - dz^2]^{1/2} \tag{5.56}$$

がある．世界線はパラメータ σ で表され，すべての曲線は A で $\sigma = 0$ の値をとり，B で $\sigma = 1$ をとるとする（パラメータ τ に対してはそうならない）．世

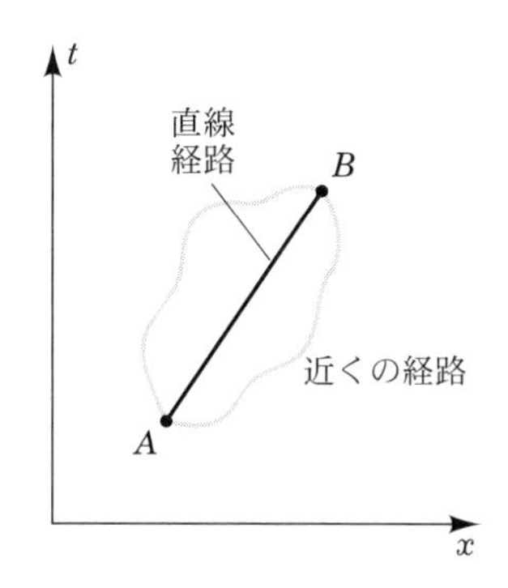

図 5.8 2 点を結ぶ直線は，近くの曲線（灰色）と比べると距離が極値になっている．

界線は σ の関数として座標を与えることで決まる．つまり $x^\alpha = x^\alpha(\sigma)$ である．(5.56) 式は

$$\tau_{AB} = \int_0^1 d\sigma \left[\left(\frac{dt}{d\sigma}\right)^2 - \left(\frac{dx}{d\sigma}\right)^2 - \left(\frac{dy}{d\sigma}\right)^2 - \left(\frac{dz}{d\sigma}\right)^2\right]^{1/2} \tag{5.57}$$

と書くことができる．τ_{AB} が極値をとる世界線を探す．つまり小さな変分 $\delta x^\alpha(\sigma)$ によって固有時の変分が 0 となるものである．これは，3.5 節で復習したニュートン力学の問題のよく知られた形になっている．(5.57) 式の被積分関数をラグランジアン，x^α を力学変数，σ を時間と考えよう．すると (5.57) 式はニュートン力学の作用 (3.35) と同じ形をしている．ラグランジュ方程式は極値であるための必要条件である．それは具体的に

$$-\frac{d}{d\sigma}\left(\frac{\partial L}{\partial(dx^\alpha/d\sigma)}\right) + \frac{\partial L}{\partial x^\alpha} = 0 \tag{5.58}$$

であり，ラグランジアンは

$$L = \left[\left(\frac{dt}{d\sigma}\right)^2 - \left(\frac{dx}{d\sigma}\right)^2 - \left(\frac{dy}{d\sigma}\right)^2 - \left(\frac{dz}{d\sigma}\right)^2\right]^{1/2} = \left[-\eta_{\alpha\beta}\frac{dx^\alpha}{d\sigma}\frac{dx^\beta}{d\sigma}\right]^{1/2} \tag{5.59}$$

である．何が起きているか調べるためにラグランジュ方程式 (5.58) を $x^1 \equiv x$ について書こう：

$$\frac{d}{d\sigma}\left[\frac{1}{L}\frac{dx^1}{d\sigma}\right] = 0. \tag{5.60}$$

しかし $L=[-\eta_{\alpha\beta}(dx^\alpha/d\sigma)(dx^\beta/d\sigma)]^{1/2}$ は単に $d\tau/d\sigma$ であり，$d\sigma/d\tau$ をかけることにより（5.60）式は

$$\frac{d^2x^1}{d\tau^2}=0 \tag{5.61}$$

になる．これは他の座標についても厳密に同じことができる．4 つのラグランジュ方程式から

$$\frac{d^2x^\alpha}{d\tau^2}=0 \tag{5.62}$$

となる．これは自由粒子の運動方程式（5.34）である．その解は A と B を結ぶまっすぐな世界線である．平坦時空で自由粒子の世界線は固有時が極値をとる曲線である．

5.5 光線

静止質量 0 の粒子

これまでの考察は静止質量のある粒子について行ってきた．粒子は光よりも遅く運動している．これから光速 $V=1$ でヌル世界線上を運動する粒子を考えよう． その例には光と重力の量子がある（光子とグラビトン）．おそらくニュートリノもそうであろう [*4]．我々は非量子論的な面に注目し光線と呼び，専ら光線に焦点を絞る．だが，ここでの議論は光速で運動するどんな粒子にも適用できる．

明らかに固有時は，もはや光線の世界線のパラメータとして使うことができない．光線が進む世界線の固有時はゼロになるからだ．しかし別の多くのパラメータが使える．例えば，$V=1$ の曲線

$$x=t \tag{5.63}$$

はパラメータで表すと

$$x^\alpha=u^\alpha\lambda \tag{5.64}$$

となる．ここで λ はパラメータ，$u^\alpha=(1,1,0,0)$ である．4 元ベクトル $\boldsymbol{u}$ は接ベクトル $u^\alpha=dx^\alpha/d\lambda$ であり，（5.25）式で τ が使われたように λ がパラメータとして使われている．しかし，ここで $\boldsymbol{u}$ はヌルベクトルなので，(5.29）式に対応

[*4] 現在少なくともある種のニュートリノには小さい静止質量があるという証拠がそろっている．

して

$$\boldsymbol{u} \cdot \boldsymbol{u} = 0 \tag{5.65}$$

となる．別のパラメータを選べば別の接 4 元ベクトルになるが，どれも長さはゼロになる．

パラメータを

$$\frac{d\boldsymbol{u}}{d\lambda} = 0 \tag{5.66}$$

と選ぶと光線の運動方程式は粒子の場合の（5.34）式と同じになる．間違ったパラメータの選び方はいくらでもある．例えば，(5.64) 式の λ を σ^3 に置き換えることだ．σ が $-\infty$ から ∞ まで変わっても同じ直線 $x = t$ を表しているだろうし，(5.65) 式は引き続き正しいだろう．しかし（5.66）式にはならないだろう．光線の運動方程式（5.66）が粒子の場合と同じ形をとるパラメータはアフィンパラメータと呼ばれる．一意的なアフィンパラメータは存在しない．例えば，λ がアフィンパラメータならば，λ の定数倍もアフィンパラメータである．アフィンパラメータを光線に使うときには，(5.66) 式が簡単な形になっているため，非常に有効となる．

エネルギーと運動量，振動数，波数ベクトル

光子とニュートリノにはエネルギーと 3 元運動量がある．どんな慣性系でも光子のエネルギー E は振動数 ω とアインシュタインの有名な公式

$$E = \hbar\omega \tag{5.67}$$

で結びついている．3 元運動量は（5.44）式から，3 元速度と $\vec{V} = \vec{p}/E$ の関係があることに注意しよう．$|\vec{V}| = 1$ なので，光子では $|\vec{p}| = E$ となり，3 元運動量は

$$\vec{p} = \hbar\vec{k} \tag{5.68}$$

と書くことができる．ここで $\vec{k}$ は伝播の方向を向き，大きさは $|\vec{k}| = \omega$ であり，**波数 3 元ベクトル**と呼ばれる．どんな慣性系でも光子の 4 元運動量 $\boldsymbol{p}$ の成分は

$$\boxed{p^\alpha = (E, \vec{p}) = (\hbar\omega, \hbar\vec{k}) = \hbar k^\alpha} \tag{5.69}$$

と書くことができる．4 元ベクトル $\boldsymbol{k}$ は波数 **4 元ベクトル**と呼ばれる．明らかに

$$\boxed{\boldsymbol{p}\cdot\boldsymbol{p}=\boldsymbol{k}\cdot\boldsymbol{k}=0} \tag{5.70}$$

が成り立つ．（5.43）式と比べると光速で運動する粒子がすべてそうであるように，光子の静止質量は 0 であることがわかる．$\boldsymbol{p}$ と $\boldsymbol{k}$ はともに光子の世界線に接している．アフィンパラメータ λ の規格化を変えることにより接ベクトル $\boldsymbol{u}$ を $\boldsymbol{p}$ と $\boldsymbol{k}$ のどちらかに一致するように選ぶことができる．運動方程式（5.66）は $\boldsymbol{p}$ または $\boldsymbol{k}$ で

$$\frac{d\boldsymbol{p}}{d\lambda}=0,\qquad \text{または}\qquad \frac{d\boldsymbol{k}}{d\lambda}=0, \tag{5.71}$$

と書くことができる．ここで λ はアフィンパラメータである．

ドップラー偏移と相対論的ビーミング

相対論的ドップラー偏移はこれまでの考え方の簡単な応用である．静止系ですべての方向に振動数 ω の光子を放出する光源を考えよう．別の系で光源は速度 V で x' 軸に沿って運動しているとしよう．運動の方向に対して角度 α をなす方向で観測される光子の振動数はどうなるであろうか．この質問には，光源の静止系で波数 4 元ベクトル $\boldsymbol{k}$ の成分と光源が運動している観測者の系をつなぐローレンツブーストを使えば答えることができる．$k^\alpha=(\omega,\vec{k})$ を光源の静止系における光子の 4 元ベクトル $\boldsymbol{k}$ の成分とし，$k'^\alpha=(\omega',\vec{k}')$ を観測者の成分とする．(5.9) 式から

$$\omega=\gamma(\omega'-Vk'^x) \tag{5.72}$$

である．しかし $k'^x=\omega'\cos\alpha'$ であり，ここで α' は x' 軸と光子の間の観測者系における角度である．よって

$$\boxed{\omega'=\omega\frac{\sqrt{1-V^2}}{1-V\cos\alpha'}} \tag{5.73}$$

これが相対論的ドップラー偏移の公式である．V が小さいと，これは

$$\omega'\approx\omega(1+V\cos\alpha') \tag{5.74}$$

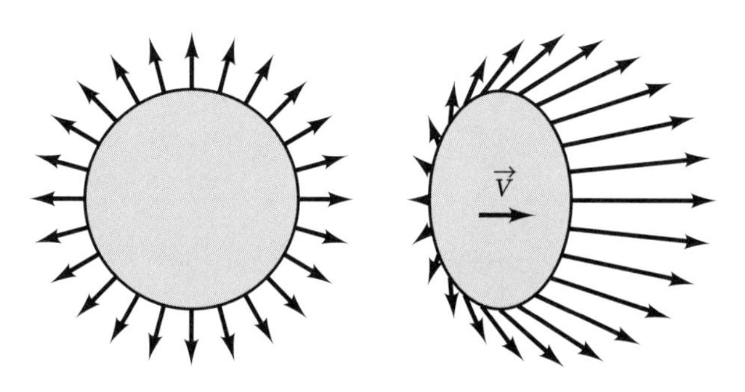

図 5.9 相対論的ビーミング．左図は静止系ですべての方向に同じように光を放っている物体である．表面から垂直に 24 本の光子の波数ベクトルが出ている．右図に，速さ $V = 0.75$ で右に運動する系に静止している物体が同じ 24 個の光子とともにローレンツ収縮しているところを示した．V が光速に近づくと光子は運動方向に向いていき，波数ベクトルの運動方向の成分はドップラー効果のため大きくなっていく．放射強度はますます運動方向に集中されていく．

と近似することができる．$\alpha' = 0$ のとき，光子は光源の運動方向と同じ向きに放出され，光子の振動数は青方偏移 $\Delta\omega' = +V\omega$ を受ける．$\alpha' = \pi$ のとき，光子は光源と反対方向に運動しており，赤方偏移 $\Delta\omega' = -V\omega$ を受ける．

光子が光源の運動に対して垂直なとき（$\alpha' = \pi/2$）でさえ赤方偏移する．ただし，この効果は V^2 のオーダーである．これは横ドップラー効果と呼ばれ，公式 (5.73) は単に時間の遅れになっている．

相対論的ビーミングの現象（図 5.9）は光子の空間的運動量の公式から得られる．光子が光源系の x 軸に対して角度 α をなしているとする．そこでは $\cos\alpha = k^x/\omega$ である．観測者の系で x' 軸となす角度は $\cos\alpha' = k'^x/\omega'$ で定義される．2 つの系の (ω, k^x) と (ω', k'^x) をつなぐローレンツ変換 (5.9) からこれらの 2 つの角度に

$$\cos\alpha' = \frac{\cos\alpha + V}{1 + V\cos\alpha} \tag{5.75}$$

の関係があることがわかる．よって光源系で前面の半球内（$|\alpha| < \pi/2$）に放出された光子は小さい円錐 $|\alpha'| < \alpha'_{1/2}$ に放出されたと観測者には見える．ここで $\cos\alpha'_{1/2} = V$ である．V が 1 に近いと，開いた角度は小さくなるだろう．つまり，光子は光源の運動方向に絞られる．ドップラー偏移から前面に放出された光子のエネルギーは後方の光子よりも大きいことがわかる．これは，放射の強度が

運動方向に強く集中することを意味する（問題 17）．一様に放射を放ちながら向かってくる物体は離れる方向から見るよりも明るくなる．これが相対論的ビーミングである．

Box 5.1 宇宙線エネルギーにおける宇宙背景放射によるカットオフ

地球に対して光速よりも遅く運動する粒子の中で，宇宙で最も速い粒子は高エネルギー宇宙線である．宇宙線は星間物質中を通ってやってくる素粒子または原子核に使う一般的な言葉である．その中に陽子は非常に多く存在する．宇宙線が大気に入ってくると粒子シャワーが作られ，宇宙線は粒子シャワーを通じて検出される．宇宙線エネルギーは 3×10^{20}eV まで観測されている．大気中で陽子が衝突すると地球上の最も大きな粒子加速器の 10 万倍に及ぶエネルギーが発生する．このエネルギーは陽子で計算すると $\gamma \sim 10^{11}$ で光速よりも 10^{22} 分の 1 程度の差だけ小さい．

宇宙線の加速機構は完全にはわかっていないが，宇宙背景放射（cosmic microwave background radiation, CMB）の光子との相互作用を理解することでその起源についていくらかの手がかりが得られている．CMB はあらゆるところにある黒体の背景放射で，ビッグバンのときから存在しており，現在は 2.73 K の温度に下がっている．第 17 章（下巻）で CMB を詳しく述べることになるが，宇宙線との衝突を考えるうえでいくつかの事実が必要である．宇宙背景放射は CMB 系と呼ばれる系では等方な黒体放射である．銀河はこの系に対して光速に比べゆっくりと運動している．温度 2.73 K で CMB の特徴的なエネルギーは 2×10^{-4} eV であり，1 cm^3 当たり平均 400 個の光子がある．

高エネルギー宇宙線陽子が CMB 光子と衝突したとき，何が起きるのだろうか．陽子が十分速く運動していればパイオンの光生成のような反応をうながす：

$$\gamma + p \to n + \pi^+, \qquad \text{または} \qquad \gamma + p \to p + \pi^0.$$

この反応で陽子のエネルギーは落ちる（誤解の恐れがあるが，γ を光子とローレンツ変換の因子の両方に使い続ける）．地球への飛行の間で CMB 光子と確実に衝突するほど十分遠いところに宇宙線源があれば，このエネルギーよりも大きなエネルギーを持った宇宙線陽子は見つけられない．これは，最初にこの効果に注目した論文の著者（Greisen-Zatsepi-Kuz'min）のイニシャルをとって GZK カットオフと呼ばれている．

GZK カットオフエネルギーを評価することは特殊相対論の教育的な練習問題である．わかりやすいように，先に引用した過程の 1 つ目を考えよう．全 4 元運動量は保存する：

$$\boldsymbol{p}_\gamma + \boldsymbol{p}_p = \boldsymbol{p}_n + \boldsymbol{p}_\pi. \tag{a}$$

エネルギーの閾値は重心系（CM 系, center of mass system）ですぐ見つかる．そこでは衝突の運動量の大きさが等しくて方向が反対である．閾値はともに静止した中性子とパイ中間子が生成するときの初期エネルギーの値である．

CM 系の閾値で，全エネルギーは $E_n^{CM} + E_\pi^{CM} = m_n + m_\pi$ である．全 3 元運動量は定義により 0 である：$\vec{p}_n^{CM} + \vec{p}_\pi^{CM} = 0$. これは，光子の典型的なエネルギーが $E_\gamma^{CMB} \approx 6 \times 10^{-4}\,\mathrm{eV}$ になる CMB 系においてどんなエネルギー E_p^{CMB} に対応するのだろうか．この陽子エネルギーの閾値が GZK カットオフである．

この疑問には，4 元ベクトルの長さがすべての系で同じであるという事実を使うことで効果的に答えることができる．CM 系の閾値で $(\boldsymbol{p}_n + \boldsymbol{p}_\pi)^2$ を評価すると $-(m_n + m_\pi)^2$ になる．4 元運動量の保存から，これが $(\boldsymbol{p}_\gamma + \boldsymbol{p}_p)^2$ と同じであることがわかる．2 乗した式 $\boldsymbol{p}_p^2 = -m_p^2$ と $\boldsymbol{p}_\gamma^2 = 0$（光子の質量が 0）を使うと

$$2\boldsymbol{p}_\gamma \cdot \boldsymbol{p}_p - m_p^2 = -(m_n + m_\pi)^2 \tag{b}$$

が得られる．この関係は座標系に依存しないが，CMB 系の 4 元運動量の成分で表すことができる．エネルギー $E_p^{CMB} \gg m_p$ の光子が x 軸に沿って運動し，反対方向に運動するエネルギー E_γ^{CMB} の光子と衝突するとしよう．CMB 系の (t, x) 成分は

$$\begin{aligned} (p_\gamma^{CMB})^\alpha &= (E_\gamma^{CMB}, -E_\gamma^{CMB}) \\ (p_p^{CMB})^\alpha &\approx (E_p^{CMB}, E_p^{CMB}) \end{aligned} \tag{c}$$

である．ここで 3 元運動量は (5.47) 式を使ってエネルギーで表し，$E_p^{CMB} \gg m_p$ の近似を使った．(b) 式の内積はこれらの成分を使って計算でき，E_p^{CMB} について解くことができる．その結果は近似 $m_n \approx m_p$ を使って簡単にすることができ，

$$E_p^{CMB} \approx \frac{m_p m_\pi}{2E_\gamma^{CMB}}\left(1 + \frac{m_\pi}{2m_p}\right) \approx 3 \times 10^{20}\,\mathrm{eV} \tag{d}$$

が得られる．これが GZK カットオフエネルギーである．これらの陽子の速度は光速よりたった 5×10^{-24} 倍だけ遅く，なんとこれはローレンツ因子にして $\gamma \sim 10^{11}$ にも達する！

$10^{20}\,\mathrm{eV}$ の陽子が CMB 光子と衝突するまでの平均自由行程は $\lambda_{CMB} = 1/(\sigma N_\gamma)$

である．ここで σ は光生成過程の断面積で，約 $2 \times 10^{-28}\,\mathrm{cm}^2$ ほどであり，N_γ は CMB 光子の個数密度で，約 $400\,\mathrm{cm}^{-3}$ である．これらの数値から $\lambda_{CMB} \approx 10^{25}\,\mathrm{cm} \approx 1000$ 万光年となる．この距離は局所銀河群のたった数倍のサイズである．陽子のエネルギーが下がるまでに平均自由行程程度の距離がかかるが，そのようなエネルギーの光子がずっと遠くから飛んできているはずがない．非常に高エネルギーの宇宙線はまれであるが，$3 \times 10^{20}\,\mathrm{eV}$ のものが検出されており，GKZ カットオフから期待されるような，個数が鋭く減少するきざしは見られていない．高エネルギー粒子の説明の一つに，それらが近くで作られているというものがある．

5.6　観測者と観測

特殊相対論的力学の予測は慣性系の中でもっとも簡単に計算され，もっとも容易に理解される．慣性系で静止している観測者が観測するときその系の軸を参照する．たとえば，慣性系で静止している観測者によって測定される粒子のエネルギーは時間軸に沿った 4 元運動量の成分である．しかし慣性系ですべての観測者が静止しているわけではなく，たとえば地上の観測者はそうではない．加速する観測者の観測の予測値はどのように計算されるのだろうか．

この質問は一般相対性理論では特に重要になる．一般的に一般相対性理論の曲がった時空には全時空を覆う慣性系などない．これから見るように，自由落下する世界線の近傍や各点の近傍には局所慣性系が存在するが，大域的なものはない．したがって，大域的でない慣性系にいる観測者の予言を引き出すような体系的な方法を手に入れることは非常に大きな意味がある．この節では特殊相対論でそれをどうやってすればよいのか述べる．

時空を通る観測者の経路は時間的世界線である．観測者とは世界線に沿った実験室を運んでいるものだと考えてよいのかもしれない．少なくとも宇宙物理学の問題に対してこの実験室は物理現象が起きる距離に比べて非常に小さい．それがハッブル宇宙望遠鏡であってもである．したがって我々は理想化して実験室が無限小であるとする．実験室の内部で観測者は時計と巻尺で測定する（図 3.1 を見よ）．たとえば，観測者は実験室を通りすぎる粒子の速度を測定する．粒子が実験室の壁となす角度を調べ，実験室の距離を通過する時間を測定することで速さ

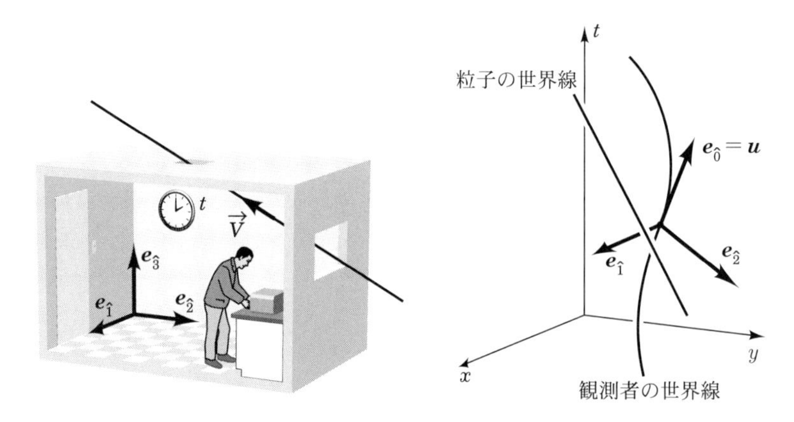

図 **5.10** 時空を運動する観測者は左図に示したような局所実験室系に住んでいると思ってもよい．それは右に示した世界線の時空中を運動している．直交する 3 つの空間方向によって 3 つの空間的単位 4 元ベクトル $\boldsymbol{e}_{\hat{1}}, \boldsymbol{e}_{\hat{2}}, \boldsymbol{e}_{\hat{3}}$ を決める．観測者の時計は実験室系で静止しており，時間方向 $\boldsymbol{e}_{\hat{0}}$ を決め，それは観測者の 4 元ベクトルに一致する．観測者による観測は 4 元ベクトル $\boldsymbol{e}_{\hat{\alpha}}, \alpha = 0, 1, 2, 3$ を参照して行われる．

が求まる．

数学的に局所実験室のアイディアは図 5.10 のように理想化できる．観測者には 4 つの**単位直交** 4 元ベクトル $\boldsymbol{e}_{\hat{0}}, \boldsymbol{e}_{\hat{1}}, \boldsymbol{e}_{\hat{2}}, \boldsymbol{e}_{\hat{3}}$ がある．これらはそれぞれ時間方向と 3 つの空間方向を定め，これらを観測者はすべての測定で参照する．ハットのついた添字は我々が**正規直交基底**を使っていることを強調するときに使う．直交基底 4 元ベクトルはそれぞれ単位長さをもち，すべての正規直交基底は互いに直交している．世界線の方向は実験室で静止している時計が時空中で運動している方向であることから，時間的単位 4 元ベクトル $\boldsymbol{e}_{\hat{0}}$ は観測者の世界線に接していることになる．観測者の 4 元速度 $\boldsymbol{u}_{\mathrm{obs}}$ は**単位接ベクトル**なので［(5.29) 式を参照］

$$\boldsymbol{e}_{\hat{0}} = \boldsymbol{u}_{\mathrm{obs}} \tag{5.76}$$

である．観測者は 3 つの空間基底ベクトル $\boldsymbol{e}_{\hat{\imath}}$ が $\boldsymbol{e}_{\hat{0}}$ と直交しそれぞれ互いに直交していれば，空間基底ベクトルとして自由に選ぶことができる．実験室が慣性系で静止しているときにだけ，$\boldsymbol{e}_{\hat{\alpha}}$ は慣性系の軸の方向を向いている．

●例 5.7 単純加速観測者の正規直交基底● 例 5.3 と例 5.4 で述べた加速世界線に沿った観測者を考えよう．慣性系にいる観測者の正規直交基底 4 元ベクトルの成分は何か．これらの 4 元ベクトルは観測者の固有時とともに変わるだろう．4

元ベクトル $\boldsymbol{e}_{\hat{0}}(\tau)$ は観測者の 4 元速度 $\boldsymbol{u}_{\rm obs}(\tau)$ でありその成分は

$$(\boldsymbol{e}_{\hat{0}}(\tau))^{\alpha} = u^{\alpha}_{\rm obs}(\tau) = (\cosh(a\tau), \sinh(a\tau), 0, 0) \tag{5.77}$$

である［(5.31) 式を参照］．他の 3 つの 4 元ベクトル $\boldsymbol{e}_{\hat{i}}(\tau)$ の唯一の条件はそれらが $\boldsymbol{e}_{\hat{0}}(\tau)$ に直交し，互いに直交し単位長さであることである．観測者が直交系の空間軸を向ける自由度には多くの可能性がある．この条件を満たす最も簡単な方法は $\boldsymbol{e}_{\hat{2}}(\tau)$ と $\boldsymbol{e}_{\hat{3}}(\tau)$ をそれぞれ y 方向と z 方向に選ぶことである．残りの $\boldsymbol{e}_{\hat{1}}(\tau)$ はある関数 f, g を使って $(f(\tau), g(\tau), 0, 0)$ の形をとるとする．$\boldsymbol{e}_{\hat{0}}(\tau)$ との直交性は

$$\boldsymbol{e}_{\hat{0}}(\tau) \cdot \boldsymbol{e}_{\hat{1}}(\tau) = -\cosh(a\tau) f(\tau) + \sinh(a\tau) g(\tau) = 0 \tag{5.78}$$

を意味する．単位長さは

$$\boldsymbol{e}_{\hat{1}} \cdot \boldsymbol{e}_{\hat{1}}(\tau) = -f^2(\tau) + g^2(\tau) = 1 \tag{5.79}$$

を意味する．これら 2 つの条件から f と g が決まる．4 元ベクトル $\boldsymbol{e}_{\hat{i}}(\tau)$ は (5.77) 式とともに直交基底 4 元ベクトルをなし

$$(\boldsymbol{e}_{\hat{1}}(\tau))^{\alpha} = (\sinh(a\tau), \cosh(a\tau), 0, 0), \tag{5.80a}$$

$$(\boldsymbol{e}_{\hat{2}}(\tau))^{\alpha} = (0, 0, 1, 0), \tag{5.80b}$$

$$(\boldsymbol{e}_{\hat{3}}(\tau))^{\alpha} = (0, 0, 0, 1) \tag{5.80c}$$

となる．

すでに考察したように，観測者は観測の際，実験室の軸と時計を参照する．これは，実験室についた基底 4 元ベクトル $\{\boldsymbol{e}_{\hat{\alpha}}\}$ に沿って 4 元ベクトルの成分を測定することを意味する（中括弧 { } は「集合」を意味する）．たとえば，加速する観測者によって測定される粒子のエネルギーは基底 4 元ベクトル $\boldsymbol{e}_{\hat{0}}$ に沿った粒子の 4 元運動量 $\boldsymbol{p}$ の成分である．方向 1 で測られる 3 元運動量は $\boldsymbol{e}_{\hat{1}}$ に沿った $\boldsymbol{p}$ の成分である，といった具合に．これらの成分は分解［(5.4) 式を参照］

$$\boldsymbol{p} = p^{\hat{\alpha}} \boldsymbol{e}_{\hat{\alpha}} \tag{5.81}$$

によって定義され，観測者の直交基底 4 元ベクトルとの内積として計算すること

ができる．その結果は [*5]

$$p^{\hat{0}} = -\boldsymbol{p}\cdot\boldsymbol{e}_{\hat{0}}, \quad p^{\hat{1}} = \boldsymbol{p}\cdot\boldsymbol{e}_{\hat{1}}, \quad p^{\hat{2}} = \boldsymbol{p}\cdot\boldsymbol{e}_{\hat{2}}, \quad p^{\hat{3}} = \boldsymbol{p}\cdot\boldsymbol{e}_{\hat{3}}, \tag{5.82}$$

と書くことができる．これらの関係を確かめようとすれば，基底 4 元ベクトルが正規直交関係にあることを考慮に入れて，(5.81) 式を使って右辺を計算すればよい．特に，4 元速度 $\boldsymbol{u}_{\mathrm{obs}}$ で表される観測者によって測定される粒子のエネルギー E は，上式の最初の関係または

$$E = -\boldsymbol{p}\cdot\boldsymbol{u}_{\mathrm{obs}} \tag{5.83}$$

である．以下の例でこれがどのように使えるのかを説明する．

●例 5.8　速さ V で運動する観測者に測定される静止粒子のエネルギー●　粒子がある慣性系で静止しているところを考えよう（図 5.11）．観測者はこの系で速度 $\vec{V}$ で運動しており，観測者の世界線は粒子の世界線と交差する．観測者の視点では粒子は実験室系を運動していることになる．粒子のエネルギーは観測者が測定するとどうなるか．我々はすでに答えを知っている．粒子は実験室を速度 $\vec{V}$ で運動し，測定されるエネルギーは

$$E = m\gamma \tag{5.84}$$

になるだろう．ここで m は粒子の静止質量である．

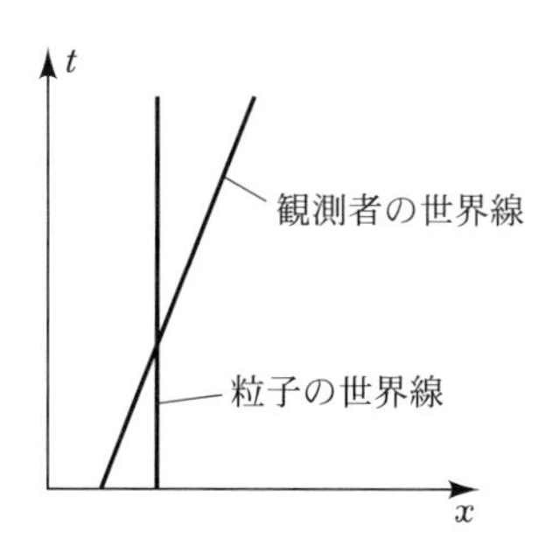

図 **5.11**　静止粒子を通りすぎる観測者が自分の 4 元速度を使って 4 元運動量の成分として粒子のエネルギーを測定する．

[*5] 我々は，方程式の両辺で添字がバランスをとるという規則に暗にしたがってきた．それは 8.3 節ではっきりと述べる．しかしここではそれを一時的に破っている．より教育的には，この関係は $\eta_{\hat{\alpha}\hat{\beta}}p^{\hat{\beta}} = \boldsymbol{e}_{\hat{\alpha}}\cdot\boldsymbol{p}$ のように添字が上下でつりあうように書かれるべきであろう．

これが観測者の直交基底との内積によってどのように得られるのかをみてみよう．粒子が静止している慣性系の中で粒子の運動量4元ベクトルの成分は

$$\boldsymbol{p} = (m, 0, 0, 0) \tag{5.85}$$

となる．同じ系で観測者の4元速度は

$$\boldsymbol{e}_{\hat{0}} = \boldsymbol{u}_{\text{obs}} = (\gamma, V\gamma, 0, 0) \tag{5.86}$$

である［(5.28) 式を参照］．観測者によって測定されるエネルギーは (5.83) 式にしたがうと

$$E = -\boldsymbol{p} \cdot \boldsymbol{e}_{\hat{0}} = -\boldsymbol{p} \cdot \boldsymbol{u}_{\text{obs}} = m\gamma \tag{5.87}$$

であり，(5.84) 式と同じである．観測者が測定するエネルギーは，ちょうど粒子のエネルギー運動量4元ベクトルの観測者の時間方向 $\boldsymbol{e}_{\hat{0}}$ に沿った成分である．

この簡単な例で，計算 (5.87) はかなり複雑である．だが，ポイントは，(5.87) 式が不変な形式で書かれていることと，どんな慣性系でも計算できるということである．これが有効であることをみるために次の例を見よう．

●例 5.9　加速する観測者によって測られる振動数●　例 5.3 と例 5.4 の世界線にしたがう観測者が星からの光を観測する．星は慣性系の原点に対して静止しており，光を絶えず放射している．簡単のため，光は星の慣性系で可視光領域の1つの振動数 ω_* で放出されたと仮定しよう．観測者は自分の世界線に沿った固有時の関数として振動数 ω_* をどう測定するのであろうか．

星が静止している慣性系で，観測者にたどり着く光子の波数4元ベクトル $\boldsymbol{k}$ の成分は $k^\alpha = (\omega_*, \omega_*, 0, 0)$ である．観測される振動数 $\omega(\tau)$ はこれらの成分を固有時 τ の観測者の瞬間的な静止系に変換することで得られるだろう．これは特に難しいことではなく（問題18），光子では $E = \hbar\omega$ であり，(5.87) 式を使うと簡単にできる：

$$\omega(\tau) = -\boldsymbol{k} \cdot \boldsymbol{u}_{\text{obs}}. \tag{5.88}$$

ここで $\boldsymbol{u}_{\text{obs}}$ は4元速度 (5.31) である．明らかに

$$\omega(\tau) = k^t u^t - k^x u^x = \omega_*[\cosh(a\tau) - \sinh(a\tau)] = \omega_* \exp(-a\tau) \tag{5.89}$$

である．固有時の始めでは（$\tau < 0$）観測者が光源に向かって速く近づいてくるので光は青方偏移し，後に（$\tau > 0$）光源から速く遠ざかるので光は赤方偏移する．

世界線（5.31）にしたがう宇宙船の船橋にいる観測者が星空を見ていると $1/a$ のオーダーの限られた固有時の期間だけ星を見ることになるだろう．あなたにはそれがなぜか説明できるだろうか．

問　題

1.［S］成分が

$$a^{\alpha} = (-2, 0, 0, 1)$$
$$b^{\alpha} = (5, 0, 3, 4)$$

である 4 元ベクトル $\boldsymbol{a}$ と $\boldsymbol{b}$ を考えよう．

(a) $\boldsymbol{a}$ は時間的か空間的かそれともヌルか．$\boldsymbol{b}$ は時間的か空間的かそれともヌルか．

(b) $\boldsymbol{a} - 5\boldsymbol{b}$ を計算せよ．

(c) $\boldsymbol{a} \cdot \boldsymbol{b}$ を計算せよ．

2. 2 つの 3 元ベクトルの内積は

$$\vec{a} \cdot \vec{b} = ab \cos \theta_{ab}$$

と書くことができる．ここで a と b はそれぞれ $\vec{a}$ と $\vec{b}$ の長さであり，θ_{ab} はそれらの間の角度である．似た公式が時間的 4 元ベクトル $\boldsymbol{a}$ と $\boldsymbol{b}$ の間でも成り立つことを示せ：

$$\boldsymbol{a} \cdot \boldsymbol{b} = -ab \cosh \theta_{ab}.$$

ここで $a = (-\boldsymbol{a} \cdot \boldsymbol{a})^{1/2}$, $b = (-\boldsymbol{b} \cdot \boldsymbol{b})^{1/2}$ であり，θ_{ab} は（4.18）式で定義されるパラメータであり，これは，世界線が $\boldsymbol{a}$ を向いて静止している観測者の座標と世界線が $\boldsymbol{b}$ を向いて静止している観測者の座標の間のローレンツブーストを表す．

3.［S］ある慣性系で自由粒子が x 軸に沿って速さ $dx/dt = V$ で運動しており，$t = 0$ で原点を通過した．粒子の世界線を固有時 τ をパラメータとして V を使って表せ．

4. 4 元加速度ベクトル $\boldsymbol{a} \equiv d\boldsymbol{u}/d\tau$ の成分を 3 元ベクトル $\vec{V}$ と 3 元加速度 $\vec{a} = d\vec{V}/dt$ で表し，（5.28）式と似た式を求めよ．その式と（5.28）式を使って $\boldsymbol{a} \cdot \boldsymbol{u} = 0$ を確かめよ．

5. 図 5.6 を写し，加速度の 4 元ベクトル $\boldsymbol{a}$ を半分のスケールでそこに描き込め．そのベクトルは $\boldsymbol{u}$ と直交しているか．

6. x 軸に沿って運動している粒子を考えよ．その速度は時間の関数として

$$\frac{dx}{dt} = \frac{gt}{\sqrt{1+g^2t^2}}$$

である．ここで g は定数である．

(a)　粒子の速さは光速を超えるだろうか．

(b)　粒子の 4 元速度の成分を計算せよ．

(c)　軌跡に沿った固有時の関数として x と t を表せ．

(d)　粒子にはたらく 4 元力の成分と 3 元力の成分はどうなるか．

7. [C] 粒子が x 軸に沿って運動している．瞬間的な静止系で測定すると常に一定値 g となる一様な加速度を受けている．粒子が $t=0$ で x_0 を速度ゼロで通りすぎると仮定して x と t を固有時 τ の関数として表せ．時空図に粒子の世界線を描け．

8. [S] π^0 中間子（静止質量 135 MeV）が速さ（3 元速度の大きさ）$V=c/\sqrt{2}$ で x 軸から 45° の方向に運動している．

(a)　粒子の 4 元速度の成分を求めよ．

(b)　エネルギー運動量 4 元ベクトルの成分を求めよ．

9. [S] 今は廃棄されているスタンフォード線形加速器（SLAC）で電子と陽電子が長さ 2 マイル（約 3 km），直径数センチのビームパイプの中でおよそ 40 GeV のエネルギーで加速されていた．このような狭い経路の中で長い距離にわたって電子を導くことは気の遠くなるような仕事である．だがエネルギーが 40 GeV のとき，電子の静止系で加速器の長さはどうなるか．

10. CERN の LEP 粒子加速器の中で電子と陽電子が反対方向に半径 10 km の円形リングを 100 GeV で進む．

(a)　これらの粒子はどれくらい光速に近い速さで運動するか．

(b)　電子と陽電子を 2 時間蓄えておくことができる．電子または陽電子はこの時間内にリングを何回まわることができるか．

11. (4.18) 式のローレンツブーストで使われたパラメータ θ で平行速度の合成則を表せ．その結果に幾何学的解釈をすることができるだろうか．

12. 2 マイルのスタンフォード線形加速器は電子を加速器の系で測って 40 Ge にまで加速する．加速機構を理想化し，加速器に沿って一定電場 $\vec{E}$ をかけ，運動方

程式を

$$\frac{d\vec{p}}{dt} = e\vec{E}$$

と仮定する．ここで $\vec{p}$ は相対論的運動量 $\boldsymbol{p}$ の空間部分である．

(a) 電子は初め静止していると仮定し，加速器での位置を時間の関数として静止質量 m と $F \equiv e|\vec{E}|$ で表せ．

(b) 最終的なエネルギーまで粒子を加速するために必要な $|\vec{E}|$ の値を求めよ．

13. ［B,S］光生成してできるパイオン（π^+）の反応の 1 つに

$$\gamma + p \to n + \pi^+$$

がある．陽子が静止している系でこのようにパイオンをつくるための最低エネルギー（エネルギーの閾値）を求めよ．現在ある加速器はこのエネルギーに到達できるか．

14. ［B］最も大きなエネルギーをもつ宇宙線とあなた自身によって投げることのできる岩のエネルギーを比較せよ．

15. ［C］回転円盤の端に光源と検出器をある角度 ϕ をなすように置き，瞬間的な静止系で光源は振動数 ω_* の放射を放つ．放射が検出されると振動数はどうなるか．［ヒント：この問題で情報はほとんど与えられない．必要ないからだ］

16. **光行差**　地球の軌道面で，真夜中頭上にある星を考えよう．望遠鏡を覗いて星を観測するためには望遠鏡の軸を天頂から地球が運動している方向に向けて小さい角度傾けなければならない．なぜ傾けなければならないか説明し角度を計算せよ．状況を簡単にするために，地球がほぼ円軌道を運動し，必要なら回転軸が円軌道面に対して垂直であることを仮定せよ．

17. ［C］**相対論的ビーミング**　物体がその静止系で全ての方向に時間的に等しい割合で振動数 ω_* の光子を放っている．この系で遠く離れて（その物体の大きさに比べて）静止している検出器は単位立体角当たり $(dN/dtd\Omega)_*$ [photon/(s·sr)] の割合で，方向と無関係に光子を受信する．観測者が静止している慣性系 (t', x', y', z') で物体は x' 軸方向に速さ V で運動する．

(a) 静止系で光子が伝わる方向を観測者の系における方向につなげる関係式 (5.75) を導出せよ．

(b) 観測者系において，物体から遠く離れたところで光子を観測するとき，x 軸からの角度 α' の関数として，単位立体角当たり受信する光子数の時間的割合 $dN/dt'd\Omega'$ を求めよ．［ヒント：静止観測者による 2 つの光子の

受信時間間隔は，光源が運動していれば発信の時間間隔とは同じではないことを思い出せ]

(c) 観測者系において，物体から遠く離れたところで観測したとき，角度 α' の関数として，立体角あたりの光度の時間的割合 $dL'/d\Omega'$[erg/(s·sr)] を求めよ．

(d) 光源の速度が光速に近づくと観測者の系でエネルギーと個数のビーミングがどうなるか考察せよ．

18. 光子の波数ベクトルの成分を固有時 τ の観測者の瞬間的静止系に変換することで，例 5.9 の観測者が見る振動数を固有時の関数として計算せよ．

19. [S] 観測者がある慣性系の x 軸に沿って一定の速さ V で運動している．観測者が観測するときに参照する正規直交基底 4 元ベクトル $\{\boldsymbol{e}_{\hat{\alpha}}\}$ の成分をその系において求めよ．

20. 4 元運動量 $\boldsymbol{p}$ の粒子と 4 元速度 $\boldsymbol{u}$ の観測者を考える．粒子が観測者の実験室を通ると，3 元運動量の大きさが

$$|\vec{p}| = \left[(\boldsymbol{p}\cdot\boldsymbol{u})^2 + (\boldsymbol{p}\cdot\boldsymbol{p})\right]^{1/2}$$

で測定されることを示せ．

21. [P,A] すべての慣性系で，荷電粒子にはたらく力は通常のローレンツ力である：

$$\vec{F} \equiv \frac{d\vec{p}}{dt} = q(\vec{E} + \vec{V} \times \vec{B}).$$

ここで q は粒子の電荷であり，$\vec{V} \equiv d\vec{x}/dt$ は 3 元速度で $\vec{E}$ と $\vec{B}$ はローレンツ系で測定した電場と磁場である．この慣性系に対して x 軸方向に速さ v で運動する別の慣性系を考えよう．

(a) 4 元力 $\boldsymbol{f}$ の成分を $\vec{E}$ と $\vec{B}$, および粒子の 4 元速度 $\boldsymbol{u}$ の成分を使って表せ．

(b) $\boldsymbol{f}$ と $\boldsymbol{u}$ の成分の変換則を使って，もともとの慣性系における以下の特別な場を新しい慣性系での電場と磁場にかえる変換則を求めよ．

i. x 方向の電場

ii. x 方向の磁場

iii. y 方向の電場

iv. y 方向の磁場

22. [C] 相対論的ロケット　ロケットは静止質量の一部分を排出ガスとして噴射することにより加速する．排出の速さはロケットの静止系で一定値 u である．エネ

ルギー保存と運動量保存を使い，ロケットが静止状態から速さ V に加速するとき初期質量と最終質量の比を求めよ.［ヒント：静止質量は保存しないが，エネルギーと運動量は保存する．ニュートン力学で同じ問題を行ってみたらよいだろう］

23.［C］タキオン

(a) つねに光速を超えて運動するある種の粒子がローレンツ不変性と整合性がとれることを議論せよ．ローレンツ不変性とはある系で光よりも速ければ，すべての系で速いことをいう（このような仮想的な粒子はタキオンと呼ばれる）.

(b) タキオンの軌道に接するベクトルは空間的で，$u^\alpha = dx^\alpha/ds$ と書けることを示せ．ここで s は軌道に沿った空間的間隔である．$\boldsymbol{u}\cdot\boldsymbol{u} = 1$ であることを示せ.

(c) タキオンの 4 元速度 $\boldsymbol{u}$ の成分を 3 元速度 $\vec{V} = d\vec{x}/dt$ で表せ.

(d) 4 元運動量を $\boldsymbol{p} = m\boldsymbol{u}$ で定義し，タキオンのエネルギーと運動量の関係を求めよ.

(e) どんなタキオンでもエネルギーが負になる慣性系が存在することを示せ.

(f) タキオンが普通の粒子と相互作用すると普通の粒子は全エネルギーと 3 元運動量が保存するようにタキオンを放出することを示せ.

［コメント：(f) の結果から，タキオンをもつ世界は不安定になることがわかっていてる．自然界にタキオンがあるという証拠はない］

第II部
一般相対性理論の曲がった時空

重力が曲がった時空の幾何学で**ある**というアイディアを導入する．曲がった時空と，それらの曲がった幾何学を調べるために必要なテスト粒子と光線の運動を記述する道具立てについて詳しく述べる．球対称星や球対称ブラックホールの外側の幾何学，重力波，宇宙論を調べる．一般相対性理論の基本的な検証について述べる．

第6章 幾何学としての重力

特殊相対性理論の成功により，ほぼ 300 年間にわたって太陽系の力学に適用して成功を収めてきたニュートンの重力理論はもはや厳密には正しくないということが明らかになった．ニュートンの重力相互作用は瞬間的に伝わる．時刻 t で質量 m_1 に及ぼされる第二の質量 m_2 による重力 $\vec{F}_{12}$ の大きさは

$$F_{12} = \frac{Gm_1m_2}{|\vec{r}_1(t) - \vec{r}_2(t)|^2} \tag{6.1}$$

で与えられる［(3.11) 式を見よ］．ここで $\vec{r}_1(t)$ と $\vec{r}_2(t)$ は**同じ瞬間**における質量の位置である．しかし特殊相対性理論では瞬間の概念は慣性系ごとに違う．ニュートンの法則 (6.1) は 1 つの慣性系でしか正しくないかもしれず，慣性系の中からその 1 つを選び出すことができるかもしれない．というわけでニュートンの重力法則は相対性原理と相容れないことになる．

我々は，新しい重力理論，相対性原理と矛盾のない理論に向かってアインシュタインが進んだ道をいくらかたどることになるだろう．そしてニュートンの重力理論とは定性的に違った理論である一般相対性理論にたどり着くだろう．一般相対性理論では重力現象は力や場から生じるのではなく，4 次元時空の曲率から生じるのである．思索の出発点は重力質量と慣性質量の等価性である．

6.1 重力質量と慣性質量の等価のテスト

第 2 章で考察したように，重力質量と慣性質量が等価であることが非常に厳密な精度で確かめられている．一般相対性理論におけるこの等価性の中心的な重要性のため，これらのテストをできるだけ多く述べることは，概略だけだとしても，価値のあることである．

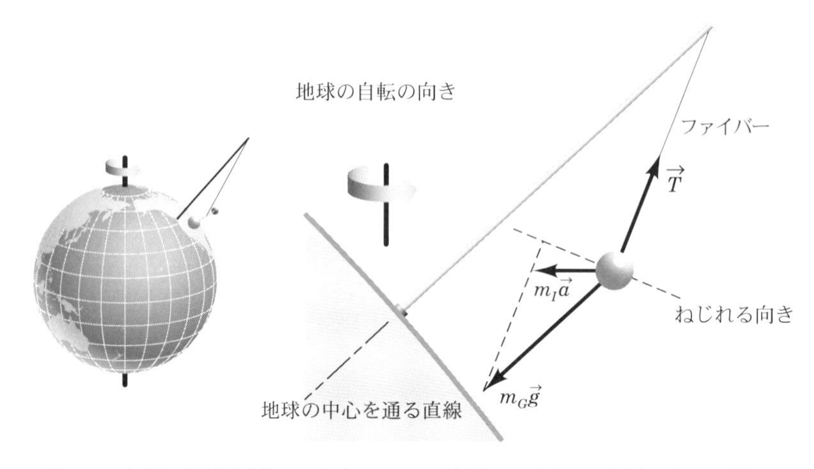

図 6.1　左図は等価原理をテストするために理想化されたねじれ振子である．異なった組成の 2 つの質量が棒の両端についており，棒は剛体の支柱から紐で吊下げられている．質量はバランスをとっているが紐はねじれることができる．質量にかかる力を右図に示した．この図には，地表の一部とねじれ振子の端，質量にはたらく力が描かれている．図の鉛直方向は地球の回転軸になっている．質量は地球とともに回転しているので，向心加速度 $\vec{a}$ を受けている．その結果吊るしている紐は地球の中心を通る直線に対して小さい角度をなしている．重力 $m_G\vec{g}$ と張力 $\vec{T}$ も示した．破線はつりあい棒と紐に垂直な「ねじれ方向」である．地球の系で振子がねじれていなければ，この方向の地球の重力の成分 $m_G\vec{g}$ は $m_I\vec{a}$ の成分と等しくなければならない．これは m_I/m_G が等しいときに限り起きる．この二つの比の差はねじれのバランスを検出することで知ることができる．

重力質量と慣性質量が等価であることを検証する実験では，重力場中で自由落下している組成の違う物体の加速度を比較する．太陽の重力場中で落下している地球と月の加速度を月レーザー測距実験で比較したことを 15 ページの Box 2.1 で述べた．加速度は 1.5×10^{-13} の精度で一致しており，現時点で最も正確なテストである．地球上でねじり秤を使って行われた実験は同じ精度を達成している．このような実験は，初めて現代的な実験を行ったエトヴェシュ（R. von Eötvös 1848–1919）にちなんでエトヴェシュの実験と呼ばれている．これからこの実験の基本的な特徴を述べる．

棒の両端に互いに別の物質でできた質量を置く．図 6.1 に示したように，棒は地上の実験室で繊維質の紐で吊るして，ねじれ振子とする．実験室は地球とともに回転しているので，紐は厳密には局所的に重力の方向に向いているといえない．紐は重力の方向に対して小さい角度をなしており，重力の小さい成分は地球の回転による向心加速度とつりあっている．図 6.1 の右図に示した（問題 1）．

質量は紐や棒に対して垂直な方向に自由に動くことができる．重力はこの「ねじれ方向」にはたらく唯一の力である．質量はこの方向に事実上自由落下している．2 つの質量に加速度の差があると振子はねじれるだろう．よって，重力質量と慣性質量の差を検出できる．

この種の実験がどのように行われるのかをもう少し定量的に詳しく理解するために，2 つの物体を A, B, 重力質量を $m_{A,G}$, $m_{B,G}$, 慣性質量を $m_{A,I}$, $m_{B,I}$ と記そう．重力場 $\vec{g}$ は質量に重力 $m_G\vec{g}$ を及ぼすのだが［(3.31) 式を参照］，重力は振子の大きさでは一定であると仮定する．地球や太陽，銀河系のような重力源はこの条件を容易に満たすであろうが，実験の物体に近い小さい質量は大いに問題になる．$\vec{g}$ のねじれ方向の成分を g^t で表し，この方向の加速度の成分を a^t_A と a^t_B で表す：

$$m_{A,I}a^t_A = m_{A,G}g^t \tag{6.2a}$$

$$m_{B,I}a^t_B = m_{B,G}g^t. \tag{6.2b}$$

もし慣性質量と重力質量の比がすべての物体で同じなら，振子は地球の回転による同じ向心加速度をもつ物体とともに静止する．組成の違う物体の重力質量と慣性質量の比における差はどんなものでも加速度の差と振子のねじれとして現れるだろう．(6.2) 式から加速度の差が平均の比として

$$\frac{a^t_A - a^t_B}{\frac{1}{2}(a^t_A + a^t_B)} = \frac{\left(\dfrac{m_{A,G}}{m_{A,I}} - \dfrac{m_{B,G}}{m_{B,I}}\right)}{\dfrac{1}{2}\left(\dfrac{m_{A,G}}{m_{A,I}} + \dfrac{m_{B,G}}{m_{B,I}}\right)} \equiv \eta \tag{6.3}$$

である．振子のねじれの上限が η の上限と重力質量と慣性質量の等価からのずれとして与えられる．

これから行う考察は，Roll, Krotkov, and Dicke（1964），Braginsky and Panov（1971）および Su *et al.*（1994）が行った実際の現代的な実験をマンガ的に理想化したものにすぎない．Su *et al.*（1994）で使われた振子を 130 ページの図 6.2 に示した．いくつかの特徴を述べよう．まず，2 つでなく 4 つの質量が使われており，これにより振子の位置の差で生じる $\vec{g}$ の勾配の効果が最小になる．勾配の効果は重力質量と慣性質量が同じであっても振子にトルクを生ずるであろう．こ

図 **6.2**　地球と太陽，銀河系の物体に引かれるテスト物体に対する加速度の等価性をテストするために Su *et al.*（1994）の実験で使われたねじれ振子．振子は小さくして（全体の直径は約 3 インチ），重力の局所的な変化によって揺らぐ効果を最小にしてある．タングステンの糸から吊下げられているが，糸は細過ぎてこの写真では見えない．円形プレートには 4 つの円柱型のテスト物体（そのうち 2 つは銅製，2 つはベリリウム製）が直交する鏡とともに載せてあり，鏡は振子のねじれを検出するための繊細な光学系の一部となっている．振子は真空中で吊下げられ，全体は 1 時間に 1 周連続的に回転している．重力質量と慣性質量の等価性が破れると回転周波数が変わり，それが振子のねじれとして現れることになっている．

のような勾配や磁場，熱，その他の雑音源が振子に影響を与えないようにする賢い設計が必要となる．しかし，高い正確性を得るための鍵は，決まった周期でゆっくりと振子を回転させることである．振子系で重力質量と慣性質量の差によって生じるねじれトルクの大きさと符号は，正確にその周期で変化することになるだろう．この周期で振子の角度位置のフーリエ成分に焦点を当てることにより，重力質量と慣性質量の同等性からのずれを示す信号はどんなものでも雑音から正確に分離することができるだろう．例えば，ベリリウムと銅を使った Su *et al.*（1994）の実験の結果を（6.3）式の η で表すと

$$\eta = (-0.2 \pm 2.8) \times 10^{-12} \tag{6.4}$$

となる．重力質量と慣性質量の等価性はテストされた物理学のすべての原理のうちで最も正しいものの 1 つである．

6.2 等価原理

「そのとき，次のような形で「私の生涯で最も素晴しい考え」が浮かんだ．重力場は，磁気電気誘導によって生じる電場に類似して，相対的存在にすぎない．なぜならば家の屋根から自由落下している観測者にとって —— 少なくとも彼のごく近傍では —— 重力は存在しないからである．実際もし観測者が何か物体を落とすと，それは個々の化学的ないし物理的性質と無関係に，その観測者に対して静止または一様運動の状態を保ち続ける（この考察において空気の抵抗は，もちろん無視されている）．観測者は，それゆえ，自分の状態を「静止しているもの」と解釈する権利を有する」[*1]．このように，アインシュタインは，のちに一般相対性理論へと導く**等価原理**のひらめきを回想した．今日等価原理は発見的なアイディアであると考えられており，その内容の核心は自動的にそして正確に一般相対性理論の中に組み込まれている．しかし，このアイディアは一般相対性理論を動機付けするための有効な出発点であり，今もそうであるため，ここで取り上げる．考察は全体的にニュートン重力の内容で行われ，そのため重力場の考えが意味をもつことになる．一般相対性理論の等価原理は 7.4 節で考察する．

屋根から落ちるアインシュタインの観測者の現代版はスペースシャトル中で地球の周りを自由落下する宇宙飛行士であろう（132 ページの図 6.3 を見よ）．宇宙飛行士には「体重がない」．カップ，皿，砲弾，羽毛，その他のシャトルの中で自由に運動している物体は静止したままか他のものに対して一様な運動をしている（アインシュタインがしたように空気抵抗などは無視する）．短時間におけるこのような物体の運動を研究しても宇宙飛行士は地球の重力中で自由落下しているのか，重力源から遠く離れた空っぽの空間で静止しているのかを区別することができない．事実上，重力場はスペースシャトルの自由落下系の中で消えてしまう．

重力質量と慣性質量が等価であることはこの結論にたどり着くためには不可欠である．砲弾と羽毛が地球に向かって**別々の加速度**で落下するのであれば，スペースシャトルの内部で静止することもないだろうし，互いに一様な運動をする

[*1] パイス（1982）p.178 からの引用．日本語訳では p.230.

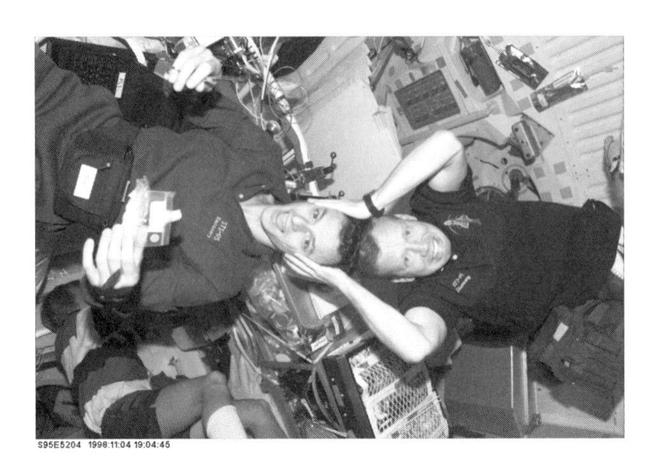

図 **6.3**　スペースシャトルの中で地球の周りを自由落下する宇宙飛行士の体重は 0 であり，スペースシャトルの中で短時間行われる実験からは地球の重力場を検出することができない．

こともないであろう．加速度における小さな差を見つけることで重力の存在を十分区別できるだろう．

重力質量と慣性質量が等しいことだけから，重力場を自由落下によって消せることがわかるのではなく，重力が加速度から作られるということも必要である．図 6.4 に示したような，月面やその他の重力源の表面で静止している小さく閉じた実験室を考えよう．実験者ができるかぎりの精度で調べても重力場は一様であるほど実験室は十分小さい．実験者はいろいろな物体で実験をすることができる．例えば，砲弾と羽毛を落とせば実験室の床に加速度，つまり同じ局所加速度 g で落下することになるだろう．重力質量と慣性質量が等しいからである．

同じ実験室が重力源から離れて何もない宇宙空間にあるとしよう．図 6.4 にも説明したように実験室は加速度 g で上方に加速している．実験者が内側で砲弾と羽毛を落とすと，床に同じ加速度で落ちることを観測するであろう．これは重力場中で静止している実験室と同じ結果である．また，これは粒子を使った別の力学的実験によっても，内側の実験者は実験室が一様重力中で加速していないのか，何もない宇宙空間で加速度運動しているのかを区別できない．これらの実験に関する限り，2 つの実験室は等価である．

砲弾や羽毛のような物体の運動に関する限り，一様加速度と一様重力場を区別

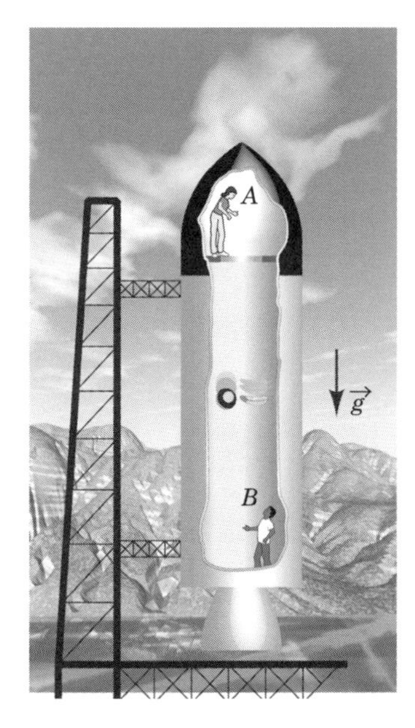

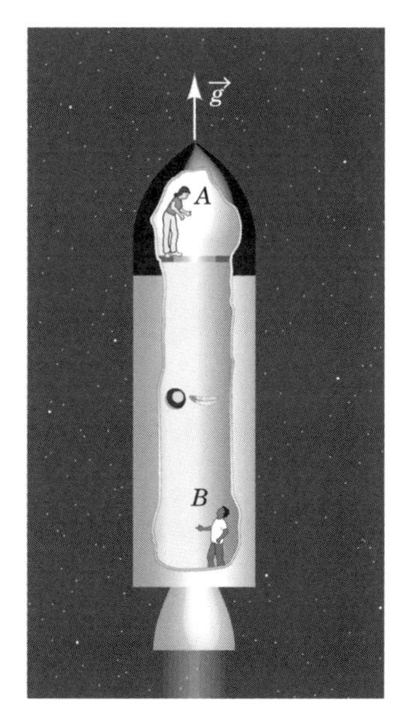

図 6.4 一様加速度と一様重力場の等価性．左図は地上で静止している実験室である．内部の観測者は砲弾と羽毛を放す．重力質量と慣性質量が等しければ，両方とも加速度 g で床に落ちる．右図は宇宙空間の深いところにある，すべての重力源から離れた閉じた実験室．実験室は上方に加速度 g で加速している．実験室内の観測者が砲弾と羽毛を同時に放す．両方とも床に加速度 g で落下する．閉じた実験室の観測者にはどちらなのか見分けることはできない．

する局所的な実験が存在しないことから，重力質量と慣性質量の等価性はすぐわかる．しかし，光子やニュートリノで実験をするとどうなるのか．電磁場や量子色力学の場ならどうか．これらの実験によって 2 つの実験室を区別することができるだろうか．アインシュタインの等価原理は**一様加速度と一様重力場を区別することができる実験は存在しないという考えである．**

等価原理の強みはすべての物理法則に適用できるという主張に由来する．その例として，もし等価原理を受け入れれば重力場中で物質が落下するのと同じ加速度で光も落下することも認めなければならない．だが，重力が光におよぼす効果を計算する方法は明らかではない．ここには，ニュートンの運動方程式 $F = m_I a$ は存在しないが，重力場中で光を落下させるという結論を等価原理がどのように強いるのかという議論がある．

空っぽの宇宙空間で光線は慣性系中をまっすぐに進む．進行方向を横切って加

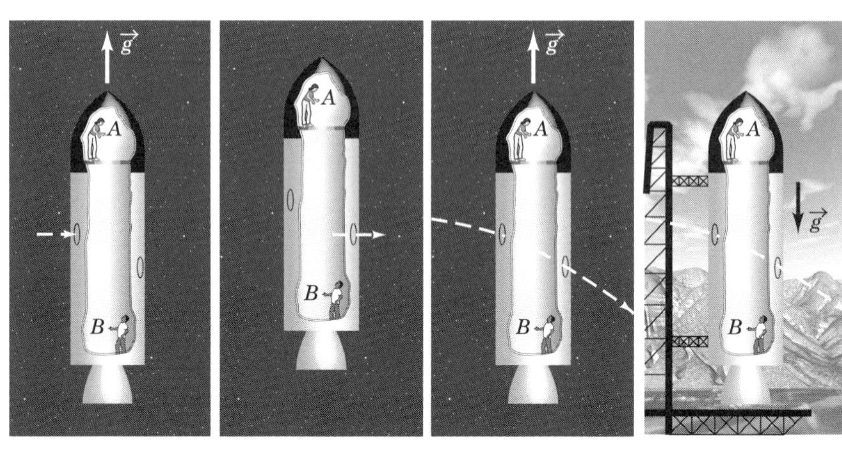

図 **6.5**　真空中で上に加速している実験室を光線が横切る．左の 2 つの図は慣性系から見た様子である．光線の経路はまっすぐである．しかし実験室は光線が横切る時間内に上方に運動するため，光線の出口は入口よりも下の方になり，加速度運動している実験室の観測者にとっては，光線は加速度 g で落下していく．等価原理によれば，一様重力場中で静止している実験室で同じように観測されることになる．重力は光を引きつける．

速する実験室から光線が観測されるとする（図 6.5）．実験室系を光線が横切っている時間内にその系は前方に加速されるので，光線は入ってきたところよりも後方に出て行くであろう．よって実験室系で光線は実験室の加速にともない下方に加速される．等価原理から一様重力場中で同じことが起きると考えることができる．つまり，光線は局所重力加速度によって下方に加速される．

6.3　重力場中の時計

図 6.6 の思考実験を考えよう．観測者アリスが観測者ボブの頭上 h のところにいる．そこでは物体が重力加速度 g で落下する．地上にある塔のてっぺんと下にいる 2 人の観測者はこの状況のよい近似となっている（138 ページの Box 6.1 を見よ）．または以下の考察の目的に対して，長さ h のロケットの先端にアリスがいて，ボブが地上で静止しているところを想像することができる（図 6.6）．アリ

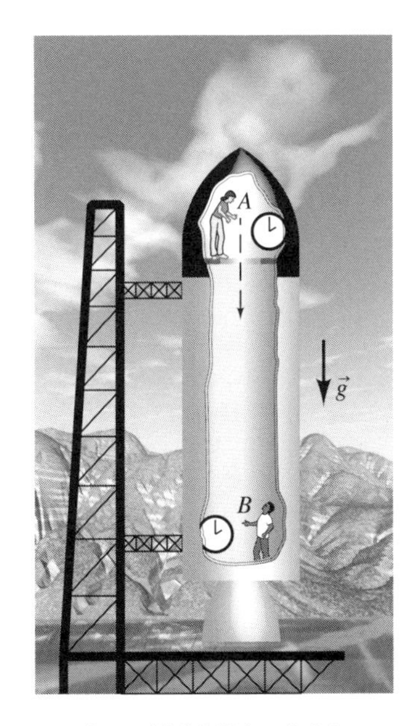

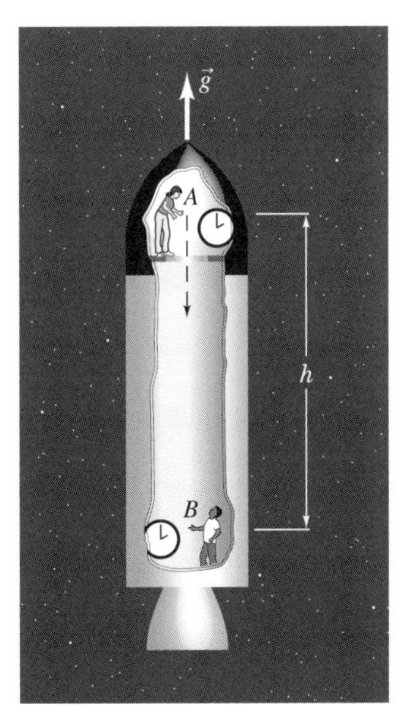

図 **6.6**　左は一様重力場中で静止しているロケットである．ロケットの先端にいるアリスは彼女の高さの時計で測って等間隔の時間で信号を発信する．最後尾のボブは彼の位置で彼女と全く同じ時計で受信の時間間隔を測定する．等価原理によると，発信と受信の間隔の関係は，右図で表したようにロケットが重力源からずっと離れて鉛直方向に加速している場合と同じでなければならない．加速している後端が信号に近づくため，信号は発信されたときよりも短い時間間隔で受信される．等価原理から，重力場中では信号は発信されたときよりも速く受信されることがわかる．

スは同じ高さに置かれた時計 [*2] で測って同じ時間間隔 $\Delta\tau_A$ で光の信号を放つ．ボブが同じように構成された時計でその時間間隔を測定すると，受信する間隔 $\Delta\tau_B$ はどうなるだろうか．

等価原理によると，ボブは信号が発信されたときよりも短い時間間隔で受信することがわかる．これを調べるために，アリスとボブがあらゆる重力源から離れ重力加速度 g で加速しているロケットの中にいるところを想像しよう．加速度のために，ボブに信号が速くたどり着き，発信されたときよりも時間間隔が短くなって受信する．等価原理から，受信する時間間隔の関係は一様重力場で止まっているロケットの中の場合と同じになるだろう．

[*2] たとえば原子時計である．セシウム原子中の 2 つの低いエネルギー状態間の遷移における一定のサイクル数が時間の単位である．

この効果の定量的な結果を得るために，興味ある時間内で $(V/c)^2$ が無視でき，$(gh/c^2)^2$ も無視できるが，V/c と gh/c^2 が重要となる慣性系にいる加速ロケットを分析しよう（この分析とこれ以降では $c \neq 1$ 単位系が使われる）．これら 2 つの条件は本質的ではないが，分析を非常に簡略化できる [*3]．$(V/c)^2$ が無視できるとニュートン力学を使うことができ，ローレンツ収縮と時間の遅れが無視できる．さらに時間間隔を比較したいだけなので，同時性の問題は無視できる．$(gh/c^2)^2$ が無視できると仮定すると，光が先端から後端まで進む時間内にロケットは相対論的速度にまで加速されないことになる [*4]．これらの仮定のもとではニュートン力学で十分であり，時計の進みの差は gh/c^2 のオーダーで正しいだろう．

ロケットは z 軸に沿って加速していると考えよう．z の原点が $t=0$ でのボブの位置と一致するように選べば，ロケットの最後尾のボブの位置は時間の関数として

$$z_B(t) = \frac{1}{2}gt^2 \tag{6.5}$$

で与えられる．ロケットの最先端のアリスの位置は

$$z_A(t) = h + \frac{1}{2}gt^2 \tag{6.6}$$

となる．

アリスが発信しボブが受信する 2 つの光パルスを考えよう．$t=0$ が最初のパルスが放たれた時刻であり，t_1 が受信された時刻であるとし，$\Delta\tau_A$ が 2 つめのパルスが発信された時刻で，$t_1 + \Delta\tau_B$ が 2 つめのパルスが受信された時刻であるとする．この連続する事象が図 6.7 に示されている．最初のパルスが進む距離は

$$z_A(0) - z_B(t_1) = ct_1 \tag{6.7}$$

である．第二のパルスが進む距離は短くなり

$$z_A(\Delta\tau_A) - z_B(t_1 + \Delta\tau_B) = c(t_1 + \Delta\tau_B - \Delta\tau_A) \tag{6.8}$$

で与えられる．(6.5) 式と (6.6) 式に代入し $\Delta\tau_A$ が小さいと仮定し，$\Delta\tau_A$ と $\Delta\tau_B$ の線形項だけ残すと

$$h - \frac{1}{2}gt_1^2 = ct_1, \tag{6.9a}$$

---

*3 特殊相対論における十分な分析については，この章の終わりの問題 6 と 7 で行う．

*4 同じ条件で，ロケットが剛体的に加速するときに特殊相対論では避けがたい，先端から後端までの加速度における差は $g(gh/c^2)$ のオーダーであるため，無視できる．問題 6 と 7 を見よ．

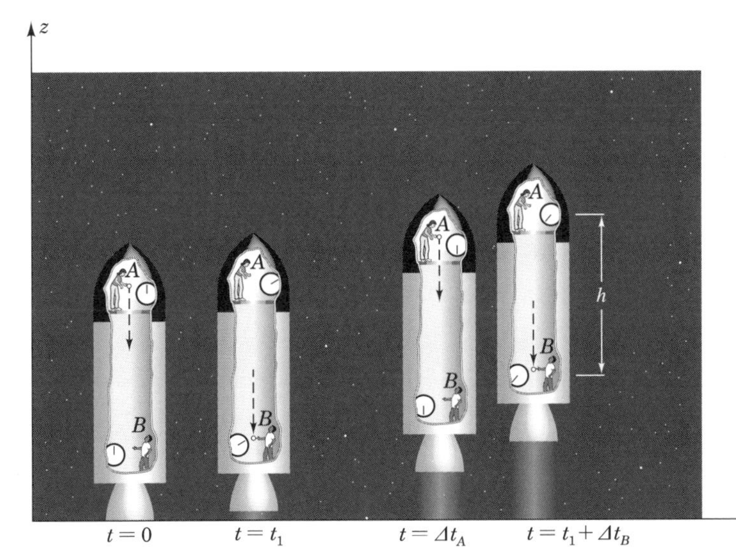

図 **6.7**　アリスとボブは真空中で上方に加速するロケットの中にいる．先端にいるアリスはそこにある時計で等間隔に信号を発信する．本文で考察したように，後端にいるボブが受信した信号の間隔を観測すると短くなっている．本文中で送信と受信で信号の間隔を定量的に計算するときの便宜のために，この図では信号が 2 回続いて発信され受信されるときのロケットの位置を示した．

$$h - \frac{1}{2}gt_1^2 - gt_1\varDelta\tau_B = c(t_1 + \varDelta\tau_B - \varDelta\tau_A) \tag{6.9b}$$

となる．(6.9a) 式から (6.9b) 式を引き，(6.9a) 式をもう一度使って t_1 を消去する．計算の始めに示された基本原則にしたがい，$(gh/c^2)^2$ のような項を無視することができ，t_1 へは 1 次近似だけが必要となる．つまり $t_1 = h/c$ である．結果は

$$\varDelta\tau_B = \varDelta\tau_A\left(1 - \frac{gh}{c^2}\right) \tag{6.10}$$

となる．パルスを受信する間隔は発信時よりも $(1 - gh/c^2)$ 倍小さくなる．

等価原理から同じ効果が一様重力場中でも起きなければならないことになる (図 6.6)．発信と受信の時間的割合はそれぞれちょうど $1/\varDelta\tau_A$ と $1/\varDelta\tau_B$ であり，gh は A と B との重力ポテンシャルの差なので

$$\Phi_A - \Phi_B = gh \tag{6.11}$$

となる．(6.10) 式を $1/c^2$ まで正しい時間的割合で表すと

$$\boxed{(B\ \text{で受信される割合}) = \left(1 + \frac{\Phi_A - \Phi_B}{c^2}\right)(A\ \text{で受信される割合})} \tag{6.12}$$

となる．Φ_A と Φ_B の相対的な大きさが何であってもこの関係は成り立つ．受信者が発信者よりも高い重力ポテンシャルのところにいれば，信号は発信されたときよりも遅く受信されるであろう．受信者が発信者よりも低いポテンシャル内にいれば，信号は速く受信されるであろう．この予測を確かめた実験を Box 6.1 で述べた．

Box 6.1　重力赤方偏移のテスト

重力赤方偏移の予言の最初の正確な検証は Pound and Rebka (1960) と Pound and Snider (1964) によって行われ，一様重力場中でアリスとボブが発信と受信の間の時間を比較するという本文の思考実験を実現したものである．実験はハーバード大学のジェファーソン物理研究所の 22.5 m の高さの塔で行われた．信号として，不安定原子核 ^{57}Fe が崩壊するとき発する 14.4 keV ガンマ線を使った．振動数 ω はエネルギー E と $E = \hbar\omega$ の関係があるが，ガンマ線の振動数は (6.12) 式の A における発光率と考えることができる．ガンマ線は塔の根元に向かう．ここでは同じような試料 ^{57}Fe が受信器として作用する．ガンマ線の振動数がまだ発信器と同じならば，放出された反応の逆を通じて検出されるだろう．しかし，(6.11) 式から，$h = 22.5$ m の高さでは振動数が $gh/c^2 \sim 10^{-15}$ の割合で大きくなり，つまり青方偏移するはずであり，吸収の効率が悪くなる．塔の上の放射線源の鉛直方向の速度を変えることにより，実験者がドップラー偏移をつくり出し，重力赤方偏移分を補うことができる．吸収が最大になる速度が重力赤方偏移の直接な測定値になる．

しかし，これはマンガ的な実験であり，現実的なものが望まれる．原子核の崩壊によって必ずしも正確に 14.4 keV のガンマ線が発生するとは限らない．この値は線幅と呼ばれるエネルギーの広がりの平均値である．さらに，原子核がガンマ線を放出するとき，試料の内側では原子核はある速度で運動しており，崩壊時に原子核は制御不能な方向に反跳される．この 2 つの効果により放出されたガンマ線の振動数は広がり，

ただでさえ小さい重力赤方偏移はさらに小さくなるだろう．しかし，その当時発見されたばかりのメスバウアー効果を使うことにより，原子核は結晶格子にうまく固定され，反跳速度をかなり小さくできるのだが，線幅は重力赤方偏移よりも約 1000 倍も大きいままである．放射線源の速度の変化に課された振動数での吸収量をフィルタリングすることにより実験者は重力赤方偏移を分離することができ，約 1% の精度で (6.12) 式の予言を確かめることができる．より正確な実験は第 10 章で述べる．

●例 6.1　カリフォルニア大学サンタバーバラ校で速く年をとる理論家●　これらの効果はふつうの実験環境では極端に小さい．著者の研究機関で理論家たちは物理棟の最上階を占めている．理論家たちの心臓はある意味で時計である．1 階の時計で測ると，ある時間内で最上階にいる物理学者たちの心臓の鼓動は 1 階にいる同じような理論物理学者たちの鼓動よりも $(1+gh/c^2)$ 倍速い．高さ $h \approx 30\,\mathrm{m}$ である．これはたった

$$1+\frac{(9.8\,\mathrm{m/s^2})(30\,\mathrm{m})}{(3\times10^8\,\mathrm{m/s})^2} \tag{6.13}$$

であり，なんと 1 とは $1/10^{15}$ 程度しか違わない！部屋が建物の最上階にある理論家たちは 100 年に数ミリ秒だけ余分に年をとるだけだ．眺めに払う代償としてとても安い．

(6.12) 式は一様重力場で求められたものではあるが，非一様重力場中でも成り立つと仮定しても不自然ではないと思われる．こうした拡張は $\Phi_A=\Phi(\vec{x}_A)$ と $\Phi_B=\Phi(\vec{x}_B)$ としても (6.12) 式が成り立つことになるだろう．この拡張の正否は等価原理それ自身のように，最終的には実験で決めるしかない．この拡張から，以下の例 6.2 で得られる重力赤方偏移が得られ，次節で述べる GPS に実用化されている．

●例 6.2　重力赤方偏移●　ある振動数をもった光の波面は，その振動数と同じ割合で放射された一連の信号だと考えることができる．したがって発信と受信の関係 (6.12) は光にも適用できる．例えば，星の表面から振動数 ω_* で放出された光は星から離れた受信器に ω_∞ で到達し，それは ω_* よりも小さい．これが重力赤方偏移である．質量 M，半径 R の星の表面における重力ポテンシャルは $\Phi=-GM/R$ であり，遠くの重力ポテンシャルはゼロである．(6.12) 式は

$$\omega_\infty = \left(1 - \frac{GM}{Rc^2}\right)\omega_* \tag{6.14}$$

である．この式は GM/Rc^2 が小さいときに正しいが，一般的な関係は 9.2 節で得られる．重力赤方偏移は $M \sim M_\odot$, $R \sim 10^3$ km の白色矮星のスペクトルで検出されており，その変化の割合はわずか $\sim 10^{-3}$ である．

重力場が非一様なとき，等価原理は，重力場 $\vec{g}$ の非一様性が検出されないほど小さい実験室で，短い時間で実験を行った場合のみ成り立つ [*5]．

> **等価原理**
> 自由落下している十分小さな実験室で実験を十分短い時間で行ったときの結果と，何もない空間の慣性系で同じ実験したときの結果は区別できない．

等価原理はこの形で一般相対論でも意味を持ち，そのことを 7.4 節で知るだろう．例 6.3 で，どれだけ小さい実験室でなければならないか，どれだけ短い実験時間が必要とされるかが，どんな抽象的な議論よりも明らかにされるだろう．6.2 節で述べたように，この形の等価原理は重力の理論で成り立つ必要はない．しかし，多くの現象で実際に成り立ち，すでに知られている平坦時空の法則を曲がった時空に一般化する方法を模索するときに役立つ．

●例 6.3　スペースシャトル内での地球の重力場の検出●　自由落下するスペースシャトルの実験室内でさえも，十分長い時間をかけて実験を行えば，地球の重力場を検出するのに十分大きな空間となる．宇宙飛行士が卓球の球をスペースシャトルの瞬間的な慣性系で止まった状態で放し，2 つの球の間隔を観察することを考えよう．もしスペースシャトルの中に何もなく重力源からずっと離れているとすると，間隔は変わらないだろう（空気抵抗や静電気力，相互重力の引力などが無視できる理想的な状況を仮定している）．だが，地球の重力場では，地球の中心に向かう加速度は地球に近い球の方がわずかに大きい．したがって間隔は変わるだろう．この変化を宇宙飛行士が測定することで地球の重力場を検出することができる．

[*5] 等価原理という言葉は数学的には不正確のように感じないだろうか．実際そうだ．数学より先んじて定式化された物理学の法則を表す原理と相対論の原理は一般的にそうなっている．もちろん内容に意味がないわけではない．43 ページの相対性原理についての見解を見よ．

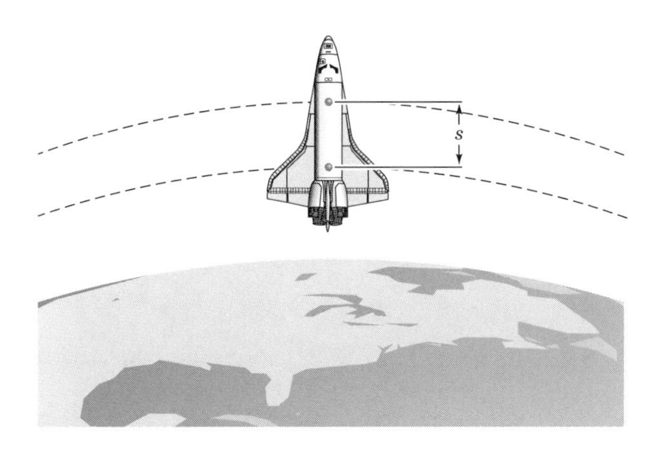

図 **6.8** スペースシャトル内の宇宙飛行士が 2 つの卓球の球を地球の中心から伸びた方向に間隔 s 離して放す．地球の中心に対してほとんど静止している慣性系で測定して，同じ速度で 2 つの球は放たれる．理想的な状況で球は地球の周りを自由落下する．しかし，2 つは別の軌道を回り，宇宙飛行士は一周しないうちに相対距離を測定することで，運動中に重力場の存在を知ることができる．

間隔に有意な変化が見られる時間を評価するために，地球の中心に対して静止している慣性系の中でボールの運動を分析しよう（太陽の周りの運動は無視する）．相対運動に関して，シャトル自体の運動は無関係である．つまり，2 つのボールは自由落下するが，我々は間隔だけに関心がある．簡単のため，図 6.8 に示したように，ボールは地球の中心から伸ばした方向に沿って s 離れているとしよう．さらに地球に近い方の球は地球の半径 R で回る円軌道を速度 $\vec{V}$ で回るように放たれるとしよう．遠い方の球は同じ速度 $\vec{V}$ で放され，わずかに円からずれた楕円軌道を回るようにする（問題 5）．地球の中心方向の加速度は近い方の球が $V^2/R = GM_\oplus/R^2 \equiv g$ であり，遠い方が $GM_\oplus/(R+s)^2$ である．相対的加速度 $a_{\rm rel}$ は $s \ll R$ で初め $2g(s/R)$ である．時間内 δt に球の間隔は $\delta s \sim (1/2)(a_{\rm rel}\delta t^2)$ 変わる．これは軌道周期 $P = 2\pi R/V$ で表すことができる．ここで $V^2/R = g$ である．大雑把な結果

$$(\delta s/s) \sim (2\pi\delta t/P)^2 \tag{6.15}$$

が得られる．よって，1 軌道分の時間スケールで，すぐさま宇宙飛行士は球の間隔に大きな変化があることに気づき，重力源の近くにいることを知る．位置の測定の精度を固定すれば，実験室が小さくなるほど，実験の行われる時間が短くな

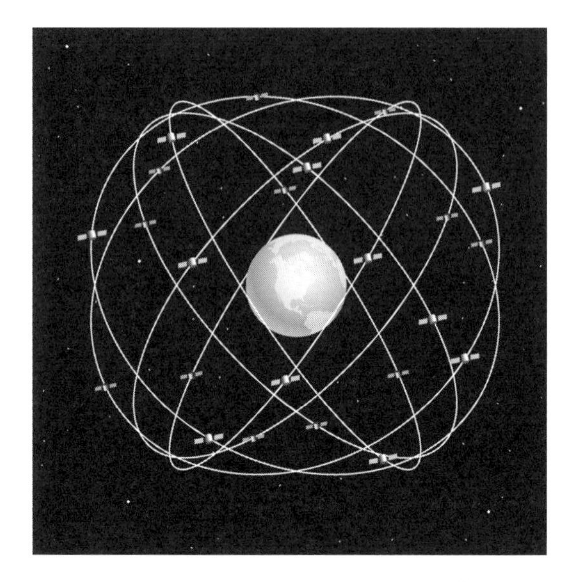

図 **6.9**　GPS 衛星の配置．24 個の人工衛星の GPS は等間隔にある 6 個の軌道面にある．

るほど，この効果は小さくなる．第 21 章（下巻）でこの実験のアイディアを使って，時空の曲率を局所的に測定する方法を考案することになるだろう．

6.4　GPS

重力ポテンシャルが異なる 3 つの位置における信号の発信と検出の時間的割合の差（6.12）は（6.13）式が示すように，実験環境中では微小だ．しかし，この差は，日常的に使われる GPS の動作に対して決定的である．4.4 節で考察した時間の遅れの相対論的効果とこの章の重力的効果が正しく採り入れられなければ，システムは 1 時間としないうちに狂ってしまうだろう．

GPS は 24 個の人工衛星からなり，それぞれ 6 つの軌道面内で地球を 12 時間周期で回っている（図 6.9 を見よ）．各人工衛星は正確な原子時計を備え，人工衛星の固有時として数週間で 10^{13} 分の 1 程度の精度を保っている．地上から一日に数回調整することで正確な時間が長い期間にわたって維持されている．システムの動作の詳細は複雑であるが [*6]，基本的なアイディアは状況を理想化するこ

[*6] たとえば，800 ページほどもある Parkinson and Spilker（1996）の詳細を見よ．

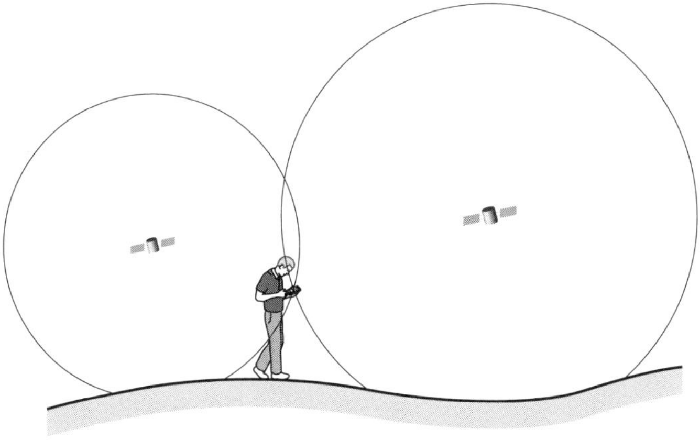

図 **6.10** GPS 衛星が発信時刻 t_e と人工衛星の位置を暗号化した信号を送っている．$\Delta t = t_r - t_e$ 後の時刻 t_r で信号を受け取った観測者は，自分が人工衛星の中心から半径 $c\Delta t$ の球のどこかにいることを知る．2 つの人工衛星から送られた信号によって位置が 2 つの球の交点に狭められる．

とで簡単に説明できる [*7]．

人工衛星から地上に信号が届くのにかかる時間スケールで，地球の中心が近似的に止まっているような慣性系を想像しよう．人工衛星はそれぞれ慣性系の座標で発信の時刻と位置を暗号化したマイクロ波信号を周期的に送る．ある時間だけ遅れて信号を受け取った観測者は時間間隔に光速をかけて，人工衛星までの距離を計算する（図 6.10 を見よ）．3 つの人工衛星からの信号を使うことで観測者の位置が 3 つの球面の交点に狭められる．4 つの人工衛星を使うと，144 ページの図 6.11 に説明したように観測者が時空の完全な位置を与える正確な時計を持っていなくても，観測者の空間的位置と時刻の両方が固定される．さらに遠い衛星からの信号によって不定性は減る．

衛星の固有時は少なくとも以下の 2 つの理由で慣性系の時間を与えるように較正されなければならない．特殊相対論の時間の遅れとこの章で考察している地球の重力場による効果である．これを理解するために，GPS 衛星がその時計で測って一定の割合で信号を発信すると仮定する．さらに，これらは慣性系で静止している遠くの観測者によって監視されているとする．この観測者の時計は静止しており，重力効果を及ぼすものすべてから遠ざかっており，慣性系の時間を測定し

*7 GPS に関係する別の 1 次元のトーイモデルは 81 ページの例 4.4 で考察した．

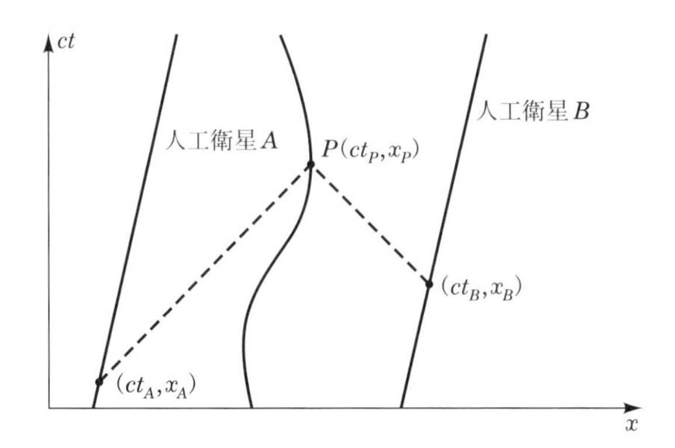

図 6.11　空間 1 次元では 2 つの人工衛星から送られた信号だけでも，同時に受信した時空の点 P の位置を特定するのに十分である．図は慣性系内における 2 つの衛星の世界線を示している．各々の世界線は発信の座標 (ct, x) を暗号化した信号を送っている．これらの信号は図に示した 45° の線に沿って光速で進んでいる．(ct_A, x_A) と (ct_B, x_B) からの信号が P で同時に受信されたとすると，P の座標は

$$ct_P = 1/2\left[c\left(t_A + t_B\right) + \left(x_B - x_A\right)\right],$$
$$x_P = 1/2\left[c\left(t_B - t_A\right) + \left(x_B + x_A\right)\right]$$

で与えられる．同様に 4 つの衛星からの信号で 4 次元時空中の時空点を特定することができる．

ている．信号は発信されたときよりも遅くれて受信される．動いている人工衛星の時間の遅れが 1 つ目の原因である．しかし，衛星は遠い観測者よりも地球の重力ポテンシャルの弱いところにあるため，信号の割合に送信と受信で差 (6.12) が生じる．慣性系における時間を知るために，2 つの補正を人工衛星時間の発信の割合に適用しなければならない．

これらの補正の大きさを見積もるために，簡単のため，GPS 衛星は地球の中心から半径 R_s で 12 時間周期で赤道上の円軌道を運動していると仮定しよう．軌道パラメータはすべてニュートン力学から計算することができ，これらは特殊相対論と重力効果の大きさを評価する目的においては十分正しい．したがって，慣性系における人工衛星の速さ V_s は速度と周期の関係 $V_s = (2\pi R_s)/(12\,\mathrm{hr})$ および

$$\frac{V_s^2}{R_s} = \frac{GM_\oplus}{R_s^2} \tag{6.16}$$

によって決められる．本書の後ろの見返しにあるデータを使い，少し計算すると

$$R_s \approx 2.7 \times 10^4\,\mathrm{km} \approx 4.2 R_\oplus \tag{6.17a}$$

$$V_s \approx 3.9\,\mathrm{km/s}, \qquad V_s/c \approx 1.3 \times 10^{-5} \tag{6.17b}$$

となる．ここで $R_\oplus = 6.4 \times 10^3\,\mathrm{km}$ は地球の半径である．

これらの基本的パラメータを使い，慣性系の時間を維持するために必要な人工衛星時計への補正を評価することができる．補正因子を1プラス微小な数の補正としてかけあわせるような形に表す．(4.15) 式から，時間の遅れを埋めあわせるのに必要な微小な補正は $1/c^2$ までで

$$\begin{pmatrix}\text{時間の遅れにおける}\\ \text{微小な補正}\end{pmatrix} \approx \frac{1}{2}\left(\frac{V_s}{c}\right)^2 \approx 0.84 \times 10^{-10} \tag{6.18}$$

である．(6.12) 式から重力ポテンシャルの効果を埋めあわせるための微小な補正は $1/c^2$ のオーダーまでで (6.17) 式のパラメータを使うと

$$\begin{pmatrix}\text{重力ポテンシャルにおける}\\ \text{微小な補正}\end{pmatrix} \approx \frac{GM_\oplus}{R_s c^2} \approx 1.6 \times 10^{-10} \tag{6.19}$$

となる．重力の補正は時間の遅れの補正より大きい．

これらの補正は日常生活の基準ではほんのわずかであるが，ナノ秒は GPS の動作では十分大きな時間である．人工衛星からの信号はナノ秒で 30 cm 進む．GPS の軍事的応用で発表されている 2 m の正確性を出すためには，時間差がほぼ 6 ns の精度でなければならないことを知っておくべきだろう．この程度正確に時間を保つことは現在の原子時計にとっては問題ではなく，むしろ時間の遅れや重力赤方偏移の方が重要となってくる．もしこれらを考慮しなければ，1分もかからないうちに要請されるナノ秒の精度を超える誤差は集積される．GPS は特殊相対論と一般相対論の両方の実用的な応用となっている．

実際の GPS は，時間が無限遠にある時計で決まる慣性系にはなく，地球とともに回転する系にあり，その時間は地表の時計で決められている．衛星の時計の進みはその系の時間と合うように補正されなければならない（問題 14）．さらに相対論的ドップラー効果と同時の相対性（例 4.4 を見よ），地球の回転，地球の重力ポテンシャルの非球対称性，地球の電離層の屈折率による時間の遅れ，衛星時計の誤差などに対して補正が必要になる．

6.5 時空は曲がっている

信号が発信されたときと受信されたときとで重力ポテンシャルが異なり，時間の進みに差ができるが，これはどのように説明したらよいのだろうか．

説明の 1 つは，時計が進む割合に重力が影響を与えるというものだ．これは以下のように説明される．重力場が全く存在しなければ，平坦時空で静止した 2 つの時計はその系の時間を追跡する．重力場が存在すると，時空は平坦のままだが，時計は，何もない時空と比べて $(1+\Phi/c^2)$ 違う割合で進む．Φ が正なら時計は速く進み，Φ が負ならゆっくり進む．すべての時計は同じように影響を受ける．重力ポテンシャルの高いところにある時計は，低いところの時計よりも速く進む．これで発信と受信の進みの差（6.12）を説明できる．前節の GPS の作動の考察は暗にこの視点に立っていた．

この種の説明は，地球の表面が平坦なのだが，曲がっているように見えているだけだと信じている人によって提案されるようなものとそう違わない．地表面は本当は平坦であるが，北に行くにつれて，距離を測る定規がすべて長くなっている．実際，航空会社のパイロットが昔から知っていることだが，パリとモントリオール間の距離はラゴスとボゴタ間の距離よりも短いようだという事実は，本当の距離は等しいのだが，北の定規が長いために距離が短く見えるとすれば説明できる（図 6.12 を見よ）．この完全な理論は，定規の長さを変えるという特別な「場」を導入すれば，うまく説明できる．一貫性をもたせるためには，この場は北方に行けば行くほど距離がつねに短くなるように，すべての長さに同じように影響をおよぼさなければならないことになる．場は定規を長くするだけでなく，飛行機やパイロット，乗客も東西方向に大きくしなければならない．さらに，ぶつかる空気の分子を少なくし，パリ，モントリオール間の飛行で使われる燃料がラゴス，ボゴタ間よりも少なくなるように基本的な原子の定数を変えなければならない．

重力場中の時計で測られる時間間隔を平坦時空で説明することと地球上の定規によって測定される距離を平坦地球で説明することには 1 つの共通点がある．これらはともに，すべての装置が同じように影響を受けるので，置かれている幾何学を直接測ることが不可能だという仮定に基づいている．しかし地上の距離は定規で正確に測られ，その表面が曲がっていることを認識することが単純明快で，より経済的で，究極的に強力である．同じように，時空においても時計が正しく時間的距離を測り，幾何学が曲がっていることを認識することは簡単で経済的にも強力である．これが一般相対性理論への道である．

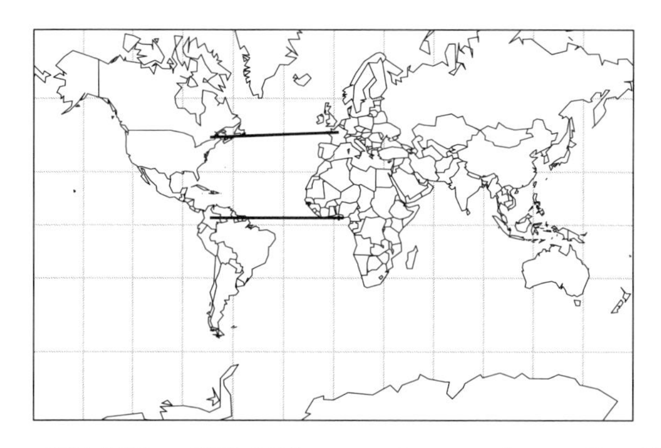

図 **6.12**　平坦地球理論．平坦地球理論ではモントリオールとパリの間の距離がボゴタとロゴスの間の距離とほぼ同じである．距離は，特別な場の存在のため短くなるように見えるだけである．その場は，すべての物質と結び付き，すべての定規を長くし，高緯度にいくほどその効果は大きくなる．

6.6　時空のことばで表したニュートン重力

重力の幾何学理論がどんなものであるか洞察を得るために，まず簡単なモデルを考えよう．モデルを使って時計の振る舞いを幾何学的に説明するためには，わずかな曲率を特殊相対論に導入できるように平坦時空幾何を修正する．さらに，この修正された幾何学中で固有時が極値をとる世界線が，非相対論的速度のとき重力ポテンシャル内の運動に対してニュートン力学の予測を再現できることをみるだろう．

時空幾何学のモデルは線素（$c \neq 1$ 単位系）

$$ds^2 = -\left(1 + \frac{2\Phi(x^i)}{c^2}\right)(cdt)^2 + \left(1 - \frac{2\Phi(x^i)}{c^2}\right)(dx^2 + dy^2 + dz^2) \tag{6.20}$$

によって決められる．ここで重力ポテンシャル $\Phi(x^i)$ はニュートンの場の方程式（3.18）を満たし，無限遠で 0 になる位置の関数である．たとえば，地球の外側で $\Phi(r) = -GM_{\oplus}/r$［（3.13）式を参照］である．この線素は実際に時間非依存の弱い重力場によって小さい曲率がつくられるとき，一般相対論によって予言される．これが **静的で弱い場**と呼ばれる由縁である．たとえば，これは太陽によってつくられる曲がった時空幾何学のよい近似になっている．

発信と受信における進み具合

信号が発信されたときの進みと受信されたときの進みの差は（6.20）式から以下のように説明できる．信号が位置 x_A で発信され x 軸に沿って伝わり，別の位置 x_B で受信されたと考えよう．図 6.13 は発信機と受信機，2 つの光の信号を表す (ct, x) 時空図である．光は A で t 座標において Δt の時間間隔だけ離れている．光信号の世界線は平坦時空でみられるような 45° の直線ではない．しかし，2 つの信号の世界線は，幾何学が時間 t と独立なので同じ形をしている．2 つ目の信号の世界線は 1 つ目と同じだが，上方に Δt ずれている．信号は A で発信されたのと同じ座標間隔 Δt で B で受信される．しかし，座標間隔 Δt は 2 つの位置における 2 つの異なる固有時間隔に対応する．x_A の位置における 2 回の発信間の座標間隔は Δt と $\Delta x = \Delta y = \Delta z = 0$ である．これらの事象間の固有時間隔 $\Delta\tau_A$ は $1/c^2$ のオーダーまでとると，(6.20) 式および $d\tau^2 = -ds^2/c^2$ から

$$\Delta\tau_A = \left(1 + \frac{\Phi_A}{c^2}\right)\Delta t \tag{6.21}$$

となる．ここで $\Phi_A \equiv \Phi(x_A, 0, 0)$ である（x が小さいとき正しい関係 $(1+x)^{1/2} \approx 1 + (1/2)x$ を使った）．同様に受信では

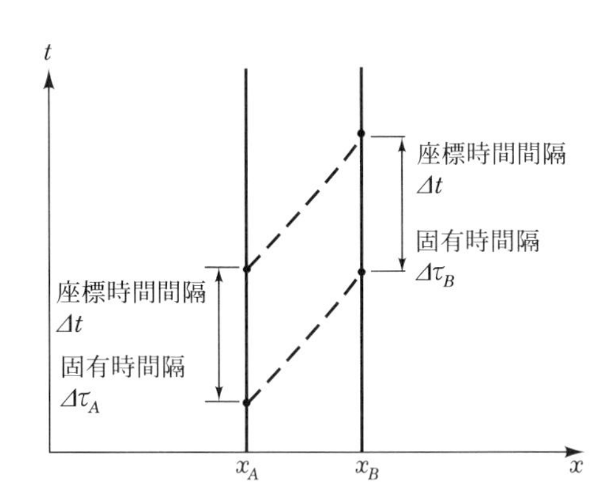

図 6.13　曲がった時空のモデル（6.20）における光信号の発信と受信．この時空図（ここで $c = 1$）は 2 人の定常観測者 A と B の世界線を表している．信号は A で固有時間隔 $\Delta\tau_A$ で発信され，$\Delta\tau_A$ は座標時間間隔 Δt と（6.21）式で結びついている．線素（6.20）は t と独立なので，信号の受信の座標間隔も Δt となるが，これらの事象の固有時間隔 $\Delta\tau_B$ は $\Delta\tau_A$ とは違う．受信の間隔は発信とは違う．

$$\Delta\tau_B = \left(1 + \frac{\Phi_B}{c^2}\right)\Delta t \tag{6.22}$$

である．これら 2 つの関係式から Δt を消去すると

$$\Delta\tau_B = \left(1 + \frac{\Phi_B - \Phi_A}{c^2}\right)\Delta\tau_A \tag{6.23}$$

が得られる．これは，(6.11) 式のときの (6.10) 式であり，(6.12) 式につながる．時間の進みの差は時空幾何学によって説明される．

時空のことばで表したニュートン運動

重力場における 1 粒子のニュートンの運動法則は (6.20) 式で表される幾何学を使って幾何学的なことばで表すことができる．5.4 節で，平坦時空中の自由粒子は 2 点間の固有時が極値をとる経路にしたがうことを示した．同じ原理によって (6.20) 式でまとめられる時空幾何学中で重力ポテンシャル Φ 中の粒子の運動も決まる．その方法は 5.4 節と同じだが，平坦時空の線素の代わりに (6.20) 式を使う．時空中の 2 点 A, B 間の固有時は世界線に依存し

$$\begin{aligned}\tau_{AB} &= \int_A^B d\tau = \int_A^B \left(-\frac{ds^2}{c^2}\right)^{1/2} \\ &= \int_A^B \left[\left(1 + \frac{2\Phi}{c^2}\right)dt^2 - \frac{1}{c^2}\left(1 - \frac{2\Phi}{c^2}\right)(dx^2 + dy^2 + dz^2)\right]^{1/2}\end{aligned} \tag{6.24}$$

で表され，積分は A, B をつなぐ世界線に沿って行われる．世界線に沿ったパラメータ t を使うと，経過固有時は

$$\tau_{AB} = \int_A^B dt \left\{\left(1 + \frac{2\Phi}{c^2}\right) - \frac{1}{c^2}\left(1 - \frac{2\Phi}{c^2}\right)\left[\left(\frac{dx}{dt}\right)^2 + \left(\frac{dy}{dt}\right)^2 + \left(\frac{dz}{dt}\right)^2\right]\right\}^{1/2} \tag{6.25}$$

と書ける．大括弧の中の量はちょうど非相対論速度 $\vec{V}^2$ の 2 乗である．$1/c^2$ の 1 次だけ正しいもの [*8] をとれば

$$\tau_{AB} \approx \int_A^B dt \left[1 - \frac{1}{c^2}\left(\frac{1}{2}\vec{V}^2 - \Phi\right)\right] \tag{6.26}$$

[*8] $1/c^2$ の 1 次とは，厳密に言えば無次元の比較的小さい量 $(V/c)^2$ と Φ/c^2 で展開したときの 1 次のという意味である．$c = 1$ の単位系でも意味をもつ．他の場所でもこのような展開の非公式な方法を使うだろう．

となる．

これを 6.4 節の GPS との関連で議論した時間の遅れと重力ポテンシャルの効果の組合せだと思うかもしれないが，ここでは統一的に時空幾何学から導き出されたもので $1/c^2$ の 1 次まで正しいとしている．この公式の興味深いテストは Box 6.2 で述べる．

Box 6.2 双子のパラドックスのテスト

時間的曲線の長さはそれに沿って運動する時計の固有時によって測定され，2 つの時空点を結ぶ曲線が違えば経過固有時も違う．これが 4.4 節で議論した双子のパラドックスの幾何学的な解であった．このことは特殊相対論の時空で正しいように，静的で弱い重力場でも正しい．1971 年ヘイフリー（J. C. Hafele）とキーティング（R. E. Keating）は時間の遅れと相対論的時間の進みの効果の両方を組合せた実験をした（Hafele and Keating 1972）．これは実際に（6.20）式のチェックとなる．彼らはセシウム原子時計を定期便に載せて地球の周りを飛行し，地上に戻り静止している標準時計と比較した．実験は 2 度行われ，1 度目は東回りにもう 1 度は西回りであった．

原子時計とともに搭乗しているヘイフリーとキーティング

飛んでいる時計は地球の重力ポテンシャルの中で上方にいるが，これが唯一の効果であるとすると，地上の時計と比べて速く進んでいるだろう．しかし，飛んでいる時計は地上の時計に対して運動しているため時間の遅れの効果によりゆっくり進む．よって 2 つの効果は競合する．彼らはこの実験を十分分析できる $1/c^2$ の正確さで（6.26）式にきれいにまとめた．この公式の t は飛行機や地上にある時計で刻まれている時間ではなく，慣性系で静止している時計の時間である．飛んでいる時計と地上の時計を比較するために，まず標準時計と比較し，それから互いに比較する．

$V_g(t)$ を地球に対する飛行機の速さ，$h(t)$ をその高度，$V_\oplus = 2\pi R_\oplus/(24\,\mathrm{h})$ を地球の表面の速さと定義する．簡単のため，赤道に沿って飛行しているとすると，飛んでいる時計と地上の時計の経過固有時間差は

$$\Delta\tau = \frac{1}{c^2}\int dt\left\{gh(t) - \frac{1}{2}V_g(t)[V_g(t) + 2V_\oplus]\right\}$$

となる（問題 15）．ここで t は地球の中心に対して静止していると近似してよい慣性系の時間である．V_g が正の東回り（V_g は正）と負の西回り（V_g は負）には，第二項の大きさと符号に大きな差がある．

$h(t)$ と $V_g(t)$ について詳細な飛行記録を残すことにより，実験者はこの公式を確かめ，観測された時計の読みを比較することができた．東回りとして，-40 ± 23 ns を予測し（飛んでいる時計よりも地上の時計の方が時間が経過する），-59 ± 10 ns が測定値だった．西回りの飛行では 275 ± 21 ns を予測し 273 ± 7 ns が観測された．全飛行時間はそれぞれ 41 時間と 49 時間で，精度は $1/10^{13}$ だった．両方の観測は時間の遅れと等価原理の予測とよく一致している．

（6.26）式の第一項は世界線がどうなるかに無関係なので，A, B の固有時が極値をとるような世界線では

$$\int_A^B dt\left(\frac{1}{2}\vec{V}^2 - \Phi\right) \tag{6.27}$$

が極値になる．極値である条件はラグランジュ方程式であり，ラグランジアンは

$$L\left(\frac{d\vec{x}}{dt}, \vec{x}\right) = \frac{1}{2}\left(\frac{d\vec{x}}{dt}\right)^2 - \Phi(\vec{x}, t) \tag{6.28}$$

である［（3.33）と（3.35）式を参照］．（6.28）式に質量をかけると，ちょうど重力ポテンシャル Φ 中で運動する非相対論的粒子のラグランジアンになっている．ラグランジュの運動方程式は

$$\frac{d^2\vec{x}}{dt^2} = -\nabla\Phi \tag{6.29}$$

となり，両辺に m をかけるとちょうど $\vec{F} = m\vec{a}$ となる．

ニュートン重力は，曲がった時空（6.20）における幾何学的なことばで完全に表すことができる（152 ページの表 6.1 を見よ）．質量が存在することで重力ポテンシャルができ，$m\vec{a} = -m\nabla\Phi$ を通じて粒子の運動を決めるのではなく，質量の存在により（6.20）式で表される時空曲率ができ，粒子は固有時が極値をとる経

表 **6.1**　重力のニュートン形式と幾何学的形式の比較

	ニュートン重力	幾何学的ニュートン重力	一般相対論
質量がすること	他の質量に作用する力 $\vec{F}=-m\vec{\nabla}\Phi$ を引き起こす場 Φ をつくる	時空を曲げる $ds^2 = -\left(1+\frac{2\Phi}{c^2}\right)(cdt)^2 +\left(1-\frac{2\Phi}{c^2}\right)(dx^2 +dy^2+dz^2)$	曲がった時空
粒子の運動	$m\vec{a}=\vec{F}$	固有時が極値をとる曲線（$1/c^2$ の 1 次）	固有時が極値をとる曲線
場の方程式	$\nabla^2\Phi=+4\pi G\mu$	$\nabla^2\Phi=+4\pi G\mu$	アインシュタイン方程式

路に沿ってこの幾何学中を運動するのである．力の概念と時計における効果は幾何学的なアイディアによって置き換えられる．質量の概念は，曲率を作る質量の影響のもとで運動する粒子の運動の記述に決して入ってこないので，ある意味，重力質量と慣性質量が等しいことが説明される．運動の法則は自由粒子のものと同じであるが，曲がった時空でという点だけが違う．

第 4.4 節で述べたように，平坦時空では直線経路が固有時の最も長い 2 点をつなぐ曲線でもある．2 点をつなぐ曲線のうち固有時が極値をとるものが 1 つだけあれば，同じことが曲がった時空中でも正しく成り立つ．しかし，2 つ以上あれば，その経路は固有時が最長でも，最短でもないかもしれない．それらは単に極値をとっているだけかもしれない [*9]．

線素（6.20）の空間部分の因子 $(1-2\Phi/c^2)$ は時計の時間間隔の相対論的関係式（6.23）やニュートンの運動方程式（6.29）を $1/c^2$ のオーダーで導く際に何の役割も果たしていない．$1/c^2$ までのオーダーで因子 1 があるためだ．したがって，速度が小さい場合ニュートン重力の予測を再現できる曲がった時空は多くある．特別な静的な弱い場の計量（6.20）は一般相対論の予言である．光線の軌道では，違うものを選べば別の予言になる．これは第 10 章でみる．

[*9] この疑問に対してより深い洞察を得るためには問題 12 または 14 を解け．

重力の幾何学理論として表 6.1 の 2 番目の縦列に並べられた要素はどうなっているのか？ これまで見たように，非相対論的速度では第一の縦列にあるニュートン理論の運動が正しく再現される．答えは，このような理論は特殊相対論と矛盾するというものである．この章の初めで強調したように，ニュートンの重力法則は（6.1）式または（3.14）式で表されていても，物体間で瞬時に相互作用するため，特殊相対性原理と矛盾してしまう．(6.20）式の時間と空間の非対称性は別の意味でこのことを表している．幾何学的な形式でさえも，ニュートン重力は特殊相対論と矛盾する．十分相対論的，幾何学的な重力理論は空間と時間を対称的な基盤で扱うだろう．これがアインシュタインの 1915 年の一般相対性理論である．アインシュタインの理論では（6.20）式の形に拘束されず一般幾何学を扱い，これらの幾何学が満たしていなければならない場の方程式としてニュートンの重力理論（3.18）を一般化したものを使う．場の方程式はアインシュタイン方程式と呼ばれる．第 21 章（下巻）まではアインシュタイン方程式に出くわさないだろう．しかししばらくこの方程式の結果を広く探ることにしよう．まず，曲がった時空の数学的記述法を考察する必要がある．これを次の 2 つの章で行う．

問　題

1. 図 6.1 に示されているねじりばかりの紐は局所重力場 $\vec{g}$ の方向に対してどんな角度をなすか．(6.2）式の g^t の値はいくらか．実験は 47° の緯度で行われると仮定せよ（これはシアトルの緯度である． 本文中で述べた Su *et al.* の実験が行われたところである）．

2. エトヴェシュの実験の現代版で，ねじりばかりのねじれは棒につけられた鏡で光を反射し，角度 θ の時間依存を測ることによって測定されたと仮定せよ．等価原理を 10^{12} 分の 1 の精度でテストするのに必要な角度の精度はいくらか．棒の長さは 4 cm で，質量はともに 10 g であり，紐のねじれ定数（直線運動のばね定数と類似する）は 2×10^{-8} N·m/rad であり，ねじれの方向の重力加速度は問題 1 で決めたとおりであると仮定する．

3. ［S］地上の重力加速度を仮定して，図 6.5 のエレベータを光線が横切る間に 1 mm 落下するようにするためには，エレベータの幅はどれくらいでなければならないか．これは地上で行えるような実験か．

4. 140 ページで述べた形の等価原理から出発して，つまり自由落下系と慣性系だけを使って，光が地球の重力場で落下しなければならないことを議論せよ．

5. 自由落下する卓球の球に関する例 6.3 で，地球に近い方の球はちょうど地球を円軌道するのに必要な横方向の速度で投げ出されたと仮定する．同じ速度で投げ出された遠い方の球は楕円軌道を進むだろう．この軌道の離心率を s の関数として求めよ．2 つの軌道の略図をかけ．その図は，1 周で粒子間隔が大きく変わるという例の結果を支持しているか．［ヒント：ニュートン力学の教科書の楕円軌道を詳しく調べよ］

6. (a) 特殊相対性理論の線素をふつうの直交座標 (t, x, y, z) から

$$t = \left(\frac{c}{g} + \frac{x'}{c}\right)\sinh\left(\frac{gt'}{c}\right)$$
$$x = c\left(\frac{c}{g} + \frac{x'}{c}\right)\cosh\left(\frac{gt'}{c}\right) - \frac{c^2}{g}$$
$$y = y', \qquad z = z'$$

によって新しい座標 (t', x', y', z') に変換せよ．g は加速度の次元をもつ定数である．

(b) $gt'/c \ll 1$ のとき，これがニュートン力学における一様加速度系への変換に対応することを示せ．

(c) この系において $x' = h$ で静止している時計は $x' = 0$ で静止している時計に比べて，$1 + gh/c^2$ 倍速く進んでいることを示せ．これは等価原理の考えとどのような関係にあるか．

7. (a) 加速している実験室の床が $x' = 0$ にあり，天井が $x' = h$ にあり，それらの面が y', z' 方向に広がっている．問題 6 の (a) で導いた線素を使って，実験室の高さが時間の定数であることを示せ．つまり実験室は剛体として運動していることを示せ．

(b) 不変加速度 $a \equiv (\boldsymbol{a} \cdot \boldsymbol{a})^{1/2}$ を計算せよ．ここで $a^\alpha = d^2x^\alpha/d\tau^2$ である．実験室の天井と床で違うことを示せ．

8. [S] 相対論的概念と非相対論的概念を混ぜて使うことには無理があるが，振動数 ω_* の光子を重力質量 $\hbar\omega_*/c^2$, 運動エネルギー $K = \hbar\omega$ もつ粒子と考えよ．ニュートンの考えを使って，半径 R, 質量 M の球形の星の表面から放出された光子が無限遠に脱出したときの「運動」エネルギーの損失を計算せよ．これから，無限遠における光子の振動数を求めよ．$1/c^2$ の一次までで，これを (6.14) 式の重力赤方偏移と比べて，どう考えるか．

9. GPS 衛星は搭載された時計で測って一定の割合で信号を発信している．地上の同じ型の時計で受信すると，どんな割合になっているか変化率で答えよ．$1/c^2$ のオーダーで，特殊相対性理論と重力の効果の両方を考慮せよ．簡単のため，衛星は赤道の円軌道上にあり，地上の時計は赤道上にあり，受信機の瞬間的静止系で信号の進む方向と衛星の速度の角度が $90°$ であると仮定せよ．

10. ［C,P］地球は約 50 億歳である．地球の中心の岩石は地表の岩石に比べてどれだけ若いか．もし 65 億年の指数的崩壊時間をもつ ^{238}U のような放射性元素が中心と地表で初めは同じ量だけ存在していたとすると，中心の放射性元素は地表よりどれだけ多く存在しているか．地球の密度は一定とする．

11. ［E］球形質量の中心では表面よりも加齢はゆっくりになる．もし中心に 1 年間住んで，外に住んでいる人たちに比べて 1 日若くなるようにするためには，10 km の半径の球にどれくらい質量を集める必要があるか．

12. ［S］2 次元平面では，直線経路が 2 点間距離のうち極値をとり，最短の距離になる．2 次元の球面では極値をとる経路は大円の一部である．球面上でどんな 2 点を選んでも，極値をとる経路が存在し，近くの経路と比べても距離が最も短いことを示せ．2 点間の距離には極値をとるが，近くの経路に比べて最も長くも短くもないものがあることを示せ．2 点間の距離で最長になる経路は 1 つだけではないことを示せ．

13. 3 人の観測者が地表で互いに近くに立っている．それぞれ正確な原子時計を持っている．時刻 $t = 0$ ですべての時計の時刻を合わせる．$t = 0$ で第一の観測者は時計を真上に投げ上げ，第二の観測者の時計で T の時刻で手元に戻ってくる．第二の観測者は時計をずっと手に持っている．第三の観測者は投げ上げられた時計が達した最大の高さまで一定の速度でもっていき，時刻 T で戻ってくる．

最大高度が地球の半径よりもずっと小さいと仮定し，各時計の経過時間を求めよ．重力の効果を $1/c^2$ のオーダーまで含めて，非相対論的な軌跡を使って計算せよ．どの時計が最も進んでいるか．それはなぜか．

14. ［C］半径 R の地球の周りを円軌道で運動する粒子を考える．地球外の時空幾何学が $\Phi = -GM_{\oplus}/r$ と静的で弱い場の計量（6.20）で表されるとする．P を時間 t で測定される軌道の周期とする．同じ空間位置において t の時間間隔 P 離れた 2 つの事象 A, B を考える．粒子の世界線は A と B の固有時が極値をとる曲線である．3.5 節で考察したように，その曲線は近傍の世界線と比べたとき軌道回りの固有時が極大か極小，または鞍点のどれかになる．しかし近傍の他のどんな世界線よりも長いかまたは短いかどうかという問題を調べてみることもできる．円軌道に対する問題を，時空の点 A と B をつなぐ，以下の世界線に沿った固有時を $1/c^2$ の 1 次まで計算して分析せよ．

(a)　粒子それ自身の軌道

(b)　A と B の間に固定された観測者の世界線

(c)　A から動径方向に進み反対方向に反射され，時間 P 以内に B に戻ってくる光子の世界線

A と B をつなぐ曲線のうち固有時が極値をとる別のものを見つけよ．

15.［B］双子のパラドックスのテスト

(a)　飛んでいる時計と地上の時計の固有時の差の公式（150 ページの Box 6.2）を導出せよ．

(b)　商用飛行機の典型的な高度と速さを使って，地球の東回りと西回りの両方で $\Delta\tau$ の値を評価せよ．

第7章 曲がった時空の表し方

この章と次章で曲がった4次元時空幾何学を記述する基本的な数学を扱う．その多くは第5章で平坦時空に対して導入した概念の一般化である．

7.1 座標系

第2章で考察したように，また，第4章と第5章で説明したように，時空幾何学は互いに近い2点間の時空距離を与える線素によって集約される．座標は時空の点に名前をつけるための体系的な手段の1つである．座標の選び方は，覆う領域内の各点に対して一意的に名前が付けられる限り任意である．ある特別な問題に対しては，1つの座標系が他よりも便利なことがあるかもしれない．たとえば，力学で中心力の問題を解く場合，直交座標よりも極座標を使った方が扱いやすい．しかし，運動の法則はどちらの座標でも表すことができ，しかも内容は同じである．

座標の任意性は学生が把握するのに困難な点になっている．物理学のほとんどすべての初歩的な分野では，法則が簡単に見えるために好まれる座標系は少ししかないからだ．たとえば，慣性系に分類される系では特殊相対論的力学の一般的な法則が簡単な形をとる．平坦時空の特殊な対称性はローレンツ変換によって表現され，その対称性のために慣性系が非常に便利になるという理由となっている．しかし一般相対性理論では時空が曲がり，一般的に特殊な対称性をもたず，一般的法則を単純にする座標系の分類というものはないだろう．特別な問題は特殊な座標系によって簡単になるはずだろうが，すべての問題を簡単にする座標系の集合は存在しない．したがって，任意の座標で一般法則を定式化するには経験が必要となる．これがこの章の主題である．

線素で幾何学を決めるのだが，いろいろな座標を使うことができるため多くの線素が同じ時空幾何学を表している．たとえば，特殊相対論の平坦時空は直交座標で

$$ds^2 = -dt^2 + dx^2 + dy^2 + dz^2 \tag{7.1}$$

にまとめることができる［(4.8) 式を参照］．ここで $c = 1$ 単位系が使われているが，これをこの章と以下の章で使うことにする．計量の空間部分は極座標に変換することができる．

$$x = r\sin\theta\cos\phi, \qquad y = r\sin\theta\sin\phi, \qquad z = r\cos\theta \tag{7.2}$$

と書いて微分し，

$$dz = dr\ \cos\theta - r\sin\theta\, d\theta \tag{7.3}$$

などを (7.1) 式に代入すると，線素は

$$ds^2 = -dt^2 + dr^2 + r^2 d\theta^2 + r^2\sin^2\theta\, d\phi^2 \tag{7.4}$$

となる．この形は (7.1) 式とは違って見えるが，点の名称が変わっているだけで同じ平坦時空である．平坦時空の座標系にあるその他の興味深い例を 159 ページの Box 7.1 に挙げた．

座標は任意なので，記号から多くを読み取ろうとしすぎないように注意すべきだ．たとえば，線素

$$ds^2 = -dx^2 + dy^2 + y^2 dz^2 + y^2\sin^2 z\, dt^2 \tag{7.5}$$

は平坦時空を表し，(7.4) 式と同じ座標系である．単に座標系の記号が変わっただけである．記号の名前にもかかわらず，z は角度で，x に沿った方向は時間である．

時空の各点が一意的に名前をつけられるものがよい座標系である．しかし，ほとんどの座標系はどこかで一意的な名前づけができなくなる．たとえば，極座標 (r, θ, ϕ) で軸上（$\theta = 0$）の点は 1 組の座標値以上に多くの名が付けられる．各 r の値に対して，ϕ の値が違っても軸上の同じ点に対応する．これは座標特異点の簡単な例である．より深刻に見える特異点の簡単な例は極座標の 2 次元面の線素を

$$dS^2 = dr^2 + r^2 d\phi^2 \tag{7.6}$$

と書き，ある定数 a に対して $r=a^2/r'$ の変換をすることで得られる．その結果は

$$dS^2 = \frac{a^4}{r'^4}(dr'^2 + r'^2 d\phi^2) \tag{7.7}$$

である．この線素は $r'=0$ でふっ飛ぶ．しかし，そこでは物理的に興味深いことは何も起きない．幾何学は依然として平面なのだ．座標変換 $r'=a^2/r$ が無限遠のすべての点を $r'=0$ に写像し，一意的な名前づけをすることができなくなるために，この特異点が生じる．実際，(7.7) 式では $r'=0$ から $r'\neq 0$ のどんな点までの距離でも無限大になる（問題 1）．ほとんどの座標系に特異点があるということを考慮すると，すべての点を特異点のない座標で名前づけするように時空を覆うためには，パッチを重ねなければならない．その非常に重要な例を後にみることになるだろう．

Box 7.1 平坦時空のペンローズ図

平坦時空の有益な座標系の例は，ペンローズ図を作るときに使われるものである．球座標で表した平坦時空の線素 (7.4) から始めよう．t と r を以下で定義される 2 つの新しい座標 u と v に置き換えよう：

$$u \equiv t - r, \qquad v \equiv t + r. \tag{a}$$

これによって線素は

$$ds^2 = -du dv + \frac{1}{4}(u-v)^2(d\theta^2 + \sin^2\theta d\phi^2) \tag{b}$$

になる．

(u,v) 軸は (t,r) 時空図から見ると (t,r) 軸に関して $45°$ 回転したものになる（次ページの左図）．動径方向に進む光線は u 一定または v 一定線上を進む．これは，(a) 式の座標の定義から，θ,ϕ が一定および u と v のどちらかが一定になる線上で $ds^2=0$ となることから明らかである．

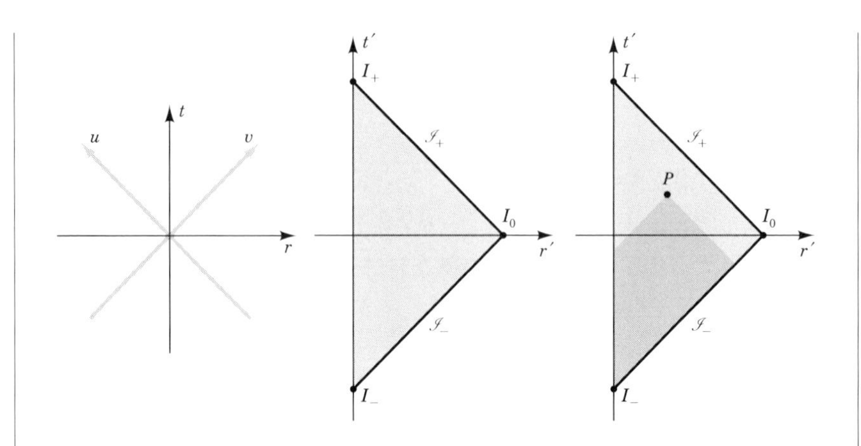

さらに u と v を以下の新しい座標 u', v' に変換し，それに対応して新しい座標 t', r' に変換する：

$$u' \equiv \tan^{-1} u \equiv (t' - r')/2, \ \ v' \equiv \tan^{-1} v \equiv (t' + r')/2. \qquad \text{(c)}$$

平坦時空の t と r 座標の範囲は無限 $-\infty < t < +\infty, 0 < r < +\infty$ である．しかし $\tan^{-1} x$ は $-\pi/2$ と $\pi/2$ の間にあるため (u', v') または (t', r') は無限にはならない．実際，平坦時空の (t, r) 面はすべて領域 $r' > 0$, $v' < \pi/2$, $u' > -\pi/2$ に写像される．この領域はまん中の (t', r') 図で薄く影をつけてある．これが平坦時空のペンローズ図である．

無限遠を有限の座標値に写像することによって，無限遠の種類を区別することができる．動径方向に外側に進む光線は u' 一定の線（$t = r+$ 定数）である．それは境界 $v' = \pi/2$ にたどり着く．これは**未来ヌル無限遠**と呼ばれ，$\mathscr{I}_+$ で表す（スクリプラスと発音する，中央の図）．動径方向内側に進む光線は $u' = -\pi/2$ の境界から始まり v' 一定線にしたがう．これを**過去ヌル無限遠**といい $\mathscr{I}_-$ で表す．局所光円錐内にある粒子の軌跡は**過去時間的無限遠** I_- と呼ばれる点 $(t' = -\pi, r' = 0)$ から出発しており，**未来時間的無限遠** I_+ と呼ばれる点 $(t' = +\pi, r' = 0)$ にたどり着く（問題 4）．同様に，無限遠の空間的曲線は点 I_0 で終わり，これは**空間的無限遠**と呼ばれる球になる．

ペンローズ図は，ある点の観測者が情報を受け取ることができる時空の事象を図に表すときに便利である．たとえば，右図で P にいる観測者は濃い影をつけたところから情報を受け取ることができるが，その外からは受け取ることができない．ブラックホールのペンローズ図はかなり複雑であるが，この種の分析はブラックホールを考察するのに便利である．

7.2 計量

一般幾何学を表すために，4つの座標 x^α の系を使って，点に名前をつけ，距離を与える線素 ds^2 を示す．その線素は

$$\boxed{ds^2 = g_{\alpha\beta}(x)dx^\alpha dx^\beta} \tag{7.8}$$

の形をとるだろう．ここで $g_{\alpha\beta}(x)$ は位置に依存する [*1] 対称行列で，計量という．極座標（7.4）の平坦時空の計量は

$$g_{\alpha\beta}(x) = \begin{array}{c} \\ 0 \\ 1 \\ 2 \\ 3 \end{array} \begin{array}{c} \begin{array}{cccc} 0 & 1 & 2 & 3 \end{array} \\ \begin{pmatrix} -1 & 0 & 0 & 0 \\ 0 & 1 & 0 & 0 \\ 0 & 0 & r^2 & 0 \\ 0 & 0 & 0 & r^2\sin^2\theta \end{pmatrix} \end{array} \tag{7.9}$$

となる．このような対角行列は $g_{\alpha\beta}(x) = \mathrm{diag}(-1, 1, r^2, r^2\sin^2\theta)$ と書き表すことによってコンパクトにまとめることができる．

4×4 の対称行列 $g_{\alpha\beta}$ の独立な成分は10個ある．同じ幾何学でも，座標系が違えば $g_{\alpha\beta}$ の成分も違う．4つの座標を変換することで4つの任意関数が存在できるので，計量には $10 - 4 = 6$ 個だけの独立関数がある．

7.3 総和規約

ここまで，式の添字の位置に気をつかってきたことに気づいただろう．この点に関して我々の記法は，相対論でよく使われる大きなまとまりの一部分をなし，より進んだ教科書を読み進んでも困難を感じないように使ってきた．記法をまとめ，整合性を保てるように規則をいくつか以下に示す．

[*1] 座標の関数を扱うとき，$f(x^0, x^1, x^2, x^3)$ の省略形 $f(x^\alpha)$ や $f(x)$ を使う．混乱のおそれはないだろう．

(1) 添字の位置には注意しなければならない．7.8 節で考察するように，座標やベクトルの成分には上付きの添字を使い，計量には下付きを使う．（連鎖律 $dx^{\alpha} = (\partial x^{\alpha}/\partial x'^{\beta})dx'^{\beta}$ のような式では，分母の上付きの添字は下付きの添字のように作用する．）
(2) 同じ添字はいつも上下の添字の組となっており，和をとることになっている．そのため，**和の添字**と呼ばれている．和をとることに関して添字の組みは別の文字でもよく，そのため和の添字は**ダミー添字**と呼ばれる．よって $g_{\alpha\beta}a^{\alpha}b^{\beta}$ は $g_{\gamma\delta}a^{\gamma}b^{\delta}$ と同じである．$g_{\alpha\alpha}a^{\alpha}b^{\alpha}$ のように，3 つそれ以上添字が繰り返されたり，$g_{\alpha\beta}g_{\beta\gamma}$ のように上下以外の組で繰り返されることはない．そうなっていれば間違いである．
(3) 和をとらない添字は**自由添字**と呼ばれる．それらは方程式の両辺でバランスをとらなければならない．自由添字の値は方程式の両辺で同時ならば変わることができる．式

$$g_{\alpha\beta} = g_{\beta\alpha} \tag{7.10}$$

は行列が対称であることを表している．両辺で下付きの添字 α, β があり，添字はバランスをとっている．このような方程式は式の配列の省略形であると考えることができ，自由添字 α と β のそれぞれが 4 つの値をとっている．(7.10) 式は 16 個の式を表している：

$$\begin{array}{llll} g_{00} = g_{00}, & g_{01} = g_{10}, & g_{02} = g_{20} & \cdots \\ g_{10} = g_{01}, & g_{11} = g_{11}, & g_{12} = g_{21} & \cdots \\ \cdots & \cdots & \cdots & \cdots \end{array} \tag{7.11}$$

そのため，両辺で同時に変えることができれば，自由添字は別の自由添字（まだ和をとっていないもの）に変えることができる．(7.10) 式で β を γ に変えることで $g_{\alpha\gamma} = g_{\gamma\alpha}$ となり，(7.11) 式の 16 個の関係式と同じものになる．$g_{\alpha\beta} = g_{\alpha\gamma}$ のような式は両辺でバランスをとっていないので，間違っている．

●例 7.1　ちょっとしたテスト●　以下の式のリストから，和の記法にかなっているものとそうでないものを分け，なぜそうなるか説明せよ．記号が何であるのかは気にしないでよい（すぐそのうちわかるだろう）．すぐとりかかり，和の規

則にしたがっているかどうか判断せよ．答えはこのページの下にある．

(a) $g_{\alpha\beta}dx^{\alpha}dx^{\beta} = g_{\alpha\beta}dx^{\alpha}dx^{\gamma}$ (b) $g_{\alpha\beta}a^{\alpha}b^{\beta} = g_{\beta\gamma}a^{\beta}b^{\gamma}$

(c) $g_{\alpha\beta}a^{\alpha}b^{\beta} = g_{\alpha\beta}a^{\alpha}c^{\beta}$ (d) $\Gamma^{\alpha}_{\alpha\gamma}a^{\gamma} = g_{\alpha\beta}a^{\alpha}b^{\beta}$

(e) $\Gamma^{\alpha}_{\beta\gamma}a^{\alpha}b^{\beta}c^{\gamma} = b^{\alpha}$ (f) $\partial x^{\alpha}/\partial x^{\beta} = \delta^{\alpha}_{\beta}$

(g) $\partial g_{\alpha\beta}/\partial x^{\gamma} = 0$ (h) $g_{\alpha\beta}\dfrac{\partial x^{\alpha}}{\partial x'^{\gamma}}\dfrac{\partial x^{\beta}}{\partial x'^{\delta}} = g_{\gamma\delta}\dfrac{\partial x^{\gamma}}{\partial x'^{\alpha}}\dfrac{\partial x^{\delta}}{\partial x'^{\beta}}$

(i) $g'_{\alpha\beta}a'^{\alpha}b'^{\beta} = g_{\alpha\beta}a^{\alpha}b^{\beta}$ (j) $a^{\alpha}(g_{\beta\gamma}b^{\beta}b^{\gamma}) = b^{\gamma}$

(k) $\Gamma^{\alpha}_{\alpha\beta} = \Gamma^{\beta}_{\beta\beta}$ (l) $g_{\alpha\beta} = \eta_{\beta\alpha}$

7.4 局所慣性系

等価原理（140 ページ）は，曲がった時空の局所的性質が特殊相対論の平坦時空のものと区別できないことを意味している．この物理的アイディアを具体的に表現すると，ある座標系に計量 $g_{\alpha\beta}(x)$ が与えられたとき，時空の各点 P で

$$g'_{\alpha\beta}(x'_P) = \eta_{\alpha\beta} \tag{7.12}$$

となるような新しい座標 x'^{α} を導入することが可能だという要請をすることである．ここで $\eta_{\alpha\beta} = \mathrm{diag}(-1,1,1,1)$ は平坦時空のミンコフスキー計量であり，x'^{α}_P は点 P を定める座標値である．この要請は一般相対性理論の仮定の 1 つである．すべての点で空間 3 次元と時間 1 次元があることを表している．

$g'_{\alpha\beta}(x'_P)$ がある点 P で対角化されるような新しい座標を見つけることは難しくはない．$g'_{\alpha\beta}(x'_P)$ は 4×4 対称行列で，常に対角化可能だからだ．対角化されてしまうと，座標を 1 つずつ定数でスケールし直し，$g'_{\alpha\beta}(x'_P)$ の直交成分が ±1 になるようにできる（もし嘘だと思うなら問題 8 を解け）．しかしながら，座標変換では P で行列の中の $+1$ の数値を -1 に変換することはできない（やってみよ）．(7.12) 式の中のように，すべての P で 3 つの $+1$ と 1 つの -1 があるとい

以下の OK は和の記法が正しいことを表し，OK がないものは正しくないことを表す．(a) 自由添字のバランスがとれていない．(b) OK．すべて和の添字であり，両辺で上下で同じ記号になっている．(c) OK．$b^{\alpha} = c^{\alpha}$ ならば正しい．(d) OK．すべての和が両辺で完結している．(e) 同じ添字が上下の組になっていない．(f) OK．しかも正しい．分母の上つきの添字は下つきと考える．(g) OK．これは計量のすべての係数の 1 階微分が 0 であることを示す 40 個の方程式である．(h) 右辺では α と β は自由添字であるが，左辺では上下にある．(i) OK．(j) 自由添字がバランスをとっていない．(k) 上下で同じ添字が組になっていない．(l) OK．

うのは仮定である．これは 3 つの空間次元と 1 つの時間次元があるという物理的な仮定である．

平坦時空と同じ計量にする座標変換はどこまで使うことができるのだろうか．明らかに，曲がった時空全体で $g_{\alpha\beta} = \eta_{\alpha\beta}$ とするような座標を見つけることは不可能である．もしそんなことができれば，時空は平坦になってしまうだろう．しかし，(7.12) 式に加え，1 点 P で計量の 1 階微分が 0 になるような座標を見つけることはできる：

$$\boxed{g'_{\alpha\beta}(x'_P) = \eta_{\alpha\beta}, \qquad \left.\frac{\partial g'_{\alpha\beta}}{\partial x'^{\gamma}}\right|_{x=x_P} = 0} \tag{7.13}$$

点 P でこれら 2 つの条件を満たす座標系は P における**局所慣性系**と呼ばれる．これは平坦空間の慣性系と似ているが，1 点 P の無限小近傍だけで成り立つ．これが局所慣性系と呼ばれる由縁だ．(7.13) 式は他のどの点でも満たすようにできるが，それらはそれぞれ別の座標でのみ可能である．時空の各点で局所慣性系を見つけられることを示すのを 8.4 節まで遅らせることにする．しかし，問題 9 を解くことでこれを支持する議論はできる．

●例 7.2　球面の北極における計量●　円周 $2\pi a$ の球面の幾何学の線素は，おなじみの極座標 (θ, ϕ) で

$$dS^2 = a^2(d\theta^2 + \sin^2\theta\, d\phi^2) \tag{7.14}$$

の形をしている［(2.15) 式参照］．北極 $\theta = 0$ で計量は平面 $dS^2 = dx^2 + dy^2$ のようには見えないが，しかし計量が平坦になり，さらに (7.13) 式に似せて計量の 1 階微分が 0 になるような座標を見つけることはできる．

$$x = a\theta\cos\phi, \qquad y = a\theta\sin\phi \tag{7.15}$$

を考える．この逆変換は

$$\theta = \sqrt{x^2 + y^2}/a, \qquad \phi = \tan^{-1}(y/x) \tag{7.16}$$

であり，これを (7.14) 式に代入することで，球の幾何学の新しい形の線素を得ることができる．北極 $\theta = 0$ は $x = y = 0$ にある．x と y が小さい北極の近傍で計量の成分を x と y のべきで展開すると $(x^1 \equiv x, x^2 \equiv y)$

$$g_{AB}(x,y) = \begin{pmatrix} 1 - y^2/(3a^2) & xy/(3a^2) \\ xy/(3a^2) & 1 - x^2/(3a^2) \end{pmatrix} + \begin{pmatrix} x \text{ と } y \text{ の} \\ 3 \text{ 次とそれ以上の項} \end{pmatrix}. \quad (7.17)$$

北極 $x = y = 0$ で, $g_{AB} = \mathrm{diag}(1,1)$ で $\partial g_{AB}/\partial x^C = 0$ となる．ここで，添字 $A, B, \cdots$ は 1 と 2 をとる．どうやってみつけたかって？ これらが 8.4 節で考察するリーマン正規座標の例である．

一般の曲がった時空で，ある点の計量の **2** 階微分をすべて 0 にするような座標を見つけることはできない（問題 9 を見よ）．第 21 章（下巻）でみるように，正しく扱えば，2 階微分はその点の時空曲率の測定量となる．

以前述べたように，局所慣性系は，曲がった時空の幾何学が平坦時空と局所的には区別できないという等価原理の正確な表現を与える．幾何学を離れて，同じ原理によって，他の物理法則（たとえば粒子の運動法則）も平坦時空と同じ形を局所慣性系でとることがわかる．6.2 節で考察したように，そのことは曲がった空間で理論が整合性をもつための要請ではなく，平坦時空で知られている法則を曲がった時空でも使えるようにするためにどのように一般化したらよいのかを推測するのに便利な出発点になる．この例をいくつか後に見ることになるだろう．

7.5 光円錐と世界線

x^α の点 P とその近傍の時空距離は, (7.8) 式の座標または局所慣性系の座標でも計算することができる．仮定（7.12）から，一般相対論は本来，4.3 節と図 4.9 で表される特殊相対論の局所光円錐構造を持っていることになる．P から無限小座標間隔 dx^α 離れた点は，時間的に離れているか，空間的に離れているか，ヌル離れている．（7.8）式によって定義されるこれらの 2 乗距離は

$$ds^2 < 0 \quad \text{時間的間隔} \quad (7.18a)$$

$$ds^2 = 0 \quad \text{ヌル間隔} \quad (7.18b)$$

$$ds^2 > 0 \quad \text{空間的間隔} \quad (7.18c)$$

を満たす．光線は時空のヌル曲線 $ds^2 = 0$ 上を運動する．4.3 節で述べたように，P から広がるかまたは P に集まるヌル方向の集合は厳密に P での局所未来光円錐と局所過去光円錐になる．

粒子は時間的世界線上を運動する．その世界線では特殊相対論（5.2 節）でそうであったように，距離 τ の 4 つの関数 $x^\alpha(\tau)$ によってパラメータ的に線上の点を追跡することができる．曲がった時空では，時間的世界線に沿って測った点 A と B の間の距離は（4.13）式を曲がった時空に一般化することによって得られる：

$$\tau_{AB} = \int_A^B [-g_{\alpha\beta}(x)dx^\alpha dx^\beta]^{1/2}. \tag{7.19}$$

ここで積分は世界線に沿って行われる．時空距離 τ はこの曲線に沿って運ばれる時計によって測定され，**固有時**とも呼ばれる．$ds^2 < 0$ または $d\tau^2 \equiv -ds^2 > 0$［（4.12）式を参照］にある時間的世界線は，図 4.10 で説明したように，軌跡に沿った各点で局所光円錐の中にある．これが，粒子がその点における光速よりも遅いということの座標不変の表現である．

●例 7.3　2 次元の世界線と光円錐●　2 次元計量

$$ds^2 = -X^2dT^2 + dX^2 \tag{7.20}$$

と世界線

$$X(T) = A\cosh(T) \tag{7.21}$$

を考えよう．ここで A は長さの次元をもつ定数である．光円錐は $ds^2 = 0$ の曲線であり，傾きは $dT/dX = \pm 1/X$ である．（7.21）式の世界線に沿ったもののうちいくつかを図 7.1 に示した．粒子の世界線の傾きの大きさ $|dT/dX|$ が $1/X$ よりも大きいか，または $|dX/dT|$ が X よりも小さければ粒子の世界線は時間的である．そのとき粒子は局所的に光速よりも遅い．世界線（7.21）は $\sinh T < \cosh T$ なので，時間的である．世界線に沿った固有時は

$$d\tau^2 \equiv -ds^2 = A^2(\cosh^2 T dT^2 - \sinh^2 T dT^2) = A^2 dT^2 \tag{7.22}$$

である．$T = 0$ のとき $\tau = 0$ と選ぶと，$\tau = AT$ であり，（7.21）式はパラメータを使って，

$$T = \tau/A \qquad X(\tau) = A\cosh(\tau/A) \tag{7.23}$$

と表される．（種明かし：計量（7.20）は本当は平坦時空であり，座標系が違うだけである．$ds^2 = -dt^2 + dx^2$ の形にする座標変換を見つけられるかな？）

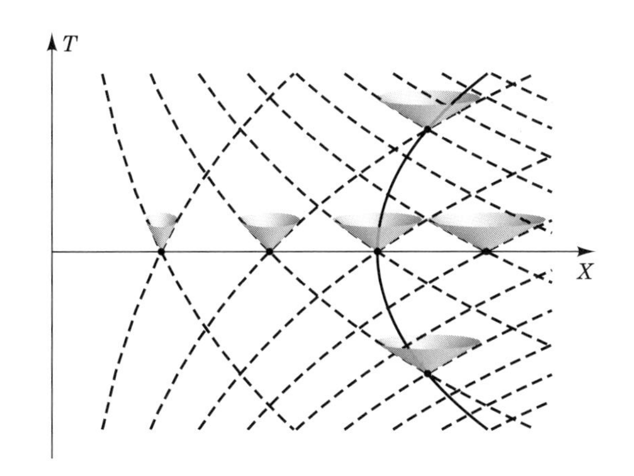

図 **7.1**　$A=1$ のときの計量 (7.20) の 2 次元の時空図．$X=0.5,1,1.5,2,\cdots$ で $T=0$ の軸と交わる内向きと外向きの光線と時間的世界線 (7.21) を示している．いくつか未来光円錐も示した．各点における時間的世界線の接線は光円錐の内側にある．

要するに，一般相対論の局所光円錐の構造は平坦時空と同じである．だが，光円錐の大域的な配置（時空の因果構造）は興味深い特徴を持っている．ブラックホール時空は第 12 章と第 15 章（下巻）で考察することになるが，おそらく最も重要な例であり，以下の非現実的な時空の例は的を射た説明になっている．

●例 7.4　ワープ航法時空●　Alcubierre (1994) による例では座標 (t,x,y,z) と，原点を通り t-x 面にある曲線 $x=x_s(t),\ y=0,\ z=0$ を使う．計量を与える線素は

$$ds^2=-dt^2+[dx-V_s(t)f(r_s)dt]^2+dy^2+dz^2 \tag{7.24}$$

である．ここで $V_s(t)\equiv dx_s(t)/dt$ は曲線に付随する速度であり，$r_s\equiv[(x-x_s(t))^2+y^2+z^2]^{1/2}$ である．関数 $f(r_s)$ は滑らかな正の関数であり，$f(0)=1$ を満たし，原点から離れると減少し，ある R に対して $r_s>R$ となると 0 になる．(7.24) 式を $t=$ 一定面で評価すると，$dS^2=dx^2+dy^2+dz^2$ となる．各空間スライスの幾何学は平坦で，r_s は曲線 $x_s(t)$ からの単なる通常のユークリッド距離である．時空図は，$f(r_s)$ がゼロになるところで平坦なのだが，$f(r_s)$ が 0 でなければ曲がっている．168 ページの図 7.2 は t-x 面の時空図である．影の領域は時空が曲がっている場所である．

t-x 面の点における光円錐はその点から出てくる $ds^2=0$ の曲線の集まりであ

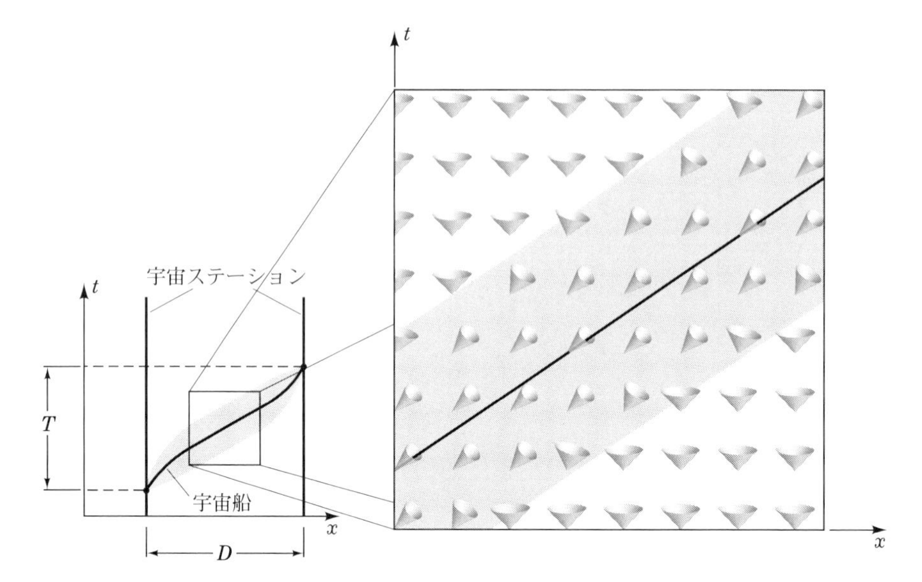

図 7.2　ワープ航法時空の光円錐．もしこれらの図が平坦空間中の時空図だとすると，左図中の世界線に沿って 2 つの宇宙ステーション間を進む宇宙船は（右の拡大図が示すように）光よりも速く運動していることになるだろう．しかしワープ航法計量（7.24）からわかるように，宇宙船を取り囲む時空曲率の気泡が存在し，その位置が影で示されている．未来光円錐の内側は（7.26）式で示されており，拡大図にあるように「傾いて」いる．すべての点で宇宙船の世界線は光円錐の中にある．したがって宇宙船は局所的には常に光速よりも遅く運動している．しかし，曲率の気泡について何も知らない平坦時空の観測者から見ると，宇宙船は宇宙ステーション間の距離を平坦空間距離 D よりも短い距離にたいして時間 T で横切るだろう（この特別な光円錐構造では $r_s < R$ に対して $f(r_s) = 1 - (r_s/R)^4$ となり，その外側では 0 になることを仮定している）．

る．つまり

$$ds^2 = -dt^2 + [dx - V_s(t)f(r_s)dt]^2 = 0 \tag{7.25}$$

の曲線，または同じだが

$$\frac{dx}{dt} = \pm 1 + V_s(t)f(r_s) \tag{7.26}$$

である．± の符号は t-x 面の点から放射される光線の 2 つの方向に対応する．図 7.2 は光円錐を示している．時空が平坦な場所では，光円錐は通常 45° の線である．時空が曲がっている領域では光円錐は傾いている．

光円錐の配列の興味深いところを知るために，2つの宇宙ステーションを考えよう．これらの世界線が図7.2に表されている．曲線 $x_s(t)$ に沿って進む宇宙船が時間 $T < D$ 内に2つのステーションを往来しているところを想像しよう．宇宙船は光よりも速く進んでいるように見える．実際，例に示したようにこのような曲線はどこかで必ず $V_s(t) > 1$ となっている．観測者の間で時空が平坦だったら，そのような点で宇宙船は光速よりも速く進んでいるだろう．しかし，時空は平坦ではない．光円錐が傾いているため，曲線は自身に沿ったすべての点の局所的光円錐の内側にある（問題11）．$V_s = dx_s/dt$ のような座標速度または D/T のような座標比がときどき1よりも大きくなっても宇宙船は常に局所的な光速よりも遅い．

進んだ文明人は，この計量で表されるような時空曲率の領域を創り出す宇宙船を造ることができるだろうか．これがSFの「ワープドライブ」を行う方法の1つであり，これによって，時空がほぼ平坦ならば約10万年もかかる銀河の横断距離を短い時間で進むことができる．アルクビエレのワープ航法時空のような時空は既知の古典物理学では排除される．第22章（下巻）の問題14で見るように，そうするためには負の局所エネルギー密度を持つ物質や場が必要となる．我々が知っている古典場のすべて，例えば電磁場は正のエネルギー密度をもつ．量子力学では負のエネルギー密度があっても構わないが，本当にそうなるのか物理学の理解を超えている．

7.6 対角計量のときの長さと面積，体積，4元体積

計量に対して，曲線の長さと面積，3元体積，4元体積の計算の仕方を知っていると便利である．すでに曲線の長さを ds の積分として計算する方法を知っている．ここから，特別な場合である対角計量

$$ds^2 = g_{00}(dx^0)^2 + g_{11}(dx^1)^2 + g_{22}(dx^2)^2 + g_{33}(dx^3)^2 \tag{7.27}$$

だけを考えることにする．我々の例のほとんどがこの形をしているからである．対角計量では，座標系はすべて直交しており，面積と体積のアイディアを簡単に組み立てることができる．例えば，170ページの図7.3に示した，$x^0 =$ 一定，$x^3 =$ 一定で定義される x^1-x^2 面内の面積素を考えよう．この面積は座標長さ dx^1 と dx^2 で定義されるとしよう．

2つの線分の固有長さはそれぞれ $d\ell^1 = \sqrt{g_{11}}dx^1$ と $d\ell^2 = \sqrt{g_{22}}dx^2$ である．座

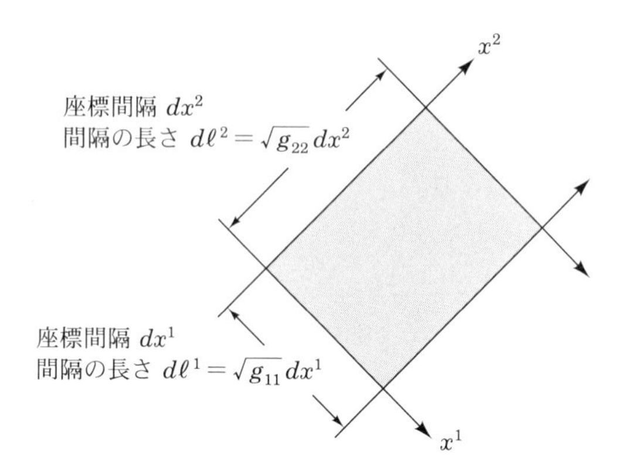

図 **7.3**　面積素は座標間隔 dx^1 と dx^2 によって定義される．これらの間隔の長さ $d\ell^1, d\ell^2$ と座標間隔 dx^1, dx^2 の関係は計量によって決まる．座標直線が直交していれば，面積は $d\ell^1 d\ell^2$ である．

標は直交しているので，面積素は

$$dA = d\ell^1 d\ell^2 = \sqrt{g_{11}g_{22}}\,dx^1 dx^2 \tag{7.28}$$

となる．3 元体積では *2

$$d\mathcal{V} = \sqrt{g_{11}g_{22}g_{33}}\,dx^1 dx^2 dx^3 \tag{7.29}$$

であり，4 元体積も同様な式で表すことができる：

$$dv = \sqrt{-g_{00}g_{11}g_{22}g_{33}}\,dx^0 dx^1 dx^2 dx^3. \tag{7.30}$$

平坦時空に適用すると実数になるように，平方根の中には負の符号がついている．$g_{\alpha\beta}$ を行列と考えて，g をその行列式と定義すると，4 次元体積の体積素は $dv = \sqrt{-g}\,d^4x$ である．実はこれは計量が対角的でなくても一般的な式になっている．以下の例にこれらの使い方を示す．

●例 7.5　球の面積と体積素●　簡単な例として，極座標で平坦時空を考えよう．

$$ds^2 = -dt^2 + dr^2 + r^2(d\theta^2 + \sin^2\theta d\phi^2). \tag{7.31}$$

（7.28）式と（7.29）式を使うと，球面上の面積素のよく知られた式

$$dA = r^2 \sin\theta d\theta d\phi \tag{7.32}$$

*2　速さ V と区別するために 3 元体積に $\mathcal{V}$ を使う．

を得ることができ，3 元体積では

$$d\mathcal{V} = r^2 \sin\theta dr d\theta d\phi \tag{7.33}$$

である．

●例 7.6　一定密度で球形の星または一様で閉じた宇宙の曲がった空間の距離と面積，体積●　これらの状況における空間計量は

$$dS^2 = \frac{dr^2}{1-(r/a)^2} + r^2\left(d\theta^2 + \sin^2\theta d\phi^2\right) \tag{7.34}$$

である．ここで a は物質の密度と関係する定数である（これが架空の 4 次元平坦空間の 3 次元球面上の幾何学を表す 1 つの方法であることを 18.6 節（下巻）で見るだろう）．$r=0$ を中心とした座標半径 R の球について赤道周りの円周と面積，体積，中心から表面までの距離を計算しよう．

球の赤道は曲線 $r=R, \theta=\pi/2$ である．その円周は

$$C = \oint dS = \int_0^{2\pi} r d\phi = 2\pi R \tag{7.35}$$

である．$\theta =$ 一定，$\phi =$ 一定の直線に沿って中心から球面まで測った距離は

$$S = \int dS = \int_0^R \frac{dr}{\sqrt{1-(r/a)^2}} = a\sin^{-1}\left(\frac{R}{a}\right) \tag{7.36}$$

である．2 次元面 $r=R$ の面積は

$$A = \int dA = \int_0^{\pi} d\theta \int_0^{2\pi} d\phi R^2 \sin\theta = 4\pi R^2 \tag{7.37}$$

である．$r=R$ の内側の体積は

$$\begin{aligned}\mathcal{V} &= \int d\mathcal{V} = \int_0^R dr \int_0^{\pi} d\theta \int_0^{2\pi} d\phi \frac{r^2\sin\theta}{\sqrt{1-(r/a)^2}} \\ &= 4\pi a^3 \left\{\frac{1}{2}\sin^{-1}\left(\frac{R}{a}\right) - \frac{R}{2a}\left[1-\left(\frac{R}{a}\right)^2\right]^{1/2}\right\}\end{aligned} \tag{7.38}$$

もちろん，空間が曲がっているので，これらの式は平坦空間の球のものとは違う．しかし，$R/a \ll 1$ のとき，よく知られた結果になることを確かめるのは困難では

ない．$R \sim 10\,\mathrm{km}$, $a \sim 15\,\mathrm{km}$, $R/a \sim 0.7$ の中性子星では平坦空間からのずれは大きくなる．

7.7 埋め込み図とワームホール

第 2 章では 3 次元平坦空間に埋め込まれた曲がった 2 次元面の絵を使って，球（図 2.6）のような曲がった 2 次元幾何学とピーナッツのような形の幾何学（図 2.7）を説明した．これらの図は埋め込み図の一般的アイディアの例である．2 次元の曲がった幾何学がすべて 3 次元平坦空間内の曲がった曲面として表されるわけではないのだが，それができる多くの場合，埋め込み図は幾何学の性質を視覚化する便利な方法である [*3]．

平坦空間中の曲面として 4 次元幾何学を表すためには少なくとも 5 次元が必要である．すぐ描けるわけではないので，非常に便利というわけではない．しかし 3 次元平坦空間中における 4 次元幾何学の **2** 次元スライスを埋め込むことが可能なときがあり，その性質について何か有用なことを学ぶことができる．これが一般の説明よりもどれくらいわかりやすいかを例 7.7 で示す．

●例 7.7　ワーム時空のスライスの埋め込み●　計量

$$ds^2 = -dt^2 + dr^2 + (b^2 + r^2)(d\theta^2 + \sin^2\theta d\phi^2) \tag{7.39}$$

を考えよう．b は長さの次元をもつ定数である．この計量は知られている限り，物理的に実在する時空を表していないが，この計量を使うと埋め込み図の導入が容易にできる．計量（7.39）は平坦時空の極座標の計量と似ており［(7.4) 式を参照］，それと同じ性質をいくつかもっている．時間 t に独立であり，r, t 一定面が球の幾何学を持っているので球対称である．計量が（7.4）式に近いため，r が大きくなると，時空はほぼ平坦になる．しかし，$b = 0$ の場合を除いて幾何学は平坦ではなく，これから見るように，興味深い形で曲がっている．

$t =$ 一定で，(7.39) 式の幾何学のスライスは，計量が

$$dS^2 = dr^2 + (b^2 + r^2)(d\theta^2 + \sin^2\theta d\phi^2) \tag{7.40}$$

の 3 次元空間幾何学である．$t =$ 一定スライスは計量が時間に依存しないため，すべて同じ幾何学になっている．空間計量が球対称なので，一定角度の 2 次元ス

[*3] 平坦 3 次元空間内の曲面すべてが曲がった 2 次元幾何学になっているわけではない．たとえば円筒の表面は平坦時空である．

ライスを見ることで絵を描くことができる．たとえば，$\theta = \pi/2$ の「赤道」スライスの幾何学は

$$d\Sigma^2 = dr^2 + (b^2 + r^2)d\phi^2 \tag{7.41}$$

で表される．球対称ということは，どんな角度一定スライスも同じ幾何学をもつということを意味する．この幾何学は 3 次元平坦空間に埋め込まれた 2 次元面として視覚化できる．その面を探そう．

2 次元 r-ϕ スライスの計量（7.41）には時空（7.39）の球対称性からくる回転対称性がある．ϕ を $\phi +$ 定数としても（7.41）式は変わらない．このことから，このスライスを 3 次元平坦空間中の**軸対称面**として埋め込めることがわかる．この可能性を調べるために，z を基準とした円筒座標 (ρ, ψ, z) を使って平坦空間内に点をおくと都合がよい．座標 ρ は軸からの距離であり，ψ は軸の回りの角度であり，z は軸に沿った距離である．これらの座標で平坦空間の計量は

$$dS^2 = d\rho^2 + \rho^2 d\psi^2 + dz^2 \tag{7.42}$$

である．

平坦空間における曲面は $z = 0$ 面上の各点から測った高さ $z(r, \phi)$ を決めれば表せる．(7.41) 式と同じ幾何学をもつ曲面を決める関数 $z(r, \phi)$ を探そう．しかし，そうするためには座標 (ρ, ψ) と，(7.41) 式で使った座標 (r, ϕ) の間の関係も決めなければならない．つまり，曲面（7.41）の埋め込みを決めるためには 3 つの関数

$$z = z(r, \phi), \qquad \rho = \rho(r, \phi), \qquad \psi = \psi(r, \phi) \tag{7.43}$$

を与えなければならない．

$\psi = \phi$ とおくことができ，z と ρ の関数が角度と独立である軸対称面の場合には（7.43）式の関数を見つけることはかなり容易になる：

$$z = z(r), \qquad \rho = \rho(r), \qquad \psi = \phi. \qquad \text{(軸対称)}. \tag{7.44}$$

（7.44）式を（7.42）式に代入し，微分を実行すると埋め込まれた曲面上の線素

$$d\Sigma^2 = \left[\left(\frac{dz}{dr}\right)^2 + \left(\frac{d\rho}{dr}\right)^2\right] dr^2 + \rho^2 d\phi^2 \tag{7.45}$$

が得られる．これとスライス上の計量（7.41）は

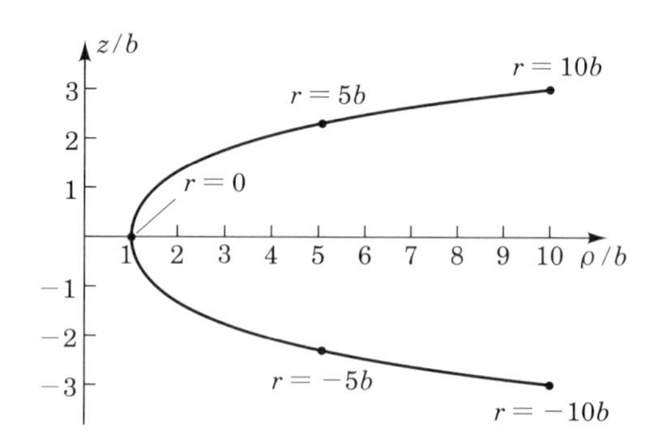

図 **7.4**　曲線 $\rho = b\cosh(z/b)$．z 軸周りに回転したとき図 7.5 で表される 2 次元曲面ができる．図 7.5 は（7.41）式と同じ幾何学であり，ワームホール幾何学（7.39）における (r, ϕ) スライスの 3 次元平坦空間への埋め込みである．

$$\rho^2 = r^2 + b^2 \tag{7.46a}$$

および

$$\left(\frac{dz}{dr}\right)^2 + \left(\frac{d\rho}{dr}\right)^2 = 1 \tag{7.46b}$$

が成り立てば一致する．ρ に対して（7.46a）式を使うと（7.46b）式は $z(r)$ の微分方程式になり，積分すると $z(r) = b\sinh^{-1}(r/b)$ が得られる．積分定数は r が 0 になると z も 0 になるように選んだ．r を消去して ρ で表すと ρ-z 面における曲線の式になる：

$$\rho(z) = b\cosh(z/b). \tag{7.47}$$

図 7.4 は z-ρ 面内の曲線（7.47）のグラフである．軸対称面はこの曲線を z 軸の周りに回転することでできる（図 7.5 を見よ）．平坦空間との類似で $0 < r < \infty$ と仮定したくなるが，実はこの範囲では $z > 0$ の半分の面しか覆えていない．$r = 0$ は点ではなく，$\rho = b$ または $z = 0$ の円である．$z < 0$ の下半分の面は r を $-\infty$ から 0 に変えることで覆うことができる．3 次元平坦空間中のこの面は時間一定のワームホール幾何学の赤道スライスと同じ幾何学をしている．

ρ が大きくなると（r が大きくなるのと同じ），(7.41) 式から曲面の幾何学が平坦になることがわかっている．しかし，漸近的に平坦な領域は 1 つだけでなく，2 つあるのだ．それらは円周が最小値 $2\pi b$ をもつ曲がった喉でつながっている．こ

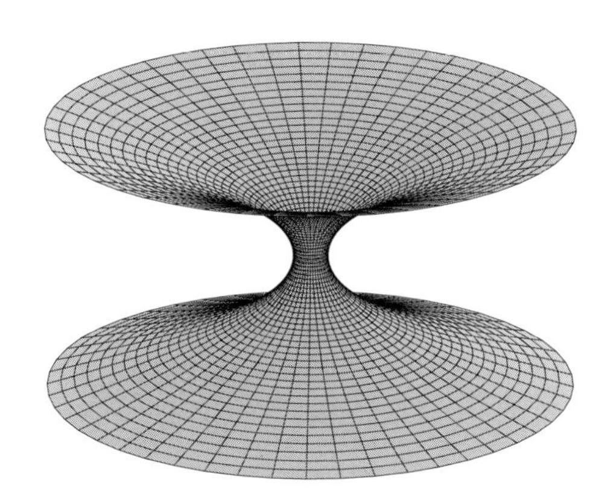

図 **7.5** 3 次元平坦空間中の 2 次元面として表したワームホール幾何学 (7.39) の (r, ϕ) スライスを埋め込んだもの．この曲面では **2** つの漸近的平坦時空領域が円周 $2\pi b$ の「喉」でつながっている．したがって「ワームホール」幾何学と呼ばれている．

の種の幾何学はワームホールと呼ばれている．SF の世界ではワームホールは 2 つの別の「宇宙」をつないでいるとされる．たとえば，2 つのロケットが別々の漸近的平坦空間にあり，ワームホールを回っているところを想像することができる．次章ではこれらの宇宙旅行をより定量的に調べる．別の種類のワームホールが Box 7.2 にある．

(7.41) 式の曲面は滑らかな変形により平坦面から作ることはできない．計量が違っているだけでなくトポロジーも違っているのだ．

Box 7.2 時空のワームホール

ワームホールは図 7.5 に示した (7.39) 式の簡単な幾何学で表され，2 つの異なった漸近的平坦時空領域をつないでいる．これは SF では 2 つの「宇宙」と呼ばれている．ワームホールが我々の時空の漸近的平坦領域中の二か所をつないでいる場合にはかなり興味深いだろう．以下では定性的に説明する．

漸近的平坦領域のある瞬間で，時空の 2 次元スライスの埋め込み図を示した．ワームホールの「口」は空間中の球形領域に見えるかもしれない．著名な相対論研究者のソーン（Kip Thorne）が彼の書から引用した図でそうしているように（Thorne 1994），片方の口に潜り込むと別の場所にある口から出られるだろう．ワームホールの喉を通って測った距離は外の領域の口の間の距離よりもずっと短いかもしれず，2 か所の間を速く旅行できるようになるかもしれない．実際，ワームホールをつくって，時空の事象をつなぎ，近似的な慣性系の時刻の方がワームホールに入っていったときよりもさかのぼった時刻になるようにすることを想像することができる．もし時間が十分早ければ，外側の領域を歩いて戻って，ワームホールを通過する前の自分自身に会えるかもしれない．時間を遡る機械を想像する 1 つの方法である（時間を進む方法については 222 ページの Box 9.1 を見よ）．

タイムマシン時空のようなものから生じる因果律に関するパラドックスを分析する必要はない．ありのままの真実では，既知の物質のエネルギー密度はすべて正であるが，ワームホールを作るためには，古典的アインシュタイン方程式に負のエネルギー密度の物質が必要となる．時空幾何学の量子揺らぎから発生するもの以外，ワームホールが未来の領域を開くというのはたぶん全く架空の話であろう．

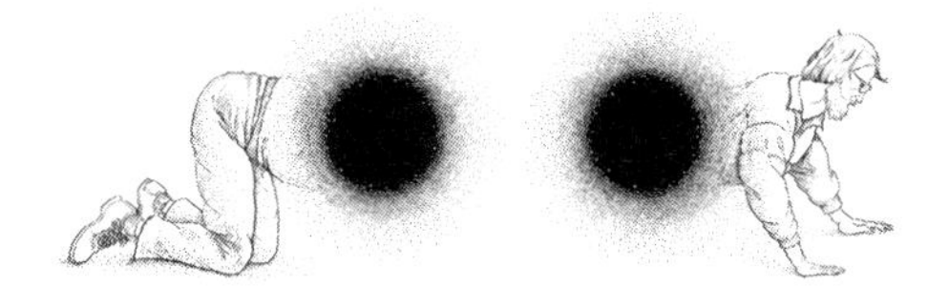

7.8 曲がった時空中のベクトル

5.1 節でベクトルを方向のある線分として導入したが，このベクトルの定義は曲がった時空では修正されなければならない [*4]．じゃがいもの表面で向きのついた線分を定義することを考えてみよ．曲がった時空でベクトルを考える上で鍵となることはベクトル量すべてが局所的な量であることを認識することだ．運動量や速度，電流密度などすべてそうである．これらは時空の小さい領域の中にいる観測者によって測定される．したがって曲がった時空でベクトルを定義する方法は大きさと方向の概念を引き離し，物理学者が局所的に実験室で行っているような厳密さをもって，小さいベクトルによって局所的に方向を定義することである．大きなベクトルは，平坦時空の規則にしたがって，代数的にこの小さいベクトルに数値をかけたり，たしたり，引いたりすることで作ることができる．数学者はこの過程を接空間におけるベクトルの定義と呼ぶ（ここでは簡単にしか述べない [*5]）．図 7.6 はこのアイディアを図式的に示している．

ベクトルは点上で定義され，そこで平坦時空における通常のベクトル代数の規

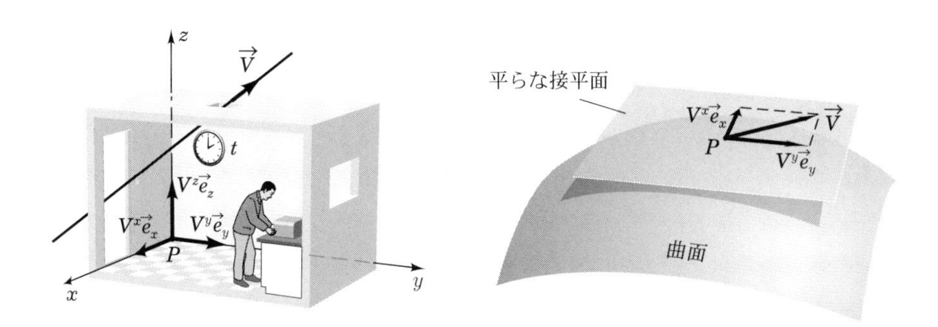

図 7.6 物理学では，大きさと方向を持つ量は一般的に局所的に定義され，時空の 1 点に置かれた小さな実験室の中で観測者によって測定される．ベクトル $\vec{V}$ の例をこの図に示した．左図の点 P で理想化された実験室の観測者にベクトルは測定されるのだが，それは右図の接平面中の方向を持った線分に対応する．この接空間では，$\vec{V} = V^x\vec{e}_x + V^y\vec{e}_y$ と示されているように，平坦空間の場合と同じように，ベクトルの加減ができ，スカラー量をかけることができる．

[*4] ここで意味することは **4** 元ベクトルの概念は修正されなければならないということだが，我々は一般的に時空中の 4 元ベクトルと 3 次元空間中の 3 元ベクトルの両方にベクトルという言葉を使い，文脈に頼って区別することを第 5 章で警告したことを思い出そう．

[*5] 数学的に厳密な定義をすぐに知りたければ第 20 章（下巻）を読んでほしい．

則にしたがう．ベクトルを時空の各点に滑らかに割り当て $\boldsymbol{a} = \boldsymbol{a}(x)$ とすると，時空にはベクトル場ができる．しかし，別の点で定義されたベクトルは別の接空間にあり，平坦時空でできていたような，別の点のベクトルとの和はできない．位置ベクトルの概念は局所的な考えではないので，あきらめなければならない．同様に変位ベクトルもあきらめなければならないが，無限小離れた点の変位ベクトルは局所的な量であり例外である．

これからベクトル代数の手続きを復習して，曲がった時空に適用し，さらに少し付け加えよう．すべての点 x^α において，4 元ベクトルの基底 $\boldsymbol{e}_\alpha(x)$ を与えことができる．その他のベクトルは基底ベクトルの線形結合で表すことができる：

$$\boldsymbol{a}(x) = a^\alpha(x)\boldsymbol{e}_\alpha(x). \tag{7.48}$$

数値 a^α は基底 $\boldsymbol{e}_\alpha$ によるベクトル $\boldsymbol{a}$ の成分と呼ばれる．

スカラー積の考えは平坦空間と同じように導入することができる．同じ点上の 2 つのベクトル $\boldsymbol{a}$ と $\boldsymbol{b}$ のスカラー積は，基底ベクトルのスカラー積がわかれば成分を使って計算できる：

$$\begin{aligned}\boldsymbol{a}\cdot\boldsymbol{b} &= (a^\alpha\boldsymbol{e}_\alpha)\cdot(b^\beta\boldsymbol{e}_\beta)\\ &= (\boldsymbol{e}_\alpha\cdot\boldsymbol{e}_\beta)a^\alpha b^\beta.\end{aligned} \tag{7.49}$$

スカラー積には好きな基底を選んで行えばよいが，2 つのタイプが特に重要である．

正規直交基底

正規直交基底は単位長さの互いに直交する 4 つのベクトル $\boldsymbol{e}_{\hat{\alpha}}$, $\hat{\alpha} = 0, 1, 2, 3$ からなる．5.6 節でみたように，添字の上のハットは正規直交基底とその成分を他の基底と区別するのに使う．時空で直交する単位ベクトルのうち 3 つは空間的でよいが，1 つは時間的でなければならない．したがって正規直交基底であるための要請は習慣的に

$$\boldsymbol{e}_{\hat{\alpha}}(x)\cdot\boldsymbol{e}_{\hat{\beta}}(x) = \eta_{\hat{\alpha}\hat{\beta}} \tag{7.50}$$

でまとめられる．ここで $\eta_{\hat{\alpha}\hat{\beta}} = \mathrm{diag}(-1, 1, 1, 1)$ である．正規直交基底の成分で表すと，ベクトルの間のスカラー積は（7.49）式から

$$\boxed{\boldsymbol{a}\cdot\boldsymbol{b}=\eta_{\hat{\alpha}\hat{\beta}}a^{\hat{\alpha}}b^{\hat{\beta}}} \tag{7.51}$$

である．図 7.7 に平面で極座標に沿った正規直交基底を示した．

5.6 節で述べたように，観測者の研究室で正規直交基底を定義できると考えてよい．時間的ベクトル $\boldsymbol{e}_{\hat{0}}$ は観測者の 4 元速度 $\boldsymbol{u}_{\rm obs}$ であり，$\boldsymbol{e}_{\hat{\imath}}$ は観測者の実験室の軸で定義される 3 つの単位ベクトルである．このタイプの基底は観測者の基底成分が測定可能な物理量を定義できることから重要である．よって，$\boldsymbol{e}_{\hat{\alpha}}$ が特別な観測者に適した基底であり，$\boldsymbol{p}$ が観測された粒子の運動量であり，

$$\boldsymbol{p}=p^{\hat{\alpha}}\boldsymbol{e}_{\hat{\alpha}} \tag{7.52}$$

ならば，$E=p^{\hat{t}}$ は観測されたエネルギーであり，$p^{\hat{\imath}}$ は 3 元運動量の成分である．(5.82) 式のように正確に，成分は $\boldsymbol{p}$ と基底ベクトルのスカラー積をとることで計算される．例えば観測されたエネルギーは

$$\boxed{E=-\boldsymbol{p}\cdot\boldsymbol{u}_{\rm obs}} \tag{7.53}$$

となる［(5.83) 式を参照］．

座標基底

4 元速度 $\boldsymbol{u}$ はベクトルのわかりやすい例である．世界線 $x^\alpha(\tau)$ があると，4 元速度の成分は

$$u^\alpha=\frac{dx^\alpha}{d\tau} \tag{7.54}$$

であると考えられるかもしれない［(5.25) 式を参照］．だが，成分の基底は何か．(7.8) 式と $d\tau^2=-ds^2$ から

$$g_{\alpha\beta}u^\alpha u^\beta=g_{\alpha\beta}\frac{dx^\alpha}{d\tau}\frac{dx^\beta}{d\tau}=-1 \tag{7.55}$$

であることに気を付けると，左辺で $\boldsymbol{u}\cdot\boldsymbol{u}$ を定義しているが，(7.50) 式が成り立つ正規直交基底の形をしていない．むしろ，(7.54) 式は別の基底における 4 元速度の成分であり，そこでは

$$\boldsymbol{e}_\alpha(x)\cdot\boldsymbol{e}_\beta(x)=g_{\alpha\beta}(x) \tag{7.56}$$

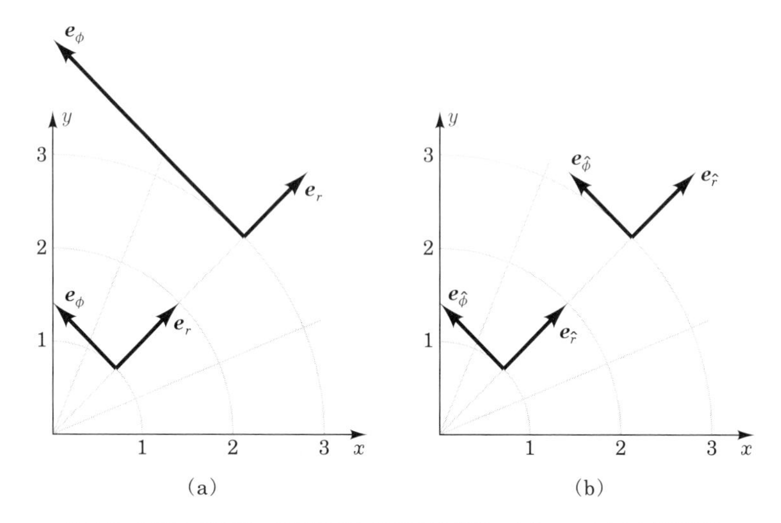

図 **7.7**　平面の極座標の座標基底と正規直交基底ベクトル．左図では座標基底ベクトルは座標線に沿った方向を向いており，長さは $|\boldsymbol{e}_r| = 1$, $|\boldsymbol{e}_\phi| = r$ である．右図では直交基底も同じ座標線を向いているが，長さは 1 である．

である．これらは座標基底の定義式であり，一般的に

$$\boxed{\boldsymbol{a} \cdot \boldsymbol{b} = g_{\alpha\beta} a^\alpha b^\beta} \tag{7.57}$$

である．

●例 7.8　平面内の極座標●　2 次元平面内で極座標を考える．座標基底は 2 つのベクトル $\boldsymbol{e}_r, \boldsymbol{e}_\phi$ からなり，図 7.7 に示したように座標線に沿う方向を向いている．計量は

$$dS^2 = dr^2 + r^2 d\phi^2 \tag{7.58}$$

である．(7.56) 式から計量の非対角成分が 0 であるため，これらのベクトルは直交している．ベクトルの長さは対角成分の平方根から計算される．$\boldsymbol{e}_r$ は $|\boldsymbol{e}_r| = \sqrt{g_{rr}} = 1$ から，単位ベクトルなのだが，$\boldsymbol{e}_\phi$ の長さは $\sqrt{g_{\phi\phi}} = r$ である．

座標基底ベクトルはこの例で示したように一般的に単位ベクトルではなく，一般的に互いに直交しているわけでもない．しかし，次章でみるように，座標基底は計算するのに便利であり，よく使うことになるだろう．

実際に特殊相対論ではずっと座標基底を使ってきた．(5.12) 式は (7.56) 式と同じである．平坦空間ではたまたま慣性系の計量 $g_{\alpha\beta}$ が $\eta_{\alpha\beta}$ であり，慣性系の座標基底も正規直交基底であっただけである．同じことが局所慣性系の座標基底 [(7.12) 式参照] でも成り立つ．しかし，一般的に曲がった空間では成り立たず，2 つの概念を区別しておくことが重要である．わかりやすくするために正規直交基底の添字の上にはハットをつけ座標基底の添字には付けない．座標基底も規格化され直交しているときは，どちらの記法が使われているかということに意味がなくなる．

座標基底と正規直交基底を使う

曲がった時空を動くテスト粒子と光線を調べることによって曲がった時空を理論的にも実験的にも探査できる．次章でみるように，テスト粒子の運動は 4 元速度のようなベクトルの座標基底成分の運動方程式から直接計算できる．しかし一般的に座標基底成分は観測の予言値として解釈することはできない [*6]．観測者は正規直交基底のベクトルの成分を測定する．したがって，両方の成分を扱えるようにする必要がある．座標基底で計算し正規直交基底で結果を解釈することは，極端ではないにせよ，簡単にまとめすぎだろう．183 ページの Box 7.3 はその風変わりな説明となっている．

異なる基底間をどのように行き来したらよいか知るために，1 つの座標基底 $\{\boldsymbol{e}_\alpha\}$ と正規直交基底 $\{\boldsymbol{e}_{\hat{\alpha}}\}$ を考えよう（記号 { } は集合 を表す）．これらは表し方は似ているのだが，長さと方向が違う別のベクトルの集合である．ベクトル $\boldsymbol{a}$ はどちらの基底でも展開することができ

$$\boldsymbol{a} = a^\alpha \boldsymbol{e}_\alpha = a^{\hat{\beta}} \boldsymbol{e}_{\hat{\beta}} \tag{7.59}$$

これによって座標基底成分 a^α と正規直交基底成分 $a^{\hat{\beta}}$ を定義する．これらの成分の関係を知るためには，正規直交基底ベクトルの座標成分 $(\boldsymbol{e}_{\hat{\beta}})^\alpha$ と座標基底ベクトルの正規直交成分 $(\boldsymbol{e}_\alpha)^{\hat{\beta}}$ の両方を知る必要がある [*7]．

$$a^\alpha = a^{\hat{\beta}}(\boldsymbol{e}_{\hat{\beta}})^\alpha, \qquad a^{\hat{\beta}} = a^\alpha(\boldsymbol{e}_\alpha)^{\hat{\beta}} \tag{7.60}$$

[*6] 実際，159 ページで考察したように，座標系が特異なところでは，物理量は特異ではないのに座標成分は発散する．

[*7] もしあなたが講義をしていれば，この文章を早口で言う練習をせよ．

ここで使われている記法では 2 種類の添字を区別するように意識している．1 つは成分を表し，もう 1 つはベクトルを表している．たとえば，$(\boldsymbol{e}_{\hat{2}})^1$ はベクトル $\boldsymbol{e}_{\hat{2}}$ の第 1 座標成分であるのだが，$(\boldsymbol{e}_3)^{\hat{2}}$ は ベクトル $\boldsymbol{e}_3$ の第二正規直交成分になる．次の例をみればよくわかるだろう．

●例 7.9　直交座標方向に沿った正規直交基底ベクトル●　計量がある座標系で対角化され，(7.27) 式の形をしていたとしよう．4 つの座標方向を向いている 4 元ベクトルの集合はどんなものでも相互に直交していて，正規直交基底を定義する (7.50) 式の 6 つの関係はすぐに満たされる．これらを単位ベクトルにする作業が残っている．正規直交基底の 1 つの例は

$$(\boldsymbol{e}_{\hat{0}})^{\alpha} = [(-g_{00})^{-1/2}, 0, 0, 0], \tag{7.61a}$$

$$(\boldsymbol{e}_{\hat{1}})^{\alpha} = [0, (g_{11})^{-1/2}, 0, 0], \quad \cdots \tag{7.61b}$$

である．(7.57) 式を使うと (7.50) 式が満たされていることがすぐチェックできる．

●例 7.10　2 次元極座標の異なった基底●　図 7.7 の 2 次元の極座標の例で正規直交基底ベクトル $\boldsymbol{e}_{\hat{r}}$ と $\boldsymbol{e}_{\hat{\phi}}$ は対応する座標基底ベクトル $\boldsymbol{e}_r$ と $\boldsymbol{e}_{\phi}$ と同じ方向を向いているのだが，すべての場所で単位長さになっている．座標基底ベクトルの成分は定義により

$$(\boldsymbol{e}_r)^A = (1, 0), \qquad (\boldsymbol{e}_{\phi})^A = (0, 1) \tag{7.62}$$

であり，同じように

$$(\boldsymbol{e}_{\hat{r}})^{\hat{A}} = (1, 0), \qquad (\boldsymbol{e}_{\hat{\phi}})^{\hat{A}} = (0, 1) \tag{7.63}$$

ここで添字 A と $\hat{A}$ には 1 と 2 が入る．だが，正規直交ベクトルの座標成分と座標ベクトルの正規直交成分はどうなのか．

$$(\boldsymbol{e}_{\hat{r}})^A = (1, 0), \qquad (\boldsymbol{e}_{\hat{\phi}})^A = (0, 1/r) \tag{7.64}$$

正規直交基底の定義式 (7.50) が成り立っていることは計量 (7.58) を使うと容易にチェックできる．同様に座標基底ベクトルの単位ベクトルの正規直交基底成分は

$$(\boldsymbol{e}_r)^{\hat{A}} = (1, 0), \qquad (\boldsymbol{e}_{\phi})^{\hat{A}} = (0, r) \tag{7.65}$$

である．座標基底の定義式 (7.56) が満たされていることは (7.51) 式と (7.60) 式を使えば容易にチェックできる．

Box 7.3 余剰次元

時空の次元が 4 より多いという考えは，基本的な力の統一理論の研究において長い歴史がある．しかし余分な次元はなぜ気づかれないのだろうか．1 つの答えは，ミクロな長さスケールで巻きあがっている（「コンパクト化」）というものだ．最も簡単な例は，第 5 の次元が非常に小さい半径の円をなしている 5 次元時空である．このような時空を表す線素の例は

$$\begin{aligned} ds^2 &= g_{AB}dx^A dx^B \\ &= -dt^2 + dx^2 + dy^2 + dz^2 + R^2 d\psi^2 \end{aligned} \tag{a}$$

である．ここで $0 \leqq \psi < 2\pi$ であり，$AB, \cdots$ には 0 から 4 が入る．R は円の大きさを固定する定数であり，動径方向の座標ではないことに注意する．

第 5 の次元のようなものを見つけるのがどれだけ難しいことであるかを知るために，静止質量ゼロの場 $\Phi(x^A)$（電磁場の成分のようなもの）の平面波が時空（a）中を伝播しているところを考えよう．波の振動数が十分低ければ，余剰次元はほとんど伝播に影響を与えないだろう．$x^A = (t, \vec{x}, \psi)$ と $k^A = (\omega, \vec{k}, k^4)$ を成分とする 5 次元波数ベクトル $\boldsymbol{k}$ に対して，波の場が

$$\Phi_{\boldsymbol{k}}(x^A) \propto \cos(\boldsymbol{k} \cdot \boldsymbol{x}) \equiv \cos(g_{AB}k^A x^B) \tag{b}$$

の形をしていることを認めてもらう．k^A は $\boldsymbol{k}$ の座標基底成分となっている．(b) 式で $\boldsymbol{k}$ は（7.57）式の形のスカラー積で入っているからである．ここで ω は波の周波数で，$\vec{k}$ は 3 次元の波数ベクトル，k^4 は第 5 次元の波数ベクトルの成分である［(5.69) 式を参照］．静止質量ゼロの場では（(5.70) 式を思い出そう）

$$\boldsymbol{k} \cdot \boldsymbol{k} \equiv g_{AB}k^A k^B = 0 \tag{c}$$

である．

もし第 5 次元が円をなしているとすると，場（b）は ψ が周期 2π をもつ周期的な関数になっていなければならない．そうなるのは k^4 の値がとびとびのときだけであり，$\psi = 2\pi$ のときの $\boldsymbol{k} \cdot \boldsymbol{x}$ の値が $\psi = 0$ と 2π の整数倍だけ違う．つまり

$$\begin{aligned} g_{44}k^4(2\pi) &= R^2 k^4 (2\pi) \\ &= 2\pi n, \qquad n = 0, 1, 2, \cdots \end{aligned} \tag{d}$$

となる．この周期性の結果 k^4 は

$$k^4 = n/R^2, \qquad n = 0, 1, 2, \cdots \tag{e}$$

に制限される．条件（c）を解くと波の振動数が

$$\omega^2 = \vec{k}^2 + (n/R)^2 \tag{f}$$

となる．$n = 0$ でこれは $\omega = |\vec{k}|$ になり，あたかも波が 4 次元時空を伝播しているかのように見える．この関係は大きな n についても使えるが，量子場のエネルギーに対して

$$E = \hbar\omega \geqq \hbar R \tag{g}$$

となる必要がある．もし R が 13 ページの量子重力の特徴的長さであるプランク長さ $\ell_{Pl} = (G\hbar/c^3)^{1/2}$ のオーダーであるとすると $c \neq 1$ 単位系で

$$E \geqq (\hbar c/\ell_{Pl}) \sim 10^{19}\mathrm{GeV} \tag{h}$$

となる．これは現在の加速器の達する最も大きなエネルギーを何桁も超えている．余剰次元がこのような小さなスケールで巻きあがっているとすると，我々がまだ気づかなくてもしかたないかもしれない．

（e）式は第 5 次元の円が何波長分になっているかという条件であることがわかる．ところが，これは $\boldsymbol{k}$ の座標基底成分からではそんなに自明なことではない．k^4 は波長の逆数の次元になってすらいない．しかし正規直交基底の $\boldsymbol{k}$ の成分はそうなっている．第 5 次元を向いた単位長さの基底ベクトルは座標基底成分で

$$(e_{\hat{4}})^{\mathrm{A}} = (0, 0, 0, 0, 1/R) \tag{i}$$

となり［（7.61）式参照］，対応する $\boldsymbol{k}$ の正規直交基底成分は，（7.60）式から

$$k^{\hat{4}} = n/R \tag{j}$$

となる．第 5 の次元を向いた波長を $2\pi/k^{\hat{4}}$ で定義すれば，（j）式が円周 $2\pi R$ を波長の整数倍回っていることを表していることがわかる．

7.9　4 次元時空中の 3 次元曲面

3 次元空間中に 2 次元曲面があるように，4 次元時空中に 3 次元曲面がある．それらは **3 元曲面** [*8] と呼ばれる．**超曲面**ということばもよく使われる．3 元曲面は 1 つの座標を他の 3 つの座標の関数として与えることで表すことができる．たとえば

$$x^0 = h(x^1, x^2, x^3) \tag{7.66}$$

関数 h は (x^1, x^2, x^3) で指し示された曲面内の点の位置 x^0 を与える．対称性がもっとよくわかるように，3 元曲面は関数 $f(x^\alpha)$ で表すことができる：

$$f(x^\alpha) = 0. \tag{7.67}$$

(7.66) 式で決められる曲面との関係であるが，左辺と右辺の差が関数 $f(x^\alpha)$ に対応する．

3 元曲面の各点で，曲面内に方向が存在する．つまり，曲面に接する方向である．接ベクトル $\boldsymbol{t}$ は接方向を向き，線形独立な 3 つのベクトルが存在する．法方向はその点ですべての接ベクトルと垂直なベクトル $\boldsymbol{n}$ の方向を向いている．$\boldsymbol{n}$ はすべての $\boldsymbol{t}$ に対して

$$\boldsymbol{n} \cdot \boldsymbol{t} = 0 \tag{7.68}$$

が成り立つ．ベクトル $\boldsymbol{n}$ は曲面に対して**垂直**である（186 ページの図 7.8 を見よ）．

3 元曲面には 3 次元幾何学がある．曲面の内的な幾何学を定義する線素は (7.66) 式のような関係を使って時空の幾何学を定義する線素から 1 つの座標を消去することで求められる．曲面幾何学の重要な分類を以下でいくつか考察する．

空間的曲面

空間的面は簡単な例を示すと理解しやすい．

●例 7.11　平坦時空中の一定時間 3 元曲面●　ローレンツ系の直交座標 (t, x, y, z) 中の平坦時空を考える．線素は今はもうよく知っている (4.8) 式である ($c = 1$

[*8] 訳注：本書では，3 次元の曲面や 2 次元の曲面を数学的な意味で 3 次元曲面または 2 次元曲面と表記し，時空中（時間を特に意識しているとき）にある 3 元曲面または 2 元曲面と表記している．専門用語の用法としては超曲面の方が一般的であるが，相対論の運動量を **4** 元運動量と呼ぶのを意識してのことであろう．日本語訳でも著者の意を尊重し，3 元面などと表記する．

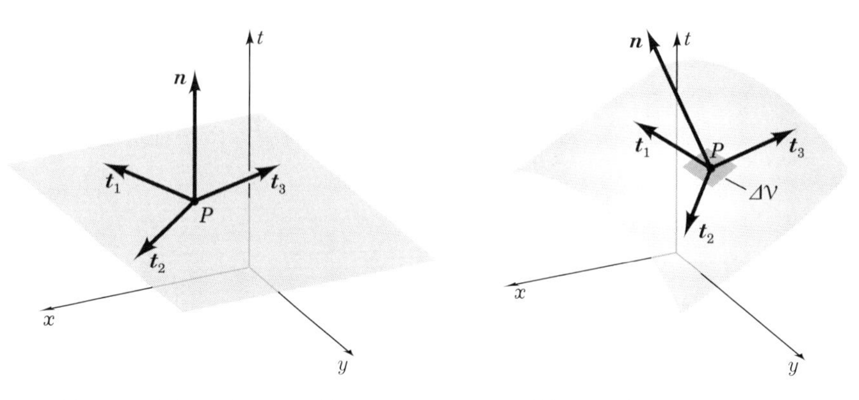

図 **7.8**　空間的曲面．左は平坦時空における $t = t_*$ 空間的面である．右図はある関数 h に対して $t = h(x, y, z)$ によって決められる一般的な例である．$\boldsymbol{t}_1$, $\boldsymbol{t}_2$, $\boldsymbol{t}_3$ のような空間的接ベクトルは曲面内にあり，時間的法線ベクトルは $\boldsymbol{n}$ はすべての接方向と垂直である．時空における 3 元体積素 $\Delta\mathcal{V}$ の向きはその 4 元法ベクトルによって決まる．

で）． t を一定にすると，図 7.8 で説明したように，平坦時空中で 3 元曲面を決めることができる：

$$t = 一定. \tag{7.69}$$

曲面中の点の位置は (x, y, z) で決められ，(7.69) 式を (4.8) 式に代入して得られる計量は

$$dS^2 = dx^2 + dy^2 + dz^2 \tag{7.70}$$

であり，平坦 3 元空間の幾何学を定義する．時間成分が 0 であれば，どんなベクトルでもこの曲面に接する接ベクトル

$$t^\alpha = (0, \vec{t}), \tag{7.71}$$

になる．(7.68) 式を満たす法ベクトル $\boldsymbol{n}$ は

$$n^\alpha = (1, 0, 0, 0) \tag{7.72}$$

である．$\boldsymbol{n} \cdot \boldsymbol{n} = -1$ のため，単位法ベクトルである．

例 7.11 は 空間的曲面の簡単な場合であり，接ベクトルはそれぞれ空間的である．上の例に示したように，空間的曲面には時間的法線

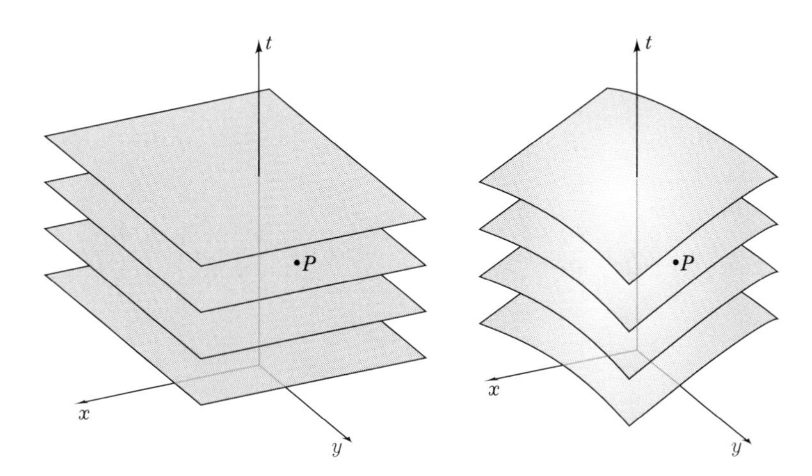

図 **7.9**　空間と時間．空間的曲面によって時空を空間と時間に分割する．左図は $t = t_*$ 一定面の集まりである．1 つの面内では同じ t_* の値を持っている．時空の各点 P はこのような面 1 枚の上にある．t_* の値はその面の時間とすることができ，面上の位置は空間内の位置を与える．しかし，右図のように空間的曲面にはいろいろなとり方があり，それぞれが時空を時間と空間に分割する方法に対応する．

$$\boldsymbol{n} \cdot \boldsymbol{n} < 0 \qquad (空間的曲面) \tag{7.73}$$

がある．ちょうど 3 次元空間における面積素 ΔA の向きがその法ベクトル $\vec{n}$ によって決まるのと同じように，**時空中の体積素** $\Delta\mathcal{V}$ の方向も時空の法線 $\boldsymbol{n}$ によって決まる．これを図 7.8 に示した．

時空中の空間的曲面に「空間」の一般的概念を与えることができる．各点がたった 1 つの曲面内にあるような空間的曲面を見つけることによって，時空を空間と時間に分割することができる．平坦時空における t 一定の空間的曲面の簡単な例を図 7.9 に示した．別の例として，別の慣性系の時間 $t' = \gamma(t - vx)$ が一定の値をもつ曲面がある．(t, x) 時空図中で，t 一定面は水平にあり，t' 一定面の傾きは v となる．このような空間的曲面のように，ちょうど時空を空間と時間に分割する方法はたくさんある．例 7.12 はあまり自明ではない例である．

●例 7.12　ローレンツ双曲面●　4 次元平坦時空中の空間的 3 元曲面の興味深い例として，(7.4) 式のようなふつうの極座標 (t, r, θ, ϕ) の線素から始め，定数 a で

$$-t^2 + r^2 = -a^2 \tag{7.74}$$

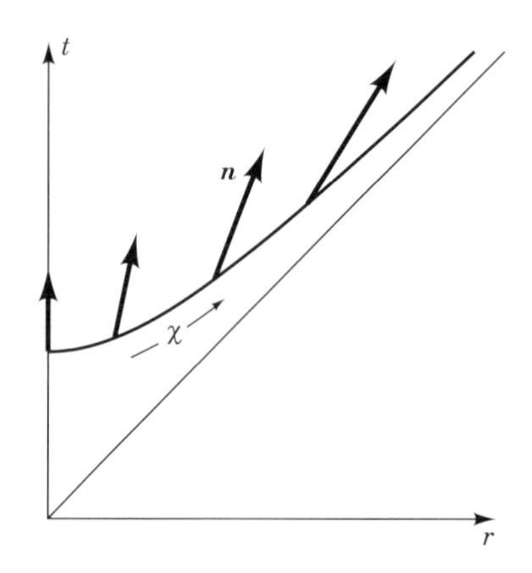

図 **7.10**　ローレンツ双曲面．この t-r 時空図は（7.74）式で定義される面の断面を表している．曲線の点は（7.75）式で定義される座標値 χ で指定することができる．曲線の各点は曲面の他の 2 つの方向 θ, ϕ を含む 2 次元球に対応する．等しい長さの一連の時間的法ベクトルが χ で等しい間隔で示してある．これらは曲面に対して垂直でもないし，長さも面の幾何学中で等しくない．しかし，これらは時空幾何学中ではそうなっているのだ．χ が大きくなると，面は漸近的に光円錐 $t = r$ に近づき，法ベクトルは漸近的に面内に含まれる．

によって定義される曲面を考えよう．断面は図 7.10 の t-r 時空図中で説明された双曲線となる．これは**ローレンツ双曲面**と呼ばれる．この曲面上の点は θ と ϕ，それに

$$t = a\cosh\chi, \qquad r = a\sinh\chi \tag{7.75}$$

で t と r を結びつける動径座標 χ を使うときれいに表される．$0 < \chi < \infty$ の範囲のどんな点でも，(7.74) 式を満たす．この曲面の幾何学を記述する線素は，(7.75) 式を（7.4）式に代入することで求められる線素の空間部分になっている．明らかに

$$dS^2 = a^2[d\chi^2 + \sinh^2\chi(d\theta^2 + \sin^2\theta d\phi^2)] \tag{7.76}$$

であり，実際に空間的であることがわかる．

小さな変化 $\Delta\chi$ による曲面の変位は接ベクトルに沿っている［(7.75) 式参照］[*9]．

$$t^\alpha = (a\ \sinh\chi, a\ \cosh\chi, 0, 0) \tag{7.77}$$

[*9] 接ベクトル t^α を座標時間 t と混同してはいけない．

曲面内でこの方向と θ, ϕ 方向に垂直な単位法ベクトルは

$$n^\alpha = (\cosh\chi, \sinh\chi, 0, 0) \tag{7.78}$$

である．空間的曲面に対し単位垂直ベクトルに要請される条件 $\boldsymbol{n}\cdot\boldsymbol{n} = -1$ が満たされていることを確かめておく．

この例は見た目よりも抽象的ではない．幾何学（7.76）は宇宙論モデルの重要な分類の中で空間の幾何学の 1 つの可能性であり，第 18 章（下巻）で見ることになるだろう．a の値を変えることで得られる空間的双曲面を使うと，原点から未来を向く光円錐の内側を空間と時間に分けるもう 1 つの方法になる（問題 26）．

ヌル曲面

光線で作られる曲面は，**ヌル曲面**と呼ばれる 3 元曲面の重要な分類に入る．ヌル面の各点で，光線の方向を向いた接ベクトル $\boldsymbol{\ell}$ があり，それはヌル

$$\boldsymbol{\ell}\cdot\boldsymbol{\ell} = 0 \tag{7.79}$$

であり，2 つの空間的方向に垂直である．ヌル方向 $\boldsymbol{\ell}$ は，空間的方向と垂直であり（7.79）式のためにそれ自身とも垂直であるので，ヌル面に垂直である．ヌル曲面に垂直なベクトルはヌル曲面内にあるヌルベクトルである．

●例 7.13 ヌル曲面としての光円錐● 190 ページの図 7.11 の平坦時空で原点から広がる未来光円錐はヌル曲面の例である．時間と空間極座標 (t, r, θ, ϕ) を使うと，曲面の方程式は

$$t = r \tag{7.80}$$

となる．面内の点は (r, θ, ϕ) で表され，時空中の位置は（7.80）式で与えられる．

この 3 元面は原点から外向きに速さ 1 で広がる光線の球面によって作られる．これらの光線に沿ったベクトル $\boldsymbol{\ell}$ の成分 $(\ell^t, \ell^r, \ell^\theta, \ell^\phi)$ は

$$\ell^\alpha = (1, 1, 0, 0) \tag{7.81}$$

であり，これは面に対して垂直なベクトルである．他の線形独立な空間的接ベクトルは $(0, 0, r^{-1}, 0)$ と $(0, 0, 0, (r\sin\theta)^{-1})$ であり，単位長さになるように選んである．

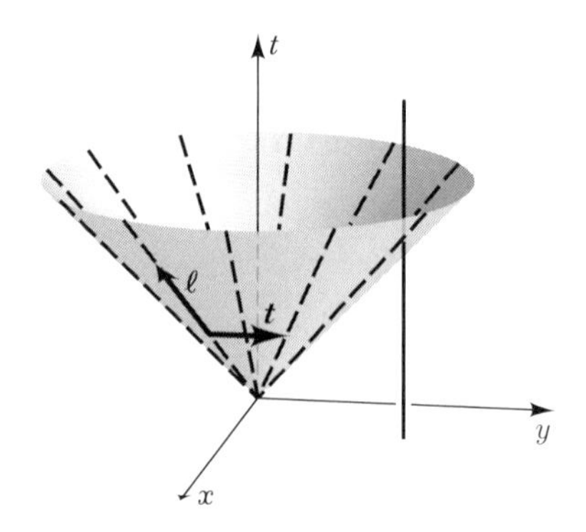

図 **7.11**　慣性系の原点から出た未来光円錐．このヌル曲面は 1 つの事象から動径方向に広がる光線（面内の直線）によって作られる．面に直交するベクトル $\boldsymbol{\ell}$ は面内で光線に沿って伸びている．接ベクトル $\boldsymbol{t}$ も示されている．このようなヌル曲面は「一方通行」の性質を持っている．時間的な世界線が一度でもこの面を横切ってしまうと，もう二度と横切ることはできない．

平坦空間の未来光円錐のように，たくさんのヌル曲面は以下の意味で一方通行である．図 7.11 に示したように，粒子の世界線はヌル曲面を通ることができるが，同じヌル曲面をもう一度通ることはできない．動かない物体を外向きの光の球面が通りすぎるところを考えよう．球が通り過ぎた瞬間，ヌル曲面を横切ることになる．しかし世界線の向きを変えることや曲面のどの部分にも追いつくことはできない．面は光速で運動しているからだ．第 12 章と 15 章（下巻）でみるように，ブラックホールを定義する面は，一方通行のヌル曲面である．落ちることはできるが，決して戻って来ることはできないのだ．

問　題

1.（a）（7.7）式の特異な線素で，$r' = 0$ と他の値 r' との距離が無限大になることを示せ．

（b）$\phi = 0$ の線に沿って $r' = 5$ と $r' = \infty$ の距離を求めよ．

2. 以下の線素は平坦時空に対応する：

$$ds^2 = -dt^2 + 2dx\,dt + dy^2 + dz^2.$$

（7.1）式の形をしたふつうの平坦空間の線素への座標変換を求めよ．

3. [C,P]（サニャック（**Sagnac**）効果）　サニャック効果は 41 ページの Box 3.1 の慣性系で理解できる．回転しているリングの周りを 2 つの光の波が互いに反対方向に進む．リングの周りの距離 S, 時刻 t で振動数 ω の波の位相は $\Psi \equiv -\omega(t-S)+$ 定数である（光の速さは 1 である）．位相差が 2π の整数倍で波は強め合うが，それはどの場所で起きるか．

サニャック効果は干渉計とともに回っている系でも理解できる．その系で平坦時空の線素は新しい座標 $\phi = \phi' + \Omega t$ を定義することで求められる．この系における強め合う条件を求めよ．

4. [B]　座標 (t', r') で張られる平坦時空のペンローズ図において次の曲線について略図を描け．(a) r 一定の曲線，(b) t 一定の曲線．

5. 線素

$$ds^2 = -xdv^2 + 2dvdx$$

の座標 (v, x) によって張られる 2 次元時空を考えよう．

(a)　点 (v, x) の光円錐を計算せよ．

(b)　光円錐が x とともにどのように変わるかを示す (v, x) 時空図を描け．

(c)　粒子は x の正の値から負の値に行くことはできるが，負の値から正の値へ行くことができないことを示せ．

[コメント：この時空モデルの時空光円錐は第 12 章で考えるブラックホール時空のものと多くの類似点がある．特に，$x=0$ の面がそうで，ここから外に出ることはできない]

6. [B]　ペンローズ図を構成するのに平坦時空の線素を使い，159 ページの Box 7.1 の (a) 式と (c) 式で定義した．(t', r', θ, ϕ) の座標で表せ．

7. [S]　**計量の変換則**　一般座標変換は 4 つの関数 $x'^{\alpha} = x'^{\alpha}(x^{\beta})$ で表される．

(a)　連鎖律は

$$dx^{\alpha} = \frac{\partial x^{\alpha}}{\partial x'^{\gamma}} dx'^{\gamma}$$

によって表せることを示せ．

(b)　これを線素（7.8）に代入し，変換された計量 $g'_{\gamma\delta}$ が

$$g'_{\gamma\delta} = g_{\alpha\beta} \frac{\partial x^{\alpha}}{\partial x'^{\gamma}} \frac{\partial x^{\beta}}{\partial x'^{\delta}}$$

で表されることを示せ．

答えが和の記法にかなっているか確かめよ．

8. (a) どんな実対称行列も直交行列で対角化できるという数学的事実を使い，どんな計量でも点 P で

$$x'^{\alpha} = M^{\alpha}_{\beta} x^{\beta}$$

の形の線形変換で対角化できることを示せ．特に，定理の直交行列と $g_{\alpha\beta}(x_P)$ の間，M^{α}_{β} と 対角化行列の成分の間の関係を明らかにせよ．

(b) 軌道 $x_s(t)$ に沿った点でワープ航法計量（7.25）を対角化する線形変換を求めよ．

9. ［C］ 7.4 節の議論から点 P で，計量が平坦空間の形 $\eta_{\alpha\beta}$ をとるような座標が存在することがわかった．しかし，計量の 1 階微分が P で 0 になるような座標は存在するのだろうか．2 階微分はどうか．以下の数々の議論によって我々がどこまで進めるかを明らかにできる．ただし結論まではいきつけない．

1 つの座標系から別の座標系に計量を変換する規則を問題 7 で調べた．それを x_P の周りにべきで（テイラー）展開することができる．

$$\begin{aligned}
x^{\alpha}(x'^{\beta}) = x^{\alpha}(x'^{\beta}_P) &+ \left(\frac{\partial x^{\alpha}}{\partial x'^{\beta}}\right)_{x_P} (x'^{\beta} - x'^{\beta}_P) \\
&+ \frac{1}{2}\left(\frac{\partial^2 x^{\alpha}}{\partial x'^{\beta}\partial x'^{\gamma}}\right)_{x_P} (x'^{\beta} - x'^{\beta}_P)(x'^{\gamma} - x'^{\gamma}_P) \\
&+ \frac{1}{6}\left(\frac{\partial^3 x^{\alpha}}{\partial x'^{\beta}\partial x'^{\gamma}\partial x'^{\delta}}\right)_{x_P} (x'^{\beta} - x'^{\beta}_P)(x'^{\gamma} - x'^{\gamma}_P)(x'^{\delta} - x'^{\delta}_P) + \cdots .
\end{aligned}$$

点 x^{α}_P には，一般的な計量 $g'_{\alpha\beta}$ を $\eta_{\alpha\beta}$ に変換させるための 16 個の数 $(\partial x^{\alpha}/\partial x'^{\beta})$ がある．$g'_{\alpha\beta}$ は 10 個あるので，このような変換をしても自由度が 6 個残る．これらの 6 個の自由度は厳密に 3 通りの回転と 3 通りのローレンツブーストに対応し，これらは $\eta_{\alpha\beta}$ を変えない．こうした考えにしたがい，以下の表の空いたところを埋めて，(7.12) 式に加え，計量の 1 階微分を 0 にするような座標変換の自由度が十分あること，さらに 2 階微分はそうではないことを示せ．

	条件	数
$g'_{\alpha\beta} = \eta_{\alpha\beta}$	10	16
$\partial g'_{\alpha\beta}/\partial x'^{\gamma} = 0$	?	?
$\partial^2 g'_{\alpha\beta}/\partial x'^{\gamma}\partial x'^{\delta} = 0$	?	?

第 22 章（下巻）でみるように，正しく体系づけると，変換で消せない 2 階微分は時空曲率の測定量であることがわかる．そのうちのどれくらいが 2 階微分にあるか．

10. ある観測者が計量（7.20）の 2 次元幾何学中で曲線 $X = 2T$（$T > 1$）上を運動している．

（a） この観測者の 4 元速度の成分を求めよ．この曲線は時間的か．

（b） この観測者の正規直交基底 $\boldsymbol{e}_{\hat{0}}, \boldsymbol{e}_{\hat{1}}$ の成分を求めよ．

11. ［S］ 例 7.4 のワープ航法時空について，曲線 $x_s(t)$ に沿うすべての点で，宇宙船の 4 元速度が未来光円錐の内側にあることを示せ．

12. 例 7.4 のワープ航法時空で，宇宙船が宇宙ステーションの間を進むのに，座標時間 T を使うとどれくらいの時間がかかるか．

13. ［S］ 計量 $g_{\alpha\beta}$ の時空中の 2 つのベクトル場 $\boldsymbol{a}(x), \boldsymbol{b}(x)$ と世界線 $x^{\alpha}(\tau)$ を考えよう．$\boldsymbol{a}$ と $\boldsymbol{b}$ の座標基底成分の偏微分と $g_{\alpha\beta}$ の偏微分，4 元速度 $\boldsymbol{u}$ の成分で $d(\boldsymbol{a}\cdot\boldsymbol{b})/d\tau$ を表せ．

14. ある時空幾何学の計量

$$ds^2 = -(1 - Ar^2)^2 dt^2 + (1 - Ar^2)^2 dr^2 + r^2(d\theta^2 + \sin^2\theta\, d\phi^2)$$

がある．

（a） 中心 $r = 0$ から座標半径 $r = R$ まで動径方向に伸びた t 一定の直線に沿って固有距離を計算せよ．

（b） 座標半径 $r = R$ の球の面積を計算せよ．

（c） 座標半径 $r = R$ の球の 3 元体積を計算せよ．

（d） 座標半径 R の球と時間 T 離れた 2 枚の t 一定面を境界とする 4 次元チューブの 4 元体積を計算せよ．

15. ［S］ 図 2.7 に示したピーナッツの面積を求めよ．

16. ［B］あなたは 28 ページの Box 2.3 に示したようなメルカトル図法の世界地図を持っているとする．この地図は幅 1 m である．Box 2.3 で表した直交座標 (x, y) を使って地図上に点をおく．グリーンランドは $x = -5\,\text{cm}$ から $x = -14\,\text{cm}$, $y = -21\,\text{cm}$ から $y = 38\,\text{cm}$ まで広がる長方形で近似できる．アメリカ合衆国は $x = -21\,\text{cm}$ から $x = -34\,\text{cm}$, $y = 8\,\text{cm}$ から $y = 12\,\text{cm}$ まで広がる長方形として近似できる．地図上で，グリーンランドはアメリカの約 3 倍の面積を持っている．Box の（f）式と（i）式によって表される線素を使い，これらの長方形の面積の本当の比を求めよ．注意：これらの長方形はグリーンランドとアメリカの実際の面積を正確には表していない．

17. ［S］ワームホール幾何学（7.39）の喉の両側で座標半径 R の 2 つの球を境界とする t 一定スライスの 3 次元体積を求めよ．

18. 線素

$$dS^2 = \frac{dr^2}{(1-2M/r)} + r^2(d\theta^2 + \sin^2\theta d\phi^2)$$

の 3 次元空間を考える.

(a)　$r = 2M$ の球と $r = 3M$ の球の間の動径方向の距離を求めよ.

(b)　(a) の 2 つの球の間の空間体積を計算せよ.

19. 4 次元ユークリッド空間で半径 R の球面は

$$X^2 + Y^2 + Z^2 + W^2 = R^2$$

である.

(a)　球面上の点が以下の座標 (χ, θ, ϕ) で表せることを示せ.

$$X = R\sin\chi\sin\theta\cos\phi,\ \ Z = R\sin\chi\cos\theta$$
$$Y = R\sin\chi\sin\theta\sin\phi,\ \ W = R\cos\chi.$$

(b)　これらの座標で球面上の幾何学を表す計量を求めよ.

20. 表紙の図を描け　線素

$$d\Sigma^2 = \frac{dr^2}{(1-2M/r)} + r^2 d\phi^2$$

の 2 次元幾何学を考える. このスライスと同じ内的幾何学をもつ 3 次元平坦空間中で 2 次元面を見つけ, その絵を描け [コメント：これは, 第 12 章で考察するシュワルツシルトブラックホール計量であり, また本書の表紙の幾何学でもある].

21. x^1, x^2 の軸が互いに 45° の角度でひしゃいだ座標系をもつ 2 次元平坦空間を考えよう.

(a)　座標の枡目をつくり, x^1, x^2 の座標基底の基底ベクトル $\boldsymbol{e}_1$ と $\boldsymbol{e}_2$ を描け.

(b)　基底ベクトルのスカラー積から計量 g_{AB} の成分 (A と B には 1, 2 が入る) を計算せよ.

(c)　座標格子上で x^1 軸と 30° をなす長さ 2 のベクトル $\boldsymbol{V}$ を描け. このベクトルの V^A 成分を計算せよ. V^A を見つけるための幾何学的な構成法を発見できるか.

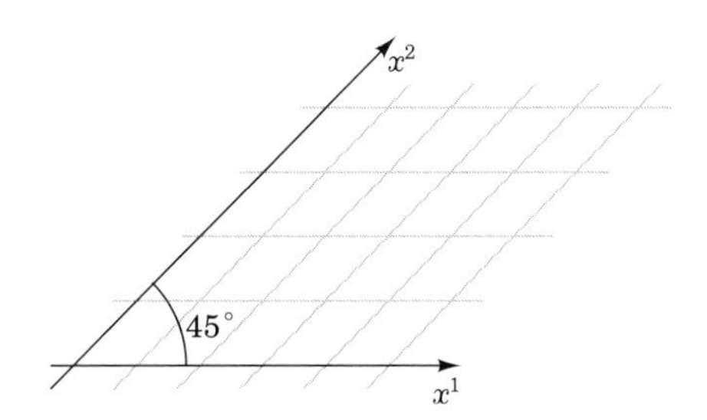

22. ［S］(a) ワームホール計量 (7.39) の座標軸に沿う正規直交基底の座標基底成分を求めよ.

(b) 正規直交基底における座標基底ベクトルの成分を求めよ.

23. どんな 2 つの正規直交基底もローレンツ変換で結びつくことを示せ. より正確には, 1 つの基底ベクトルが, ローレンツ変換を定義する係数行列を使って他のベクトルの線形結合になることを示せ.

24. 慣性系 (t, x, y, z) で, x 軸方向に速度 v で運動する別の系の一定時間 t' の空間的超曲面を考えよう.

(a) t' が同じ値になる曲面の概形を (t, x) 時空図中に描け. 平坦時空のすべての点はこれらの曲面に乗っているか.

(b) これらの空間的曲面に垂直な単位ベクトルの (t, x, y, z) 座標成分を求めよ.

25. ［C］**空間の 2 つの領域をつなぐワームホールのトーイモデル**　平面をもってきて, 距離 d 離れた半径 R の 2 つの円の領域を取り除き, 1 つの円の端の点をもう 1 つの円の端の点と同一視する. 図に示したように, 1 と記してある点はすべて同一視され, 2 と記してある点もすべて同一視され, 他も同様である. 自由粒子または光線の直線経路が左の円上の点を交差すると, 右の円上の同一視された点から現れ, 図に示したように法方向と入射方向がなす角度はどちらも同じになる.

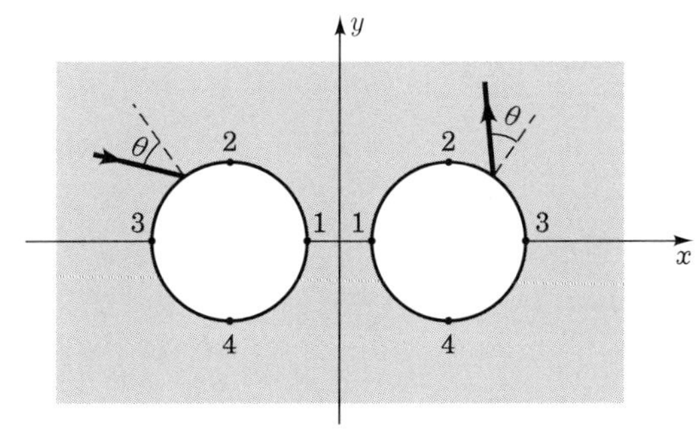

(a) 粒子の直線軌道が示されたように同一視されることについて議論せよ.

(b) 2 つの点が x 軸上の $x = +L$ と $x = -L$, ($L > R + d/2$) の位置にある. 粒子は x 軸に沿って 1 つの点からもう 1 つの点に移動し始めた. もう 1 つの点に着いたとき, 移動距離はいくらか.

(c) この幾何学中で閉じた軌道を探せ. その軌道は摂動に対して安定か.

(d) 3 次元平坦空間から 2 つの球が取り除かれ, 同じように同一視が行われたとする. x 軸に沿ってある距離離れた観測者は, ワームホールの口の中を覗いたときどんな景色をみることになるか.

26. 空間と時間の別の分離法　原点から発生した前方光円錐の内側の各点 ($-t^2 + r^2 < 0$) が, ある a の値に対して (7.74) 式の形のローレンツ双曲面上にあることを示せ. 内側の点は a を時間座標, (χ, θ, ϕ) を空間座標として (7.75) 式のように表すことができる. これらの新しい座標で平坦時空の線素を求めよ. (t, r) 時空図の空間的曲面の略図を描け.

第8章 測地線

実験的にも理論的にも，一般相対性理論の曲がった時空は，テスト粒子と光線がその中でどのように運動するのかを調べることによって研究される.「テスト」物体の質量が小さいとそれ自身のつくる時空曲率は無視できるが，別の非常に大きな質量がつくる曲率に反応して運動する．地球を回る人工衛星は地球がつくるわずかな曲率によって決められる軌道にしたがって運動している．人工衛星自身の質量は地球よりかなり小さく，衛星のつくる曲率は無視できる．これがテスト質量である.

この章では，一般的な曲がった時空中でテスト粒子と光線の運動を支配する方程式を求め分析する．時空曲率以外（たとえば電気力）のどんな影響も受けないテスト粒子だけを考える．このような粒子は一般相対性理論では**自由**である，または**自由落下**していると呼ばれる．一般相対性理論で使われる**自由**ということばはニュートン力学で使われるものとはニュアンスが違う．ニュートン力学では自由粒子は重力を含めどんな力からも影響を受けない．一般相対論では重力は力ではなく時空の性質である．一般相対論では自由は時空曲率以外のどんな影響からも解放されていることを意味する．いずれにしても，自由粒子は単に時空幾何学だけに反応して運動している．時間的世界線上を運動するテスト粒子の運動方程式から始めて，8.3 節で光線の運動方程式を調べる.

8.1 測地線方程式

曲がった時空中の自由テスト粒子の運動の一般原理は 5.4 節の平坦時空の場合と同じである.

> **自由テスト粒子の運動の変分原理**
> 時間的に離れた 2 点間を運動する自由テスト粒子の世界線はその間の固有時が極値をとるものである.

5.4 節の平坦空間における自由粒子の変分原理とは 2 つの違いがある. (1) テストということばは, 曲率の重要な発生源とならない物体の運動に使っていることを明確にするためにつけられている. (2) 固有時は (7.19) 式を通じて一般的な計量 $g_{\alpha\beta}(x)$ によって決まり, 平坦時空の計量 $\eta_{\alpha\beta}$ ではない. これまでの章ではこの変分原理を既知の運動方程式の便利なまとめとして使った. 一般相対性理論では変分原理から運動方程式を導き出すことになるだろう. 固有時が極値をとる世界線は**測地線**と呼ばれ, それを決める運動方程式が**測地線方程式**である.

これまでの章では極値的固有時の原理を使い, 特別な時空幾何学中のテスト粒子に対して測地線方程式を導出した. 5.4 節で, 極値的固有時の原理から, 特殊相対論の平坦時空で慣性系のテスト粒子の座標に対する運動方程式

$$\frac{d^2x^\alpha}{d\tau^2} = 0 \tag{8.1}$$

が導出できることを示した. 6.6 節で, 非相対論的粒子のニュートンの運動方程式が幾何学 (6.20) の中で, $1/c^2$ のオーダーで極値的固有時の原理にしたがうことを示した. この章では計量 $g_{\alpha\beta}$ と線素 (7.8) で表される一般的な時空幾何学中で運動するテスト粒子を調べる. これらの間の相異点を表 8.1 に示した.

我々の目的は一般性にあるのだが, まずは簡単な例から始めるのがよいだろう. 極値をとる曲線としてみたときの平坦 2 次元面内の測地線である. これは時空中の時間的測地線ではなく空間の空間的測地線であるが, 類似しているところが多い. 言うまでもなく, 平坦空間の 2 点間距離が極値をとる曲線は直線である. しかしまず, 平面の測地線を支配する方程式を見つけ, それを解く過程から既知の結果が得られることを確かめるのは教育的である. 例 8.1 で方程式を求め, 次節でそれを解く. 方程式は直交座標で最も簡単になるが, 最も簡単な式を解くことがよい例題になるとは限らない (問題 1). 図 2.5 で説明したように, 平面の測地線を極座標で調べる.

●例 8.1　極座標の平面の測地線方程式●　極座標 r と ϕ で表された平面の計

表 **8.1**　極値的固有時 $\delta\int d\tau=0$ と運動方程式

	変分原理	運動方程式
平坦時空中の粒子	$\delta\int(-\eta_{\alpha\beta}dx^\alpha dx^\beta)^{1/2}=0$	$\dfrac{d^2x^\alpha}{d\tau^2}=0$
幾何学的ニュートン力学	$\delta\int\Big[(1+2\Phi/c^2)(cdt)^2-(1-2\Phi/c^2)\times(dx^2+dy^2+dz^2)\Big]^{1/2}=0$ （$1/c^2$ の初めの項 ）	$\dfrac{d^2x^i}{dt^2}=-\dfrac{\partial\Phi}{\partial x^i}$ （$1/c^2$ の初めの項）
一般計量	$\delta\int(-g_{\alpha\beta}dx^\alpha dx^\beta)^{1/2}=0$	$\dfrac{d^2x^\alpha}{d\tau^2}=-\Gamma^\alpha_{\beta\gamma}\dfrac{dx^\beta}{d\tau}\dfrac{dx^\gamma}{d\tau}$

量は

$$dS^2=dr^2+r^2d\phi^2 \tag{8.2}$$

である［(2.8) 式を参照］．2 点 A, B をつなぐ曲線は，パラメータ σ の関数として r と ϕ を与え，A で $\sigma=0$ をとり，B で $\sigma=1$ をとるようにすることで表すことができる．この性質をもつパラメータの選び方はたくさんあるが，どれを使っても構わない．どんなパラメータでも曲線は 2 つの関数 $r(\sigma)$ と $\phi(\sigma)$ によって表される．A と B の間の距離は

$$\begin{aligned}S_{AB}=\int_A^B dS&=\int_A^B(dr^2+r^2d\phi^2)^{1/2}\\&=\int_0^1 d\sigma\left[\left(\frac{dr}{d\sigma}\right)^2+r^2\left(\frac{d\phi}{d\sigma}\right)^2\right]^{1/2}\end{aligned} \tag{8.3}$$

である．この距離が極値をとる必要条件はラグランジアン

$$L\left(\frac{dr}{d\sigma},\frac{d\phi}{d\sigma},r\right)=\left[\left(\frac{dr}{d\sigma}\right)^2+r^2\left(\frac{d\phi}{d\sigma}\right)^2\right]^{1/2} \tag{8.4}$$

に対するラグランジュ方程式である．これらは

$$\frac{d}{d\sigma}\left(\frac{1}{L}\frac{dr}{d\sigma}\right)=\frac{r}{L}\left(\frac{d\phi}{d\sigma}\right)^2,\qquad \frac{d}{d\sigma}\left(\frac{1}{L}r^2\frac{d\phi}{d\sigma}\right)=0 \tag{8.5}$$

である．しかし（8.3）式で示したように，L の値は単に $dS/d\sigma$ である．したがって，(8.5）式に $d\sigma/dS$ をかけ，曲線に沿ったパラメータとして距離 S を使うことにより，測地線方程式は簡単な形

$$\frac{d^2r}{dS^2} = r\left(\frac{d\phi}{dS}\right)^2, \tag{8.6a}$$

$$\frac{d}{dS}\left(r^2\frac{d\phi}{dS}\right) = 0 \tag{8.6b}$$

になる．次節でこれらの式を解く．

時空中で時間的測地線方程式を求める手続きは例 8.1 をそのまま一般化することである．時空中の時間的世界線に沿った AB 間の固有時は（7.19）式から

$$\tau_{AB} = \int_A^B d\tau = \int_A^B [-g_{\alpha\beta}(x)dx^\alpha dx^\beta]^{1/2} \tag{8.7}$$

である．世界線は 4 つの座標 x^α をパラメータ σ の関数として表すことができる．端点 A で $\sigma = 0$ となり，端点 B で $\sigma = 1$ となる．A と B をつなぐ固有時は

$$\tau_{AB} = \int_0^1 d\sigma \left(-g_{\alpha\beta}(x)\frac{dx^\alpha}{d\sigma}\frac{dx^\beta}{d\sigma}\right)^{1/2} \tag{8.8}$$

となる．AB 間をつなぐ固有時が極値をとる世界線はラグランジュ方程式

$$-\frac{d}{d\sigma}\left(\frac{\partial L}{\partial(dx^\alpha/d\sigma)}\right) + \frac{\partial L}{\partial x^\alpha} = 0 \tag{8.9}$$

を満たすものである．このときのラグランジアンは

$$L\left(\frac{dx^\alpha}{d\sigma}, x^\alpha\right) = \left(-g_{\alpha\beta}(x)\frac{dx^\alpha}{d\sigma}\frac{dx^\beta}{d\sigma}\right)^{1/2} \tag{8.10}$$

である．これらは計量 $g_{\alpha\beta}$ の時空中の測地線方程式である．172 ページの例 7.7 で考察したワームホール計量を例にして方程式のつくりかたを説明する．

●例 8.2　ワームホール幾何学の測地線方程式●　ワームホール幾何学の線素（7.39）は

$$ds^2 = -dt^2 + dr^2 + (b^2 + r^2)(d\theta^2 + \sin^2\theta d\phi^2) \tag{8.11}$$

であり，測地線のラグランジアン（8.10）は

$$L\left(\frac{dx^\alpha}{d\sigma}, x^\alpha\right) = \left\{\left(\frac{dt}{d\sigma}\right)^2 - \left(\frac{dr}{d\sigma}\right)^2 - (b^2+r^2)\left[\left(\frac{d\theta}{d\sigma}\right)^2 + \sin^2\theta\left(\frac{d\phi}{d\sigma}\right)^2\right]\right\}^{1/2} \tag{8.12}$$

である．ラグランジュ方程式を書き下すときに（8.12）式の平方根を微分すると，$1/L$ の因子が現れる．しかし（8.8）式から L は $d\tau/d\sigma$ である．したがって L の逆数は σ による微分を τ による微分と交換するのに使える．その結果，以下の 4 つの方程式が得られる：

$$\frac{d^2t}{d\tau^2} = 0 \tag{8.13a}$$

$$\frac{d^2r}{d\tau^2} = r\left[\left(\frac{d\theta}{d\tau}\right)^2 + \sin^2\theta\left(\frac{d\phi}{d\tau}\right)^2\right] \tag{8.13b}$$

$$\frac{d}{d\tau}\left[(b^2+r^2)\frac{d\theta}{d\tau}\right] = (b^2+r^2)\sin\theta\cos\theta\left(\frac{d\phi}{d\tau}\right)^2 \tag{8.13c}$$

$$\frac{d}{d\tau}\left[(b^2+r^2)\sin^2\theta\frac{d\phi}{d\tau}\right] = 0. \tag{8.13d}$$

次節でこれらの方程式をワームホール測地線の性質を理解するために使う．

少し考えて，これまでの例の結果を使うと，任意の曲がった時空中で測地線方程式の一般的な形が

$$\boxed{\frac{d^2x^\alpha}{d\tau^2} = -\Gamma^\alpha_{\beta\gamma}\frac{dx^\beta}{d\tau}\frac{dx^\gamma}{d\tau}} \tag{8.14}$$

になることは明らかである．自由な添字 α の値に対応して 4 つの方程式がある．係数 $\Gamma^\alpha_{\beta\gamma}$ は**クリストフェル記号**と呼ばれ，これは計量とその 1 階微分から構成されている．これらの 4 つの方程式（8.14）をまとめて**測地線方程式**と呼ぶ．測地線方程式は曲がった時空におけるテスト粒子の基礎運動方程式である．同じようなことだが，4 元速度 $u^\alpha = dx^\alpha/d\tau$ の**座標基底成分**を使うと

$$\boxed{\frac{du^\alpha}{d\tau} = -\Gamma^\alpha_{\beta\gamma}u^\beta u^\gamma} \tag{8.15}$$

と書かれる．

クリストフェル記号の下の二つの添字は対称にとることができる．

$$\Gamma^\alpha_{\beta\gamma} = \Gamma^\alpha_{\gamma\beta}. \tag{8.16}$$

(8.14) 式の β と γ の和をとるとき対称的にとらなければならず，非対称部分は何の寄与もしないからだ．本書で使われる簡単な例では，これまで例示したように，線素から測地線の方程式を求め，クリストフェル記号を読み取ることが最も容易であることが多い．この本のウェブサイトにある *Mathematica* プログラムを使うともっと容易である．重要な計量について計算結果は付録 B（下巻）にある．

●例 8.3　測地線方程式からクリストフェル記号を求める●　一般的な測地線方程式 (8.14) を (8.6) 式の形と比較すると，極座標で平面の計量 (8.2) によるクリストフェル記号の成分で 0 でないものは

$$\Gamma^r_{\phi\phi} = -r, \qquad \Gamma^\phi_{r\phi} = \Gamma^\phi_{\phi r} = 1/r \tag{8.17}$$

である．同じように (8.13) 式からワームホール計量 (8.11) のクリストフェル記号のうち 0 でないものは

$$\begin{aligned} \Gamma^r_{\theta\theta} &= -r, & \Gamma^r_{\phi\phi} &= -r\sin^2\theta \\ \Gamma^\theta_{r\theta} = \Gamma^\theta_{\theta r} &= \frac{r}{b^2+r^2}, & \Gamma^\theta_{\phi\phi} &= -\sin\theta\cos\theta \\ \Gamma^\phi_{r\phi} = \Gamma^\phi_{\phi r} &= \frac{r}{b^2+r^2}, & \Gamma^\phi_{\phi\theta} = \Gamma^\phi_{\theta\phi} &= \cot\theta \end{aligned} \tag{8.18}$$

であることがわかる．これらの答えは (5.7) 式で述べた記法を使い，成分の番号の代わりに座標の名前を使って表されている．例えば，(8.18) 式では，$\Gamma^\phi_{r\phi} = \Gamma^3_{13}$ であり，(8.11) 式において $x^1 = r, x^3 = \phi$ である．ϕ が上下にあるが，この場合は和をとらない．これは和の記法を破っているが，これも標準的で便利な慣例である．

ラグランジアン (8.10) の一般的な形に対してラグランジュ方程式を書き下すことにより，計量とその微分で表されたクリストフェル記号の公式を求めることができる．ただし，これを我々はほとんど使う必要はないだろう．これは十分ややこしいので，ウェブサイトの補足まで先のばしにしておくが，答えは

$$\boxed{g_{\alpha\delta}\Gamma^\delta_{\beta\gamma} = \frac{1}{2}\left(\frac{\partial g_{\alpha\beta}}{\partial x^\gamma} + \frac{\partial g_{\alpha\gamma}}{\partial x^\beta} - \frac{\partial g_{\beta\gamma}}{\partial x^\alpha}\right)} \tag{8.19}$$

である．もし使われている座標系で計量がたまたま対角化されているとすると，(8.19) 式を使った Γ の計算は容易である．例 8.4 で説明するように，左辺の和

には 1 つの項しかないからだ．もし対角化されていなければ，$g_{\alpha\beta}$ の逆行列を計算して Γ の 1 次方程式（8.19）を解かなければならない．

●例 8.4　公式からクリストフェル記号を求める●　公式（8.19）がどのように使えるか示すために，2 次元平面の極座標の計量（8.2）から $\Gamma^r_{\phi\phi}$ を計算しよう．$x^1 = r$ と $x^2 = \phi$ を動く添字 A と B を使う．これによると計量は $g_{AB} = \mathrm{diag}\,(1, r^2)$ となる．(8.19）式で $\alpha = r, \beta = \gamma = \phi$ とし，計量が対角化されていることから，1 つの項だけが左辺の和に寄与することに気を付けると

$$g_{rr}\Gamma^r_{\phi\phi} = \frac{1}{2}\left(\frac{\partial g_{r\phi}}{\partial\phi} + \frac{\partial g_{r\phi}}{\partial\phi} - \frac{\partial g_{\phi\phi}}{\partial r}\right) = -r \tag{8.20}$$

が得られる．$g_{rr} = 1$ なので，(8.17）式で求めたように，$\Gamma^r_{\phi\phi} = -r$ である．

8.2　対称性と保存則による測地線方程式の解法

測地線方程式（8.14）は，時空中のテスト粒子の位置を固有時の関数として決める 4 元連立 2 階常微分方程式である．時空で初期位置と初期 4 元速度が決まると，標準的な手法を使って数値的に積分し，その後の固有時の各瞬間における位置と 4 元速度が求まる．非常に簡単な場合，解析的に解けることがあり，例 8.5 に示す．

●例 8.5　ワームホールを通る時間旅行●　172 ページの例 7.7 と図 7.5 で説明したワームホール幾何学を考えよう．旅行者は座標半径 $r = R$ から出発し，ワームホールの喉を動径方向に自由落下する．初期動径方向 4 元速度を $u^r \equiv U$ とすると，ワームホールの喉を通り，ちょうど反対側に対応する点 $r = -R$ にたどり着くまでに旅行者が身に着けた時計でどれくらいの時間がかかるのだろうか．

自由落下している旅行者は，線素（8.11）によって決まる測地線上を動径方向に運動している．初期の 4 元速度は

$$u^\alpha = [(1 + U^2)^{1/2}, U, 0, 0] \tag{8.21}$$

である．ここで（8.11）式の座標を (t, r, θ, ϕ) の順で並べ，正規直交条件 $\boldsymbol{u} \cdot \boldsymbol{u} = -1$［(7.55）式を参照］が満たされるように u^t を選んである．球対称であることから，動径方向に動いてしまうと，ずっと動径方向に運動し続けることになり，4 元速度成分 $u^\theta(\tau)$ と $u^\phi(\tau)$ は世界線に沿ってずっと 0 であり続ける．動径方向の成分は（8.13）式の $d^2r/d\tau^2$ の式にしたがって変化する．θ と ϕ を一定として評価すると

$$\frac{du^r}{d\tau} = 0 \tag{8.22}$$

となる．よって $u^r(\tau)$ は世界線上で一定で，初期値 U をとり続ける．$u^r \equiv dr/d\tau = U$ を積分すると

$$r(\tau) = U\tau \tag{8.23}$$

となる．旅行者が $r = 0$（喉）にいるとき固有時が 0 になるように選んだ．$r = -R$ と $r = +R$ の間の経過固有時は

$$\Delta\tau = 2R/U \tag{8.24}$$

となる．

例 8.5 は例外的に計算しやすいものである．もっと一般的な状況では，ニュートン力学のときのように，エネルギーや角運動量のような保存則を使うことにより問題が解きやすくなる．保存則は運動方程式の第一積分 [*1] を与え，解くべき方程式の数と次数を減らす．

つねに使える第一積分は 4 元速度の規格化から得られる．座標基底でこれは一般の計量に対して

$$\boldsymbol{u} \cdot \boldsymbol{u} = g_{\alpha\beta} \frac{dx^\alpha}{d\tau} \frac{dx^\beta}{d\tau} = -1 \tag{8.25}$$

であり［(7.55) 式を参照］，これが第一積分になるだろう．他にも保存則は対称性からでてくる．

ニュートン力学で保存則は対称性とつながっていた．たとえば，エネルギーが保存するために，力はポテンシャルから導かれる保存力でなければならず，そのポテンシャルは時間に依存してはいけない．特別な方向の線形運動量が保存するためにはポテンシャルはその方向に沿って一定でなければならない．角運動量が保存するためには，ポテンシャルは球対称でなければならない．要するに，時間変位のもとで対称であればエネルギーが保存し，空間変位のもとで対称なら線形運動量が保存し，角運動量は回転変位のもとで対称なら保存する．

[*1] ニュートン力学の通常の用語で第一積分は座標と時間の 1 階微分の関数であり，2 階微分方程式である運動方程式のために，定数になる．エネルギーと角運動量の保存則はその例である．第一積分は運動の定数とも呼ばれる．

テスト粒子の運動の保存量が，対称性をもたない一般時空で存在することを期待することはできない．一般時空計量は時間に依存し，角度に依存し，位置などに依存する．しかし時空が対称性をもつとき，それに関する保存則が存在する．たとえば，時空幾何学が時間に依存しなければテスト粒子のエネルギーが保存する．

時空幾何が対称性をもつかどうかをどのように見つけたらよいのだろうか．簡単な例は，計量が座標の 1 つ，例えば x^1 に依存しない場合である．そのとき，変換

$$x^1 \to x^1 + \text{定数} \tag{8.26}$$

により計量は変わらない．成分が

$$\xi^\alpha = (0,1,0,0) \tag{8.27}$$

のベクトル $\boldsymbol{\xi}$ の方向に移動しても計量は変らない．（8.27）式は対称性（8.26）に関係するキリングベクトルと呼ばれ，ドイツの数学者キリング（Wilhelm Killing 1847–1923）にちなんだものである（killing に「ひどく疲れる」という意味があるということから，特別難しい概念であるというわけではない）．キリングベクトルの方法はどんな座標系でも対称性を特徴づける一般的なものである．以下の例 8.6 はそれをよく表している．

●例 8.6　平坦空間のキリングベクトル●　平坦 3 次元空間の計量が通常の直交座標

$$dS^2 = dx^2 + dy^2 + dz^2 \tag{8.28}$$

で書かれているとき，平坦空間の 3 つの変位対称性に対応して 3 つの明白なキリングベクトル $(1,0,0)$, $(0,1,0)$, $(0,0,1)$ がある．しかし，極座標

$$dS^2 = dr^2 + rd\theta^2 + r^2\sin^2\theta d\phi^2 \tag{8.29}$$

のとき，別のキリングベクトルが現れる．計量が，z 軸回りの回転対称性に対応する ϕ と独立であるためである．このキリングベクトルの成分は極座標で $(0,0,1)$ であり，直交座標で $(-y,x,0)$ である．平坦空間には他の 2 つの軸についての回転対称性に対応する 2 つのキリングベクトルも存在する．あなたはそれらに対応する直交座標成分を推測できるだろうか？

対称性は測地線に沿った保存量の存在を意味する．これをみるために，測地線の方程式が極値的固有時の原理とラグランジュ方程式（8.9）にしたがうことを思

い出そう．計量，つまり L が座標 x^1 に独立ならば，$\partial L/\partial x^1 = 0$ となる．$\alpha = 1$ の（8.9）式は

$$\frac{d}{d\sigma}\left[\frac{\partial L}{\partial(dx^1/d\sigma)}\right] = 0 \tag{8.30}$$

となり，

$$\frac{\partial L}{\partial(dx^1/d\sigma)} = -g_{1\beta}\frac{1}{L}\frac{dx^\beta}{d\sigma} = -g_{1\beta}\frac{dx^\beta}{d\tau} = -g_{\alpha\beta}\xi^\alpha u^\beta = -\boldsymbol{\xi}\cdot\boldsymbol{u} \tag{8.31}$$

が測地線に沿って保存することがわかる．任意の座標系では，計量に沿った保存量は

$$\boxed{\boldsymbol{\xi}\cdot\boldsymbol{u} = 一定} \qquad (\boldsymbol{\xi}\ キリングベクトル) \tag{8.32}$$

となる．同じ意味で，$\boldsymbol{p}$ を粒子の運動量として，$\boldsymbol{\xi}\cdot\boldsymbol{p}$ が保存すると言うこともできる．これらの保存則の使い方を説明する例を以下に挙げる：

●例 8.7　極座標を使った平面内の測地線●　運動の積分を使うと，(8.2) 式の極座標で表した平面内のすべての測地線に対して（8.6）式を解くことが容易になる．2 次元の例で，添字 A, B が値 1,2 をとり，極座標で $x^1 = r$, $x^2 = \phi$ にとる．接ベクトル $\vec{u}$ の成分は $u^A = dx^A/dS$ である．

$\vec{u}\cdot\vec{u} = 1$ に対応する第一積分は線素（8.2）の両辺を dS^2 で割ることで得られる：

$$\left(\frac{dr}{dS}\right)^2 + r^2\left(\frac{d\phi}{dS}\right)^2 = 1. \tag{8.33}$$

別の第一積分は，計量（8.2）が ϕ と独立であることから得られる．これにともなうキリングベクトル $\vec{\xi}$ は座標基底成分 $\xi^r = 0, \xi^\phi = 1$ をもつ．保存量はしたがって

$$\ell \equiv \vec{\xi}\cdot\vec{u} = g_{AB}\xi^A u^B = r^2\frac{d\phi}{dS} \tag{8.34}$$

であるが，この保存則も測地線方程式（8.6b）から直接得られる．

これを（8.33）式に代入すると

$$\frac{dr}{dS} = \left(1 - \frac{\ell^2}{r^2}\right)^{1/2} \tag{8.35}$$

となる．この積分は容易に行えて，r が S の関数として求められるが，我々が本

当に知りたい測地線の形は，ϕ の関数で表した r，または r の関数で表した ϕ である．(8.34) 式を (8.35) 式で割ると

$$\frac{d\phi}{dr} = \frac{d\phi/dS}{dr/dS} = \frac{\ell}{r^2}\left(1 - \frac{\ell^2}{r^2}\right)^{-1/2} \tag{8.36}$$

が得られる．これは積分すると

$$\phi = \phi_* + \cos^{-1}\left(\frac{\ell}{r}\right) \tag{8.37}$$

となる．ここで ϕ_* は積分定数である．よって測地線の形は

$$r\cos(\phi - \phi_*) = \ell \tag{8.38}$$

となる．(8.38) 式のコサインを $x = r\cos\phi$, $y = r\sin\phi$ で展開すると

$$x\cos\phi_* + y\sin\phi_* = \ell \tag{8.39}$$

となる．これは直線の一般形である．よって，既知の直線が平坦における最小距離曲線として再導出できた．

8.3　ヌル測地線

この章の前節では，曲がった時空中で自由粒子がしたがう経路を調べてきた．これらは時間的測地線である．光線も時空幾何学を調べるのに重要である．光線は $ds^2 = 0$ を満たすヌル世界線上を運動する．具体的には，もし $x^\alpha(\lambda)$ があるパラメータ λ によって表される時空を通る曲線の軌道で，$u^\alpha \equiv dx^\alpha/d\lambda$ が接ベクトルならば，

$$\boldsymbol{u}\cdot\boldsymbol{u} = g_{\alpha\beta}(x)\frac{dx^\alpha}{d\lambda}\frac{dx^\beta}{d\lambda} = 0 \tag{8.40}$$

である．この式だけでは軌道を完全に決めるのに十分ではない．未知数 4 つに対して，方程式が 1 つしかないからだ．測地線方程式 (8.14) に対応するものが必要である．極端な話，この方程式は曲がった時空に一般化した電磁気の法則から求めるべきであろうが，等価原理を使ってこの種の議論をすることができる．

平坦時空中の光線の運動方程式 (5.66) は

$$\frac{d^2x^\alpha}{d\lambda^2} = 0 \tag{8.41}$$

と書くことができる．λ はアフィンパラメータである．以下の 2 つの性質をもつ法則を曲がった時空へ一般化したものを探す．(1) 局所慣性系でこの形になる．(2) すべての座標系で同じ形になる．座標系は任意なので，第二の要請を満たさなければならない．我々はすでにこれを行うための法則をもっている．それは測地線方程式（8.14）である．(1) と (2) の要請を満たす（8.41）式の自然な一般化は

$$\frac{d^2x^\alpha}{d\lambda^2} = -\Gamma^\alpha_{\beta\gamma}\frac{dx^\beta}{d\lambda}\frac{dx^\gamma}{d\lambda} \tag{8.42}$$

である．(8.42) 式を満たすヌル曲線は**ヌル測地線**と呼ばれる．光線はヌル測地線上を運動する．アフィンパラメータ λ は（8.42）式が測地線方程式の形をとるように選ばれたパラメータで，光線に沿った距離はゼロになり，時空距離ではない．

8.4 局所慣性系と自由落下系

リーマン正規座標系

7.4 節で局所慣性系のアイディアを導入した．それは時空の点 P を中心とする座標で，その点では $g_{\alpha\beta} = \eta_{\alpha\beta}$ で，計量の 1 階微分がゼロになる［(7.13) 式を参照］．こうした座標ではクリストフェル記号は P で 0 になり，測地線方程式（8.14）が平坦空間の自由粒子と同じ形をとる［(5.62) 式を参照］：

$$\left.\frac{d^2x^\alpha}{d\tau^2}\right|_P = 0. \tag{8.43}$$

したがって，座標系の広がりが小さければ小さいほど近似はよくなり，自由粒子はしばらく直線上を運動する．そのためこれらの座標はニュートン力学の慣性系と似ているが，その点の近くだけしか使えない．

第 7 章で，局所慣性系を定義する座標を少なくとも 1 つ構成することができると述べたがこの章で測地線の理解が成し遂げられれば，ここでそれを示すことができる．

時空の 1 点 P をとり座標原点とする．その点で 4 つの正規直交ベクトルの基底 $\{\boldsymbol{e}_\alpha\}$ を選ぶ（正規直交基底を座標基底から区別するための添字であるハットをつけない．ここで作られる座標の基底がこの直交基底と一致することがこれからわかるだろう）．例えば，P にいる観測者の実験室の直交基底ベクトルでもよい（5.6 節を参照）．P において単位ベクトル $\boldsymbol{n}$ で定義される方向を選び，距離

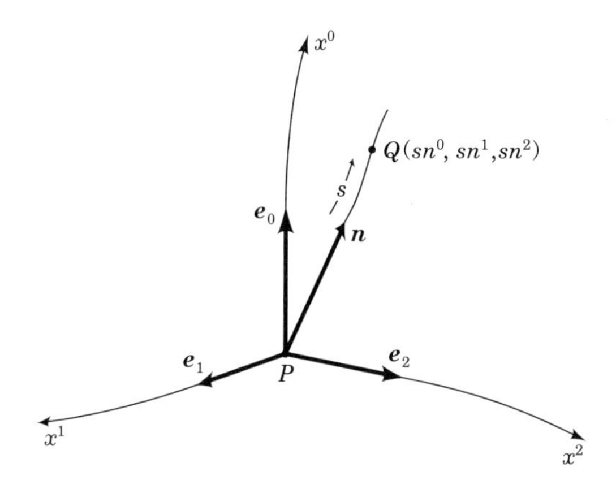

図 8.1 リーマン正規座標は局所慣性系（Local Inertial Frame, LIF）を具体的に表す．P 点の 4 つの正規直交ベクトル $\{e_\alpha\}$ を選ぶことから局所慣性系の構成を始める．方向 $\boldsymbol{n}$ に伸びている測地線に沿って距離 s のところにある点 Q に座標 $x^\alpha = sn^\alpha$ を割り当てる．LIF の 4 つの座標軸は 4 つの直交する方向の測地線に沿って伸びている．そのまま伸ばすと，時空曲率のために測地線が交わったり，座標系が特異になることがある．

s 進んで到達した点（測地線が空間的ならば）を座標値とすることができる：

$$x^\alpha \equiv sn^\alpha. \tag{8.44}$$

ここで n^α は基底 $\{\mathbf{e}_\alpha\}$ における $\boldsymbol{n}$ の成分である（図 8.1 を見よ）．これをすべての方向 $\boldsymbol{n}$ で繰り返す（方向が時間的なら s の代わりに固有時 τ を使い，ヌルなら連続性により埋めていく）．その結果できた座標系は P に十分近い点を一意的に番号づけができ，時空曲率があってもその中では測地線は交わらない．**リーマン正規座標**はこの座標系につけられた名前である．これらで局所慣性系を構成できることを今から示す．

正規直交ベクトル $\{e_\alpha\}$ は P の局所慣性系の座標基底ベクトルであり，したがって

$$g_{\alpha\beta}(x_P) = \eta_{\alpha\beta} \tag{8.45}$$

である［(7.56) 式を参照］．これは局所慣性系に対する要請 (7.13) の 1 つ目である．第二に，P で計量の微分が 0 になることは以下でわかる．

P を通るすべての測地線はある固定された方向 $\boldsymbol{n}$ によって座標値がつけられ，

時間的ならば測地線方程式（8.14）にしたがい，空間的ならば同じ方程式で τ の代わりに s を使う．P で（8.44）式を使い（8.14）式を評価すると

$$\Gamma^{\alpha}_{\beta\gamma}|_P \, n^{\beta} n^{\gamma} = 0 \tag{8.46}$$

が得られる．しかし，この式はすべての単位ベクトル $\boldsymbol{n}$ で成り立たなければならなず，

$$\Gamma^{\alpha}_{\beta\gamma}|_P = 0 \tag{8.47}$$

となる．計量のすべての微分が 0 になるときだけすべてのクリストフェル記号は 0 になる［（8.19）式を参照］．したがってリーマン正規座標は局所慣性系を具現化する．

●例 8.8　球面の北極のリーマン正規座標●　円周 $2\pi a$ の球の幾何学の線素は，よく使われる極座標 (θ, ϕ) で

$$dS^2 = a^2(d\theta^2 + \sin^2\theta d\phi^2) \tag{8.48}$$

の形をしている［（2.15）式を参照］．北極でリーマン正規座標を構成するためには以下のようにする．$\phi = 0$ と $\phi = \pi/2$ の方向を向いている単位ベクトル $\vec{e}_1$ と $\vec{e}_2$ で正規直交基底を構成する．角度 ϕ の方向を向いている単位ベクトル $\vec{n}$ の成分はこの基底で，$n^A = (\cos\phi, \sin\phi)$ である．点 (θ, ϕ) を考えよう．この点と北極を結ぶ測地線は，経線が ϕ に等しい大円の一部となる．(θ, ϕ) と北極との間の測地線距離は $s = a\theta$ である．したがって点 (θ, ϕ) のリーマン正規座標は

$$x^A = (sn^1, sn^2) = (a\theta\cos\phi, a\theta\sin\phi) \tag{8.49}$$

である．例 7.2 はこれらの座標で，計量が $g_{AB} = \mathrm{diag}(1, 1)$ の形をとり，そこでは 1 階微分が 0 になる．

自由落下系

リーマン正規座標が局所慣性系を定義する唯一の方法ではない．実際，等価原理にしたがって，一点だけでクリストフェル記号を 0 にすることからさらに進めることができる．測地線方程式は自由落下する十分小さな実験室系の中である期間，（8.43）式になることを示唆している．140 ページの例 6.3 で述べた軌道上にあるスペースシャトルの実験室はほぼ自由落下している実験室の 1 つの例である．

Box 8.1 の Drag Free 衛星はもう一つの例である．

自由落下実験室を数学的に理想化すれば，1 点だけでなく測地線に沿ってずっとクリストフェル記号がゼロになっている座標系になる．我々はこのような座標系を**自由落下系** *2 と呼ぶことにする．自由落下系は測地線に沿ってずっと局所慣性系になっている．

自由落下系の構成は，ニュートン力学（3.1 節）と特殊相対論（4.3 節）の慣性系の構成（図 3.3 を思い出せ）と併行して行える．測地線を運動する自由なテスト粒子を考えよう．測地線に沿う固有時 τ は時間座標として，テスト粒子の位置は空間座標の原点として使える．固有時のある瞬間に，3 つのジャイロスコープをそれぞれ直交する 3 つの方向に向ける．その後に，これらのジャイロスコープによって向きづけられた方向から，リーマン正規座標を張るときに行ったのと同じ要領で空間座標 x^i を構成する．その結果できた座標 (τ, x^i) は，原点 $x^i = 0$ から測地線に沿ってクリストフェル記号が 0 になる自由落下系を構成する．今この時点でジャイロスコープが曲がった時空でどのように運動するのかを表す法則を知らないので，ここで座標系がどうなるのかを示すことはしない．そのことは下巻の第 14 章で行い，第 20 章で自由落下系に戻る．

自由落下系は曲がった時空中におけるニュートン力学と特殊相対論の慣性系に近い．しかし例 6.3 で示したように，自由落下しているスペースシャトルの中の宇宙飛行士は，長い時間かけて大きな空間距離に渡って実験を行うことで，時空曲率の効果を検出することができる．自由落下系と類似して，その測地線上でだけクリストフェル記号は 0 になるが，座標で覆われるすべての点ではそうならない．

Box 8.1 Drag Free 衛星

自由落下系を実現することは原理的には容易だ．人工衛星を真空宇宙に打ち上げ，回転しない状態で漂わせ，ほら，これで人工衛星の内側の系は自由落下系になったよと．しかし，実際には宇宙空間はそんなに真空ではない．残存する大気の摩擦や放射圧，その他の力によって小さな人工衛星（$\sim 1000\,\mathrm{kg}$）はずれていき，正確な重力物

*2 もう少しよく使われている名称は，**フェルミ正規座標系**または**自由落下観測者の固有座標系**である．自由落下系は本質を捉えるのに最も適した用語であるが，通常の用法からは外れている．しかし，どの局所慣性系でもその系が定義されている時空点 P で原点における加速度が 0 になるので，局所慣性系は「自由落下」しているということができる［(8.43) 式を参照］．あるテキストでは，時空のある一点で定義される局所慣性系を自由落下系と呼んでいる．ここでは，測地線に沿って定義される系のことについて述べている．

理の実験に大きな影響が現れる（下巻の Box 14.1 を参照）．GP-B 実験はジャイロスコープの運動に対して一般相対論の予言を検証するものであるが，そこでは非重力加速度は $\sim 10^{-13}\,\mathrm{m/s^2}$ より小さくなければならない．これからの 10 年で重力質量と慣性質量の等価性を宇宙で検証することが計画されているのだが，非重力加速度は $\sim 10^{-14}\,\mathrm{m/s^2}$ より小さくなければならないし，宇宙における重力波検出器ではそれよりも小さくなければならない．地球付近の軌道における残存大気の引きずりは $\sim 10^{-6}\,\mathrm{m/s^2}$ になる．

Drag Free 衛星は自由落下系を実現する実際的な方法である．アイディアはここの図にある．実験台は人工衛星の内側で自由に揺れ動き，上で述べたような，擾乱する力から守ってくれる．隔離された実験台は時空の測地線にしたがっている．正確なセンサーが人工衛星の保護されたフレームに対する実験台の位置を検出し，衛星が軌道修正用小型ロケットエンジンを絶えず操作して実験室が中心になるようにしている．実際，エンジンは小さな揺れ動きによって生じる加速度を打ち消すことができる．明らかにセンサーは，ここで述べているような小さな揺れまで人工衛星の加速度を検出できるようなものでなければならず，衛星自身も実験台の運動を大きく揺らしてはいけない．しかし，ここは技術的な問題を巧妙に解決するための場ではない．Drag Free 衛星は自由落下系に対して現実的な近似装置となる．

問　題

1. ［S］ 直交座標を使い，2 次元平坦面の測地線方程式を書いて解き，解が直線であることを示せ．

2. 通常の球座標で 2 次元球の計量は

$$dS^2 = a^2 \left(d\theta^2 + \sin^2 \theta d\phi^2\right)$$

である［(2.15) 式を参照］．a は定数である．

(a) クリストフェル記号を「手で」計算せよ．

(b) 大円が測地線方程式の解であることを示せ．［ヒント：大円の方程式が簡単になるような方向に座標を向けられるという自由度を使え］

3. 線素

$$ds^2 = -\left(1 - \frac{2M}{r}\right) dt^2 + \left(1 - \frac{2M}{r}\right)^{-1} dr^2 + r^2 d\phi^2$$

をもつ 3 次元時空がある．

(a) この時空で，測地線の変分原理に対するラグランジアンを求めよ．

(b) (a) の結果を使って，ラグランジアンから測地線方程式を計算しその成分を書き下せ．

(c) (b) の結果から，この計量に対する 0 でないクリストフェル記号を書け．

4. ［A］**回転系** 慣性系の z 軸まわりを角速度 Ω で回転している座標系 (t, x, y, z) で 平坦時空の線素は

$$ds^2 = -[1 - \Omega^2(x^2 + y^2)]dt^2 + 2\Omega(ydx - xdy)dt + dx^2 + dy^2 + dz^2$$

である．

(a) 極座標に変換して，線素が (7.4) 式において $\phi \to \phi - \Omega t$ の置き換えをしたものになっていることをチェックすることで上の計量が正しいことを確かめよ．

(b) 回転系で x, y, z の測地線方程式を求めよ．

(c) 非相対論的極限においてこれらが，回転する座標中における遠心力とコリオリ力を含む自由粒子のニュートン力学の運動方程式になることを示せ．

5. 極値的固有時の変分原理を使わず，ワームホール計量 (7.39) のクリストフェル記号 $\Gamma^{\phi}_{r\phi}$ と $\Gamma^{\theta}_{\phi\phi}$ を一般的な公式 (8.19) から直接求めよ．

6. 4 元速度 $\boldsymbol{u} \cdot \boldsymbol{u}$ のノルムが測地線上で一定であることを測地線 (8.15) を直接計算することで示せ．

7. [S] 中心力のポテンシャル $V(r)$ 中で運動する質量 m の粒子を非相対論的ニュートン力学で考えよ．この系におけるラグランジアンを極座標で書け．8.2 節の方法を使って，z 軸まわりの回転のもとで不変であれば，角運動量の z 成分が保存することを示せ．

8. 平坦空間の z 軸まわりの回転対称性に対応するキリングベクトルについて，その直交座標の成分が $(-y, x, 0)$ に対応するという，例 8.6 で述べた主張を確かめよ．同じ座標系で，y 軸まわりと z 軸まわりの平坦空間の回転対称性に対応するキリングベクトルの成分を求めよ．

9. 線素

$$ds^2 = -X^2 dT^2 + dX^2$$

の 2 次元時空を考えよう．この時空で，すべての時間的測地線の形 $X(T)$ を求めよ．

10. 慣性系の 4 つの直交座標のどの 1 つを選んでも，それが平坦時空の光線のアフィンパラメータになることを示せ．

11. 極座標を使った 3 次元平坦時空の線素は $ds^2 = -dt^2 + dr^2 + r^2 d\phi^2$ である．ヌル測地線を解け．光線は直線上を進むか．

12. 双曲面　計量が

$$dS^2 = y^{-2}(dx^2 + dy^2), \qquad y \geqq 0$$

によって定義される双曲面は曲がった 2 次元面の古典的な例である．

(a) x 軸上の点は上半面のどんな点 (x, y) からも無限の距離になることを示せ．

(b) 測地線方程式を書け．

(c) 測地線が，図に示したように，x 軸を中心とする半円または鉛直方向の線であることを示せ．

(d) 測地線方程式を解いて，これらの曲線に沿う長さ S の関数として x と y を表せ．

注意：この例は幾何学の歴史において重要である．ユークリッドの第 5 の要請は，直線 L と点 P に対して，P を通り L と交わらない直線が 1 本だけ存在することである（その直線は L に平行である）．球は，P を通るこのような直線が存在しない例である（すべての大円は交わる）．双曲面は一定の負の曲率をもち（第 21 章（下巻）を見よ），そこでは，P を通り L と交わらない直線が無数にある（図の例を見よ）．

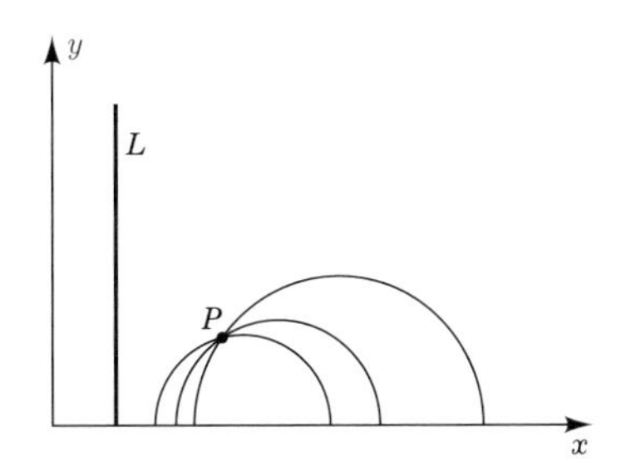

13. ［S］ 慣性系の原点を点 P とし，軸に沿った 4 つの単位ベクトルを使って 8.4 節で議論した方法により平坦空間のリーマン正規座標を構成せよ．できあがった座標系は慣性系座標と一致するか．

14. ［C］ **最小時間のフェルマの原理** 屈折率 $n(x^i)$ が位置の関数となっている媒質を考えよう．媒質中の光の速度は位置とともに変化し，$c/n(x^i)$ となる．フェルマの原理は，光線が空間（時空ではない！）の 2 点間を進むとき到達時間が最小となるような経路をとることを述べている．

(a) 最小時間の経路が線素

$$dS^2_{\text{fermat}} = n^2(x^i)dS^2$$

の 3 次元空間中の測地線となることを示せ．ここで dS^2 はふつうの 3 次元平坦空間の線素である．たとえば

$$dS^2 = dx^2 + dy^2 + dz^2$$

とせよ．

(b) (x, y, z) 直交座標で極値をとる測地線方程式を書き下せ．

15. ［C］ **ルーネベルグレンズ** 屈折率が

$$n(r) = \left[2 - \left(\frac{r}{R}\right)^2\right]^{1/2}$$

のように動径距離とともに変わる半径 R の球はルーネベルグレンズと呼ばれる．問題 14 の結果を使い，一方向から入射した平行光線の束が球の表面上の一点を焦点として集まるという性質をもつことを示せ．

第9章 球対称星外部の幾何学

一般相対性理論において最も単純な曲がった時空は，最も多くの対称性を持ったものだが，そのうちで最も有益なものは，球対称曲率源の外側にある真空空間の幾何学であり，その例が球対称星である．これはシュワルツシルト（Karl Schwarzschild 1873–1916）にちなんで **シュワルツシルト幾何学**と呼ばれている．彼はアインシュタイン方程式を解き 1916 年この幾何学を見つけた．これは太陽の外側の曲がった時空の優れた近似で，アインシュタイン理論の予言の実験的検証として最も実行しやすい．第 21 章（下巻）でシュワルツシルト幾何学が真空アインシュタイン方程式（物質のない曲がった時空のアインシュタイン方程式）の解であることを示す．この章ではシュワルツシルト解が与えられたと仮定してその幾何学を調べる．一般相対性理論の有名な効果のいくつか ——重力赤方偏移，惑星の近日点移動，重力による光の湾曲，光の遅延 —— が球対称星の曲がった時空で現れるが，その中におけるテスト粒子と光線の軌道を予測することに専念する．次章ではこれらの予測をチェックし，アインシュタイン理論を検証する実験や観測について述べる．

9.1 シュワルツシルト幾何学

特別に適した座標系を使うと，シュワルツシルト幾何学を集約する線素は（$c \neq 1$ 単位系で）

$$ds^2 = -\left(1 - \frac{2GM}{c^2 r}\right)(cdt)^2 + \left(1 - \frac{2GM}{c^2 r}\right)^{-1} dr^2 + r^2\left(d\theta^2 + \sin^2\theta d\phi^2\right) \quad (9.1)$$

である．この座標は**シュワルツシルト座標**と呼ばれ，計量 $g_{\alpha\beta}(x)$ は**シュワルツシルト計量**と呼ばれる．以下の重要な性質をもつ：

- **時間独立** 計量は t と独立である．座標時間 t の変位の対称性に関するキリングベクトル $\boldsymbol{\xi}$ が存在する．その成分は（9.1）式の座標基底で

$$\xi^\alpha = (1, 0, 0, 0) \tag{9.2}$$

である（(t, r, θ, ϕ) の順）［（8.27）式を参照］．

- **球対称** 4 次元幾何学（9.1）の t 一定，r 一定の 2 次元面の幾何学は線素

$$d\Sigma^2 = r^2(d\theta^2 + \sin^2\theta d\phi^2) \tag{9.3}$$

に集約される．これは平坦 3 次元空間における半径 r の球の幾何学を表す［（2.15）式を参照］．シュワルツシルト幾何学は，角度 θ, ϕ の変位について球対称性をもつ．このことは，（9.1）式または（9.3）式で明らかである．計量が ϕ について独立であり，つまり z 軸について回転不変であるからだ．この対称性に関するキリングベクトルは

$$\eta^\alpha = (0, 0, 0, 1) \tag{9.4}$$

である［（8.27）式を参照］．他にも回転対称性に関するキリングベクトルがあるが，我々は必要としない．

シュワルツシルト座標 r には回転対称性から生じる簡単な幾何学的解釈ができる．それは「中心」からの距離ではなく，むしろ，r と t を固定した 2 次元球の面積 A についての標準的な公式

$$r = (A/4\pi)^{1/2} \tag{9.5}$$

によって関係づけられている．これは（9.3）式と（7.28）式，（7.37）式から得られる．

- **質量 M** もし GM/c^2r が小さいと，線素（9.1）中の dr^2 の係数を展開することができ

$$ds^2 \approx -\left(1 - \frac{2GM}{c^2r}\right)(cdt)^2 + \left(1 + \frac{2GM}{c^2r}\right)dr^2 + r^2\left(d\theta^2 + \sin^2\theta d\phi^2\right) \tag{9.6}$$

となる．これは厳密にニュートンポテンシャルを含む静的な弱い場の計量（6.20）の形であり，ニュートンポテンシャル Φ は

$$\Phi = -\frac{GM}{r} \tag{9.7}$$

で与えられる．これはシュワルツシルト計量（9.1）の定数 M が曲率源の**全質量**であることを明らかにしている．

ニュートン物理学で，太陽の質量は，テスト物体（地球）の軌道周期と軌道の大きさを測定し，ケプラーの法則［(3.24）式を参照］を使い，これらを重力源の質量と関係付けることにより求められる．一般相対論では，静止した時空曲率源の質量はこの種の実験によって**定義される**．エネルギーのどんな形も時空曲率源になり，電磁場のエネルギーや原子核相互作用エネルギーなど，また，後に明らかになるが，大雑把な言い方をすれば時空曲率それ自身も曲率源になる．非常に大きな軌道の極限を使って**全質量**を定義するが，その質量にはこれらのエネルギーすべてが含まれている．（9.6）式と 6.6 節の考察で示したように，軌道が大きければ大きいほど，ニュートン近似によってその性質はより正確に決められる．静止物体の全質量は非常に大きな軌道に対してケプラーの法則によって定義することができ，それはニュートンポテンシャル（9.7）によって決められるので，シュワルツシルト計量（9.1）の定数 M は全質量である．

球対称源の外側の幾何学は 1 つの数値，全質量 M によって特徴づけられ，その質量が曲率源の内側で動径方向にどのように分布しているのかにはよらない．これが，例 3.1 で考察したニュートン重力ポテンシャルのニュートンの定理を相対論版としたものである．

- **シュワルツシルト半径**　半径 $r = 0$ と $r = 2GM/c^2$ で計量に何か興味深いことが起きている．$r = 2GM/c^2$ は**シュワルツシルト半径**と呼ばれ，シュワルツシルト幾何学の曲率を特徴づける長さのスケールである．しかし，静止星の表面は常にこの半径よりも外側にあることがわかっている．たとえば太陽のシュワルツシルト半径は $2GM_\odot/c^2 = 2.95\,\mathrm{km}$ であり，太陽の表面の半径 $6.96 \times 10^5\,\mathrm{km}$ よりもかなり小さい．表面で，シュワルツシルト幾何学は星の内側を表す別の幾何学につながる．変化しない星の外側を考える限り，半径 $r = 2GM/c^2$ と $r = 0$ について憂慮する必要はない．しかし，第 12 章で星が重力崩壊して半径 0 になり，ブラックホールの形成を考えるとき，この 2 つの半径に向きあわなければならなくなるだろう．

(9.1) 式では質量-長さ-時間 ($\mathcal{MLT}$) 単位でシュワルツシルト幾何学を表している．特殊相対論で便利な $\mathcal{ML}$ 単位でこの式はもう少し簡単になる．その単位で系は $c = 1$ で，時間と空間の次元がともに長さになる．一般相対論で便利な単位系は $G = 1$ を加え，質量を以下の換算式を使い，長さの単位で測定したものである：

$$M(\mathrm{cm}) = \frac{G}{c^2} M(\mathrm{g}) = 0.742 \times 10^{-28} \left(\frac{\mathrm{cm}}{\mathrm{g}}\right) M(\mathrm{g}). \tag{9.8}$$

この単位系で，たとえば，太陽の質量は $M_\odot = 1.47\,\mathrm{km}$ で地球の質量は $M_\oplus = 0.44\,\mathrm{cm}$ である．これらの $\mathcal{L}$ 単位系は**幾何学単位系**または $c = G = 1$ 単位系と呼ばれる．幾何学単位系の式を $\mathcal{MLT}$ 単位系に戻すためには，G と c を正しい位置に付け加えるだけよい．たとえば，M を GM/c^2 に，τ は $c\tau$ に，$dx^i/d\tau$ は $(1/c)(dx^i/d\tau)$ にする．付録 A に，このような変換則のリストを，単位系の一般的な簡潔な考察とともにつけてある [*1]．

幾何学単位系で，シュワルツシルト線素は

$$\boxed{ds^2 = -\left(1 - \frac{2M}{r}\right) dt^2 + \left(1 - \frac{2M}{r}\right)^{-1} dr^2 + r^2 \left(d\theta^2 + \sin^2\theta\, d\phi^2\right)} \tag{9.9}$$

の形になる．具体的に計量 $g_{\alpha\beta}$ は

$$g_{\alpha\beta} = \begin{array}{c} \\ t \\ r \\ \theta \\ \phi \end{array} \begin{array}{c} \begin{array}{cccc} t & r & \theta & \phi \end{array} \\ \begin{pmatrix} -(1-2M/r) & 0 & 0 & 0 \\ 0 & (1-2M/r)^{-1} & 0 & 0 \\ 0 & 0 & r^2 & 0 \\ 0 & 0 & 0 & r^2\sin^2\theta \end{pmatrix} \end{array} \tag{9.10}$$

である．

理論的にも実験的にもシュワルツシルト幾何学は，テスト粒子と光線の軌道を通じて研究されている．太陽系で惑星や光線の軌道の観測に生じる小さな効果が一般相対論によって予言され，それが理論の重要な検証となっている．以下では，重力赤方偏移を始めとする実験的検証の効果の考察に専念する．

[*1] この考察は，c の値と同じようにニュートンの重力定数の値が定義されていることを意味しているのだろうか．現時点では違う．重力質量の単位は慣性質量の単位 ── 標準キログラム ── で定義されているからで，その重力的な性質は測定によって決められる．付録 A の考察をみよ．

9.2 重力赤方偏移

シュワルツシルト座標半径 R で静止している観測者がいて，光信号を放っているところを考えよう．発信時，静止観測者に対して信号の振動数は ω_* である．光信号は必ずしも動径方向に進む必要はないが，無限遠に到達し，そこで振動数が別の静止観測者に測定される（図 9.1 を見よ）．無限遠の観測者が受信した振動数 ω_∞ は ω_* よりも小さくなっている．これが重力赤方偏移であり，例 6.2 で $1/c^2$ の 1 次のオーダーで等価原理から求めたものである．以下で，重力赤方偏移をシュワルツシルト幾何学から正確に導出する．

どんな観測者に対しても $E = \hbar\omega$ が成り立つので，振動数の変化は放出された光子のエネルギーの変化と関係する．ニュートン物理学では時間に依存しないポテンシャル中で運動する粒子の運動エネルギーの変化は，時間変位不変から生じるエネルギー保存から容易に計算できる．このことから次の教訓が得られる．時間に依存しないシュワルツシルト幾何学中を運動する光子の振動数の変化を計算する効率のよい方法は，時間変位不変性によって生じる保存量を使うことである．この保存量は，光子の 4 元運動量を $\boldsymbol{p}$，キリングベクトルを $\boldsymbol{\xi}$ (9.2) としたとき，$\boldsymbol{\xi}\cdot\boldsymbol{p}$ ［(8.32) 式を参照］である．どのように使うかをみてみよう．

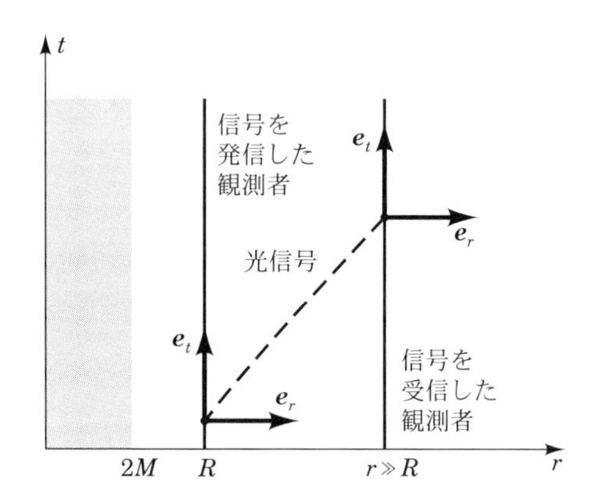

図 9.1　球対称質量の外側にいる静止観測者 2 人の世界線を表した時空図．1 人は R に留まり，もう 1 人は「無限遠」($r \gg R$) にいる．R の静止観測者の実験室で測って振動数 ω_* の光子が半径 R から放たれる．光子は破線の世界線を伝わり，無限遠の観測者に振動数 ω_∞ で観測される．各々の実験室の正規直交ベクトルを 2 つ示した．中心の質量のつくる重力ポテンシャルを這い上がるときにエネルギーを失うため，振動数 ω_∞ は ω_* よりも小さい．これが重力赤方偏移である．

4 元速度 $\boldsymbol{u}_{\mathrm{obs}}$ の観測者に測定される光子のエネルギーは（7.53）式に述べたように

$$E = -\boldsymbol{p} \cdot \boldsymbol{u}_{\mathrm{obs}} \tag{9.11}$$

であり，これを以下で考察する．光子のエネルギーと振動数は $E = \hbar\omega$ の関係にあるため

$$\hbar\omega = -\boldsymbol{p} \cdot \boldsymbol{u}_{\mathrm{obs}} \tag{9.12}$$

が成り立ち，これは 4 元速度 $\boldsymbol{u}_{\mathrm{obs}}$ の観測者に測定される振動数になる．静止観測者の 4 元速度の空間成分 u^i_{obs} は 0 である．半径 r の観測者の時間成分 $u^t_{\mathrm{obs}}(r)$ は規格化条件［(8.25) 式を参照］

$$\boldsymbol{u}_{\mathrm{obs}}(r) \cdot \boldsymbol{u}_{\mathrm{obs}}(r) = g_{\alpha\beta} u^\alpha_{\mathrm{obs}}(r) u^\beta_{\mathrm{obs}}(r) = -1 \tag{9.13}$$

によって決まる．$u^t_{\mathrm{obs}}(r) = 0$ なので，これは

$$g_{tt}(r)[u^t_{\mathrm{obs}}(r)]^2 = -1 \tag{9.14}$$

となり，計量（9.10）を使うと

$$u^t_{\mathrm{obs}}(r) = \left(1 - \frac{2M}{r}\right)^{-1/2} \tag{9.15}$$

が得られる．したがって

$$u^\alpha_{\mathrm{obs}}(r) = [(1-2M/r)^{-1/2}, 0, 0, 0] = (1-2M/r)^{-1/2} \xi^\alpha \tag{9.16}$$

となる．ここで　ξ は，シュワルツシルト計量が時間依存しないことから現れるキリングベクトル（9.2）である．したがって半径 r の静止観測者に対しては

$$\boldsymbol{u}_{\mathrm{obs}}(r) = (1-2M/r)^{-1/2} \boldsymbol{\xi} \tag{9.17}$$

である．

（9.17）式を（9.12）式に使うと，半径 R の静止観測者によって測られる光子の振動数は

$$\hbar\omega_* = \left(1 - \frac{2M}{R}\right)^{-1/2} (-\boldsymbol{\xi} \cdot \boldsymbol{p})_R \tag{9.18}$$

となる．ここで添字 R はシュワルツシルト座標半径 $r = R$ で評価された量であ

ることを表している．同様に，無限遠で

$$\hbar\omega_\infty = (-\boldsymbol{\xi}\cdot\boldsymbol{p})_\infty \tag{9.19}$$

となる．しかし，(8.32) 式から $\boldsymbol{\xi}\cdot\boldsymbol{p}$ は光子の測地線上で保存する．無限遠でも半径 R でも同じ値である．したがって振動数には

$$\boxed{\omega_\infty = \omega_*\left(1-\frac{2M}{R}\right)^{1/2}} \tag{9.20}$$

の関係が成り立つ．無限遠の振動数は R における振動数よりも $(1-2M/R)^{1/2}$ 倍だけ小さい．つまり光子は重力赤方偏移を受けたことになる．

(9.20) 式は $2M/R$ が太陽程度に小さいとき $2M/R$ のべきで展開してもよい．展開の最初の 2 項から，等価原理を使った結果 (6.14) が再導出される．

Box 9.1 タイムマシン

SF の世界で，タイムマシンは時間を過去や未来に進む．一般相対論 —— 空間と時間の理論 —— はタイムマシンが可能で実現できるかを分析する原理を提供する．

ある観測者が他の観測者に比べ速く未来の事象に移動するタイムマシンの例を相対論からいくつか挙げることができる．73 ページの双子のパラドックスは最も簡単な例である．平坦時空の慣性系から見ると，双子の一方は静止しているもう一人の双子から加速して離れて，光速に近い速さに達し，戻ってくる．加速した方の双子は戻ってくると，固有時が最も長い曲線である測地線上にいたもう一人よりも若くなっている．十分速い速度まで加速すれば，戻った双子は，静止した観測者の寿命よりもずっと先の事象に遭遇することができる．未来への移動である．どんな時空にも，未来に進むタイムマシンがあふれており，長さの違う時間的曲線が 2 点を結んでいる．

曲がった時空には別の種類の未来へのタイムマシンがある．質量 M，半径 R の球殻を造り，中で住む．外側の時空はシュワルツシルトで，内側は平坦時空である（球の内側には質量がないため，ニュートン重力では力がはたらかない．このことは相対論でも成り立つ）．球殻の内部の時計は無限遠の時計よりも重力赤方偏移によって $(1-2M/R)^{1/2}$ 倍ゆっくり進んでいるだろう［(9.20) 式を参照］．たとえば，あなたのラップトップコンピュータで実行するのに 1000 年かかる計算の結果をその日のうちに知りたいとしよう．または，テレビの 1000 年分を 1 日で見たいとしよう．

ラップトップとテレビを球殻の外側に置き，球殻の中に入り，そこから見ればよい．どれくらい大きな，またはどれくらい重い球殻をつくる必要があるだろうか．$(1-2M/R)^{1/2} = 1/(100 \times 365) \approx 3 \times 10^{-5}$ になるような M と R が必要になるだろう．つまり，球殻の半径 R は質量の 2 倍よりもわずかに大きいだけだ．常識的な大きさの居間 $R \sim 10\,\mathrm{m}$ を必要とするなら，必要な質量は $M \approx 5\,\mathrm{m} \approx (1/300)M_\odot$ または木星の質量の 4 倍の質量が必要となるだろう．このような圧力を支えられる材質は存在しないし，球殻は圧力を下げるためにはかなり大きく，そして重くなければならない（問題 4）．

第 12 章で，本当は未来に進むタイムマシンをつくるために球殻は必要ないことを学ぶだろう．ブラックホールの外側で $R = 2M$ の近くにいることで同じ効果が得られる．しかしそうするためには，ブラックホールの引力とバランスをとるための推進力を生み出すために，エネルギーを消費しなければならない．費用がかからないようにするためにはブラックホールへ自由落下するしかない．しかし，そうすると戻ってくることができず，現在知られている最大のブラックホールでさえも未来を見る時間は特異点で潰れる前の約 3 時間でしかない．

過去に戻る旅行はどうか．観測者の世界線は時間を戻ることができない．もしそうするためにはある点で光速よりも速く運動しなければならないだろう．もし時空中に閉じた時間的曲線があれば，過去に時間を遡る方法は 1 つだがある．この性質をもった時空をでっちあげることが可能である．ある特別なローレンツ系の中で平坦時空をとり，$t = 0$ 面上の点と $t = T$ 面上の点を同一視する．そうすると，時空は円筒のように t 方向に巻き上がり，$\vec{x}$ 一定の閉じた時間的曲線をぐるっと回れる．しかし我々の宇宙にこのような奇妙なトポロジー的構造があるという証拠はなく，エネルギーが正ならば，我々が住んでいると信じている空間のような単純なトポロジー的構造をもつ空間中で時間的閉曲線が進化することを一般相対論は禁じている．したがって，原理的に未来にいくことは可能だけれども，少なくとも重力の古典論にしたがうかぎり，過去を再訪問することはたぶんできないだろう．

9.3　粒子軌道——近日点移動

さて，ここからシュワルツシルト幾何学中で時間的測地線にしたがうテスト粒子の軌道を調べよう．これらのテスト粒子は太陽の周りを軌道運動する惑星であってもよいし，中性子星またはブラックホールを軌道回転する降着円盤中の粒子でもよい．

保存量

シュワルツシルト幾何学の測地線の研究では，エネルギーと角運動量の保存則が大いに助けとなる．これらが成り立つのは計量が時間に依存せず球対称だからだ．特に，計量は t と ϕ に依存しないので，$\boldsymbol{\xi}\cdot\boldsymbol{u}$ と $\boldsymbol{\eta}\cdot\boldsymbol{u}$ が保存する［(8.32) 式を参照］．$\boldsymbol{u}$ は粒子の 4 元速度で，$\boldsymbol{\xi}$ と $\boldsymbol{\eta}$ は (9.2) 式と (9.4) 式である．これらの量は非常に重要なので，特別な名前をつけておく．それら [*2] を $-e$ と ℓ と呼ぶ．その具体的な形は

$$\boxed{e = -\boldsymbol{\xi}\cdot\boldsymbol{u} = \left(1 - \frac{2M}{r}\right)\frac{dt}{d\tau}} \tag{9.21}$$

$$\boxed{\ell = \boldsymbol{\eta}\cdot\boldsymbol{u} = r^2 \sin^2\theta \frac{d\phi}{d\tau}} \tag{9.22}$$

である．大きな r で定数 e は静止質量当たりのエネルギーになる．平坦空間では $E = mu^t = m(dt/d\tau)$ だからだ［(5.41) 式を参照］．単位静止質量当たりのエネルギーはどこでもそう呼ぶことにする．保存量 ℓ を単位静止質量当たりの角運動

[*2] e を軌道の離心率と混同してはいけない．離心率は ϵ と記すことにする．

量と呼ぶ．低速でそうなるからだ．よって，粒子軌道にはエネルギーと角運動量が保存量として存在する．

有効ポテンシャルと動径方程式

角運動量保存から，ニュートン理論の軌道がそうであるように，軌道は「面」内にあることになる．これを見るために，関心を特別な瞬間に留め，$\vec{u}$ で粒子の 4 元速度の空間成分を表すことにしよう．その瞬間に $d\phi/d\tau = 0$ となるように座標を向け，粒子は $\phi = 0$ にいるようにしよう．つまり $\vec{u}$ は子午「面」$\phi = 0$ にいることになる．(9.22) 式にしたがうと $\ell = 0$ となり，$d\phi/d\tau$ が測地線のどこでも 0 になる．よって粒子は子午「面」$\phi = 0$ にい続ける．一度こうすると，子午「面」にある粒子の軌道が赤道「面」にあるように，座標の向きを再度変え直すのは容易である．したがって以降の考察で，$\theta = \pi/2$ で $u^\theta = 0$ とする．

エネルギーの積分 (9.21) と角運動量の積分 (9.22) に加え，4 元速度の規格化があるため，測地線方程式とは別の積分が得られる．明らかに第三の積分は

$$\boldsymbol{u} \cdot \boldsymbol{u} = g_{\alpha\beta} u^\alpha u^\beta = -1 \tag{9.23}$$

である．3 つの積分を使って，4 元速度のゼロでない 3 つの成分を運動の定数 e, ℓ で表すことができる．シュワルツシルト計量 (9.10) の場合に (9.23) 式を書き下し，赤道面の条件 $u^\theta = 0, \theta = \pi/2$ を考慮すると

$$-\left(1 - \frac{2M}{r}\right)(u^r)^2 + \left(1 - \frac{2M}{r}\right)^{-1}(u^t)^2 + r^2(u^\phi)^2 = -1 \tag{9.24}$$

が得られる．$u^t = dt/d\tau, u^r = dr/d\tau, u^\phi = d\phi/d\tau$ と書き，(9.21) 式と (9.22) 式を使って $dt/d\tau$ と $d\phi/d\tau$ を消去すると (9.24) 式は

$$-\left(1 - \frac{2M}{r}\right)^{-1} e^2 + \left(1 - \frac{2M}{r}\right)^{-1}\left(\frac{dr}{d\tau}\right)^2 + \frac{\ell^2}{r^2} = -1 \tag{9.25}$$

のように書き換えられる．さらに書き換えると

$$\frac{e^2 - 1}{2} = \frac{1}{2}\left(\frac{dr}{d\tau}\right)^2 + \frac{1}{2}\left[\left(1 - \frac{2M}{r}\right)\left(1 + \frac{\ell^2}{r^2}\right) - 1\right] \tag{9.26}$$

となる．我々はニュートン力学のエネルギー積分との対応を示すために，この形で表した．定数

$$\mathcal{E} \equiv (e^2 - 1)/2 \tag{9.27}$$

と有効ポテンシャル

$$\boxed{V_{\text{eff}}(r) \equiv \frac{1}{2}\left[\left(1 - \frac{2M}{r}\right)\left(1 + \frac{\ell^2}{r^2}\right) - 1\right] = -\frac{M}{r} + \frac{\ell^2}{2r^2} - \frac{M\ell^2}{r^3}} \tag{9.28}$$

を定義することにより，対応する式は正確に

$$\boxed{\mathcal{E} = \frac{1}{2}\left(\frac{dr}{d\tau}\right)^2 + V_{\text{eff}}(r)} \tag{9.29}$$

になる．このようにニュートン力学の有効ポテンシャルによる軌道の分析のテクニックがシュワルツシルト幾何学の軌道にも使える．実際，有効ポテンシャル (9.28) の形は，ニュートンの中心力ポテンシャル $-M/r$ と $\ell^2/2r^2 - M\ell^2/r^3$ の項だけしか違わない．しかしその項は軌道に重要な影響を及ぼす．早速調べることにしよう．

非相対論的極限を考えることにより，(9.29) 式に大きな洞察が得られる．そうするためにまず c と G の因子を戻し，τ を $c\tau$ に置き換え，M を GM/c^2 に置き換える．保存量 ℓ は ℓ/c に置き換える．引き続き，ℓ は $r^2(d\phi/d\tau)$ を意味する．有効ポテンシャル $V_{\text{eff}}(r)$ は

$$V_{\text{eff}}(r) = \frac{1}{c^2}\left(-\frac{GM}{r} + \frac{\ell^2}{2r^2} - \frac{GM\ell^2}{c^2r^3}\right) \tag{9.30}$$

となる．無次元定数 e は単位静止質量当たりの全エネルギーである．通常のニュートンエネルギーに対応する量を予期して，E_{Newt} を

$$e \equiv \frac{mc^2 + E_{\text{Newt}}}{mc^2} \tag{9.31}$$

で定義する．(9.30) 式と (9.31) 式を使うと，(9.29) 式は

$$E_{\text{Newt}}\left(1 + \frac{E_{\text{Newt}}}{2mc^2}\right) = \frac{m}{2}\left(\frac{dr}{d\tau}\right)^2 + \frac{L^2}{2mr^2} - \frac{GMm}{r} - \frac{GML^2}{c^2mr^3} \tag{9.32}$$

となる．ここで $L = m\ell$ である．これは，右辺に $1/r^3$ に比例するポテンシャルと，左辺にエネルギーの相対論的補正を加えたニュートン重力のエネルギー積分と同じ形である．ニュートン極限へは，これらの相対論的補正項がなくなり，τ

微分が t 微分に置き換えれば回復する．

相対論的軌道の分析に戻って，有効ポテンシャル $V_{\text{eff}}(r)$ の性質を考えよう．単純な性質がその定義（9.28）からすぐ得られる：

$$V_{\text{eff}}(r) \xrightarrow[r\to\infty]{} -\frac{M}{r}, \qquad V_{\text{eff}}(2M) = -\frac{1}{2}. \tag{9.33}$$

図 9.2 で説明したように，大きな r でポテンシャルはニュートン有効ポテンシャルに近くなる．これは（9.28）式の最初の 2 つの項がニュートン理論のものと同じだからだ．しかし，r が小さくなると，一般相対論による $1/r^3$ の補正項が重要性を帯びてくる．

有効ポテンシャルの極値は $dV_{\text{eff}}/dr = 0$ を解くことで得られる．1 つの極小と 1 つの極大があり，その半径 $r_{\text{min}}, r_{\text{max}}$ は

$$r_{\substack{\text{min}\\ \text{max}}} = \frac{\ell^2}{2M}\left[1 \pm \sqrt{1 - 12\left(\frac{M}{\ell}\right)^2}\right] \tag{9.34}$$

である．228 ページの図 9.3 は ℓ の値をかえて V_{eff} をプロットしたものである．$\ell/M < \sqrt{12} = 3.46$ ならば，最大も最小も存在せず，すべての r で有効ポテンシャ

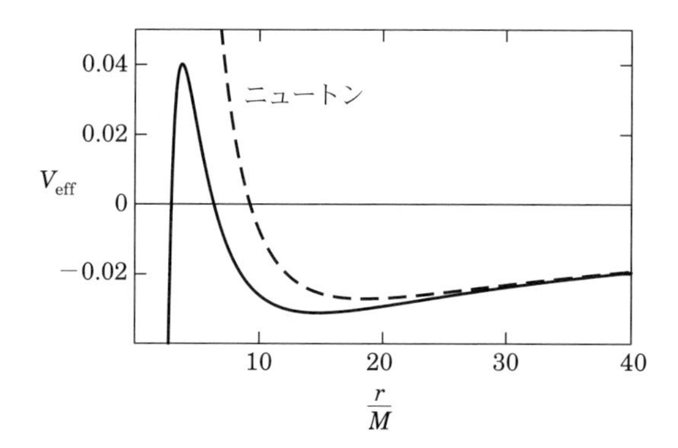

図 **9.2**　$\ell/M = 4.3$ で比較した，動径運動の相対論的有効ポテンシャルとニュートン有効ポテンシャル．相対論的有効ポテンシャル $V_{\text{eff}}(r)$ は（9.28）式で定義され，そのうちの最初の 2 つの項をニュートンポテンシャルとする．その 2 つのポテンシャルは r が大きくなると同じになるが，r が小さくなると大きく異なり，そこでは（9.28）式の $1/r^3$ の項が重要になってくる．特にニュートン理論における遠心力は無限大の障壁になるが，相対論では有限の高さになる．太陽を回る軌道上にある地球では $\ell/M \sim 10^9$ であり，その軌道上でニュートンポテンシャルと相対論的ポテンシャル差は小さいが，正確な測定をすれば検出可能である．第 10 章を見よ．

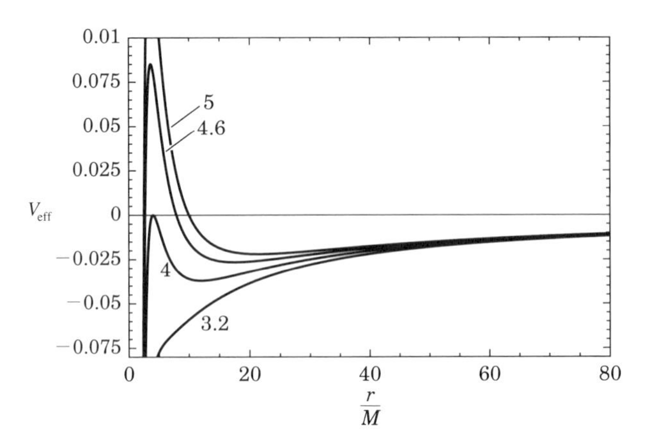

図 9.3　ℓ の値をいくつか変えて描いた動径方向の有効ポテンシャル $V_{\text{eff}}(r)$. ℓ/M の値が曲線につけてある.

ルは負になる. $\ell/M > \sqrt{12}$ のときは極大が 1 つ, 極小が 1 つある. $\ell/M > 4$ で最大値は $V_{\text{eff}} = 0$ より上にあり, ℓ/M がそれ以下なら下になる. 遠心力の障壁が存在するが, ニュートン理論では無限大の高さになるのに対して, ここには最大値がある (図 9.2 を見よ).

軌道の定性的な振る舞いは, ニュートンの中心力の問題と同じように, $\mathcal{E} \equiv (e^2 - 1)/2$ と (9.29) 式の有効ポテンシャルの関係に依存する. $\mathcal{E} = V_{\text{eff}}(r_{\text{tp}})$ となる半径 r_{tp} は転回点になる. ここでは動径速度が 0 になるからである. $\ell/M < \sqrt{12}$ ならば, $\mathcal{E}$ が正の値のときは転回点は存在しない. 内向きの粒子はずっと原点に向かって落ち込んでいく. これはニュートン理論とは対照的であり, ニュートン理論では $\ell \neq 0$ である限り, 粒子を跳ね返す正の遠心力の障壁が存在する (図 9.2 を見よ). 図 9.4 は $\ell/M > \sqrt{12}$ の 4 種類の軌道をその定性的な形とともに示している. 図 9.4 (右上) の「円軌道は半径 (9.34) のとき可能である. この半径では有効ポテンシャルが最大または最小になる. 最大値の軌道では $\mathcal{E}$ が少し増えると無限遠に脱出するか, $r = 0$ に落ち込むため不安定である. 極小値の軌道は安定である. 図 9.4 (右下) の $\mathcal{E} < 0$ では 2 つの転回点を振動する軌道がある (惑星は太陽の時空幾何学中を非常によい近似として, この軌道上を動いている). 230 ページの図 9.4 (続き) (右上) の $\mathcal{E}$ が正の値だけれども有効ポテンシャルの最大値よりも小さい軌道は無限遠からきて, 中心に引かれ, 戻っていく.

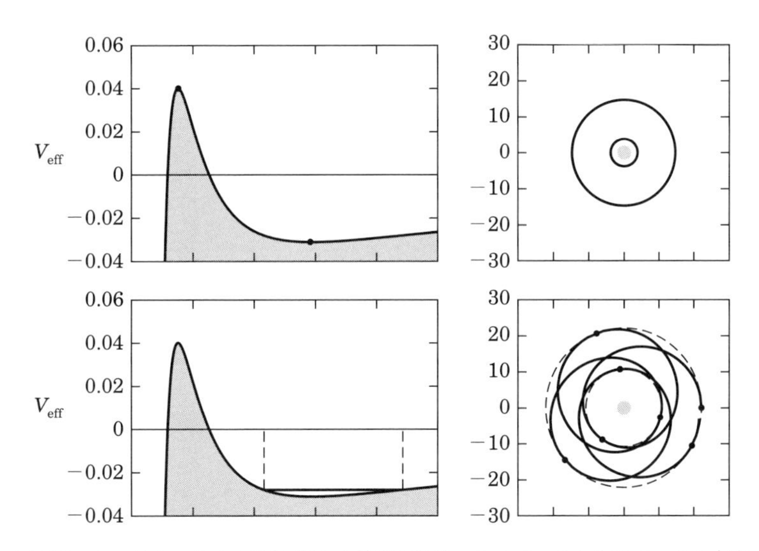

図 **9.4** シュワルツシルト幾何学の 4 種類の軌道．このページと次のページの左右の組合せは $\ell/M=4.3$ に対して $\mathcal{E}$ の 4 つの値に対応する軌道を表している．ポテンシャルと $\mathcal{E}$ の関係が左に示されている．これらのプロットの横軸は r/M であり，縦軸は $V_{\rm eff}(r)$ である．水平線は $\mathcal{E}$ の値である．縦の破線は転回点を表す．ドットは円軌道が可能な位置を表している．対応する軌道の形が右図に示されており，シュワルツシルト座標 r, ϕ が平面の極座標としてプロットされている．各プロットの中心付近の影のついた領域は $r<2M$ に対応する．このページの上の図は 2 つの円軌道を表し，外の方が安定で，内側が不安定である．下の図は境界内を動く軌道であり，そこで粒子は 2 つのドットで示された転回点の間を移動する．最も近い点（近日点）と遠い点（遠日点）の位置をドットで表した．近日点の移動はこの相対論的軌道では大きい．(次のページに続く)

図 9.4（続き）（右下）$\mathcal{E}$ の値が最大値よりも大きいと中心に突っ込む．以下では，今後の応用として最も重要になる軌道のいろいろな性質を計算することにする．

動径突入軌道

軌道の最も簡単な例は無限遠から動径方向への自由落下であり，このときは $\ell=0$ である．粒子は無限遠でいろいろな運動エネルギーで出発することができる．この場合運動エネルギーは $\mathcal{E}$ に対応するが，静止から出発することが最も簡単な場合になる．(9.21) 式から，無限遠で $dt/d\tau=1,\ e=1$ または同じであるが，(9.27) 式から $\mathcal{E}=0$ である．

$e=1,\ \ell=0$ と (9.26) 式から

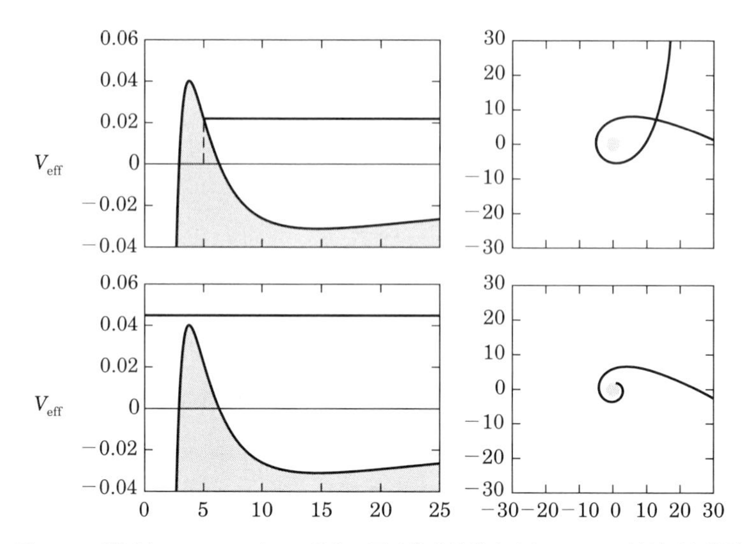

図 **9.4**　（続き）このページの一番上の図は散乱軌道を表している．粒子は無限遠から来て，中心の周りを通り，再び無限遠に戻る．この顕著に相対論的な軌道はニュートンの双曲線とはかなり違っている．下の組は突入軌道であり，粒子は無限遠からきて，中心質量の周りをぐるっと回り，中心に飛び込む．この種の軌道は粒子が $1/r$ の中心ポテンシャル中を動くニュートン力学では不可能である．

$$0 = \frac{1}{2}\left(\frac{dr}{d\tau}\right)^2 - \frac{M}{r} \tag{9.35}$$

となり，これから 4 元速度の動径成分 $dr/d\tau$ が決まる．これと（9.21）式の時間成分 $dt/d\tau$ から，4 元速度は

$$u^\alpha = ((1-2M/r)^{-1}, -(2M/r)^{1/2}, 0, 0) \tag{9.36}$$

である．(9.35) 式を

$$r^{1/2}dr = -(2M)^{1/2}d\tau \tag{9.37}$$

と書き換えると，両辺は積分することができ r を τ の関数としても表すことができる．右辺の負の符号は測地線に沿って落ちていくことを表し，式が正しいことがわかる．積分の結果

$$r(\tau) = (3/2)^{2/3}(2M)^{1/3}(\tau_* - \tau)^{2/3} \tag{9.38}$$

である．ここで τ_* は任意の積分定数であるが，$r=0$ に達したときの固有時で

決める．シュワルツシルト時間を求めるには，まず r の関数として t を計算し，それから（9.38）式を使って τ の関数として表す．（9.21）式に $e=1$ を代入し，（9.35）式から微分 dt/dr を計算すると

$$\frac{dt}{dr}=-\left(\frac{2M}{r}\right)^{-1/2}\left(1-\frac{2M}{r}\right)^{-1} \tag{9.39}$$

が得られ，積分すると

$$t=t_*+2M\left[-\frac{2}{3}\left(\frac{r}{2M}\right)^{3/2}-2\left(\frac{r}{2M}\right)^{1/2}+\log\left|\frac{(r/2M)^{1/2}+1}{(r/2M)^{1/2}-1}\right|\right] \tag{9.40}$$

が得られる．t_* は積分定数である．このように無限遠から静止して自由落下する観測者が存在する．ある特別な半径を通過する時刻によって番号をつけるか，ある特別な時刻にどの半径にいるのかで番号をつけることで t_* を指定できる．（9.40）式に（9.38）式を代入することによって $t=t(\tau)$ の関係式を求めることができる．

動径突入軌道のいくつかの重要な特徴が（9.38）式と（9.40）式からわかる．（9.40）式から，$t\to-\infty$ になると $r\to\infty$ になり，粒子は無限遠から下に落下することがわかる．たとえ（9.40）式から座標時間 t が無限大になったとしても，（9.38）式をみると，軌道上のどんな r の値からでも有限の固有時で $r=2M$ にたどり着けることがわかる．このことは，シュワルツシルト座標が $r=2M$ で破綻をきたしていることの 1 つの現れである．実際には有限の距離に無限個の座標点を割り当てているためである．このことについて第 12 章でより詳しく学ぶ．

●例 9.1　脱出速度●　シュワルツシルト座標半径 R の位置に留まり続ける観測者が，自分の系で動径方向に向けて速度 V で物体を発射する．発射物が無限遠にたどり着いたとき，速度 0 になっているためには，V はどんな大きさでなければならないか．この速度が脱出速度 V_{escape} である．

発射物には力がはたらかないので，動径方向の測地線にしたがう．無限遠で静止する発射物は $e=1$ である．e は保存するので，観測者は最小値 $e=1$ で発射物を打ち上げなければならない．そのためには，4 元速度 $\boldsymbol{u}$ は（9.36）式と同じであるが，u^r の符号が逆でなければならない．観測者に測定されるエネルギー E は（5.87）式から $-\boldsymbol{p}\cdot\boldsymbol{u}_{\text{obs}}$ である．ここで $\boldsymbol{u}_{\text{obs}}$ は静止観測者の 4 元速度であり，$\boldsymbol{p}=m\boldsymbol{u}$ は m が静止質量ならば発射物の 4 元運動量である．半径 R の静止観測者の 4 元速度は（9.16）式で与えられる．したがって，脱出するために発射

時に必要とするエネルギーは

$$E = -\boldsymbol{p} \cdot \boldsymbol{u}_{\mathrm{obs}} = -m\boldsymbol{u} \cdot \boldsymbol{u}_{\mathrm{obs}} = -mg_{\alpha\beta}u^{\alpha}u^{\beta}_{\mathrm{obs}}$$
$$= -mg_{tt}u^{t}u^{t}_{\mathrm{obs}} = m\left(1 - \frac{2M}{R}\right)^{-1/2}. \tag{9.41}$$

4 番目の等号は，静止観測者の 4 元速度 $\boldsymbol{u}_{\mathrm{obs}}$ が t 成分しかないこと，シュワルツシルト計量が対角であることを使った．5 番目では計量（9.10）の値と（9.36）式と（9.16）式の 4 元速度を代入した．観測者の系で，粒子のエネルギー E と速さ V は $E = m/\sqrt{1-V^2}$ の関係がある［（5.46）式を参照］．したがって脱出速度は

$$V_{\mathrm{escape}} = \left(\frac{2M}{R}\right)^{1/2} \tag{9.42}$$

である．これは偶然にもニュートン理論と同じ公式である．R が $2M$ に近づくと，脱出に必要な速度は光速に近づかなければならない．

安定円軌道

安定円軌道は（9.34）式の有効ポテンシャルが極小となる半径 $r = r_{\mathrm{min}}$ にある．ℓ/M が小さくなると，この半径も小さくなるが，安定円軌道はいくらでも小さくなれるわけではない．(9.34）式からシュワルツシルト幾何学で最も内側の安定円軌道（innermost stable circular orbit, 相対論的宇宙物理学では ISCO と呼ばれる）は $\ell/M = \sqrt{12}$ のとき，半径

$$\boxed{r_{\mathrm{ISCO}} = 6M} \tag{9.43}$$

にある．この事実は X 線源の構造を論じるときに重要であり，第 11 章でみる．

円軌道上の粒子の角速度は軌道上の角度位置が変化する時間的割合のことをいう．無限遠では t と時計の固有時が一致することから，シュワルツシルト座標時間 t で表した Ω は無限遠の静止時計で測った角度の時間変化になる．どんな赤道面軌道でも

$$\Omega \equiv \frac{d\phi}{dt} = \frac{d\phi/d\tau}{dt/d\tau} = \frac{1}{r^2}\left(1 - \frac{2M}{r}\right)\left(\frac{\ell}{e}\right) \tag{9.44}$$

となる．最後の等号は（9.21）式と（9.22）式を使った．半径 r の円軌道の ℓ と e は 2 つの要請によって決められる．第一に，ポテンシャルはその半径で極小値

をとる．第二に，$\mathcal{E}$ の値は有効ポテンシャルの極小値と等しい．(9.26) 式または (9.29) 式から $e^2 = (1-2M/r)(1+\ell^2/r^2)$ である．これらの 2 つの要請を ℓ/e について解くと

$$\frac{\ell}{e} = (Mr)^{1/2}\left(1-\frac{2M}{r}\right)^{-1} \qquad \text{(円軌道)} \tag{9.45}$$

が得られる．これを (9.44) 式に代入すると

$$\boxed{\Omega^2 = \frac{M}{r^3} \qquad \text{(円軌道)}} \tag{9.46}$$

が得られる．これは非相対論的ケプラー則と同じ形をしている．シュワルツシルト座標時間の周期は $2\pi/\Omega$ であり，(9.46) 式は，周期の 2 乗が軌道半径の 3 乗に比例することを表してる．相対論と非相対論が一致したのは，角速度を測定するためにシュワルツシルト座標時間，軌道の位置を測定するためにシュワルツシルト半径を選んだことによる偶然だ．たとえば，固有時に対する角度変化はもっと複雑な公式になる（問題 9）．

円軌道における粒子の 4 元速度の成分は，(9.46) 式の角速度 Ω を使うと

$$u^\alpha = u^t(1, 0, 0, \Omega) \tag{9.47}$$

となる．成分 u^t は静止観測者の (9.15) 式と同じ方法で規格化条件 $\boldsymbol{u}\cdot\boldsymbol{u} = -1$ によって決まる．しかし，この場合，角速度の影響があり，同じ計算から

$$u^t = \left(1-\frac{2M}{r}-r^2\Omega^2\right)^{-1/2} = \left(1-\frac{3M}{r}\right)^{-1/2} \qquad \text{(円軌道)} \tag{9.48}$$

を得る．

束縛軌道の形

軌道の形を見つけることは，r を ϕ の関数または同じことだが，ϕ を r の関数として求めることである．(9.29) 式を $dr/d\tau$ について解き，(9.22) 式を $\theta = \pi/2$ として $d\phi/d\tau$ について解き，$d\phi/d\tau$ を $dr/d\tau$ で割ると

$$\frac{d\phi}{dr} = -\pm\frac{\ell}{r^2}\frac{1}{[2(\mathcal{E}-V_{\text{eff}}(r))]^{1/2}} = \pm\frac{\ell}{r^2}\left[e^2-\left(1-\frac{2M}{r}\right)\left(1+\frac{\ell^2}{r^2}\right)\right]^{-1/2} \tag{9.49}$$

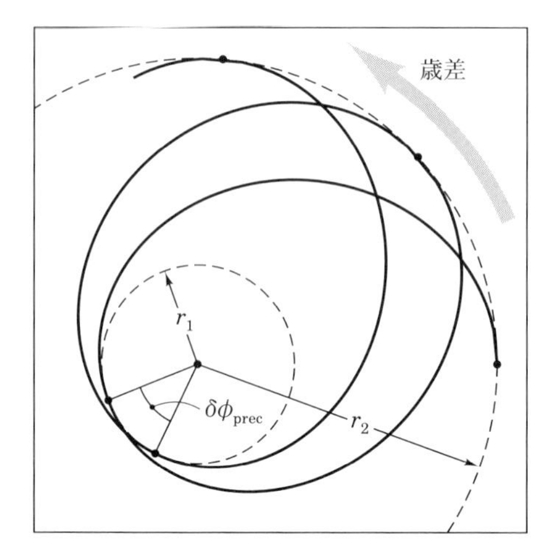

図 9.5　球対称星の外側の束縛軌道の形．これは，束縛軌道の軌道面の図であり，動径運動が図 9.4 の 2 番目のプロットで説明した種類に属する軌道である．惑星は最小半径 r_1 から最大半径 r_2 に移動し，再び同じ最小半径に戻ってくる．しかし，ニュートン重力理論にしたがうケプラーの楕円軌道と違い，軌道は閉じない．最も近づくときの角度位置は，戻ってくるたびに少しずつずれ，太陽の周りにおける惑星の近日点移動と呼ばれる．図は時計の 3 時の位置から出発したテスト質量の 2 軌道分を示している．最も近づく内側の転回半径の 2 点をドットで示した．それらの間の角度が 1 軌道当たりの近日点移動である．

が得られる．この符号は，r が増えるときに粒子が運動する ϕ の方向に対応する．関数 $\phi(r)$ は右辺を積分することですぐに求められる．結果は楕円関数で表されるが，これは馴染み深いものではなく理解しにくい．特に重要な性質は軌道が閉じるかどうかである．我々が 1 軌道に言及するとき，内側の転回点（または同じだが，外側の転回点）からもう 1 度転回点を通る道のりのこととする．この道のりで掃かれる角度の大きさ $\Delta\phi$ が 2π であるとき，軌道は閉じているといわれる．2π でなければ，内側の転回点は歳差しているといい，軌道当たりの歳差量は図 9.5 で説明するように

$$\delta\phi_{\mathrm{prec}} = \Delta\phi - 2\pi \tag{9.50}$$

である．

2 度内側の転回点を通り過ぎるときに，掃かれる角度 $\Delta\phi$ は転回点 r_1 と r_2 の間に掃かれる角度のちょうど 2 倍である．よって

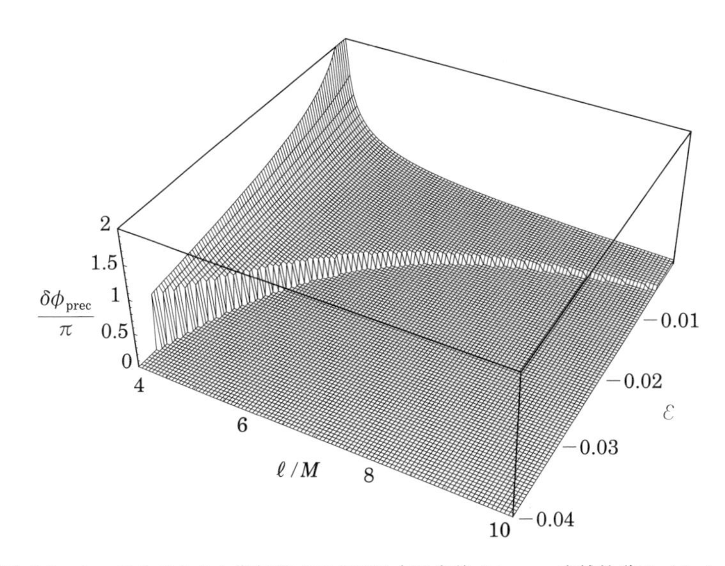

図 **9.6** シュワルツシルト幾何学中での近日点の歳差 $\delta\phi_{\rm prec}$. 束縛軌道はパラメータ $\mathcal{E}=(e^2-1)/2$ と ℓ によって特徴づけられている. (9.50) 式と積分 (9.51) によって定義される $\delta\phi_{\rm prec}$ のプロットである. 手前の平坦領域には束縛軌道はなく, そこでは $\delta\phi_{\rm prec}$ が 0 としてプロットされている. 平坦領域との境界は ℓ–$\mathcal{E}$ 曲線における円軌道にあたる. ℓ が大きくなると, 星から離れる軌道になり, 相対論的効果が小さい [ℓ と円軌道の半径の関係については, (9.45) 式を見よ]. これは (9.57) 式がよい近似とみなせる極限であり, 太陽系の惑星に対しては重要である.

$$\Delta\phi = 2\ell\int_{r_1}^{r_2}\frac{dr}{r^2}\left[e^2-\left(1-\frac{2M}{r}\right)\left(1+\frac{\ell^2}{r^2}\right)\right]^{-1/2} \tag{9.51}$$

である. 転回点 r_1 と r_2 は軌道上で $dr/d\tau$ が 0 になる場所であり, (9.26) 式から (9.51) 式の分母が 0 になるところである. これらのことから, $\Delta\phi$ を求めるためには, 分母が 0 になる 2 つの半径の間で (9.51) 式の積分を実行するだけでよい. 図 9.6 は数値計算によるプロットである.

太陽系に応用するには, $\Delta\phi$ をニュートン近似の $1/c^2$ で次のオーダーまで評価する必要がある. それを行うため, (9.32) 式にたどり着くまでに行った考察で述べたように, まず, G と c^2 の因子を (9.51) 式に戻し, 括弧を展開すると

$$\Delta\phi = 2\ell\int_{r_2}^{r_1}\frac{dr}{r^2}\left[c^2(e^2-1)+\frac{2GM}{r}-\frac{\ell^2}{r^2}+\frac{2MG\ell^2}{c^2r^3}\right]^{-1/2} \tag{9.52}$$

になる．括弧の中の定数項は c^2 のオーダーではなく，1 のオーダーである．なぜなら（9.31）式を $1/c^2$ で展開すると

$$e^2 = 1 + \frac{2E_{\mathrm{Newt}}}{mc^2} + \cdots \tag{9.53}$$

となるからである．(9.30）式で見たように，括弧の中の最初の 3 つの項は，ニュートンエネルギー，重力ポテンシャル，遠心ポテンシャルを表す．このうちの最後の項は相対論的補正を表しており，これはニュートンポテンシャルに $1/r^3$ 次の小さい付加項があるかのように軌道に影響を及ぼす．

ニュートン近似では（9.52）式の分母の最後の項は無視し，正確に $\Delta\phi = 2\pi$ となるのだが，そのことを確かめるのは難しくない．括弧の最後の項を無視し，新しい変数 $u = 1/r$ を導入すると，(9.52）式の積分は

$$\Delta\phi = 2\int_{u_2}^{u_1} \frac{du}{[(u_1 - u)(u - u_2)]^{1/2}} \tag{9.54}$$

の形で書かれる．ここで $u_1 = 1/r_1$, $u_2 = 1/r_2$ $(u_1 > u_2)$ は（9.52）式の分母を 0 にした 2 次方程式の解である．この積分は容易に積分表で調べられ u_1 と u_2 のすべての値で $\Delta\phi = 2\pi$ になる．

積分（9.52）を展開して，ニュートンの結果に対して 1 次の相対論的補正を求めるのは少しトリックが必要だ．問題 15 は 1 つの方法である．問題 15 を解くことにより，1 軌道分で

$$\delta\phi_{\mathrm{prec}} = 6\pi\left(\frac{GM}{c\ell}\right)^2 \qquad (1/c^2 \text{ の 1 次}) \tag{9.55}$$

が求められる．この精度までで，ニュートン軌道を使って，通常のパラメータ（離心率 ϵ, 長軸半径 a）で ℓ を評価することができる．中級の力学の教科書にニュートン力学では

$$\ell^2 = \left(r^2\frac{d\phi}{d\tau}\right)^2 \approx \left(r^2\frac{d\phi}{dt}\right)^2 = GMa\left(1 - \epsilon^2\right) \tag{9.56}$$

となっていることを思い出せ．

したがって

$$\boxed{\delta\phi_{\mathrm{prec}} = \frac{6\pi G}{c^2}\frac{M}{a(1-\epsilon^2)}} \qquad \begin{pmatrix}\text{1 軌道当たりの小さい} \\ GM/c^2a \text{ による歳差}\end{pmatrix} \tag{9.57}$$

となる．これはケプラー楕円軌道の内側の転回点における 1 周期当たりの相対論的歳差である．太陽に適用すると，内側の転回点は近日点と呼ばれ，これは惑星の近日点の歳差運動である [*3]．最も大きな効果は最も小さい a で起きる．つまり太陽に近い惑星で起きる．水星では歳差の予測値が 1 世紀当たり約 43 秒であり，これは小さい数値であるが，次章でみるように，精密な測定で検出できる．

9.4 光線軌道——光の曲がりと時間の遅れ

シュワルツシルト幾何学の光線軌道の計算は粒子の軌道の場合と併行して行えるが，重要な差がある．5.5 節と 8.3 節で考察したように，光線の世界線は座標 x^α をいくつかのアフィンパラメータ λ の 1 つの関数として与えることにより記述できる．ヌルベクトル $u^\alpha \equiv dx^\alpha/d\lambda$ は世界線の接ベクトルである．シュワルツシルト計量は t と ϕ とは独立なので

$$e \equiv -\boldsymbol{\xi}\cdot\boldsymbol{u} = \left(1-\frac{2M}{r}\right)\frac{dt}{d\lambda}, \tag{9.58}$$

$$\ell \equiv \boldsymbol{\eta}\cdot\boldsymbol{u} = r^2\sin^2\theta\,\frac{d\phi}{d\lambda} \tag{9.59}$$

は光線軌道に沿って保存する．これらは粒子の場合の（9.21）式と（9.22）式に対応する．実際，λ の規格化がヌル測地線上で運動する光子の $\boldsymbol{u}$ が運動量 $\boldsymbol{p}$ と一致するように選ばれると，e と ℓ は無限遠での光子のエネルギーと角運動量になる．3 番目の項の積分は接ベクトルがヌルであることから得られる［（8.40）式を参照］:

$$\boldsymbol{u}\cdot\boldsymbol{u} = g_{\alpha\beta}\frac{dx^\alpha}{d\lambda}\frac{dx^\beta}{d\lambda} = 0. \tag{9.60}$$

この式の右辺が（9.23）式では -1 であったのが 0 になっているところが粒子と光線の場合における本当の唯一の差である．

光線の動径方向についてのエネルギー積分は（9.23）式から（9.29）式に進むステップと併行して導出できる．赤道面 $\theta=\pi/2$ の光線軌道について，(9.60) 式を書き下すと

$$-\left(1-\frac{2M}{r}\right)\left(\frac{dt}{d\lambda}\right)^2 + \left(1-\frac{2M}{r}\right)^{-1}\left(\frac{dr}{d\lambda}\right)^2 + r^2\left(\frac{d\phi}{d\lambda}\right)^2 = 0 \tag{9.61}$$

[*3] 連星系では内側の転回点は近星点と呼ばれる．

となる. (9.58) 式と (9.59) 式を使って, それぞれ $dt/d\lambda$ と $d\phi/d\lambda$ を消去すると

$$-\left(1-\frac{2M}{r}\right)^{-1}e^2+\left(1-\frac{2M}{r}\right)^{-1}\left(\frac{dr}{d\lambda}\right)^2+\frac{\ell^2}{r^2}=0 \tag{9.62}$$

となる. $(1-2M/r)/\ell^2$ をかけると, これは

$$\boxed{\frac{1}{b^2}=\frac{1}{\ell^2}\left(\frac{dr}{d\lambda}\right)^2+W_{\mathrm{eff}}(r)} \tag{9.63}$$

の形にすることができる. ここで

$$b^2\equiv\ell^2/e^2 \tag{9.64}$$

および

$$\boxed{W_{\mathrm{eff}}(r)\equiv\frac{1}{r^2}\left(1-\frac{2M}{r}\right)} \tag{9.65}$$

である.

(9.63) 式は動径方向のエネルギー積分の形をしていて, $W_{\mathrm{eff}}(r)$ は有効ポテンシャルの役割を果たし, b^{-2} はエネルギーの役割を果たしている. この関係は, (9.29) 式が粒子の軌道を分析するのに使われていたのと同じように, 光線の軌道を分析するのに使われる. しかしながら, 粒子の場合は e と ℓ が違えば軌道も違っていたが, 光線軌道の物理的な性質は比 ℓ/e にのみに依存する. これは, アフィンパラメータ λ を規格化する自由度があるためでもある. もし λ を K 倍しても, (9.60) 式と測地線方程式 (8.42) がまだ満たされているので, それもよいアフィンパラメータとなり, アフィンパラメータを変えても物理的な予測は変わらない. しかし e と ℓ はそれぞれ K で割られる. したがって, 比 ℓ/e にのみ物理的な意義があり, これが光線軌道の性質を決める. 光線の軌道の形といった場合, 軌道の物理的な計算は, 自動的に比 ℓ/e にのみ依存する結果になる. もしそうならなければ, 計算は間違っていることになるのだ.

ℓ の符号は, 光線がどっち向きに中心を回るかを表している. $b\equiv|\ell/e|$ を定義する. これに軌道の形が依存するからだ. b が何であるかを知るために, 無限遠に到達する軌道を考えよう. 無限遠で空間は平坦になり, 直交座標を導入して通常のシュワルツシルト極座標に関係づけることができる. たとえば, 赤道面で

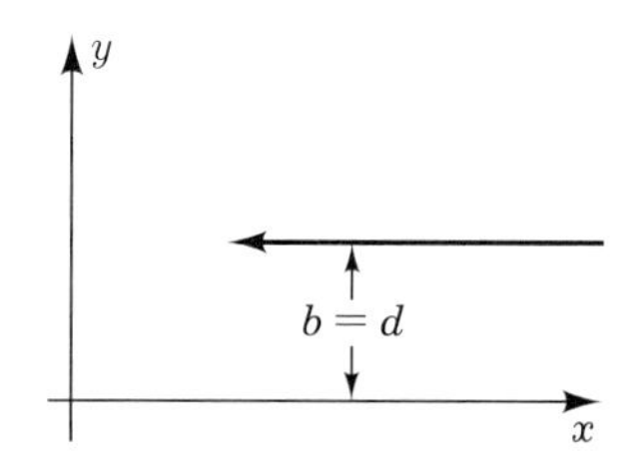

図 **9.7** 重力源からかなり離れた内向きの光線軌道の一部を，(9.66) 式で定義される直交座標を使って示した．光線が球対称の中心を通る x 軸から距離 d のところを速さ 1 で直線上を内向きに運動している．この距離は衝突パラメータであり，本文で説明したように $b \equiv |\ell/e|$ である．

$$x = r\cos\phi, \qquad y = r\sin\phi \tag{9.66}$$

である．図 9.7 に示したように，x 軸と距離 d 離れて平行に運動している光線を考えよう．曲率の発生源から離れると，光線は直線上を運動する．$r \gg 2M$ で，b は

$$b \equiv \left|\frac{\ell}{e}\right| \approx \frac{r^2 d\phi/d\lambda}{dt/d\lambda} = r^2\frac{d\phi}{dt} \tag{9.67}$$

である．大きな r で $\phi \approx d/r$ および $dr/dt \approx -1$ となり，

$$\frac{d\phi}{dt} = \frac{d\phi}{dr}\frac{dr}{dt} = \frac{d}{r^2} \tag{9.68}$$

したがって

$$b = d \tag{9.69}$$

となる．b は無限遠にたどり着く光線の衝突パラメータであり，正であると定義されている．(9.67) 式から，幾何学的単位で b の次元は長さである．衝突パラメータとしてふさわしくなるように，どんな単位系でも長さの次元を持つように定義することにしよう．したがって，ℓ が単位質量当たりの角運動量の単位をもっていれば，$c \neq 1$ 単位系では，$b \equiv |\ell/(ce)|$ となる．

240 ページの図 9.8 の左図は，W_{eff} の形を表している．大きな r で 0 になり，$r = 3M$ で最大になる．最大の高さは

$$W_{\text{eff}}(3M) = \frac{1}{27M^2} \qquad (W_{\text{eff}}\text{ の最大値}) \tag{9.70}$$

となる．半径 $r = 3M$ の光線の円軌道は $b^2 = 27M^2$ ならば最大値のところで可

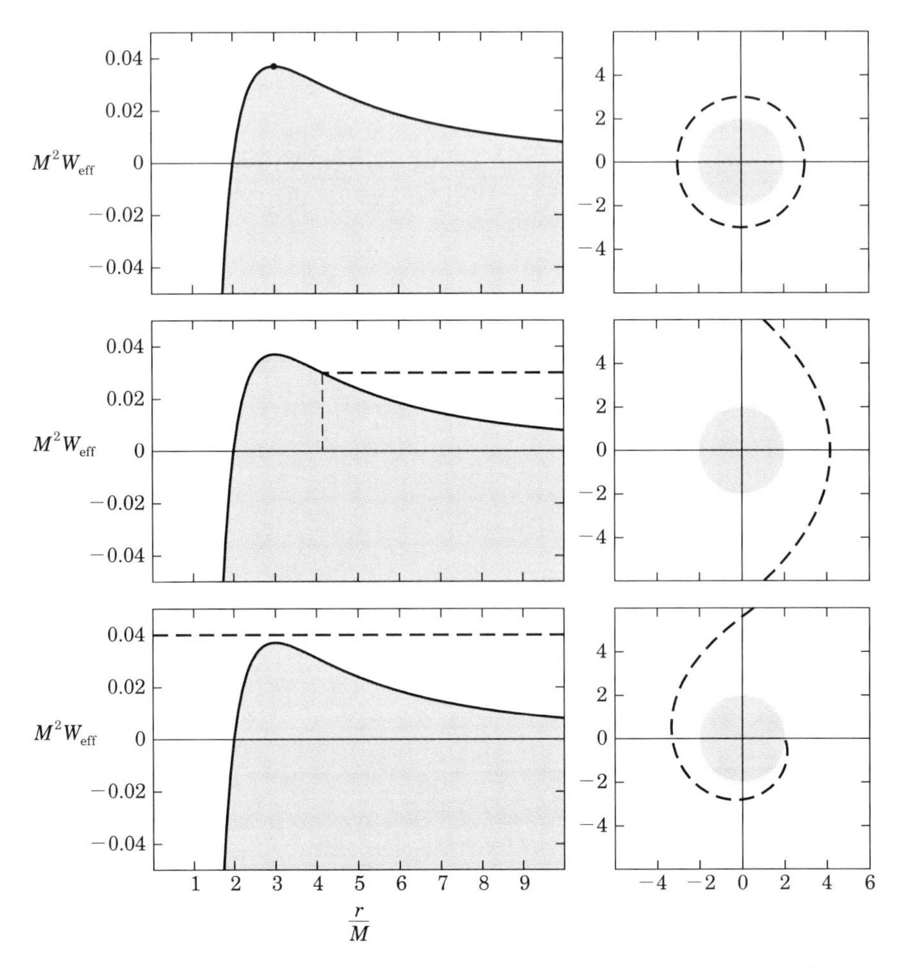

図 **9.8**　シュワルツシルト幾何学における 3 種類の光線軌道．図は，3 つの b の値に対応する軌道を示している．ポテンシャルと，$1/b^2$ との関係が左にある．横軸は r/M であり，縦軸は $W_{\rm eff}(r)$ である．太い破線は $1/b^2$ の値である．軌道の形は右にある．上から下に，円軌道，散乱軌道，突入軌道である．

能である．しかしながら，これらの円軌道は不安定で，b が少しでも変化すれば，軌道は最大値から遠く離れる．光線円軌道は太陽の周りでは不可能である．太陽の半径は $3M_{\odot} \approx 4.5\,\mathrm{km}$ よりもかなり大きいからである．しかし第 12 章でみるが，ブラックホールの外側には光線円軌道ができる．

光線軌道に見られるその他の定性的な特徴は，図 9.8 に示したように $1/b^2$ が W_{eff} の最高点よりも大きいか小さいかによる．まず，無限遠から始まる軌道を考えよう．$1/b^2 < (27M^2)$ ならば，図 9.8 の例の 2 つ目の場合のように，軌道は転回点をもち，再び無限遠に脱出する．太陽の周りで曲がる星の光は散乱軌道の 1 つにしたがうが，すぐ述べるように，曲がりの量を測定することは一般相対論の重要な検証となる．$1/b^2 > 1/(27M^2)$ ならば，光線は図 9.8 の一番下の左右の図に示したように，光線はすべて原点に落ち込み，捕えられる．

同じような考え方が，242 ページの図 9.9 に示したように，$r = 2M$ と $r = 3M$ の間の小さい半径で始まる軌道にも成り立つ．もし $1/b^2 > 1/(27M^2)$ なら，光線は脱出する．もし $1/b^2 < 1/(27M^2)$ なら，転回点が存在し，光線は重力中心に落ち込む．$b^2 = \ell^2/e^2$ なので，これらの基準によると，光線が十分小さな角運動量で始まれば，つまり，十分動径方向に近い方向を向いていれば，脱出できるだろう．そうなっていなければ，引力源に戻され落ち込むだろう．状況を図 9.9 に示し，例 9.2 で定量的に考察する．

●例 9.2　どれだけの光が無限遠に脱出できるか●　半径 $R < 3M$ の静止観測者が赤道面 $\theta = \pi/2$ に動径方向から角度 ψ をなすいろいろな方向に光線を送る．$\psi = 0$ の動径方向の光線は $b = 0$ であり脱出できる．図 9.9 に示したように，これを越えれば中心に落ち込んでしまうという臨界角 ψ_{crit} はどうなるだろうか．その答えは，b と ψ の関係に依存するが，これは観測者の実験室の正規直交基底 $\{\boldsymbol{e}_{\hat{\alpha}}\}$ における光線の初期速度を分析することで求められる．ベクトル $\boldsymbol{e}_{\hat{0}}$ は観測者の時間的 4 元速度であり，t の方向を向いている．3 つの空間的基底ベクトルが観測者の位置で直交座標軸の方向を向くように選ぶのがもっとも簡単である．これらを $\boldsymbol{e}_{\hat{r}}, \boldsymbol{e}_{\hat{\theta}}, \boldsymbol{e}_{\hat{\phi}}$ で表す．この正規直交基底において，光線の方向と動径方向の間の角度は

$$\tan\psi = \frac{u^{\hat{\phi}}}{u^{\hat{r}}} = \frac{\boldsymbol{u}\cdot\boldsymbol{e}_{\hat{\phi}}}{\boldsymbol{u}\cdot\boldsymbol{e}_{\hat{r}}} \tag{9.71}$$

である．ここで正規直交基底成分と基底ベクトルとの内積の関係（5.82）を使っ

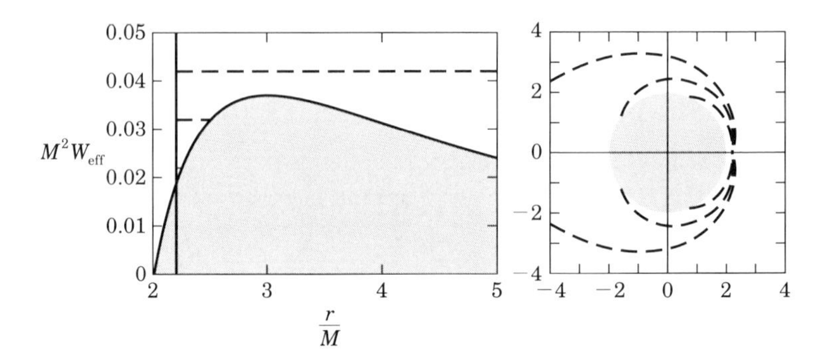

図 **9.9**　$r=2M$ と $r=3M$ の間で放たれた光線．半径 $r=R=2.2M$ で静止している観測者が外側のいろいろな方向（いろいろな b^2 の値）に光線を放つ．この図は，3 つの場合 $(M/b)^2=0.022, 0.032, 0.042$ に何が起きるかを表している．プロットがわかりやすくなるように数値を選んだ．左図は有効ポテンシャル $W_{\mathrm{eff}}(r)$ を詳しく表しており，縦の線は $r=2.2M$ で，水平線は b^{-2} のいろんな値である．右図は（9.66）式で定義される直交座標 (x,y) によって張られる赤道面であり，b^{-2} の値で x 軸の上下の方向に放たれた光線の軌道を示した．$b\equiv|\ell/e|=0$ または b^{-2} が無限大になる動径方向の光線は脱出できる（図にない）．$1/(27M^2)=0.037/M^2$ の障壁の最大値よりも大きな b^{-2} の光線は動径方向に対して小さい角度をなしているが，これも，図に示した $(M/b)^2=0.042$ の値のものと同様に脱出する．障壁の高さよりも低い b^{-2} の値の光線は脱出できない．少し外側に進んでから，半径 $r=2M$ を通過して落下していく．これは $(M/b)^2=0.022, 0.032$ の値のときと同じようになる．動径方向に対して，これよりも小さい角度で放たれると脱出でき，大きい角度では脱出できないような臨界角度 ψ_{crit} がある．その値は（9.74）式にある．$R\to 2M$ になると，脱出光線に対する開口角は 0 になり，実質的に光は脱出できなくなる．

た．(9.71) 式の内積を計算するために，基底ベクトル $\boldsymbol{e}_{\hat{r}}$ と $\boldsymbol{e}_{\hat{\phi}}$ の座標基底成分が赤道面内で $\boldsymbol{u}$ の座標基底成分とともに必要となる．それは（9.59）式と（9.63）式を $u^r=dr/d\lambda$ と $u^\phi=d\phi/d\lambda$ について解くことで得られる．基底ベクトルの成分は例 7.9 にしたがって求められ，それらは

$$(\boldsymbol{e}_{\hat{r}})^\alpha=[0,(1-2M/R)^{1/2},0,0] \tag{9.72a}$$

$$(\boldsymbol{e}_{\hat{\phi}})^\alpha=[0,0,0,1/R], \tag{9.72b}$$

ここで成分は (t,r,θ,ϕ) の順に並べた．(9.71) 式のスカラー積は（7.57）式，(9.10) 式，(9.60) 式，(9.72) 式を使い，(9.63) 式を $dr/d\lambda$ について解くことにより，計算することができ，

$$\boldsymbol{u}\cdot\boldsymbol{e}_{\hat{\phi}} = g_{\phi\phi}(\boldsymbol{e}_{\hat{\phi}})^{\phi}u^{\phi} = \frac{\ell}{R} \tag{9.73a}$$

$$\boldsymbol{u}\cdot\boldsymbol{e}_{\hat{r}} = g_{rr}(\boldsymbol{e}_{\hat{r}})^{r}u^{r} = \left(1-\frac{2M}{R}\right)^{-1/2}\ell\left[\frac{1}{b^2}-\frac{1}{R^2}\left(1-\frac{2M}{R}\right)\right]^{1/2} \tag{9.73b}$$

となる. (9.71) 式にしたがってこれらの比から $\tan\psi$ が求まる. これ以下なら光線が無限遠に脱出できる臨界開口角 $\psi_{\rm crit}$ は $b^2 = 27M^2$ のときにできる：

$$\tan\psi_{\rm crit} = \frac{1}{R}\left(1-\frac{2M}{R}\right)^{1/2}\left[\frac{1}{27M^2}-\frac{1}{R^2}\left(1-\frac{2M}{R}\right)\right]^{-1/2} \tag{9.74}$$

($2M < R < 3M$ を思い出そう).

$R = 3M$ で大括弧の中は 0 になる. 有効ポテンシャルが最大値 $1/(27M^2)$ になるからで, そこでは $\psi_{\rm crit} = \pi/2$ となる. この半径で円軌道が存在していることからこれは期待されることであろう. 円軌道する光線は, 無限遠に脱出する軌道と中心に落ち込む軌道のちょうど境界線上にある. R が $3M$ より小さくなると, 臨界角度はどんどん小さくなり, ついには, $R = 2M$ で 0 になる. この点では, 厳密に動径方向の光線を除き, 光は出られない. 半径 R で静止している観測者がもつフラッシュライトがすべての方向に放たれているとき, 外部から見ると R が $2M$ に近づくにつれて, ライトは, どんどん暗くなっていく. ここでは第 12 章で考察されるブラックホール現象を先取りして論じた.

光の湾曲

無限遠から大きな衝突パラメータで進んでくる光線の議論から, すべての物体はいくらか光の軌道を曲げることが明らかになっただろう. この効果は重要である. 太陽による光の湾曲が一般相対論の最も重要な検証の 1 つであり, 銀河による光の曲がりが次章で考察する重力レンズの背後にある機構だからだ. 興味のある角度は曲がり角 $\delta\phi_{\rm def}$ であり, 244 ページの図 9.10 で定義した. この角度は光線軌道の形の特性である. 光線軌道の形は粒子の軌道の形と同じ方法で計算できる. $d\phi/d\lambda$ に対して (9.59) 式を解き, $dr/d\lambda$ について (9.63) 式を解き, $d\phi/d\lambda$ を $dr/d\lambda$ で割り, (9.64) 式と (9.65) 式を使ってまとめると

$$\frac{d\phi}{dr} = \pm\frac{1}{r^2}\left[\frac{1}{b^2}-W_{\rm eff}(r)\right]^{-1/2} \tag{9.75}$$

が得られる. 符号は軌道の方向を表し, 積分すると軌道の形がわかる. 特に, 光線が無限遠からやってきて再び戻るとき掃かれる全角度の大きさ $\Delta\phi$ は転回点

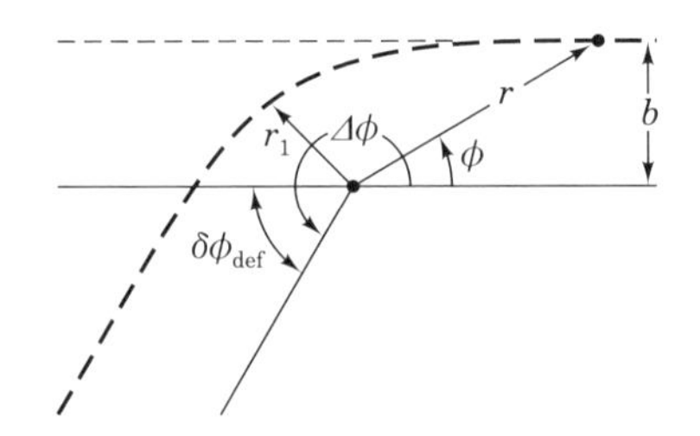

図 9.10　球対称星によって光線の曲がり角 $\delta\phi_{\rm def}$ を計算するのに必要な量．この略図で，光線は図 9.8 の 2 番目のプロットのように散乱軌道に対応する衝突パラメータ b で右から入射する．転回点 $r = r_1$ に来るまで，重力中心に近づき，その後，無限遠に進み，角度 $\delta\phi_{\rm def}$ をなす．この曲がり角は軌道で掃かれる全角度 $\Delta\phi$ から π だけ小さい．

$r = r_1$ から無限遠へいくときに掃かれる角度の 2 倍である．よって

$$\Delta\phi = 2\int_{r_1}^{\infty} \frac{dr}{r^2}\left[\frac{1}{b^2} - \frac{1}{r^2}\left(1 - \frac{2M}{r}\right)\right]^{-1/2} \tag{9.76}$$

である．

転回点 r_1 は $1/b^2 = W_{\rm eff}(r_1)$ となる半径であり，つまり上式の大括弧が 0 になる半径である．新しい変数 w を

$$r = (b/w) \tag{9.77}$$

によって定義すると $\Delta\phi$ の式は

$$\Delta\phi = 2\int_0^{w_1} dw\left[1 - w^2\left(1 - \frac{2M}{b}w\right)\right]^{-1/2} \tag{9.78}$$

になる．ここで w_1 は大括弧が 0 になる w の値である．1 回の通過で掃かれる角度 $\Delta\phi$ は M/b だけに依存する．この比が大きな値のときの振る舞いを図 9.11 に示した．

太陽による光の湾曲で，最も小さい b の値は太陽の半径 $R_\odot = 6.96 \times 10^5\,\text{km}$ であり，これに対して $M_\odot = 1.47\,\text{km}$ である．$2M/b$ の値は $\sim 10^{-6}$ である．積分（9.78）は $2M/b$ のべきで展開され，このような小さい値ならば湾曲の解析的な解を求めるのに十分である．積分を展開するには（9.52）式の展開に必要とされたものと似たトリックが必要だが，代数計算はそれほどややこしくないので，どのようにしたらよいのかを数段階だけで示せる．まず，(9.78) 式を

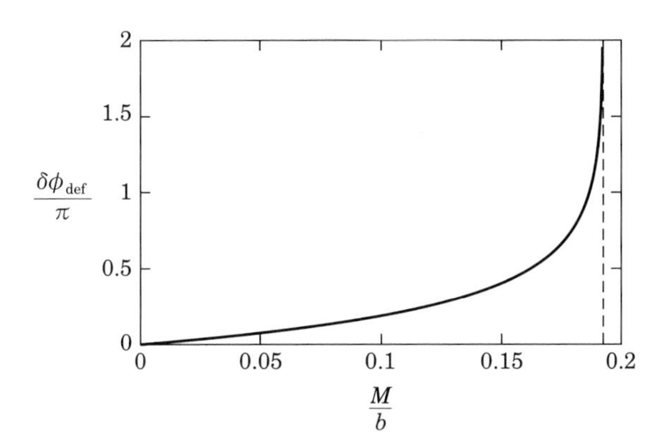

図 9.11 衝突パラメータの関数として表した光の湾曲．これは，(9.82) 式と積分 (9.78) によって定義され，M/b の関数として表された角度 $\delta\phi_{\rm def}$ の粗いプロットである．太陽による光の湾曲に対応する $M/b < 2 \times 10^{-6}$ に対して，線形近似 (9.83) で十分すぎる．湾曲角は b が小さくなると大きくなり，$\sqrt{27}\,M$ で無限大になる．このとき，入射光子は円軌道に入る．

$$\Delta\phi = 2\int_0^{w_1} dw \left(1 - \frac{2M}{b}w\right)^{-1/2} \left[\left(1 - \frac{2M}{b}w\right)^{-1} - w^2\right]^{-1/2} \tag{9.79}$$

の形に書き直す．次に，$1-(2M/b)w$ の逆数の部分を $2M/b$ のべきで展開し，1 次の項だけ残す．その結果

$$\Delta\phi = 2\int_0^{w_1} dw \frac{1+(M/b)w}{\left[1+(2M/b)w - w^2\right]^{1/2}} \tag{9.80}$$

となる．w_1 はこれまでずっと分母が 0 となる方程式の解である．この積分はもう積分表で見つけられるし，代数積分ソフトを使っても求められる形になっている．その結果は M/b が小さいとき

$$\Delta\phi \approx \pi + \frac{4M}{b} \tag{9.81}$$

となる．図 9.10 から，湾曲角 $\delta\phi_{\rm def}$ は $\Delta\phi$ と

$$\delta\phi_{\rm def} = \Delta\phi - \pi \tag{9.82}$$

の関係がある．したがって

$$\delta\phi_{\rm def} = \frac{4M}{b} \qquad (\text{小さい } M/b \text{ のとき}) \tag{9.83}$$

これは，M/b が小さいときの光の相対論的湾曲である．G と c をもとに戻すと（b が長さの次元を持つことを思い出そう）

$$\boxed{\delta\phi_{\rm def} = \frac{4GM}{c^2 b}} \qquad (\text{小さい } GM/c^2 b \text{ において}) \tag{9.84}$$

とも書ける．ちょうど太陽の端をかすめる光線に対して，湾曲角は $1.7''$（$''$ は秒角の標準的記法である）となる．この測定方法を次章で議論する．

光の遅延

光線の伝播で見つかる興味深い相対論的効果は太陽付近を通過する光信号の伝播時間が見かけ上遅れる現象である．レーダー測距法（radar-ranging technique）でこの遅れが測定できることから，一般相対論のテストとなり他の観測に対する補正ともなるため重要である．この効果はシャピロ（Irwin Shapiro, 1929–）にちなみ**シャピロ遅延**と呼ばれる．シャピロはこの効果を予言し，初めて測定し一般相対論の検証をした．これがどんなものかということを知るために，以下の実験を想像しよう．地球からレーダー信号を送って太陽の近くを通過させ，他の惑星や宇宙船で反射させ，パルスの発信と反射パルスの受信の時間差を測定する．相対論からどんな数値が予言されるのだろうか．我々はすでにこの質問に答える手続きを持っている．

この状況の幾何学を図 9.12 に示した．レーダー信号の経路は太陽のため曲がるだろう．ただし，図中ではこの効果を大きく強調してある．$r_\oplus$ と r_R はそれぞれ太陽を中心としたシュワルツシルト座標における地球と反射体の軌道半径位置である．太陽に対する惑星の方向を固定していないので，軌道を決めたとは言えない．そうするためには別の距離が必要となるが，それを光が最も近づくシュワルツシルト座標半径 r_1 に選ぶ．

地球はパルスの往復時間（約 41 分）の間静止していると考えることができる．地球の時計で測った発信と受信の全時間間隔は，時空とその他の効果における地球の影響を補正した事象間のシュワルツシルト時間間隔 $(\Delta t)_{\rm total}$ である．$(\Delta t)_{\rm total}$ を計算するために，パルスの経路に沿った r の関数として t を表す必要がある．これは t-r 面内で軌道の形を見つけることと似ていて，湾曲問題で r の関数として ϕ を求めるのと同じ方法で求められる．(9.58) 式を $dt/d\lambda$ について解き，$dr/d\lambda$ に対して（9.63）式を解き，$dr/d\lambda$ を $dt/d\lambda$ で割ると

$$\frac{dt}{dr} = \pm\frac{1}{b}\left(1-\frac{2M}{r}\right)^{-1}\left[\frac{1}{b^2} - W_{\text{eff}}(r)\right]^{-1/2} \tag{9.85}$$

が求められる．ここで $+$ の符号は半径が増える場合で，$-$ の符号は減る場合である．パルスの軌跡全体で，半径は $r_\oplus$ から最小値で転回点 r_1 に減り，再び r_R へ増加する．復路でパルスは逆順でこれを繰り返す．全経過時間は

$$(\Delta t)_{\text{total}} = 2t(r_\oplus, r_1) + 2t(r_R, r_1) \tag{9.86}$$

となり，ここで $t(r, r_1)$ は転回点 r_1 から半径 r までの時間で

$$t(r, r_1) = \int_{r_1}^{r} dr \frac{1}{b}\left(1-\frac{2M}{r}\right)^{-1}\left[\frac{1}{b^2} - W_{\text{eff}}(r)\right]^{-1/2} \tag{9.87}$$

である．パラメータ b と r_1 には

$$\frac{1}{b^2} = W_{\text{eff}}(r_1) \tag{9.88}$$

の関係がある．太陽系の実験では（9.87）式の積分を M の 1 次でのみ評価する必要がある．(9.79) 式の光の湾曲の場合と同じようにして，被積分関数を展開し

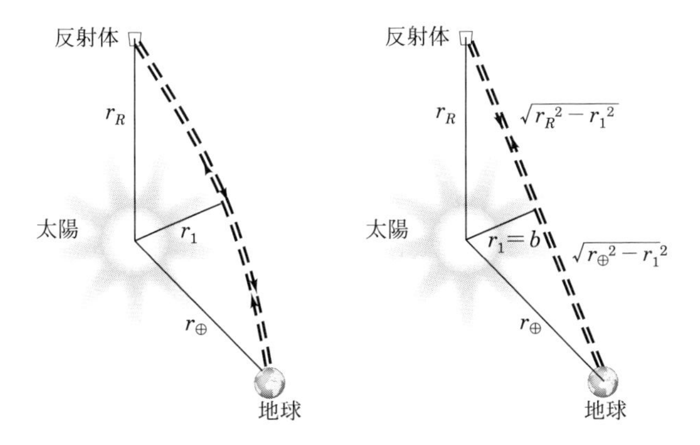

図 **9.12**　左図はレーダー測距遅延実験の略図である．レーダ波は太陽の近くを通るように，地球から遠くの反射体に送られ，すべての電磁波と同じように反射される．発信と戻りの間の時間差は，右図に示したように，信号が平坦時空における直線を伝わっていると仮定したものに比べ大きくなる．太陽の近くにおける時空曲率による遅延は一般相対論の重要な検証になる．

近似して積分を実行することができる．(9.88) 式は M の 1 次で

$$b = r_1 + M + \cdots \tag{9.89}$$

となる． $M(M/r_1)$ 以上のオーダーの項を無視した．その結果を使い，答えから b を消去する．結果は

$$t(r, r_1) = \sqrt{r^2 - r_1^2} + 2M \log\left[\frac{r + \sqrt{r^2 + r_1^2}}{r_1}\right] + M\left(\frac{r - r_1}{r + r_1}\right)^{1/2} \tag{9.90}$$

となる．この式の最初の項は，図 9.12 の右図でみられるような伝播時間のニュートンの式である．次の 2 つの項は相対論的な補正を表し，ニュートンの値よりも伝播時間は増加する．全時間の遅れは (9.90) 式を (9.86) 式に代入することで得られる．

光の遅延がニュートン的な部分と相対論的な補正に分けられたことは (9.90) 式でシュワルツシルト動径座標を使ったことに強く関係する．M に比例する量によって動径座標に小さな変化が起き，分離の仕方は変わるだろう．測定される全経過時間だけが物理量である．それにもかかわらず，実験結果は通常，シュワルツシルト座標と (9.90) 式を使って（図 9.12 を見よ）ニュートン理論で期待される値よりも過剰な遅延として示される：

$$(\Delta t)_{\text{excess}} \equiv (\Delta t)_{\text{total}} - 2\sqrt{r_\oplus^2 - r_1^2} - 2\sqrt{r_R^2 - r_1^2}. \tag{9.91}$$

r_1 が太陽の半径に近づいたときに大きな効果が起きる．$r_1/r_R \ll 1$ と $r_1/r_\oplus \ll 1$ のとき，(9.91) 式は近似により簡単な形

$$\boxed{(\Delta t)_{\text{excess}} \approx \frac{4GM}{c^3}\left[\log\left(\frac{4r_R r_\oplus}{r_1^2}\right) + 1\right]} \tag{9.92}$$

になる．ここで G と c を再びもとに戻した．この式を次章で実験と比較する．

遠い距離を進んでくる光の時間間隔を特別な観測者が測定した結果から，一般相対論で光速が c と違っていることにはならない．あなたがアメリカを 10 日で横断したとすると，あなたの速度が進んだ距離を 10 日で割ったものになることはない．速度はニュートン力学でも特殊相対論でも一般相対論でも軌道中の各点の性質である．7.5 節で考察したように，世界線の各点に沿って光線の 4 元速度

がヌル（$\boldsymbol{u}\cdot\boldsymbol{u}=0$）であるという条件によってまとめられるように，時空の局所光円錐の構造は光速がつねに c であることを保証している．

問　題

1. ［S］質量 M の球形中性子星の外側に住む進歩したの人々が星を中心とする質量 0 の球殻を建設した．球殻の内側の面積が $144\pi M^2$ で外側の面積が $400\pi M^2$ である．球殻の物理的厚さはいくらか．

2. 中性子星が伴星から物質を降着させ，その周りに高密度のプラズマが発生し，その中で陽電子が作られており，電子と陽電子が対消滅しガンマ線を放出している．中性子星の質量が $2.5M_\odot$（$M_\odot$ は太陽質量）であり，半径が $10\,\mathrm{km}$ であると仮定すると，遠方の観測者は，この過程で星から放出されているガンマ線を探すためにはどんなエネルギー帯を調べればよいか．対消滅が起きるとき，電子と陽電子はともに星に対してほとんど静止していると仮定せよ．

3. 質量 M の球対称星によって作られるシュワルツシルト幾何学の半径 R に観測者が留まっている．星から動径方向に遠ざかる陽子が観測者の実験室を通過した．その陽子のエネルギー E と運動量 $|\vec{P}|$ を測定した．

(a)　E と $|\vec{P}|$ の関係を求めよ．

(b)　シュワルツシルト座標基底の陽子の 4 元運動量の成分を E と $|\vec{P}|$ で表せ．

4. ［B,E］222 ページの Box 9.1 で考察した球殻について考える．そこに落下する観測者が経験する重力加速度 g が 20g より小さくなるようにできていると仮定する．$g=9.8\,\mathrm{m/s^2}$ である．観測者がまず足から球殻に落下したとすると，この g の力は観測者の頭と足で単位質量当たりの力で差ができるため生じる．ニュートン理論を使って，この基準に合うようにするためには球殻がどれだけ重くそして大きくなければならないか見積もれ．

5. 有効ポテンシャル V_{eff} の最大値と厳密に等しい $\mathcal{E}$ で粒子が無限遠から落下するとき，その軌道の定性的な振る舞いの略図を描け．$\mathcal{E}$ の値が有効ポテンシャルの最大値よりも少しだけ大きいとき，または小さいとき，この図はどう変わるか．

6. ［S］観測者が，無限遠で運動エネルギー 0 で，質量 M のブラックホールに向かって落下する（その内部の幾何学はシュワルツシルト幾何学である）．観測者の時計で測ると，半径 $6M$ から $2M$ の間を通過するのにどれだけの時間がかかるか．

7. シュワルツシルト幾何学で，2 つの粒子が無限遠から中心めがけて落下する．1 つが $e = 1$ で，もう 1 つが $e = 2$ である．$r = 6M$ の静止観測者は目の前を粒子が通り過ぎるとき，2 つの粒子の速さを測定する．その点で，1 つ目の粒子の速さに比べ 2 つ目の粒子はどれくらい速いか．

8. 宇宙船が，質量 M のブラックホールの周りの円軌道を推進力なしで運動している（外側の幾何学はシュワルツシルト幾何学である）．軌道のシュワルツシルト半径は $7M$ である．

(a) 無限遠の観測者が測った軌道の周期はいくらか．

(b) 宇宙船の時計で測った軌道の周期はいくらか．

9. 円軌道における粒子の角度位置の，固有時に対する変化率と軌道のシュワルツシルト半径の間の関係を求め（9.46）式と比較せよ．

10. 観測者がシュワルツシルト幾何学の半径 R で静止している．その半径を円軌道する粒子の線形速度を観測者が測定したときのその値を求めよ．ISCO で速度はどうなるか．

11. 不安定円軌道の小さな摂動は時間とともに指数的に成長するだろう．有効ポテンシャル V_{eff} の最大値にある不安定円軌道から動径方向の変位 δr は初め小さいが

$$\delta r \propto e^{\tau/\tau_*}$$

のように成長することを示せ．ここで τ は粒子の軌跡に沿った固有時であり，τ_* は定数である．τ_* を評価せよ．軌道半径が $6M$ に近づくとき粒子の振る舞いを説明せよ．

12. 彗星が無限遠から出発し，質量 M の相対論星の周りをぐるっと回り無限遠に戻る．無限遠における衝突パラメータは b である．最も近づいたときのシュワルツシルト座標半径は R である．最も近づいた点で静止した観測者が測ると，そこでの彗星の速さはどうなるか．

13. ［N,C］シュワルツシルト幾何学の粒子軌道は 1 回転した後閉じない．大きな回転数のとき，軌道が閉じる $\mathcal{E}(\ell)$ の値の集合が存在することを説明せよ．本書のウェブサイトにある *Mathematica* プログラムなどを使うと，$\ell/M = 4.6$ のとき，クローバの葉のようになり，4 回転後に軌道が閉じるような $\mathcal{E}$ があることがわかる．そのときの $\mathcal{E}$ の値を求めよ．

14. ニュートン力学におけるケプラーの法則の 1 つは，$1/r$ ポテンシャルの中で粒子が楕円軌道上を運動するとき，同じ時間内に同じ面積が掃かれるというものである．シュワルツシルト幾何学中の軌道によって掃かれる面積を考えよう．その

面積は $R > 2M$ の外側にい続けるとする．ケプラーの面積速度の法則は固有時またはシュワルツシルト時間のどちらを使っても正しく成り立つか．

15. ［A］**惑星の近日点移動** 束縛軌道を 1 周するときに掃かれる角度 $\Delta\phi$ に対して $1/c^2$ の 1 次の相対論的補正を求めるために，積分（9.52）を小さい量 $2GM\ell^2/c^2r^3$ で展開して最初の 2 項だけを残そうとするかもしれない．しかしそうすると，積分は $\int^{r_2} dr/(r_2-r)^{3/2}$ のように転回点付近で発散することになるが，もとの積分は値をもつため，計算は間違っている．積分を書き直して展開できるようにする方法はいくつか存在する．1 つのトリックは分母から $(1-2GM/c^2r)$ をくくりだし，

$$\Delta\phi = 2\ell\int_{r_1}^{r_2}\frac{dr}{r^2}\left(1-\frac{2GM}{c^2r}\right)^{-1/2}\left[c^2e^2\left(1-\frac{2GM}{c^2r}\right)^{-1}-\left(c^2+\frac{\ell^2}{r^2}\right)\right]^{-1/2}$$

とすることである．括弧の中の因子はまだ $1/c^2$ のオーダーで $1/r$ の 2 次の平方根である．(9.55) 式を導出するために，この式を以下にしたがって評価する．

(a) ニュートン的な量に対する $1/c^2$ の補正だけを残し，(9.53) 式を使うことにより上の積分の $(1-2GM/c^2r)$ を $1/c^2$ で展開せよ．

(b) 積分変数 $u = 1/r$ を導入し，積分を

$$\Delta\phi = \left[1+2\left(\frac{GM}{c\ell}\right)^2\right]2\int_{u_2}^{u_1}\frac{du}{[(u_1-u)(u-u_2)]^{1/2}} + \frac{2GM}{c^2}\int_{u_2}^{u_1}\frac{u\,du}{[(u_1-u)(u-u_2)]^{1/2}} + (1/c^2\ \text{の高次})$$

の形に表せ．

(c) 最初の積分（定数 2 も含む）は（9.54）式であり，2π になる．2 番目の積分が $(\pi/2)(u_1+u_2)$ になり，これが $1/c^2$ についての最低次で $\pi GM/\ell^2$ に等しいことを示せ．

(d) 以上の結果をまとめて（9.55）式を導出せよ．

16. 半径 a の円形の断面をもつ光子ビームが遠方から質量 M のブラックホールに向けられている．ビームの中心はブラックホールの中心を向いている．ビームの光子すべてがブラックホールに捕えられるビームの最大半径 $a = a_{\max}$ を求めよ．捕獲断面積は $\pi a_{\max}^2$ である．

17. 光子があらゆる重力源から離れたとき，速さ c で運動する「非相対論的」粒子であると仮定して，ニュートン重力理論における光の湾曲を計算せよ．答えを一般相対論の結果と比較せよ．

18. 重力の別の理論（アインシュタインの一般相対論ではない）で球対称星の外側の計量が

$$ds^2 = \left(1 - \frac{2M}{r}\right)[-dt^2 + dr^2 + r^2(d\theta^2 + \sin^2\theta d\phi^2)]$$

であると仮定する．光子がこの計量中のヌル測地線上を運動すると仮定し，(9.78) 式に至るステップにしたがい，この理論で球対称星による光の湾曲を計算せよ．答えが得られたとき，この問題を解くためにもっと簡単な方法があるかどうか考えよ．

19. ［N］粒子測地線に対するウェブサイトのプログラムを参考にして，シュワルツシルト幾何学中でのヌル測地線の *Mathematica* プログラムを書け．このプログラムを使って，円軌道の臨界衝突パラメータより少し上と少し下の衝突パラメータをもつ軌道を図を描いて説明せよ．

20. (a) シュワルツシルト幾何学の最も小さい不安定円軌道で運動する粒子の速さをその半径上の静止観測者が測るとどうなるか．

(b) シュワルツシルト幾何学において，この軌道と光子の不安定円軌道の関係はどうなっているか．

21. ［E］中性子星は十分明るく，その表面にある特徴的なものが望遠鏡で見えると仮定する．光が重力によって曲げられると，我々の方を向いている半球だけでなく，反対側の半球も見えていることになる．反対側がなぜ見えるか説明し，視線方向から表面がどこまで見えているか角度を評価せよ．もし曲げられていなければ角度は $\pi/2$ になるだろうし，曲がっていればそれよりも小さくなる．典型的な中性子星の質量は $\sim 1M_\odot$，半径は $\sim 10\,\mathrm{km}$ である．

22. ［N,C］**レーザーでブラックホールを探す**　質量 $\sim 10^{15}\mathrm{g}$ の原初のブラックホールが初期宇宙で作られ，現在，空間全体に分布しているとする．ブラックホールにレーザーを照射すると，散乱されて，観測者に戻されることがある．このような原初のブラックホールの探査は原理的にレーザーを空間に照射し，散乱されて戻ってきた光を探すことで行うことができる．

(a) なぜ戻される光が存在するのか説明せよ．

(b) レーザービームの光子のフラックス $[(\text{個数})/\mathrm{m}^2\cdot\mathrm{s}]$ が f_* であり，ブラックホールの質量は M，ブラックホールまでの距離は R であるとする．原点で半径 d の集光面積に戻される 1 秒当たりの光子数の公式を導出せよ．ビーム幅はブラックホールの大きさよりもずっと大きいと仮定せよ［ヒント：この問題の正確な答えを得るためには，ちょっとした数値積

分をする必要がある]

(c) 15 ページの Box 2.1 で述べたレーザーを使えばこのようなブラックホールを検出できる可能性があるか.

第10章 一般相対性理論の太陽系実験

前章では，シュワルツシルト幾何学中でテスト粒子と光線の軌道を分析することにより一般相対論には太陽系で検証可能な 4 つの効果があることを示した．それらは重力赤方偏移，太陽による光の湾曲，惑星軌道の近日点移動，光の遅延であった．太陽系で実行できるテストをすべて挙げたわけではなく，その中で重要なものを列挙しただけのことである．この章ではこれらの効果を測定する実験を述べ，典型的に 1%の精度で太陽系における一般相対論の予言を検証する．

この章の議論は，過去または執筆時の一般相対論の実験状況のレビューでは決してない．むしろ，ここで議論するのは代表的な実験であり，現在最も正確な実験の部類の 1 つに属するが，必ずしも最も正確なものだとは言えない．

実験は概略的ではあるが，誤差の主な原因を述べられるほど十分詳しく議論する．実験に対する創意と努力を本当に味わうために，参考文献に挙げた原論文にあたってほしい．

10.1 重力赤方偏移

等価原理を含む重力理論は第 6 章で見たように，重力赤方偏移を予言する．$1/c^2$ の最初のオーダーで，重力赤方偏移の値は等価原理だけに依存し，重力理論の詳細には依存しない．重力赤方偏移のテストは，一般相対性理論の詳細な検証というよりも，この原理の検証という意味合いが強い．

重力赤方偏移を容易に探せるものは，星のような重い物体の重力ポテンシャルの奥深くにある原子から放出された輝線である．この効果は太陽や白色矮星，ある活動銀河核で見られる．しかしながら，執筆時重力赤方偏移の最も正確なテストは重い物体の深い重力ポテンシャル中でなく，地表近くで行われていた．赤方偏移はかなり小さいが，実験を制御する能力はずっと高い．

1976 年 R. Vessot and M. Levine（1979）の実験で，正確な水素–メーザー原子時計を搭載したロケットが打ち上げられ，地上 10^4 km の軌道に到達した．実験の間，ロケットの位置は，地上から監視されたが，実際には軌道時計にしたがってある一定の振動数で放出された信号の振動数 f_0' を監視した．256 ページの図 10.1 はこの信号の分析方法を示した概略図である（この考察では図と対応させるために振動数に f を使う）．実験を分析するために必要な $1/c^2$ の精度で，観測される振動数 f_0' は発信する時計の振動数から，特殊相対論的ドップラー偏移 [*1]（5.73）と一般相対論的ドップラー偏移（6.12）の和の分だけずれる．ドップラー偏移（5.73）はロケットの速度のべきで展開される．最初の 2 つの項だけがこの実験に関係し，それらは 1 次と 2 次のドップラー偏移と呼ばれる．振動数 f_* で発信される信号の 1 次ドップラー偏移の大きさのオーダーは

$$\frac{\Delta f_{\mathrm{Doppler}}}{f_*} \approx \frac{V}{c} \sim \left(\frac{gh}{c^2}\right)^{1/2} \sim 10^{-5} \tag{10.1}$$

である．ここで V はロケットの速度であり，その評価値は 10^4 km の高度 h に到達するのに必要な速度を使って得られた（この章の実験では $c \neq 1$ 単位系に戻る）．2 次のドップラー偏移はこの 2 乗のオーダーである．重力赤方偏移は

$$\frac{\Delta f_{\mathrm{grav}}}{f_*} \approx \frac{gh}{c^2} \sim 10^{-10} \tag{10.2}$$

である［(6.12）式を参照］．主要な実験の問題は今や明らかになった．測定される効果は，競合する 1 次のドップラー効果よりも 10 の 5 乗も小さい．

創意に富む実験的解決法（図 10.1）はロケットの応答機に既知の振動数 f_0 の信号を送り，受信された振動数 f_0' でロケットが送り返すことである．上方と下方の信号の 1 次のドップラー偏移は加えられるだろう．どちらの場合も発信源は受信機から離れて運動しているからだ．しかしながら，重力偏移と 2 次のドップラー偏移は，上方と下方で同じなので，打ち消し合う．応答された信号は振動数 f_0'' で表面にたどり着く．f_0'' は f_0 から 1 次のドップラー偏移の 2 倍ずれたものであり，重力的または 2 次のドップラー偏移に影響を受けていない．したがって，ロケットの速度の直接の測定量になる．データがとられるとき差 $(f_0'' - f_0)/2$ は

[*1] 時間の遅れの効果も同様に含まれるべきであると思うかもしれない．だが（5.73）式はすべての特殊相対論的効果を含んでいる．時間の遅れは本質的に分子の因子である．

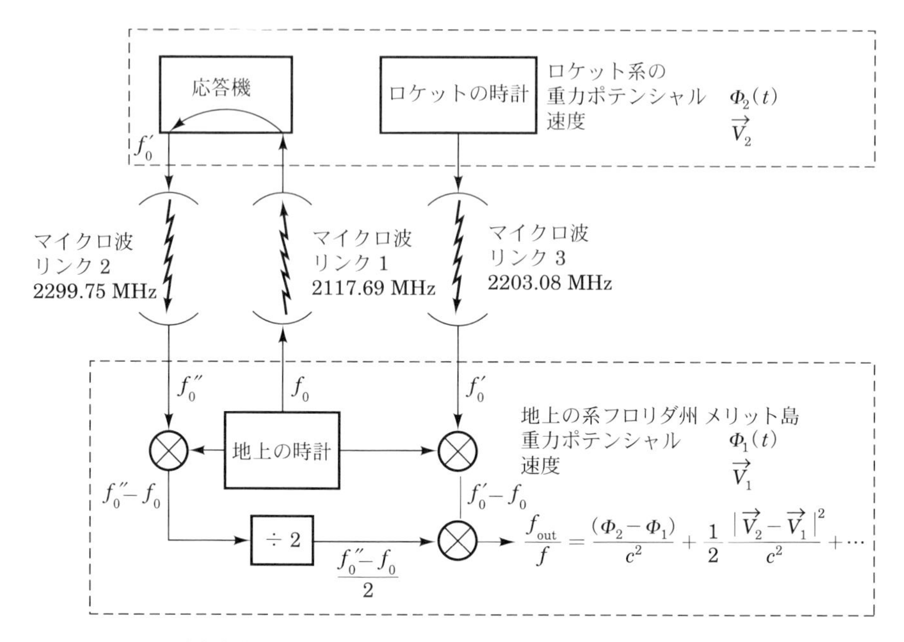

図 **10.1**　重力赤方偏移を測定する Vessot and Levine (1979) のロケット実験の概略図．上の破線の囲みの部分はロケットに運ばれるパッケージで，下の破線の囲みの部分は地上のパッケージである．振動数 f_0' のロケット時計からの信号を示した．振動数 f_0 のアップリンク信号も示した．f_0 のダウンリンク信号に f_0'' で応答する．これらの振動数の差の半分がロケットの速度による 1 次のドップラー偏移に比例する．時計の信号から引かれると，$1/c$ 近似の最初の項が重力赤方偏移と 2 次のドップラー偏移で，その値が $(f_0 - f_0'')/2$ から求められる．

自動的に $f_0' - f_0$ から引き去られる．こうすることにより，大きく占める $1/c$ のドップラー偏移は打ち消されるが，$1/c^2$ の重力赤方偏移と 2 次のドップラー偏移は残っている．2 次のドップラー偏移はロケットの速度からわかり $f_0'' - f_0$ とロケット軌道を監視することから決められる．結果は重力赤方偏移の正確なテストとなる．予言値と観測値は

$$\left|\frac{(\Delta f_{\rm grav}/f_*)_{\rm obs} - (\Delta f_{\rm grav}/f_*)_{\rm pred}}{(\Delta f_{\rm grav}/f_*)_{\rm pred}}\right| \leqq 2 \times 10^{-4} \tag{10.3}$$

だけ違っている．

10.2 PPN パラメータ

アインシュタインの一般相対論だけが，何年にもわたり提案されてきた唯一の相対論的重力理論ではない．だが，アインシュタイン理論は現在太陽系で実験的検証がよく行われ，真剣に取組まれている唯一の理論である．これらの実験的検証を考察するにあたって，いろいろな理論を系統的にパラメータ化できる枠組があると便利である．パラメータ化されたポストニュートン枠組（parameterized-Post-Newtonian frame work, PPN framework）は，これを行うための標準的な方法となっている．

PPN 枠組の背後にある考えを理解するために，別の重力理論を想像しよう．一般相対論のように，その理論では質量が時空を曲げ，光線とテスト粒子はその時空の測地線上を運動するとしよう．太陽の外での幾何学は非常によい近似で球対称であるが，アインシュタイン理論によって予言されるシュワルツシルト幾何学（9.1）とは細かいところで違うとする．実験的検証と関係する幾何学の差は数個の PPN パラメータでまとめることができる．21.4 節（下巻）で詳しく示すように，最適な座標を選べば，最も一般的な静的球対称計量は

$$ds^2 = -A(r)(cdt)^2 + B(r)dr^2 + r^2(d\theta^2 + \sin^2\theta d\phi^2) \tag{10.4}$$

の形にできる．なぜ $d\theta^2 + \sin^2\theta d\phi^2$ の前に任意関数 $C(r)$ がないのか不思議に思うかもしれない．もしあったとしても，新しい半径 $r' = [C(r)]^{1/2}$ を定義し，すべての場所で r を r' で置き換えることで新しい計量が（10.4）の形になるようにすることが可能である．そうして，r' を r と呼び直せば,（10.4）式を得ることができるだろう．シュワルツシルト幾何学（9.1）は A と B を特別な関数の場合としてこの形になっている．さて，計量（10.4）を c の逆数のべきで展開することを想像しよう．それによってニュートン極限とポストニュートン補正を得ることができる．質量 M が，星の外で球対称幾何学を決める唯一の星のパラメータであると仮定すると，これは GM/c^2r のべきの展開でなければならない（これが，G, M, c と r でつくる唯一の無次元量の組合せである）．

どんな重力の相対性理論でも非相対論極限のニュートン理論の検証結果と一致しなければならない．6.6 節の考察から，この極限における軌道の予言は，平坦空間の幾何学への $g_{tt}(r)$ における 1 次の相対論的補正によって決まる．したがってニュートン理論と一致するためには

$$A(r) = 1 - \frac{2GM}{c^2 r} + \cdots, \qquad B(r) = 1 + \cdots \tag{10.5}$$

となる必要がある．一般相対論によって予言される静的弱場計量（6.20）との一致を調べるためには $B(r)$ で多くの項を固定する必要があるが，6.6 節で述べたように，これらの項は低速ニュートン的予言では決まらない．1 次のポストニュートン補正を得るために A と B に次の形をとらせる：

$$A(r) = 1 - \frac{2GM}{c^2 r} + 2(\beta - \gamma)\left(\frac{GM}{c^2 r}\right)^2 + \cdots \tag{10.6a}$$

$$B(r) = 1 + 2\gamma\left(\frac{GM}{c^2 r}\right) + \cdots. \tag{10.6b}$$

ポストニュートン項の前の係数は標準的使用法にしたがい，PPN パラメータ β, γ と関係している．これらのパラメータの値は重力理論が違えば違うことがあるだろう．一般相対性理論では β と γ はシュワルツシルト計量（9.1）の値になる：

$$一般相対性理論： \qquad \gamma = 1, \qquad \beta = 1. \tag{10.7}$$

太陽による光の湾曲，惑星の近日点移動，光の遅延は，（10.6a）式と（10.6b）式を（10.4）式に代入することによって得られる PPN 計量に対してすべて計算することができる（例えば問題 4）．$1/c^2$ の最初のオーダーの結果は以下の通りである：

- 衝突パラメータ b で質量 M を通りすぎる光線の湾曲角 $\delta\phi_{\text{def}}$ に対して［（9.84）式を参照］

$$\delta\phi_{\text{def}} = \left(\frac{1+\gamma}{2}\right)\left(\frac{4GM}{c^2 b}\right) \tag{10.8}$$

- 1 軌道当たりの惑星の近日点移動 $\delta\phi_{\text{prec}}$ に対して

$$\delta\phi_{\text{prec}} = \frac{1}{3}(2 + 2\gamma - \beta)\frac{6\pi GM}{c^2 a(1-\epsilon^2)} \tag{10.9}$$

  ここで，M は軌道運動のもととなる星の質量であり，a は軌道の長軸半径であり，ϵ は離心率である［（9.57）式を参照］．

- 光の「過剰」な遅延 Δt_{excess} は，地球上の発信の半径 $r_{\oplus}$ と応答機の半径 r_R が重力源物体に最も近づく距離 r_1 よりもずっと大きいという近似のもとで

$$\Delta t_{\text{excess}} = \left(\frac{1+\gamma}{2}\right)\frac{4GM}{c^3}\left[\log\left(\frac{4r_{\oplus}r_R}{r_1^2}\right)+1\right] \tag{10.10}$$

になる［(9.92) 式を参照］.
これら 3 つの実験的検証を行い β と γ を測定し，一般相対論の値 (10.7) と比較する.

10.3 PPN パラメータ γ の測定

太陽による光の湾曲と光の遅延は，PPN パラメータ γ の値を直接決める 2 つの実験である.

太陽による光の湾曲

光線は，図 10.2 に示したように (10.8) 式の量だけ，太陽の曲がった時空の中で湾曲するだろう．太陽の縁をちょうどかすめる光線に対して，一般相対論は

$$[\delta\phi_{\text{def}}]_{\text{predicted}} = 1.75'' \tag{10.11}$$

を予言する．星からの光の湾曲の測定は一般相対論の最初の検証の 1 つとして 1919 年に行われた.

(10.8) 式の湾曲は太陽に最も近い星に対して大きくなる．しかしながら，太陽に近い星は，太陽の円盤からの光が月にブロックされる日蝕の間でしか見えない．日蝕時の空の領域の写真は，太陽がこの視野から離れた数ヵ月後の同じ領域の写真と比べる必要がある．図 10.2 に示したように，湾曲は，太陽が視野に入ったとき星の角度位置が太陽円盤の中心から離れてずれることを意味する．予想されるずれは太陽から星の角度距離とともに減少する.

通常の条件で，光が地球の大気中の揺らぎによる屈折のために，星の位置は揺らぐが，それは予言された湾曲と同じかそれ以上になる．したがって，測定はこれらの揺らぎを均すために多くの星について行わなければならない．ちょうどよい日蝕は遠くでよく起きるもので，そこでは一時的にしか観測をしないため，力学的，熱的な困難が起き，大きな系統誤差が生じる．1922 年の日蝕観測からのデータを 261 ページの図 10.3 に示した．ずれの方向のバラツキから観測の困難さが感じられよう．この困難にもかかわらず，最高の観測により 5%程度の精度で $\gamma = 1$ と合う結果が得られた.

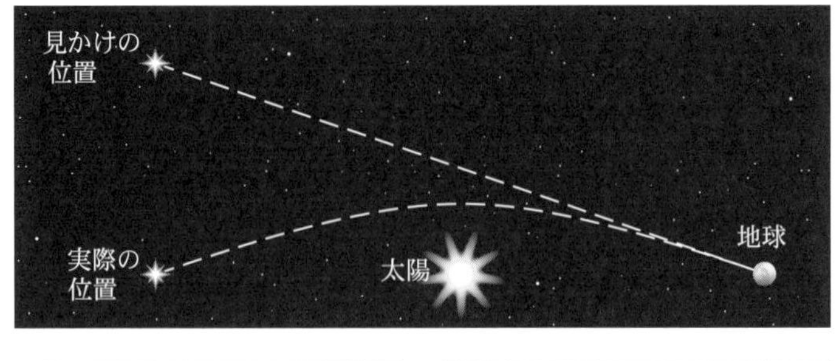

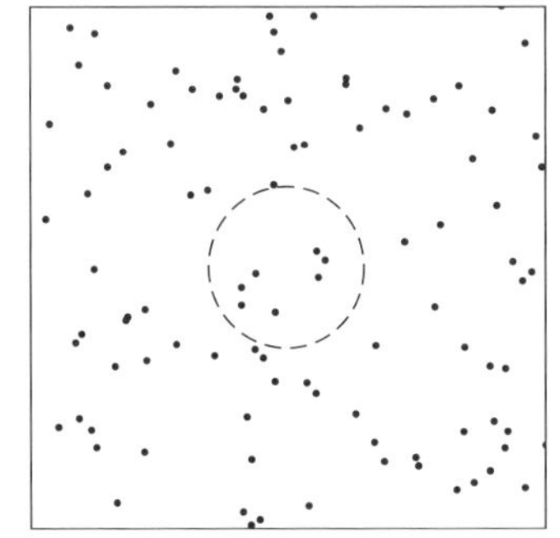

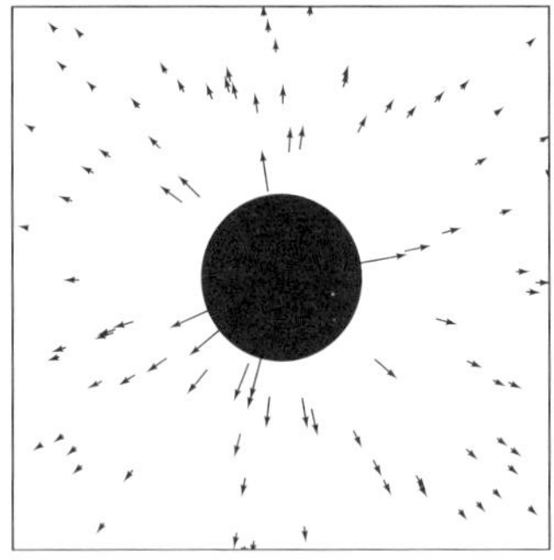

図 10.2　上の図は，太陽がつくる曲がった時空によって湾曲される星の像が本当の位置よりも太陽からどれほど離れて見えるかを示している．下図は太陽が視線方向にあるとき，星が外側に湾曲するところを示している．実際のデータについては図 10.3 を見よ．ずれは，太陽からの角度距離が大きくなると小さくなる．効果は図中で大きく強調されている．地球から見える太陽の視直径は $959''$ であるが，太陽の縁における光の湾曲は $1.75''$ しかない．

今ではずっとよい測定が，星の代わりに電波源と電波望遠鏡で行われている．ただし，アイディアは同じである．太陽は電波帯ではそんなに明るくなく，いつでも太陽の近くの電波源を観測できる．さらに電波干渉計は光学機器よりも角度分解能がよい．すばらしい測定がフォマロン（Edward Fomalont）と シュラーメク（Richard Sramek）によって 1974 年と 1975 年に，長基線電波干渉計（long-baseline interferometer, LBI）を用いアメリカ国立電波天文台（National Radio Astronomy Observatory, NRAO）で行われた（Fomalont and Sramek 1975）．

262 ページの図 10.4 に示したように，基線 B だけ離れ，波長 λ で作動している 2 台の望遠鏡が，たとえば，遠いクエーサなどの電波源に向いている．2 つの信号が共通の地点に伝えられ，加えられ，ある時間間隔で平均される．2 つの信

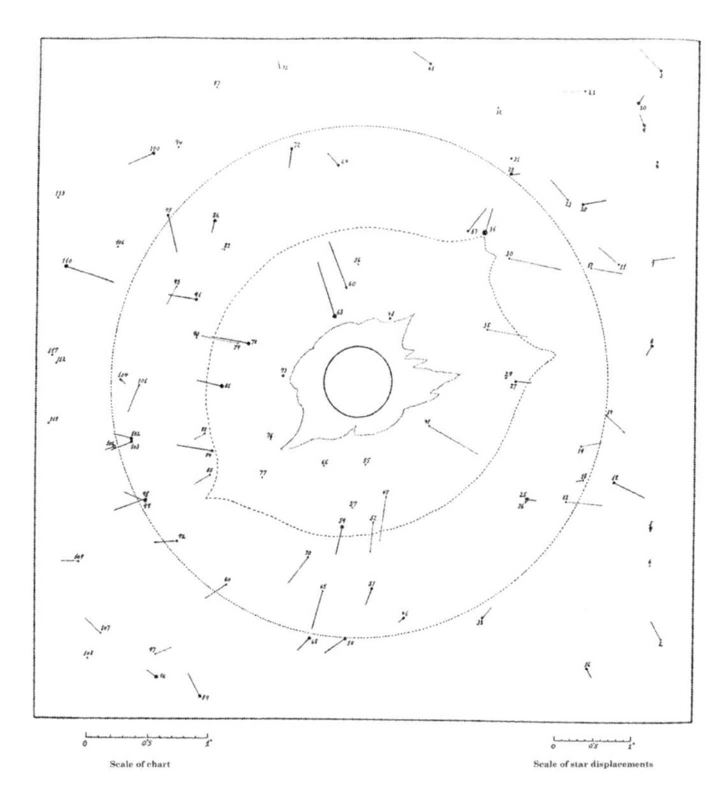

図 **10.3** 1922 年の日蝕時に，Campbell and Trumpler (1923) によって観測された星の位置のずれ．太陽円盤はコロナを示す点線で取り囲まれた中心にある．ずれがいろいろな方向にあるのは，測定の困難さを表している．

号の伝播する距離には差 $B\sin\theta$ があるので，もしこの距離が半波長の偶数倍なら干渉により強め合い，半波長の奇数倍なら弱め合う．2 つの信号の和は

$$1+\cos\left(\frac{2\pi B\sin\theta}{\lambda}\right) \tag{10.12}$$

倍されることになる（2 台で同じ強度を仮定）．地球が回転するにつれて θ は変わり，信号の和は前述の関数に比例して変化し，ときには強め合い，ときには弱め合う．これらの干渉のパターンの観測と地球の回転の速さの知識から $\sin\theta$ が測定できる．精度は最終的には系の位相安定性によって決められ，典型的に (10.12) 式の位相の 0.01 から 0.1 である．つまり $0.01\lambda/B$ の角度の精度が得られる．

NRAO 実験で 4 台の電波望遠鏡が使われ，そのうち 3 台を図 10.5 に示した．

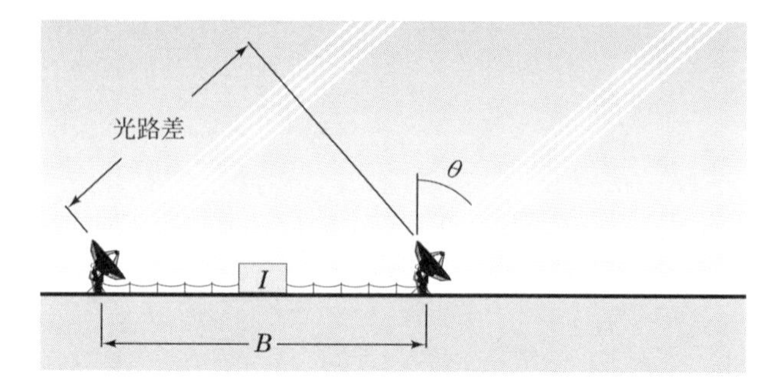

図 **10.4**　電波干渉計．距離 B 離れた 2 台の望遠鏡が同じ距離の天体の方向を向いている．その位置は天頂から角度 θ をなす．光路差から，ある角度では 2 つの信号が干渉により強め合い，別の方向では弱め合う．これによって天体の角度位置を非常に正確に決めることができる．長基線電波干渉計（long-baseline interferometer, LBI）（$B \sim 20\,\mathrm{km}$）で望遠鏡は，実際の時間で信号が合成できるほど十分近くにある．超長基線電波干渉計（Very Long Baseline Interferometry,VLBI）（$B \sim 1000\,\mathrm{km}$）では，信号は各場所で別々に記録され，後で合成する．

図 **10.5**　γ を測定するために NRAO 実験で使われた 4 台の望遠鏡のうちの 3 台．これら 3 台の 85 m のアンテナは数 km 離れ，干渉計をなしている．ずっと離れた 4 番目の望遠鏡が加わることで，有効的に 35 km の基線ができる．

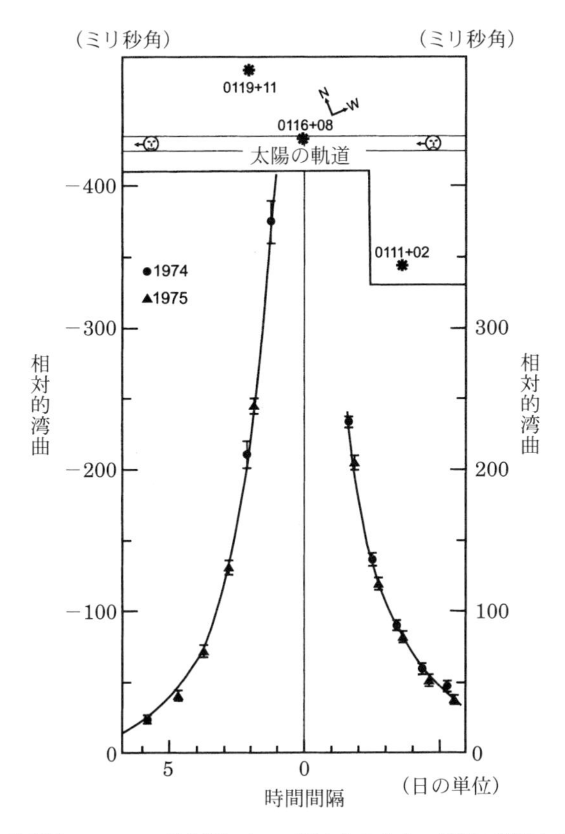

図 10.6 電波源 0116+08 が太陽によって隠されるとき，時間の関数として表した光の湾曲．この図の上の部分は宇宙空間における太陽の軌道と 3 つの電波源の相対的な位置を表している．下の部分は，他の 2 つの光源に対して測られた 0116+08 の角度位置の湾曲の実験データである．実線は一般相対論の予言である．

有効基線は $B = 35\,\mathrm{km}$ ，数ギガヘルツの振動数で，期待される角分解能の精度は $0.01''$ 前後になり，太陽による光の曲がりについて一般相対論によって予言される $1.75''$ の湾曲を測定するのには十分すぎる．

観測は以下のように行われた（図 10.6）．3 つの電波源, 0111+02, 0119+11, 0116+08 が使われた．それらは $10°$ も離れておらず，ほとんど同一直線上にあり，角度では広がっておらず，実験に使えるほど強い電波源である．毎年 4 月 11 日に電波源 0116+08 は太陽に隠れる．その角度位置は，他の 2 つを参照して時間の関数として測定される．結果は一般相対論によって予言されるものと同程度である（図 10.6 を見よ）．

実験の誤差の主要な原因は，信号が太陽コロナを通過することによって生じる．太陽コロナは太陽表面上にあるイオンガスであり，どんな媒質にもあるように屈折率 $n(r)$ があり，光を曲げる．屈折率は

$$n(r) = 1 - \frac{e^2 N(r)}{2\epsilon_0 m\omega^2} \tag{10.13}$$

でモデル化される（SI 単位系）．ここで $N(r)$ は質量 m, 電荷 e をもつ粒子の密度で，ω は放射の振動数である．コロナによる湾曲は一般相対論的効果を得るためには分離しなければならない．太陽コロナを十分モデル化すると 2 つの効果は，いくつかの振動数で測定することによりある程度分離することができる．屈折率による湾曲は振動数に依存するのだが，一般相対論的湾曲は依存しない．したがって，異なった振動数で測定することにより，γ と $N(r)$ の情報を決めることができる．NRAO 実験では 8.1 GHz と 2.7 GHz が使われた．

1974 年と 1975 年の実験の結果の平均は

$$\gamma = 1.007 \pm 0.009 \tag{10.14}$$

であり，アインシュタインの理論とまさに見事な一致をみる．

VLBI（Lebach *et al.* 1995）は γ をわずかだがより正確に決めた．VLBI の原理は LBI と同じであるが，例外は 2 つのアンテナがつながれていないことである．信号は別々に記録され，後に加えられる．こうすることにより，地球の直径と同じくらいの基線ができ，角度分解能が上がる．

光の遅延

光の遅延の古典的測定は 1976 年 の火星へのバイキング計画と関連して実行された（Shapiro *et al.* 1977）．バイキング探査機を構成する 4 台のうち 2 台はランダー（着陸機），2 台はオービター（軌道周回機）であるが，すべてレーダー応答機を搭載している．各ランダー S 帯（$\sim 10\,\mathrm{cm}$ の波長）で送る応答機があり，各オービターには S と X 帯（$\sim 3\,\mathrm{cm}$ の波長）で送る応答機がある．太陽コロナの分散効果がレーダー波長で大きくなるため，2 つの振動数を使うことは重要である．応答機についてランダーの有利なところは，火星の軌道は重力によって決まり，オービターでは大きな影響をもつ太陽風による圧力などのような非重力効果

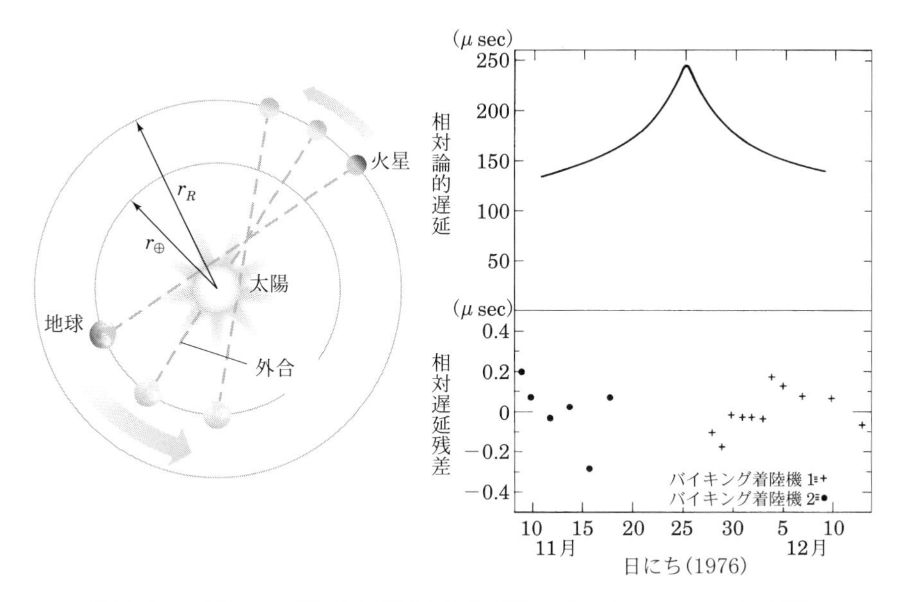

図 **10.7** バイキング火星計画で実行された光の遅延の測定(Shapiro *et al.* 1977). 本文で述べたように，地球から送られるレーダー信号は火星上のバイキング着陸機で戻され，返信の時刻と発信の時刻の差が時間の関数として監視される．左図は実験中の 2 つの惑星の配置の概略図である．1976 年 11 月 26 日の外合（内側を公転する惑星が太陽の真後ろに位置しているときのこと）の時刻あたりで，信号は太陽の近くを通り，時間の遅延の一般相対論効果が正確に測られた（問題 10）．信号は外合で太陽に遮られる．地球と火星の軌道が厳密には同じ面にないためである．右図は測定された遅延と時刻を示している．これらは一般相対論の予言と正確に一致する．

も，ランダーにはほとんど影響を与えないことである．データを合わせるための非常に正確な理論モデルが作られる．

実験の最終目標は，地球から火星に伝わるレーザー信号の往復時間に生じる「余分な」遅延を測定することだということを思い出せ．これは（10.10）式である．このシュワルツシルト遅延にはいろいろな遅延の発生源に対して補正を加えなければならない．たとえば，太陽コロナを通過することや地球によってつくられる時空曲率などであるが，考察の目的にそくして（10.10）式だけに焦点を絞る．

実験の期間における地球，火星，太陽の位置の配置が図 10.7 の左図に概略的に描かれている．地球は火星よりも大きな角速度で軌道上を運動するので，太陽に最も近づく距離 r_1 はまず小さくなってから大きくなる．時間の関数として予言される遅延は図 10.7 の右図の上のように見えるだろう．

余分な遅延は，r_1 が小さくなると大きくなる．最小は太陽の半径 $R_\odot$ である．最大遅延は約 $(\Delta t)_{\max} \approx (4GM/c^3)[\log(4r_R r_\oplus/R_\odot^2)+1] \approx 247\,\mu\mathrm{s}$ である．これはほぼ $2(r_R + r_\oplus)/c \approx 2.51 \times 10^3\,\mathrm{s} \approx 41\,\mathrm{min}$ の全往復時間内に生じる遅れである．したがって 10^7 分の 1 の精度がこの効果を見るために必要で，1%の精度で測定するためには 10^9 分の 1 が必要である．1%の測定で必要とされる精度を得るためには，全ての軌道を約 1 km の精度で知らなければならず，これは惑星の表面上の典型的な高さであろう．幸運にも，原子時計は 10^{12} 分の 1 よりも正確な時間を刻み，往復時間が 10 ns で測定できる．誤差の主な原因は時間の遅延の測定ではなく，太陽コロナや物体の軌道運動の補正を含めるときに使う理論モデルによるデータの解釈にある．コロナからの補正は $100\,\mu\mathrm{s}$ ほどになる．

γ の結果は

$$\gamma = 1.000 \pm 0.002 \tag{10.15}$$

である．0.1 パーセントほどの精度になり，これはアインシュタインの理論の最も正確な定量的なテストの 1 つである．

10.4 PPN パラメータ β の測定——水星の近日点移動

水星は太陽に最も近い惑星で，その軌道の近日点は最も大きく移動する．しかし，水星の近日点移動について一般相対性理論の予言と観測との比較は容易ではない．一般相対性理論による近日点移動は（9.57）式から

$$\delta\phi_{\mathrm{prec}} = 42.98''/100\,\text{年}. \tag{10.16}$$

地上の実験室で観測される近日点移動は

$$\delta\phi = 5599.74'' \pm 0.41''/100\,\text{年} \tag{10.17}$$

である．観測値から引き去るべき様々な既知のニュートン効果があるが，(10.16) 式と（10.17）式の相対的大きさは，一般相対論による残りの歳差を決めるために，これらの効果をどれだけよく知らなければならないかをよく物語っている．惑星の軌道を決めることは相対論を検証するために必要とされる精度のレベルでは複雑な観測問題である．レーダー測距は 1966 年以来，時間の関数として地球より内側の惑星の正確な位置を記録している．18 世紀に遡る，あまり正確ではな

い光学観測も役立つ．人工衛星の接近経過もデータになる．これら全てのデータはモデルに合わせられる．モデルには，ポストニュートン相対論パラメータと太陽質量の四重極モーメントと同様に，惑星運動のニュートン理論の質量と長半径軸，離心率などのパラメータが含まれている．

引き去るべき最も大きなニュートン的な量は昼夜分点の歳差である．観測された歳差（10.17）は地球基点の系と参照される．しかし，地球の回転軸は約 2 万 6 千年の周期で慣性系に対して歳差している．これは $\delta\phi$ に $5025.64'' \pm 0.50''/100$ 年で入っている [*2].

他の惑星の重力があることから，水星は厳密には $1/r$ のニュートンポテンシャルで運動していないことになる．軌道は惑星のニュートン摂動から歳差する．これらの摂動からの全歳差はニュートン力学と惑星軌道の観測から推測される．ニュートン力学で予期されない水星の近日点移動の最も正確な値は $42.98'' \pm 0.04''/100$ 年 であり（Shapiro 1990），一般相対論の予言と正確に合う．以前議論した PPN パラメータ γ の最善の観測と併せると，これは PPN パラメータ β として

$$\beta = 1.000 \pm 0.003 \tag{10.18}$$

になる．したがって，これ以上補正するものがなければ，観測は一般相対論の予言と素晴しく一致している．加えられる補正の主な候補は太陽の質量四重極モーメントである．

この章の近日点移動の計算では，曲率源が完全に球対称であることを仮定した．しかし，太陽は厳密には球対称ではなく，回転していて，そのために生じる向心加速度により太陽はわずかに回転軸に沿って「おしつぶされている」．ただし回転軸に対する軸対称性はまだ非常によい近似となっている．軸対称な質量分布の外側で，ニュートン重力ポテンシャル $\Phi(r,\theta)$ は r の逆数のべきで展開することができる．対称軸を逆にすることに対して分布が対称であることを仮定すると，最初の 2 つの項は

$$\Phi(r,\phi) = -\frac{GM}{r} + J_2 \frac{GM}{r}\left(\frac{R}{r}\right)^2 \left(\frac{3\cos^2\theta - 1}{2}\right) + \cdots \tag{10.19}$$

となる．それぞれ質量単極子と質量双極子と呼ばれる．ここで θ は回転軸から測られる極角であり，R は天体の平均半径，J_2 は質量双極子モーメントの無次元

[*2] この議論に関係する重要な事実は，単にその数値が正確に決められ，(10.16) 式よりもずっと大きいということなので，この精度のレベルでこの数値と (10.17) 式がどのようにして得られたのかは説明しない．

量である．電磁気学の講義をとった読者は，(10.19) 式をラプラス方程式 (3.18) の軸対称解の標準的な多重極展開として，そして角度における多項式をルジャンドル多項式 $P_2(\cos\theta)$ として認識するだろう．もしこうしたことに不慣れならば，(10.19) 式をラプラス方程式に代入し，それが解になっていることを確かめよ．

(10.19) 式から太陽の四重極モーメントが，赤道面 $\theta = \pi/2$ におけるニュートンの重力ポテンシャルで

$$\Phi(r) = -\frac{GM}{r} - \frac{J_2 GMR^2}{2r^3} \tag{10.20}$$

になっていることになる．この余分な $1/r^3$ ポテンシャルがちょうどニュートン力学で近日点移動を起こすことになる．実際，有効ポテンシャル (9.30) に加えられるのであるが，相対論的項 $GM\ell^2/(c^2r^3)$ と正確に同じ形をしている．よって惑星軌道の観測から PPN パラメータの組合せ $(2+2\gamma-\beta)/3$ [(10.9) 式を参照] と J_2 だけを決めることができる．

太陽は回転で歪んでいるので，四重極モーメントをもち，J_2 の値は内部のモデルとそこでの角速度から求められる．表面の回転周期は赤道で約 27 日であり，内部の角速度は太陽の振動モードを正確に観測すること（日震学と呼ばれる研究の分野）およびこれらの振動数での回転の効果を理解することにより決まる．Brown *et al.* (1989) の結果は $J_{2\odot} \sim 10^{-7}$ であり，これは太陽が一様に回転していれば期待される粗い値であり，小さ過ぎて，可能な精度のレベルで近日点移動と (10.18) 式の β の決定に影響を与えない．

問　題

1. [E] 太陽の表面からくる光の重力赤方偏移を評価せよ．対流セルの物質の速度が太陽表面で 1 km/s のオーダーであるとしてこの効果を測定する可能性を議論せよ．観測するときによりよく適した場所が表面に存在するか．

2. Vessot and Levine の実験にはパラメータ β と γ について何か言えるほどの精度はあるのか．3 次のドップラー効果はこの実験の分析において重要だろうか．

3. 一般相対論が予言する太陽による光の湾曲の最大値を秒角で評価せよ．

4. 光の湾曲に対して，ポストニュートンパラメータの関数として (10.8) 式を導出せよ．

5. 一般相対論によって予言される水星，金星，地球の近日点移動を 1 世紀当たりの秒角の単位で評価せよ．

	長軸 10^6（km）	離心率	質量 $/M_\oplus$	周期（年）
水星	57.91	0.2056	0.054	0.241
金星	108.21	0.0068	0.815	0.615
地球	149.60	0.0167	1.000	1.000

$M_\oplus = 5.977 \times 10^{24}\,\mathrm{kg}$

6. （10.20）式の形のニュートン四重極ポテンシャルによって生じる水星の近日点移動を評価し，$J_{2\odot}$ の観測値では，PPN パラメータ β の値を補正するには小さすぎることを示せ．

7. 太陽の偏平性と近日点移動　太陽表面の形を測定することは，太陽の四重極モーメントを決める方法の 1 つである．偏平性は

$$\Delta = \frac{(\text{赤道での半径}) - (\text{極での半径})}{(\text{平均半径})}$$

で定義される．光学測定で太陽質量の偏平性を決めることができる．太陽表面が等重力ポテンシャル面であるとすると，この偏平性を使い太陽質量の四重極モーメントを決めることができる．初期の測定では Δ の値は 5×10^{-5} である．(後の測定で Δ の値はずっと小さいことがわかった)

(a)　太陽表面の回転のために生じる向心加速度が太陽を歪ませないとすると (事実と反するが)，太陽の表面がなぜ等重力ポテンシャル面なのか説明せよ．

(b)　（10.20）式を使い，Φ が太陽表面で一定だと仮定することにより，J_2 の値を計算せよ．

(c)　$\Delta \sim 10^{-5}$ から水星の近日点移動の大きさを計算せよ．

8. ［P,E］光の湾曲を検出するために行われた NRAO 実験で期待される角度の精度を，(10.12) 式から始めて，粗くてもかまわないから評価せよ．大気上の宇宙空間の理想的な環境のもとで，同じ精度を達成するために必要とされる光学望遠鏡の大きさを計算せよ．

9. ［E］光の湾曲の測定で使われる電波信号がどれだけ太陽コロナによって曲げられるかを評価せよ．コロナは自由電子ガスによって非常に正しくモデル化され，その屈折率は

$$n(r) = 1 - \frac{e^2 N(r)}{2\epsilon_0 m\omega^2}$$

となる（SI 単位系）．ここで電子密度 $N(r)$ は太陽の半径の 2 倍まで $10^8\,\mathrm{cm}^{-3}$ とすることができる．NRAO 実験で使われる振動数は 8.1 GHz と 2.7 GHz であった．

10. 一般相対論がバイキング実験で測定された遅延を正しく予言していると仮定すると，実験で使われるレーダーパルスが太陽に最も近いところにきたときパルスについて図 10.7 のデータから何を推論することができるか．その答えを中心から太陽半径を使って答えよ．

第11章 実際の相対論的重力

第9章で調べたシュワルツシルト幾何学におけるテスト粒子と光線の軌道が重要になるのは，第10章で考察した太陽系における一般相対論のデリケートなテストに対してだけではない．いくつかの宇宙物理学的応用としても中心的役割を果たしている．この章では3つの応用を紹介する．重力レンズ効果と降着円盤からの相対論的振動数偏移，連星パルサーの質量の測定である．アインシュタイン理論の検証が前章の主題であったが，応用例を挙げることがこの章の主題である．

11.1 重力レンズ効果

第9章で見たように，重力は光を曲げる．272ページの図11.1で説明したように，光が光源から観測者まで進むとき，この曲がりのために光の経路は複数できる．したがって，途中の質量の存在によって遠くの光源の多重像ができる．このような作用のため，質量が集中しているところは重力レンズと呼ばれる [*1]．重力レンズ効果は天文学の重要な手段となっている．像になる光源，レンズとして作用する天体，レンズと観測者が互いに宇宙論的スケールにあるとき，光が通過する宇宙の大規模スケールの情報を重力レンズ効果から得ることができるのだ．

実際の重力レンズは特別な対称性が何もない遠い銀河集団でもよい．光はその周りと同じようにその中も通ることができる．しかし本書では小さい球形天体によってレンズ効果を受ける最も単純な場合だけを考えることにする．レンズ効果で，球形天体が時空曲率の発生源であると仮定する．宇宙論的な距離にあるレンズでは，宇宙の曲率が考慮されなければならないが，逆に重力レンズから曲率の

[*1] よく知られている光学レンズの理想化として，光源の1点から出た光が全て像の一点に届くという意味で，像が焦点を結ぶといっているわけではない．そういうことから，観測者は像を見るためにレンズから特別な距離にいる必要はない．レンズはより一般的な意味で使われている．

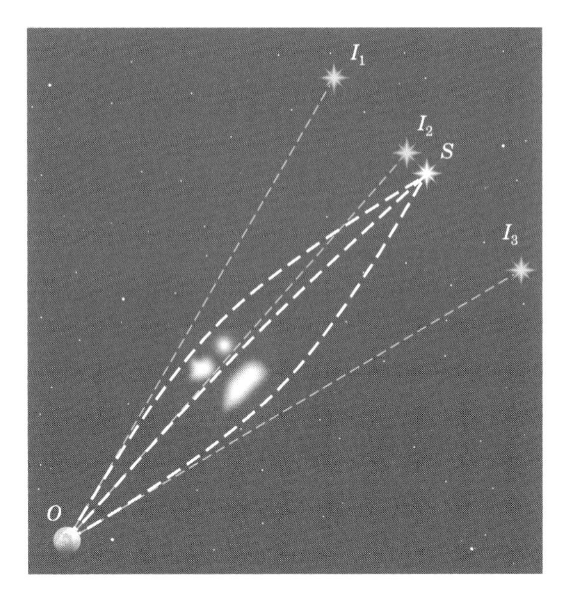

図 **11.1**　重力レンズの背後にあるアイディア．遠い光源 S からの光は質量を横切ると曲げられ，光源から観測者 O の間に多重経路ができる．観測者はこれらを光源の多重像と見る．図では 1 つの光源 S の像が角度位置 I_1, I_2, I_3 にできることを説明し，わかりやすくするために図のほとんどすべてを強調した．実際には，レンズの大きさは距離に比べて小さく，曲げられる角度はごくわずかであり，像は面上で直線には並ばない．

情報を得ることができる．しかし漸近的平坦時空中にある球対称質量によるレンズ効果の簡単な例を使って重力レンズの基本的な物理を説明することにする．

レンズ幾何学と像の位置

質量 M を衝突パラメータ $b \gg M$ で通りすぎる光線の湾曲角 α は (9.83) 式によって与えられ，それは

$$\alpha = \frac{4GM}{c^2 b} \equiv \frac{2R_S}{b} \tag{11.1}$$

である．ここで，湾曲角 $\delta\phi_{\rm def}$ に対して簡潔な記号 α, シュワルツシルト半径 $2GM/c^2$ に対して R_S を導入した．

球対称重力レンズの幾何学を図 11.2 に示した．この図のスケールを正しく理解することは重要である．レンズが宇宙論的距離にある銀河であり，それより

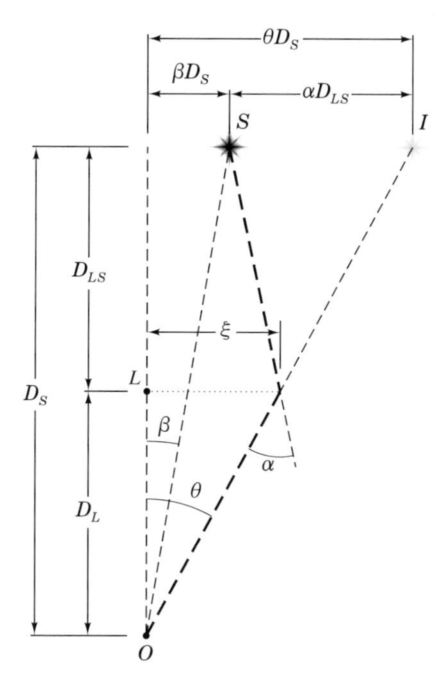

図 **11.2** 薄レンズ近似の重力レンズ幾何学．O は観測者である．L は観測者から距離 D_L にあるレンズ質量の位置である．S は光源で，観測者から距離 D_S のところにあり，レンズから D_{LS} の距離にある．図は光源–レンズ–観測者面を表している．太い破線は光源から観測者までの光線の経路である．光線は ξ と区別できないほど小さい衝突パラメータでレンズのそばを通り過ぎ，角度 $\alpha = 4GM/(c^2\xi)$ で曲げられる．ここで M はレンズの質量である．薄レンズ近似ではレンズは点として扱われ，常にレンズの位置 L にある横方向の面内で湾曲する．光源の像 I は観測者–レンズ軸から角度 θ に見え，本当の角度 β には見えない．この図の横の距離はすべて誇張されている．実際のスケールにすると，図中の線はすべて重なり分離することは不可能になるだろう．図の上に示した横方向の距離の関係によりレンズ方程式が構成される．

ずっと遠い距離にある光源の光を曲げるとすると，典型的に [*2]

$$M \sim 10^{11} M_{\odot}, \qquad R_S \sim 10^{11}\,\mathrm{km} \tag{11.2a}$$

[*2] パーセク（ps）は銀河と銀河系外天文学の標準単位である．1 パーセク $= 3.086 \times 10^{13}$ km または 3.262 光年である．キロパーセク（kpc），メガパーセク（Mpc），ギガパーセク（Gpc）が便利である．非常に粗いけれども，銀河内の互いに近い星の間の距離は pc のオーダーであり，銀河の大きさは kpc のオーダーであり，近傍の銀河までの距離は Mpc のオーダーであり，見える宇宙の大きさのオーダーは Gpc の単位で測定される（単位の起源として下巻の図 17.7 も見よ）．

$$D_S \sim D_L \sim D_{LS} \sim 1\,\mathrm{Gpc} \sim 3\times 10^{22}\,\mathrm{km} \tag{11.2b}$$

である．湾曲が起きる特徴的半径はシュワルツシルト半径 R_S であるが，光が通る距離 D_L, D_S, D_{LS} よりもかなり小さい．これは実際のレンズ効果が起きる典型的な状況である．したがって，非常によい近似で光線は平坦空間を直線として伝わり，レンズを通過するときに湾曲が起きる．これが図 11.2 で仮定される**薄レンズ近似**または**薄肉レンズ近似**である．具体的に薄レンズ近似では光源とレンズは点として近似される．湾曲角は，すべての b の値に対して（11.1）式になると仮定し，すべての湾曲は常にレンズの位置で視線方向に対して垂直な面で起きると仮定している．もちろん，これらの近似は，例えば b が R_S と同程度になると成り立たなくなるが，多くの現実的なレンズの状況で単純できれいに表すことができる．

現実的な状況で，図 11.2 のすべての角度は非常に小さく，視線方向を横切る距離は（角度）×（距離）でよい近似になる．図 11.2 の上部で横たわる距離の間の関係は

$$\boxed{\theta D_S = \beta D_S + \alpha D_{LS}} \tag{11.3}$$

であり，これは**レンズ方程式**と呼ばれる．小さい角度の近似で $b \approx \xi$ および $\xi \approx \theta D_L$ となるので，レンズ方程式は（11.1）式を使うと

$$\theta = \beta + \frac{\theta_E^2}{\theta} \tag{11.4}$$

として書かれる．ここで

$$\boxed{\theta_E \equiv \left[2R_S\left(\frac{D_{LS}}{D_S D_L}\right)\right]^{1/2}} \tag{11.5}$$

は**アインシュタイン角**と呼ばれる．(11.4) 式の解は宇宙空間における像の角度位置を決める．

アインシュタイン角の意義を理解するために，光源とレンズと，観測者がちょうど線上になる，縮退した場合を考えよう．この軸に対して対称性があることから，光源の像は広がり，**アインシュタインリング**と呼ばれる円形リングのようになる．$\beta = 0$ のとき，(11.4) 式から容易にわかるように，アインシュタインリン

グは軸から $\theta = \theta_E$ の角度にできる．

アインシュタイン角は重力レンズ現象に対して特徴的な角度スケールになる．我々と銀河内の星の間にある太陽質量サイズの天体によって起きるレンズ効果を考えよう．この場合，$M \sim M_\odot$, $R_S \sim 1\,\mathrm{km}$, $D_L \sim D_S \sim D_{LS} \sim 10\,\mathrm{kpc} \sim 10^{17}\,\mathrm{km}$ であり，アインシュタイン角が $\theta_E \sim 10^{-3\prime\prime}$ であることになる．これは，現代の望遠鏡によって達成される精度を超えている．しかしすぐわかるように，星程度の質量天体によるレンズ効果は，レンズと光源の間の相対運動によって像の明るさが時間的に変化するところを観測することで発見できる．角度の変化が小さいため，この状況は**マイクロレンズ効果**とよく呼ばれる．（11.2）式のパラメータの宇宙論的距離にある銀河と光源によって生じるレンズ効果では，アインシュタイン角は $\theta_E \sim 1''$ であり，光学望遠鏡で分解できる．この状況は**マクロレンズ効果**と呼ばれることがある．

（11.4）式の解は光源–レンズ–観測者面にある 2 つの像の位置を一般的に与える：

$$\boxed{\theta_\pm = \frac{1}{2}\left[\beta \pm \left(\beta^2 + 4\theta_E^2\right)^{1/2}\right]} \tag{11.6}$$

276 ページの図 11.3 に球形の質量によって作られるこれらの像の配置を示した．レンズの位置に対して両側に 1 つずつ像があるが，そのうち 1 つはアインシュタイン角よりも遠くにあり，もう 1 つは近くにある．透明で広がったレンズによるレンズ効果ではつねに像の数が奇数になることがわかる．小さいが有限の大きさの球レンズの極限では，(11.6) 式で決まる 2 つの像に加えて，3 番目はレンズの背後に隠れる（問題 2）．

レンズの位置（11.6）は光源の振動数と独立である．光学レンズと違い，重力レンズは**色消しレンズ**である．

実際のレンズはここで考察している単純な球形質量よりも複雑であるが，原理は同じである．277 ページの図 11.4 は非常に複雑なレンズ系によってできたきれいな像で，多重像を示し，さらにアーク状に曲げられている．

レンズの位置と像の位置の間の角度 $\theta_\pm$ を測定して，(11.6) 式を使うとアインシュタイン角 θ_E は決められる．レンズまでの距離と光源までの距離を評価できれば，レンズの質量は（11.5）式と（11.1）式から求められる．したがって，重

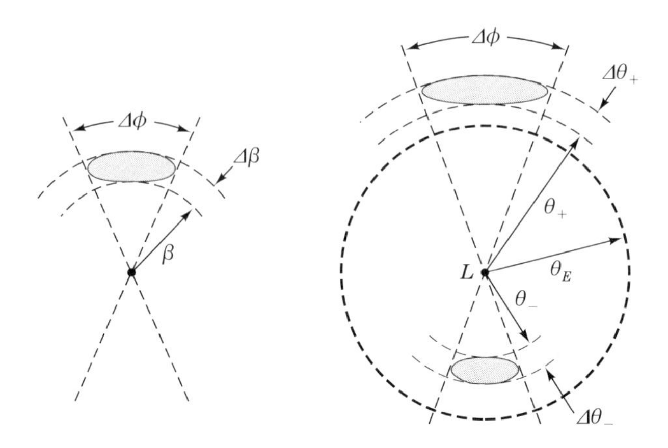

図 **11.3**　途中の球対称「点」重力レンズによってつくられる遠い銀河像．2 つの宇宙空間の角度位置を示し，球形レンズが図の中心 L の位置に置かれたときに起きる効果を説明している．左図はレンズが光を曲げないときに見えると思われる銀河像を表している．銀河は，観測者-レンズ軸から角度 β にあり，その大きさの角度は $\Delta\phi$ と $\Delta\beta$ である．右図はレンズの作用を示している．2 つの像は観測者-レンズ軸から $\theta_{\pm}$ に作られる．そのうちの 1 つはアインシュタイン角 θ_E の内側にあり，他は外側にある．像の方位角幅 $\Delta\phi$ はレンズの作用で保存される．極角と幅は変化し，像の形はアーク状になっている．レンズは小さいが有限であるとき，3 番目の像はレンズの背後に隠れる．

力レンズ効果は，物体が見えるか見えないかに関係なく宇宙で質量を検出するのに使われる．

像の形と明るさ

これまで，暗黙のうちに光源と像が点であると仮定してきた．しかし，有限の角度サイズの像の形と明るさの変化は重力レンズ効果の重要な特徴の 1 つである．図 11.3 の左図は，レンズ位置 L に質量がなく光を曲げない場合，見えるだろうと思われる有限サイズの銀河像である．図 11.2 の記法で，像はレンズから角度距離 β の位置にあり，角度の大きさは $\Delta\beta$ と $\Delta\phi$（小さいと仮定）である．右図はレンズの作用を示している．2 つの像は（11.6）式の $\theta_{\pm}$ の位置にできている．観測者-レンズ軸についての対称性から，光線の ϕ の値はレンズの湾曲によっても変わらない．したがって，像の方位角の幅 $\Delta\phi$ は保存される．極角の幅 $\Delta\theta$ は（11.6）式を微分することで求められる量だけ変化し

図 **11.4** 重力レンズとして作用する銀河団 0024+1654 のハッブル宇宙望遠鏡写真．前景の銀河団（中心の明るく広がった像）の質量はそれより遠くにある銀河に対して重力レンズとしてはたらく．レンズの幾何学（点ではない）は，遠い銀河の多重像がアインシュタインリングの半径の近くに作られるようになっている．像は歪められアークになっている．

$$\Delta\theta_{\pm} = \frac{1}{2}\left[1 \pm \frac{\beta}{(\beta^2 + 4\theta_E^2)^{1/2}}\right]\Delta\beta \tag{11.7}$$

になる．銀河の像は細長くなり歪められる．

重力レンズによって変わるのは像の形だけでなく，その明るさもである．すぐ説明するように，明るさの変化は，重力レンズを使って小質量天体を発見するためのカギとなる．

像の明るさを理解するために，簡単な例から始めよう．高温に熱せられ，近似的に黒体のように放射している平板を想像しよう．黒体は各々の表面の小さい部分からすべての方向に一様に放射する．平板の真上である距離離れて正面を向いた検出器が放射のフラックス（エネルギー/時間）を記録する．しかし，同じ距離で平板の法線方向とある角度をなす同じ検出器では 278 ページの図 11.5 に示し

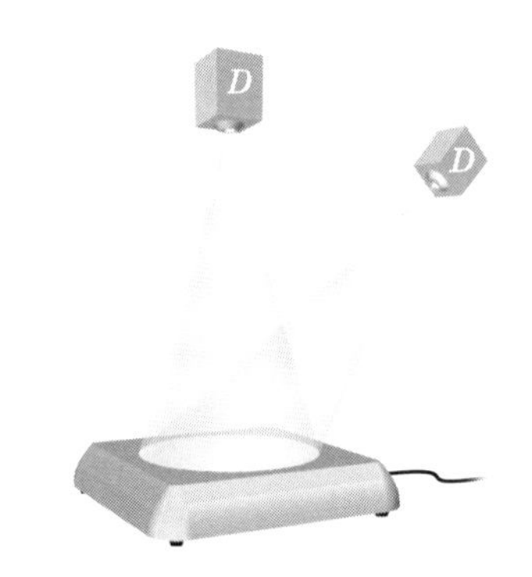

図 **11.5**　ホットプレートの表面はすべての方向に等しく放射する．プレート正面から見ている検出器 D は斜めから見たときと違ったフラックスを測定する．これは，プレートを見込む検出器の位置が違うと立体角が違うからである．

たように，フラックスは少なく検出される．平板は正面から見たときよりも斜めから見たときの方が見込まれる立体角が小さいからである．たとえば平板を真横から見ると，平板の厚さが無視できれば，放射は届かない．面の小さな部分から届くフラックス Δf と立体角 $\Delta\Omega$ の間の比例係数は平板の**表面輝度**と呼ばれ

$$\Delta f = (\text{表面輝度}) \times \Delta\Omega \tag{11.8}$$

の関係がある．

レンズ効果においてこれが何を意味するか理解するために，星の重力レンズ効果の具体的な場合を考えよう．重力レンズ効果では曲げられた星の表面輝度は変わらない．しかし，立体角は星と検出器へ進む光線軌道の性質なので，星によって張られる立体角は変わる．したがってレンズ効果は，(11.8) 式が示すように，レンズが存在していない場合の像の輝度（フラックス）を変えることができる．

これを理解する別の方法は，星の表面の小さい部分から放射された光に何が起きるかを考えてみることである．光線はすべての方向に等方に放射される．光線のうち遠くの検出器にやってくるものもあるが，ほとんどは検出できず記録されない．レンズが存在していないときよりも多くの光線がやってくるとすると，検出器はより多くの光を受信し，像は明るくなる．届く光線が少なければ，像は暗くなる．観測者によって見られるすべての像の全輝度はこれからみるように，レンズがないときよりも大きくなる．このような状況では，レンズがないときより

もたくさん光線が検出器に向けられる．

この考察から，$\theta_\pm$ の位置でレンズ効果を受けていない像の輝度 I_* に対する，受けている像の輝度 $I_\pm$ の比は，レンズがないときに像が張る立体角 $\Delta\Omega_*$ に対する，レンズがあるときの像が張る立体角 $\Delta\Omega_\pm$ の比と等しくなるだろう．極座標で立体角のよく知られた関係を使うと，これは

$$\frac{I_\pm}{I_*} = \frac{\Delta\Omega_\pm}{\Delta\Omega_*} = \left|\frac{\theta_\pm \Delta\theta_\pm \Delta\phi}{\beta\Delta\beta\Delta\phi}\right| \tag{11.9}$$

になる．$\Delta\phi$ は保存するので，増光は（11.6）式と（11.7）式から

$$\frac{I_\pm}{I_*} = \left|\left(\frac{\theta_\pm}{\beta}\right)\left(\frac{d\theta_\pm}{d\beta}\right)\right| = \frac{1}{4}\left(\frac{\beta}{(\beta^2+4\theta_E^2)^{1/2}} + \frac{(\beta^2+4\theta_E^2)^{1/2}}{\beta} \pm 2\right). \tag{11.10}$$

どんな x に対しても $x + 1/x \geqq 2$ が成り立つので，上式の括弧の中はつねに正になる．したがってアインシュタインリングの外側の像は明るくなり，内側は暗くなる．

像が分解できない，星によるマイクロレンズ効果の場合全増光に興味がある：

$$\boxed{\frac{I_{\rm tot}}{I_*} \equiv \frac{I_+ + I_-}{I_*} = \frac{1}{2}\left(\frac{\beta}{(\beta^2+4\theta_E^2)^{1/2}} + \frac{(\beta^2+4\beta_E^2)^{1/2}}{\beta}\right)} \tag{11.11}$$

この関数は常に 1 よりも大きい．したがって重力レンズは常に全輝度を高め，光源が観測者-レンズ軸に近ければ，つまり β が小さければ，この増光は本質的になる．これからすぐわかるように，この増光は，個々の像が分解できないときでさえも，重力レンズ効果が検出でき，利用される理由となっている．

揺らぎの時間差

光源の明るさの揺らぎは，地球に到着したとき，像の揺らぎになる．しかし，2 つの像の到着時間は 2 つの理由で異なる．第一に，2 つの像が通る経路の長さは，θ_+ と θ_- が違うため異なる．第二に，9.4 節で考察した相対論的遅延が，同じ理由で起きるだろう．我々はこの遅延を詳しくは計算しないが，到着時間に大きな差が生じ得ることを示すためには，経路の差を簡単に評価すれば十分であろう．$D_L = D_{LS} = D_S/2, \beta \ll \theta_E \ll 1$ の簡単な場合を考えよう．ちょっとした平面の幾何学と図 11.2 から，β の 1 次で経路の長さの差は近似的に

$$\Delta D \approx \beta\theta_E D_S, \qquad \beta \ll \theta_E \ll 1 \tag{11.12}$$

であることがわかる（問題 4）．$\beta = 0$ のとき 2 つの経路の対称性を反映してこの式は 0 になる．結果は長さだけに比例し，レンズの質量が 0 になると，θ_E とともに 0 となる（そうならなければならない）．宇宙論的距離［(11.2b) 式を参照］にある光源が銀河によってレンズ効果を受けるときは，$\Delta D \approx 4(\beta/\theta_E)R_S$ であり，到着時間の差 $\Delta D/c$ は数週間で測定できる．この効果は観測され，宇宙の膨張率などのパラメータを決める上で重要な役割を果たしている．ただし，ここでは議論しない．

マイクロレンズ効果

第 17 章（下巻）で学ぶように，星や銀河中に見える物質は宇宙の全物質のうちでほんの少ししか占めてないという証拠が多くある．我々の銀河でさえ，我々が見ることのできる星や塵以上に重いハローに囲まれているに違いない．未知の物質は何からできているのだろうか．木星サイズの天体，白色矮星，ブラックホールは重いコンパクトハロー天体（MACHOs，マッチョ）と呼ばれる候補の 1 つの部類の例である．このような天体の占める質量領域は太陽質量の 1000 分の 1 から数倍に及ぶかもしれない．それらは暗く，重力相互作用以外の方法で見つけるのが難しい．重力マイクロレンズ効果はそれらを発見する 1 つの手段となる．

我々の銀河がマッチョのハローをもち，それぞれが集まってできた重力ポテンシャルにしたがって運動しているとする．ハローの外にある近傍の銀河中の星を調べることを想像しよう．我々の銀河の衛星銀河大マゼラン雲（Large Magellanic Cloud, LMC）の星は重要な実例となる．ハロー中のマッチョが軌道に沿って LMC 中の星の視線方向に入って来たとすると，マッチョは短期間だが重力レンズとしてはたらく．マッチョが通ると，星の像は明るくなり，そして暗くなる．明るさの変化は，マッチョの質量に関係する角度 θ_E（11.5）式とマッチョの運動によって時間変化する角度 β とともに，(11.11) 式によって与えられる．したがって，マッチョは遠い星の明るさの変化から検出される．だが，すでに考察したように，光の角度の湾曲が光学望遠鏡の分解能をかなり下回っていたとしても可能である．変化の特徴的な時間スケールは時間 $t_{\rm var}$ として評価することができ，これはマッチョがアインシュタイン角 θ_E と等しい角度距離を動くのにかかる時間である．銀河半径程度 $D_L \sim 10\,\mathrm{kpc}$ 離れた太陽質量の星に対して粗く $\theta_E \sim 10^{-3''}$ と見積もり，銀河の典型的な星の速度に対して $V \sim 200\,\mathrm{km/s}$ と見積もると，t_{var} の時間は

$$t_{\mathrm{var}} = \frac{\theta_E D_L}{V} \sim \frac{(10^{-3''})(10\,\mathrm{kpc})}{200\,\mathrm{km/s}} \sim 0.2\,\mathrm{yr}. \tag{11.13}$$

逆に，変化の時間と速度の評価，光源とレンズまでの距離の測定からアインシュタイン角が（11.13）式から求められ，(11.5) 式からレンズの質量が求められる（問題 7）．これがマイクロレンズ効果を使った我々の銀河内の暗い天体の質量測定法である．

ある特定の星を見ていてマッチョが視線方向を横切る機会は非常に少ない．しかし，非常にたくさんの星を調べれば，マッチョを検出できる機会は多くなる．このような観測プログラムが現在進行中である．精巧な望遠鏡，電子画像処理と高速ソフトウエアを駆使して天文学者は数千日の期間に渡って数十万の星を調査している．図 11.6 に，MACHO collaboration（Alcock *et al.* 1997）から 1 つの

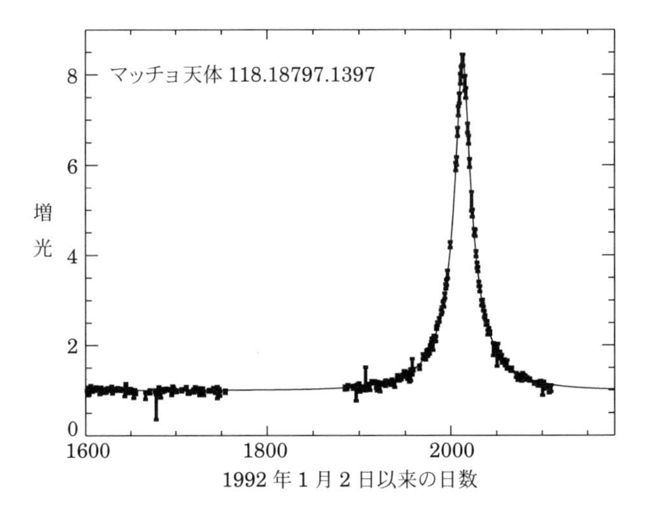

図 11.6 MACHO collaboration のマイクロレンズ事象の光曲線．途中の天体によってレンズ効果を受けた，銀河のバルジにある星の光曲線を表している．縦軸は I_{tot}/I_* である．データは（11.11）式の関数とともプロットしてある．レンズ天体が宇宙空間を横切るときの角度の速さおよびレンズが光源に最も近づく角度をパラメータとして与えている（問題 6 と 7）．

事象の光曲線を示した．このようにして重力は，重力レンズ効果を通じて宇宙のダークマターを探査する道具として使われている．

11.2 コンパクト天体の周りの降着円盤

宇宙物理学の降着円盤

我々は太陽の曲がった時空中を運動しているので，曲がった時空の実験を行いやすい．しかし太陽は非常にコンパクトな天体というわけではないので，太陽の外側の曲率は決して大きいものではない．比 M/R は太陽の幾何学における相対論的効果を特徴づけるのだが，わずか 10^{-6} のオーダーにすぎない．宇宙で最もコンパクトな天体は星の進化の最終状態のうちの 2 種類である．それらはブラックホールと中性子星であり，それぞれ第 12 章と第 24 章（下巻）で述べるだろう．ブラックホールでは $M/R \sim 0.5$ で，典型的な中性子星では $M/R \sim 0.2$ である．これらのコンパクト天体をさらに引き続き次章から調べるのだが，それらには 1 つの共通点がある．回転していなければ，それらの外側の時空はシュワルツシルト幾何学である．これまでの 2 つの章の計算法と結果を利用し，物質と光の運動を使ってこれらの幾何学を観測し調べる．近傍の物質，たとえば伴星の物質が**降着**と呼ばれる過程でこのような天体に自然に降り積もる．この物質はテスト粒子の源であり，その運動から時空幾何学を調査できる．

たとえば普通の伴星（たとえば太陽のような星）と相互に軌道運動するブラックホールまたは中性子星を考えよう．連星は重力波放射などの機構によって軌道エネルギーを失い軌道が小さくなり，伴星の外層がその中心よりもコンパクト天体に強く引かれ，普通の伴星から質量が洩れ出し，コンパクト天体に降り積もるだろう．初期軌道の角運動量が保存するため，降着物質は直接コンパクト天体に落下することはできず，**降着円盤**と呼ばれる円盤を形成する．円盤内の粒子間の相互作用に伴ういろいろな散逸機構により，エネルギーと角運動量をゆっくり失い，渦を巻きながら徐々にコンパクト天体に向けて落ちていく．最も内側の安定円軌道にたどり着くまで［(9.43) 式を参照］，ほとんど円の軌道をゆっくり内側に渦を巻きながら進んでいく．その後はコンパクト天体に即座に落下する．失ったエネルギーは円盤から放射として放出され，太陽質量程度のコンパクト天体では典型的に X 線波長になる（Box 11.1 を見よ）．これが，太陽質量程度のコンパクト天体の降着円盤が銀河 X 線源であるというもっとも可能性の高い説明になっている理由である．

我々の銀河（13.2 節（下巻））を含むほとんどすべての十分重い銀河中心には 10^6–$10^9 M_\odot$ の巨大ブラックホールがあり，その周りを降着円盤が取り囲んでいると思われている．このような巨大のブラックホールの周りにある円盤は，Box 11.1 の評価で示すように，太陽質量程度のブラックホールのものよりも冷たい．しかし，そのことは，光度が無視できることを意味しているわけではない．下巻の 13.2 節と Box 15.1 でみるように，銀河中心のブラックホールの降着円盤は，クェーサーのような活動銀河核を解釈する上で中心的な役割を果たしている．これらは宇宙の放射の最も強力な定常発生源である．

Box 11.1 降着エネルギー

コンパクト天体の周りの降着円盤の光度と温度を簡単に評価するのには物理学の知識がほんの少しだが必要である．

定常状態にある降着円盤の光度（放出されるエネルギー全発生率）と温度は質量の降着率 $\dot{M}$ で決まる．定常状態で，重力ポテンシャルにおける 1 秒当たりの質量の時間変化 $\dot{M}$ は放射エネルギーへと変わっている．$\dot{M}$ が大きくなると光度も温度も大きくなる．

質量が球対称定常的にコンパクト天体に降着できる時間率には上限がある．降着率が大きくなっていくと，外向きの光子が降り積もる物質に作用し，圧力が増加し，最終的にコンパクト天体の重力を圧倒してしまう．したがって光度にはエディントン極限と呼ばれる上限が存在する．観測される X 線源の典型的な光度の範囲は，降着が球対称でないときでも，極限値の数パーセントからほとんど極限値にまで及ぶ．

エディントン極限を評価するために，M をコンパクト天体の質量とし，L を放射の光度としよう．ここで我々が求めている粗い評価では，簡単なニュートン的解析で十分である．中心から半径 r の球面を通過するエネルギーフラックスは $L/(4\pi r^2)$ である．運動量フラックスは，光子に対して (運動量) = (エネルギー)/c であるから $L/(4\pi r^2 c)$ である．落下物体を外向きの放射が散乱することにより，外向きの有効圧力が発生する．落下物体に外向きの運動量がどれだけ伝えられるかを評価するために，低エネルギー光子による電子の散乱に対してトムソン散乱断面積 σ_T を使うことができる（SI 単位系）：

$$\sigma_T = \frac{8\pi}{3}\left(\frac{e^2}{4\pi\varepsilon_0 m_e c^2}\right)^2 = 0.665 \times 10^{-24}\,\mathrm{cm}^2. \tag{a}$$

ここで e は電子の電荷であり，m_e はその質量である（陽子から衝突されても外向きの力を受け続けるのだが，断面積は 100 万倍小さい）．単位時間内に半径 r で電子 1 個に伝えられる運動量は $\sigma_T L/(4\pi r^2 c)$ である．単位時間当たりの運動量は力であり，これと重力を等号で結び，落下物体中の各電子に対して質量 m_p の原子核が約 1 個あることに気をつけると，水素イオンに対するエディントン極限は

$$\frac{Gm_pM}{r^2} = \frac{\sigma_T L_{\mathrm{Edd}}}{4\pi r^2 c} \tag{b}$$

となる．したがって極限のエディントン光度は

$$\begin{aligned} L_{\mathrm{Edd}} &= \frac{4\pi Gcm_pM}{\sigma_T} \\ &= 1.3 \times 10^{38}(M/M_\odot)\,\mathrm{erg/s} \end{aligned} \tag{c}$$

となる.（比較として，太陽の光度は $L_\odot = 3.8 \times 10^{33}\mathrm{erg/s}$ である）典型的な X 線源は L_{Edd} のせいぜい数パーセントである．深い重力ポテンシャル井戸の中へ落ちることでエネルギーを放射に変えることは，星の放射エネルギー源である熱核燃焼に匹敵する．

コンパクト天体から半径 R にある降着円盤から放出される放射の特徴的なエネルギーは，大きさ R, 温度 T の黒体の光度と等しいとすることにより粗く評価することができる．ただし，放射スペクトルは典型的な熱放射ではない．光度 L は L_{Edd} のうちの ε の割合であるとすると

$$4\pi R^2\sigma T^4 = \varepsilon L_{\mathrm{Edd}} \tag{d}$$

である.（ここで σ は黒体から出る放射を特徴づけるシュテファン–ボルツマン定数であり，断面積ではない）.（c）式を使うと

$$\begin{aligned} T &\sim 5 \times 10^7 \left(\frac{GM}{c^2R}\right)^{1/2}\left(\varepsilon\frac{M_\odot}{M}\right)^{1/4}\mathrm{K} \\ &\sim 5\left(\frac{GM}{c^2R}\right)^{1/2}\left(\varepsilon\frac{M_\odot}{M}\right)^{1/4}\mathrm{keV} \end{aligned} \tag{e}$$

を得る．

中性子星の表面では $GM/c^2R \sim 0.1$ である．球対称ブラックホールの周りにある降着円盤の最も内側の安定円軌道は $GM/c^2R \sim \frac{1}{6}$ である［(9.43) 式を参照］．いずれの場合も，$M \sim M_\odot, \varepsilon \sim 0.5$ に対して，$T \sim$ 数 keV であることがわかる．このことから太陽質量のブラックホールまたは中性子星の周りの降着円盤がなぜ X 線源

であるのかを説明できる．ほとんどすべての十分重い銀河中心で見つかる重いブラックホール $10^6 \sim 10^9 M_\odot$ の周りの降着円盤はこれに対応して冷たい．

X 線源のスペクトルにおけるコンパクト天体の証拠

コンパクト天体の幾何学の情報は，降着円盤内の粒子の運動とそこから放出される光線を観測することで得られる．X 線分光はこの運動の帰結を観測するための 1 つの手段である．

たとえば，以前議論した銀河中心の巨大ブラックホールを取り囲む降着円盤を考えよう．円盤の温度は十分冷たく，鉄のような重い元素は電子を束縛し続けられる（問題 8）．円盤上の X 線フレアによって部分的にイオン化された原子でさえも 6.4 keV 光子を放出することにより励起状態から戻ることができ（蛍光），X 線スペクトルに輝線が現れる．しかし，これらの光子が無限遠の観測者にたどり着くまでには別のエネルギーに変わっているだろう．大雑把に言えば，放射の半径位置に依存した重力赤方偏移を受けるだろう．さらに，物質が放射するときの速度が観測者に対して向かっているか遠ざかっているかによってもドップラー偏移を受けるだろう．円盤のいろいろな部分からの放射を統合した結果，鉄の輝線はかなり広がり，その形状には，降着天体の周りの幾何学の情報が含まれる．

第 9 章で詳しく発展させた手法により，円盤のどの部分でも赤方偏移を計算することができる．単純だが定量的な評価ができるモデルに焦点を絞るため，中心のブラックホールは回転せず，外部の幾何学がシュワルツシルト幾何学（9.9）で表されると仮定しよう．薄い平坦な円盤であることも仮定しよう．円盤が赤道面 $\theta = \pi/2$ にあるようにシュワルツシルト座標を向けることができる．286 ページの図 11.7 に，遠い観測者から見て円盤が真横になるときの幾何学を示した（我々は後に円盤面を正面から見た場合に戻る）．ω_* を光子が放射されたときの自然な振動数 $6.4\,\mathrm{keV}/\hbar$ とし，ω_∞ を遠い観測者に観測された振動数とする．これは光子が放出されたときの半径 r と角度位置 ϕ に依存する．$\boldsymbol{u}_{\mathrm{src}}(r,\phi)$ を物質の 4 元速度とし，そこから 4 元運動量 $\boldsymbol{p}(r,\phi)$ の光子が放出される．そして $\boldsymbol{u}_{\mathrm{rec}}$ を無限遠の静止観測者の 4 元速度とし，観測者は光子を 4 元運動量 $\boldsymbol{p}(\infty)$ で受信する．

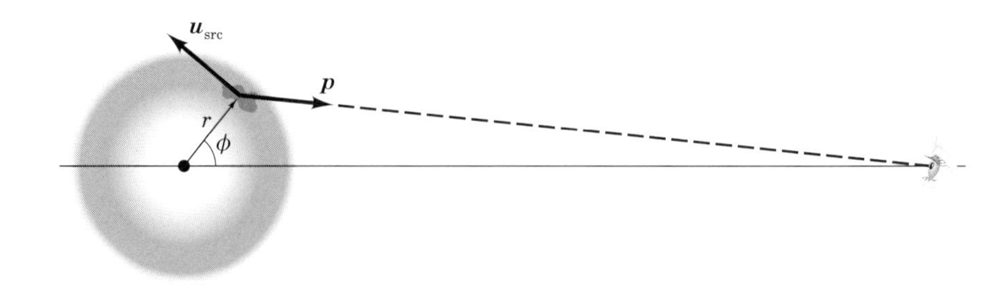

図 **11.7**　銀河中心のブラックホールのようなコンパクト天体を取り囲む降着円盤を上から見た図．円盤上の濃い影の領域で励起された原子が，その半径に対応した角速度でコンパクト天体の周りを回転し，その静止系で振動数 ω_* の輝線を放つ．図には，発光源と遠い観測者をつなぐ光子が描かれている．光源の運動の相対論的効果とコンパクト天体がつくる時空曲率の相対論的効果によって，観測者が受信する振動数は変化する．円盤上の様々な領域からくる光子を集積した効果のため，輝線の形状が広がり，これからコンパクト天体の幾何学の情報が得られる．

一般的に，9.2 節の考察［(9.12) 式参照］から

$$\frac{\omega_\infty}{\omega_*} = \frac{\boldsymbol{u}_{\rm rec} \cdot \boldsymbol{p}(\infty)}{\boldsymbol{u}_{\rm src}(r,\phi) \cdot \boldsymbol{p}(r,\phi)} \tag{11.14}$$

となる．

無限遠で受信する観測者は 4 元速度

$$u^\alpha_{\rm rec} = (1,0,0,0) = \xi^\alpha \tag{11.15}$$

で静止している．ここで $\boldsymbol{\xi}$ は t の変位に対してシュワルツシルト計量が不変性であることから現れるキリングベクトル (9.2) である．発光物質は中心周りの円軌道にある．その角速度は (9.46) 式の $\Omega(r) = d\phi/dt = (M/r^3)^{1/2}$ である．ここで r は軌道のシュワルツシルト座標半径である．したがって (r,ϕ) の位置にある発光物質の 4 元速度は

$$u^\alpha_{\rm src}(r,\phi) = [u^t_{\rm src}(r), 0, 0, u^\phi_{\rm src}(r)] = u^t_{\rm src}(r)[\xi^\alpha + \Omega(r)\eta^\alpha] \tag{11.16}$$

となる．ここで $\boldsymbol{\eta}$ は ϕ の変位のもとでシュワルツシルト計量が不変であることから現れるキリングベクトル (9.4) である．時間成分 $u^t_{\rm src}(r)$ は規格化条件 $\boldsymbol{u}\cdot\boldsymbol{u} = -1$ により他の成分から決められる［(9.48) 式を参照］:

$$u^t_{\rm src}(r) = \left[1 - \frac{2M}{r} - r^2\Omega^2(r)\right]^{-1/2} = \left(1 - \frac{3M}{r}\right)^{-1/2}. \tag{11.17}$$

振動数偏移（11.14）は保存量 $e \equiv -\boldsymbol{p}\cdot\boldsymbol{\xi}$ と $\ell \equiv \boldsymbol{p}\cdot\boldsymbol{\eta}$ で表され，これらは，光子軌道に対し，(9.58) 式，(9.59) 式とその比 $b \equiv |\ell/e|$ で定義される．保存量 e, ℓ, b は光源の位置 (r,ϕ) に依存するが，それがわかる形では表さない（9.4 節から光子の 4 元速度が $\boldsymbol{p}$ となるように規格化されていることを思い出せ）．e と ℓ を使うと（11.14）式のスカラー積は

$$\boldsymbol{u}_{\mathrm{rec}}\cdot\boldsymbol{p}(\infty) = \boldsymbol{\xi}\cdot\boldsymbol{p}(\infty) = -e \tag{11.18a}$$

$$\begin{aligned}\boldsymbol{u}_{\mathrm{src}}(r,\phi)\cdot\boldsymbol{p}(r,\phi) &= u^t_{\mathrm{src}}(r)[\boldsymbol{\xi}+\Omega(r)\boldsymbol{\eta}]\cdot\boldsymbol{p}(r,\phi)\\ &= u^t_{\mathrm{src}}(r)[-e+\Omega(r)\ell]\end{aligned} \tag{11.18b}$$

である．その結果，振動数偏移は

$$\frac{\omega_\infty}{\omega_*} = \{u^t_{\mathrm{src}}(r)[1\pm\Omega(r)b]\}^{-1} \qquad \begin{pmatrix}\text{近づくとき}-\\ \text{遠ざかるとき}+\end{pmatrix} \tag{11.19}$$

であり，発光物質が観測者から遠ざかる円盤の側にあるときプラスの符号になり，近づく円盤の側にあるときマイナスの符号になる．

半径 r で光子をいろいろな ϕ の値で放出したときの b の値を評価する作業がまだ残っている．簡単のため，一般の ϕ でなく，2 つの特別な場合で行う：(1) 光子が観測者に対して真横に運動している物質から放射される場合，つまり $\phi = 0$ または $\phi=\pi$ のとき，(2) 円盤に対して接方向に放出された光子が観測者にたどり着く角度 $\pm\phi_t$ で行う（ $\pm\phi_t$ は $\pm\pi/2$ に近いが，光が曲げられるためわずかに違うだろう）．

$\phi=0, \phi=\pi$ で横方向に移動する物体から出る光子は円盤の中心を通る軸に沿って観測者にやってくる．したがって，$b=0$ および $\ell=0$ を持ち，振動数偏移は，(11.19) 式と（11.17）式から

$$\frac{\omega_\infty}{\omega_*} = \left(1-\frac{3M}{r}\right)^{1/2} \qquad (\text{横運動}) \tag{11.20}$$

となる．光子が円盤上の半径のどこで放たれても赤方偏移を受ける．

光子が観測者に向かってくる方向または遠ざかる方向に運動する物体から放出される第二の場合は b の計算が必要となる．(9.58) 式と（9.59）式の e と ℓ の定義から

$$b \equiv \left|\frac{\ell}{e}\right| = \frac{r^2|p^\phi(r,\phi)|}{(1-2M/r)p^t(r,\phi)} \tag{11.21}$$

となることを思い出せ．$\pm\phi_t$ は，円盤に対して接方向に放出された光子が観測者にたどりついた角度なので，動径成分 $p^r(r,\phi_t)$ は 0 になる（我々は円軌道を仮定しているので，4 元速度 $\boldsymbol{u}_{\rm src}$ の動径方向成分は常に 0 になるが，向かってくる光子の動径成分は放出物質の軌道上の 2 か所でだけ 0 になる）．光子の 4 元運動量がヌルであるという条件（5.70）で b を十分評価できる：

$$\boldsymbol{p}\cdot\boldsymbol{p} = -\left(1-\frac{2M}{r}\right)[p^t(r,\pm\phi_t)]^2 + r^2[p^\phi(r,\pm\phi_t)]^2 = 0. \tag{11.22}$$

（11.21）式と（11.22）式から b は

$$b = r\left(1-\frac{2M}{r}\right)^{-1/2} \qquad \text{（正面に向かって近づくか遠ざかる）} \tag{11.23}$$

となり，(11.19) 式の振動数偏移では $|\phi| = \pi/2$ のとき

$$\frac{\omega_\infty}{\omega_*} = \left(1-\frac{3M}{r}\right)^{1/2}\left[1\pm\left(\frac{r}{M}-2\right)^{-1/2}\right]^{-1} \qquad \begin{pmatrix}\text{向かってくるとき}-\\ \text{遠ざかるとき}+\end{pmatrix} \tag{11.24}$$

M/r が小さいとき，この振動数偏移は近似的に

$$\begin{aligned}\frac{\omega_\infty}{\omega_*} &= 1\pm\left(\frac{M}{r}\right)^{1/2} - \frac{M}{2r} + \cdots \\ &= 1 \pm V + \frac{1}{2}V^2 - \frac{M}{r} + \cdots\end{aligned} \qquad \begin{pmatrix}\text{向かってくるとき}-\\ \text{遠ざかるとき}+\end{pmatrix} \tag{11.25}$$

である．ここで $(M/r)^{1/2} = \Omega r \equiv V$ を使った[*3]．(11.25) 式の最後の等号の V を含んだ項はドップラー効果［(5.73) 式を参照］の最低次であり，残りの項は重力赤方偏移［(9.20) 式を参照］の最低次である．

観測される輝線は円盤のいろいろな半径の光子からなっている．最も小さい半径は最も内側の安定円軌道であり，これはシュワルツシルト計量［(9.43) 式を参照］では $r = 6M$ である．したがって円盤を真横から見るとき最も小さい振動数は $\omega_\infty/\omega_* = \sqrt{2}/3 = 0.47$ である．円盤が正面に見えるとき最も小さい振動数は $\omega_\infty/\omega_* = 1/\sqrt{2} = 0.71$ である．もし中心の物体が回転していれば，これらの値

[*3] 速度とポテンシャルエネルギーを間違えないように．

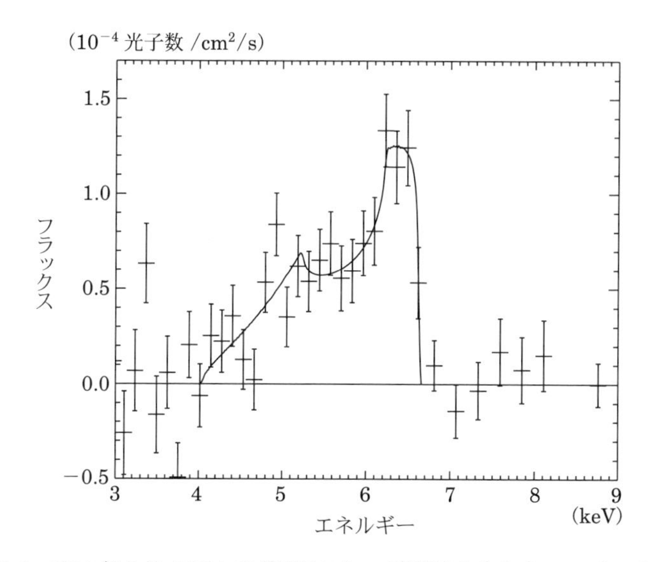

図 11.8 1994 年 7 月 ASCA X 線衛星によって観測されたセイファート I 型銀河 MCG-6-30-15 の広い鉄の輝線（Tanaka *et al.* 1995）．輝線をわかりやすくするために，連続 X 線を引き去った．輝線は広がっている 6.4 keV の輝線に対応し，それより小さいエネルギーの方向に広がっている（赤方偏移）．実線は，視線方向に 30° の角度で傾いて，自転しない（シュワルツシルト）ブラックホールの周りを回転する円盤のモデルを仮定して，データに合わせた曲線である．この天体の他の特徴から，速く回転している可能性があり，もっと精度のよいデータならば，中心の幾何学をより正確に調べられるだろう．

よりもずっと小さくなるだろう．一般的に，6.4 keV の輝線は最小の振動数（最大赤方偏移）で広げられるだろう．この振動数は中心の天体の大きさと回転，円盤の視線方向からの傾き具合に依存している．さらに，ここではもうこれ以上詳しく分析しないけれども，輝線の形状は 5.5 節で考察した相対論的ビーミングにも影響され，他の放射源からもたぶん影響を受けるだろう．相対論的ビーミングによって輝線の赤い方の端よりも青い方の端の強度が増加するだろう．

図 11.8 は Tanaka *et al.*（1995）によって観測されたセイファート I 型銀河 MCG-6-30-15 の鉄の輝線と，時空がシュワルツシルト幾何学で，円盤が 30° 傾いていると仮定したときに得られる観測結果である．輝線は以前考察したものと同じような最大値に赤方偏移し，強度は赤から青に向かって増加している．執筆時でデータの精度は，回転している天体と，していない天体を区別できず，円盤の傾きを正確に決められるほど十分でない．しかし最大赤方偏移に達していると

いう事実は，天体がブラックホールであることを示唆している．コンパクト星の半径はシュワルツシルト幾何学の最も内側の安定円軌道よりも大きいであろう．X 線観測が進歩していくことにより，このような天体の最も内側の領域についてより多くのことが理解できるようになるだろう．

11.3 連星パルサー

すでに述べたように，中性子星の外部の幾何学は一般相対論の効果を知るためのよい場所である．1974 年 ハルス（Russel Hulse）とテイラー（Joseph Taylor）の 連星パルサー PSR B1913+16 の発見により，正確さを増して理解されるようになった．プエルトリコのアレシボ電波望遠鏡（図 11.9）の観測はそれ以来，一般相対論にとって非常に重要になっている．ハルスとテイラーは PSR B1913+16 の発見により，1993 年にノーベル賞を受けた．

PSR B1913+16 は約 7.75 時間の周期で互いを軌道回転する中性子星のペアである．中性子星は重力を自身で支えているが，太陽のような熱圧力ではなく，パウリの排他原理と中性子間の原子核相互作用によって生じる力である．これらの

図 11.9　ハルス–テイラー連星パルサー PSR B1913+16 からの信号の測定が行われたアレシボ電波望遠鏡．

力は原子核の密度かそれ以上のときに発揮される．これが中性子星がこんなにもコンパクトになっている理由である．典型的な中性子星は半径 10 km の太陽質量よりわずかに重い天体である．コンパクトであるという以外に，この星の性質は軌道の分析において重要ではない．このことから，この星を質点と理想化し，第 9 章の計算を一般化することにより軌道は分析できることになる．執筆時，このような中性子星の連星は多く知られているが，最初に発見された PSR B1913+16 は最も長く研究され，いろいろな意味で一般相対論の研究対象として最も優れている．この中性子星ペアを例として考えよう．

PSR B1913+16 の軌道上における相対論的効果は大きい．近星点（惑星の近日点と似た最も近づく軌道位置）の歳差は

$$\delta\phi_{\mathrm{prec}} = 4.22659^\circ \pm 0.00004^\circ/\mathrm{yr} \tag{11.26}$$

である（292 ページの図 11.10 を見よ）．

これは水星の近日点移動（10.16）よりも 4 万倍大きい．これまでの章で考察した他の相対論的重力効果も同じように強くなる．重力赤方偏移と光の遅延はともにこの系で観測される．でもどうやって？

PSR B1913+16 の中性子星の 1 つはパルサーであり，強い磁場が存在する星で，速く回転して周りにプラズマを作ることで電波ビームの発生源となり，地球で周期的パルスとして観測できる（そのためパルサーと呼ばれている）[*4]．中性子星ほど重くコンパクトな天体の回転周期は外部からの摂動に対して非常に安定している．したがってパルサーは非常に優れた正確な時計である．数年間にわたってパルサーの到着時間を測定し続けて，1984 年 7 月 7 日 GMT 0 時から約 6 時間後の回転周期を求めたところ

$$P\mathrm{rot} = 0.059029997929613 \pm 0.000000000000007\ \mathrm{s} \tag{11.27}$$

であった．周期は正確には一定ではなく，ゆっくり増加しており，その主な原因は回転磁化された星が電磁波を放出しているためである．同じ日時で測定された増加率 $\dot{P}_{\mathrm{rot}}$ は 8.62713×10^{-18} であった．

相対論的重力を利用して連星パルサー系の性質をどのように測定しているかを理解するためには，ニュートン重力でどのように分析されているのかを理解する

[*4] Box 24.2（下巻）ではもう少し詳しくパルサーについて扱っている．

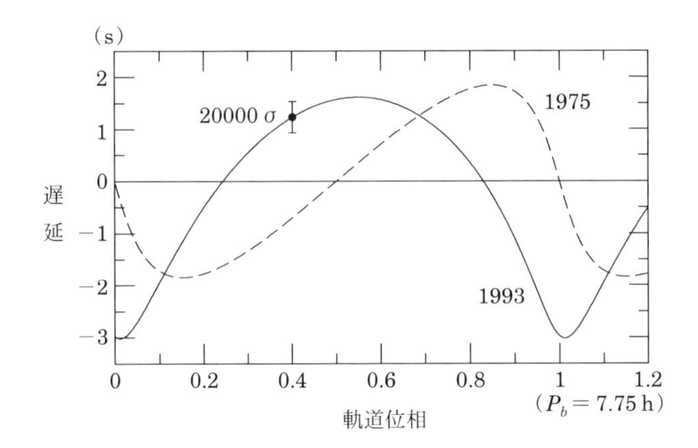

図 11.10　軌道位相の関数として表した，連星パルサー PSR B1913+16 からのパルスの到着時間の遅れ．水平軸は軌道周期の割合として測定された時間である．縦軸は平均到着時間からの相対的な進みまたは遅れで，単位は秒であり，これは伴星の中性子星を回るパルサーの運動によって引き起こされる．2 つの異なった年に観測した遅れのパターンを示した．地球に対するパルサーの軌道面の方向が違うため，パターンの形には差が生じる．しかし，パルサー軌道の近星点の集積的な一般相対論的移動のため，軌道位相におけるパターンの全体的なずれも存在する．誤差棒の大きさからこれらの測定が非常に正確であることに注意せよ．

ことが役に立つ [*5]．通常の星だけからなる連星の楕円軌道は周期 [*6] P_b, 離心率 ϵ, 長軸半径 a（星の間の最長距離の半分），さらに星の質量と，相互軌道が向く方向は空間と時間で決まるパラメータによって特徴づけられる．典型的な連星系で長い期間にわたって観測されているものは一方の星の輝線に見られるドップラー偏移である．この偏移［(5.73) 式を参照］の測定から星の速度の視線方向成分が時間の関数として表される．これは**動径速度曲線**と呼ばれ，2 つの星の相互軌道について多くの情報を持っている．分析の詳細についてここでは触れないが，周期 P_b と離心率 ϵ は動径速度曲線から推測することができる．しかし，観測された星の軌道の長軸を a_1, 視線方向に対する軌道の傾きを i とすると（$i = \pi/2$ で軌道を横に見ることになる），$a_1 \sin i$ の組合せだけしか決まらない（和 $a_1 + a_2$ が各星の長軸 a になる）．ニュートン力学では，個々の星の質量または全質量を決めるのには十分ではなく，質量関数と呼ばれる質量と i の組合せだけが求めら

[*5] ここで使われる語句に不慣れなら，ニュートン力学の教科書を復習したほうがよいかもしれない．

[*6] 2 つの星の相互軌道の軌道周期 P_b と 1 つのパルサーの回転周期 $P_{\rm rot}$ を混同しないように．

れる *7．一般相対論ではもっとたくさんの情報が得られる．

連星パルサー系で観測されるものは，すでに述べたように非常に正確な電波パルスの到着時間である．パルスの到着時間は，ニュートン力学的分析で，P_b と ϵ, $a_1 \sin i$ を決めるのに使われたドップラー偏移の情報をすべて持っている．a_1 はパルサー軌道の長軸である．PSR B1913+16 に対して，$P_b = 27906.980895 \pm 0.000002$ 秒，$\epsilon = 0.617132 \pm 0.00003$, $a_1 \sin i = 2.34176 \pm 0.00001$ 光秒である．しかし到着時間はもっと多くの情報を持っている．特に，連星系の運動とそこを通ってくる電波信号の伝播に影響を与えるさまざまな $1/c^2$ 相対論的効果の情報を持っている．これら $1/c^2$ 効果から，ニュートン近似から得られる質量に関する情報量よりも多くを引き出すことができる．

たとえば，すでに述べたように，近星点 (11.26) として大きな観測値が得られている．軌道当たりの歳差角 $\delta\phi_{\text{prec}}$ に対する一般相対論的予言 (9.57) は第 9 章でテスト質量に対してだけ得られたのだが，連星系に対しても M をパルサーとその伴星の全質量 M_{tot} に置き換えることによって成り立っていることがわかる．ニュートン近似で離心率 ϵ が決まると，(9.57) 式のように，近星点移動により M_{tot}/a が決まる．ケプラーの法則 *8

$$P_b^2 = \frac{4\pi^2}{GM_{\text{tot}}} a^3 \tag{11.28}$$

は M_{tot} と a の関係を与え，これは両方とも決まる．M_{tot} の結果は $M_{\text{tot}} = 2.82827 \pm 0.00004 M_\odot$ である（a については問題 10 を見よ）．

近星点移動がパルス到着時刻から決まる唯一の $1/c^2$ 相対論効果ではない．光が軌道を横切って進むと［(9.92) 式を参照］，シャピロ時間遅延と同様に，$1/c^2$ のオーダーのドップラー効果への影響［(5.73) 式を参照］が測定される．細かいことは省略するが，これらからパルサーとその伴星それぞれの質量を決めることができ，その結果 $M_{\text{pulsar}} = 1.442 \pm 0.003 M_\odot$ と $M_{\text{comp}} = 1.386 \pm 0.003 M_\odot$ となる．したがって，ニュートン重力で決められない連星系の性質が相対論的補正を通じて測定される．さらに，軌道周期の変化率を決めることが，23.7 節（下巻）で考察するように，重力波の効果の最初の検出と，一般相対論によるテストにな

*7 このことについてもっと知りたければ，例 13.1（下巻）を見よ．

*8 1 つの質量がもう 1 つの質量よりも大きく，軌道が円のときには，基礎的な力学の本または (3.24) 式を見よ．

る．連星パルサーは一般相対論の実験室であり，軌道の相対論的補正は天文学の手段である．

問　題

1. 太陽を重力レンズとして使って遠い天体の像を結ばせるためには，観測所は太陽からどれだけ離れた軌道を運動していなければならないか．

2. 重力レンズ像の個数が奇数であること　実際の重力レンズは，11.1 節の考察で仮定したように，質点でなく，広がった質量分布をしている．質量が広がっているレンズでは像の数が奇数個できる．簡単なモデルとして，重力レンズが半径 r_*，視線方向に対し垂直に向いた質量面密度 σ の透明な円盤であると仮定する．薄レンズ近似を使うと，(11.6) 式によって与えられる 2 つの像に加え，円盤に張られる角度の内側に第三の像ができることを示し，その角度 θ を求めよ．湾曲半径内の質量だけが光の湾曲に影響を及ぼすと仮定せよ．

3. 星の視線方向が重力レンズの視線方向からかなり離れているとき，レンズ効果は無視できる．$\beta \gg \theta_E$ のとき $\theta_+ \approx \beta$, $\theta_- \approx 0$, $I_+/I_* \approx 1$, $I_- \approx 0$ を示せ．これらの結果から重力レンズ効果が無視できることがなぜいえるかを説明せよ．

4. (11.12) 式の光路差を求めよ．

5. [E] (11.12) 式から重力レンズで 2 つの像ができる光路差を評価できる．この効果による 2 つの像の到着時刻の差は $\Delta D/c$ である．9.4 節で考察したシャピロ遅延が競合する効果になるかどうか評価せよ．

6. 典型的なマイクロレンズ効果事象で，運動する重力レンズが遠い光源の視線方向の近くを通る．(11.11) 式によって定義される増光 I_{tot}/I_* は時間とともに増加しそして減少する．予測される比を，アインシュタイン角 θ_E を横切る時間 t_{var} を単位とした時間と p,（比 $\beta_{\mathrm{closest}}/\theta_E$）で表せ．$\beta_{\mathrm{closest}}$ は，レンズと光源の最小角度差である．これらの単位で，比 I_{tot}/I_* を時間の関数として $p = 0.1$, $p = 0.3$, $p = 0.7$ の場合にプロットせよ．描いた曲線は図 11.6 のようになっているか．

7. (a) 図 11.6 のレンズ事象で，光源の星の視線方向にレンズが近づいたとき β/θ_E はどうなるか（問題 6 を行えばこの問題を解くときの参考になるかもしれない）．

(b) レンズの角度位置が θ_E を移動するのにかかる時間 t_{var} を求めよ（粗い評価または問題 6 の結果をデータに合わせることができる）．

(c) レンズが視線方向から見て速度 $V = 200\,\mathrm{km/s}$ で横切り，地球と銀河中心の間のちょうど中間に位置すると仮定して，レンズの質量を評価せよ（太陽と銀河中心の距離は約 8.5 kpc である）．

8. ［E,P］鉄原子から最も内側の電子を取り去るのに必要なエネルギーを eV で評価せよ．どんな温度で（keV または K で）鉄の原子が完全にイオン化されるだろうか．2 keV の温度で鉄の電子が何個原子に残っていると考えられるか．

9. ［B,E］ある X 線源では質量 $6M_{\odot}$ のブラックホールに質量が降り積もることによって光度 $L = 3 \times 10^{36}\,\mathrm{erg/s}$ のエネルギーが発生している．最も内側の安定円軌道ですべてのエネルギーが放出されると仮定し，質量がブラックホールに降り積もる時間率 $\dot{M}$ を $M_{\odot}/\mathrm{yr}$ で評価せよ．

10. (a) 本文の PSR B1913+16 のデータから，軌道の長軸 a と視線方向から傾いた角度 i を決めよ（有効数字 3 桁で十分である）．

(b) 伴星について何かいえるだろうか．太陽のような普通の星であろうか．

第12章 重力崩壊とブラックホール

星の命の歴史は，重力の収縮する力と，原子核を組合せてエネルギーを放出する反応（**熱核燃焼**と呼ばれる過程）で熱せられたガスが膨張しようとする力との相互影響の歴史である．星の一生は，ほとんど水素とヘリウムからなる星間ガス雲が重力崩壊することから始まる．そのガスは周りよりも冷たく，高密度か，または運動エネルギーの低い状態になっている．圧縮による発熱のため，コアの温度が上り，熱核反応に火がつき，水素を燃やしてヘリウムをつくり，熱を放出するほどになる．そして星は定常状態に達し，放射として失われるエネルギーと，水素の熱核燃焼によって作られるエネルギーがバランスをとる．これが太陽の現在の状態である．

しかし遂には，星はコアの水素をほんど使い果たし，もはや熱核燃料では放射によって失われるエネルギーを供給することができなくなる．重力的収縮が始まり，再び圧縮による発熱により温度が上り，ヘリウムを燃やして他の元素に変える反応が起きる．星は明るくなり，表面温度が変わる．最後にはヘリウムのほとんどは使い果たされ，コアは再び収縮し始め，熱核燃焼の次の段階が始まることになるだろう．

この進化はどこで終わるのだろうか．^{56}Fe は星の中で作られるどんな原子核よりも核子当たりの結合エネルギーが最も大きいので（図 12.1 を見よ），核融合はいつまでも続かない．鉄または周期表でその近くの原子核は燃えてもより強く結合した原子核になれず大きなエネルギーを解放できない．これらの核はすでに最も強く結合した核だからだ．したがってこれら「鉄ピーク原子核」は熱核燃焼の燃えカスである．

熱核燃料が燃え尽きると，星に何が起きるだろうか．2つの可能性がある：最

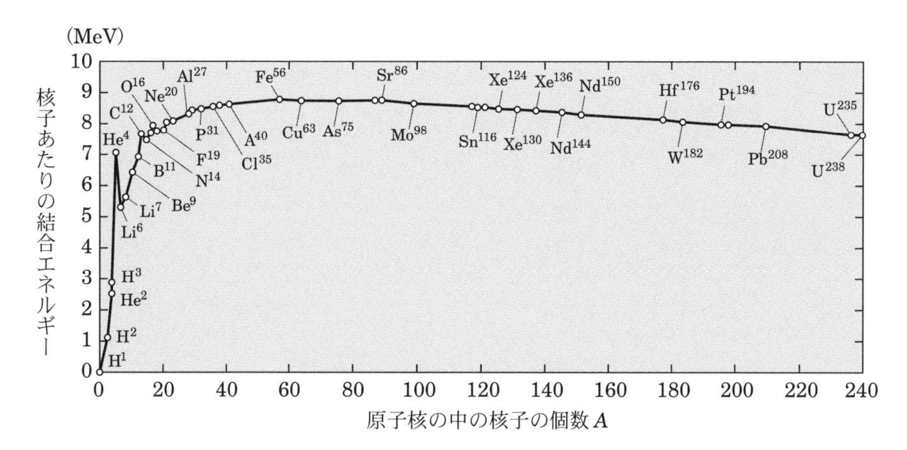

図 12.1　原子核は陽子と中性子（核子）の結合した集合体である．原子核の結合エネルギーは全エネルギーと，構成していた核子が分解したときの個々の核子のエネルギーの差である．この図は，核子当たりの結合エネルギーを原子核中の核子数の関数として表したものである．

終状態が平衡状態の星であり，**重力を非熱源の圧力**によって支える星になるか，または星は決して平衡状態にたどり着けず，**重力崩壊し続ける状態**になるか，どちらかになる．

圧力の非熱源はいくつかあり，第 24 章（下巻）で詳しく考察する．パウリ排他原理により，2 つの電子は同じ量子状態で存在することが禁止されるため，圧力が生じる．これは電子のフェルミ圧力と呼ばれる．中性子や陽子にも同じようなフェルミ圧力がある．これは核力の反発力によって生じる非熱的圧力である．電子のフェルミ圧力によって重力崩壊を支えている星は**白色矮星**と呼ばれる．**中性子星**は中性子のフェルミ圧力と核力による圧力で支えられている．これら 2 つの星の最終平衡状態は通常の星よりもかなり小さく高密度である．白色矮星の質量は太陽（$M_\odot \sim 1.5\,\mathrm{km}$）と同じオーダーかもしれないが，半径はたった数千キロメートルである．同じ質量の中性子星の半径はなんと $10\,\mathrm{km}$ かもしれない．$M/R \sim 1/10$ であるため，時空は中性子星の外部でそこそこ曲がっている．第 24 章までこれらの星について詳しくは議論しないことにしよう．それに見合う考察をするには，非常に高密度の物質の性質を知る必要があるが，それには一般相対論を超えた別の物理が必要だからだ．

この章ではそこまではせず，星の進化の第二の最終状態，ブラックホールにいたる重力崩壊の状態を中心に考察することにする．回転しない物体には，フェルミ圧力または核力によって重力崩壊を支えることのできる最大質量が存在するため，この可能性は当然存在する（Box 12.1 を見よ）．この質量は $2M_\odot$ に近い（原子核密度より大きな密度をもつ物質の性質の知識が不確かなため，正確な値はよくわからない）．この上限よりも重い星は多く存在する．そのいくつかは崩壊状態に陥らざるを得ないだろう．それが我々が今から調べようとするものである．

Box 12.1　白色矮星の最大質量

白色矮星はパウリの排他原理から生じる電子の圧力によってそれ自身の重力を支えている．排他原理とは，電子が同じ量子状態になれないことをいう．この圧力はフェルミ圧力と呼ばれ，それに対応する圧縮エネルギーはフェルミエネルギーと呼ばれる．フェルミ圧力によって重力を支えることのできる最大質量を粗く評価するために，A 個の電子と A 個の陽子からなる半径 R の球形（その結果電気的に中性になる）の重力エネルギーとフェルミエネルギーの間のせめぎ合いを調べる．この評価は第 24 章の詳しい計算により裏付けられる．特に図 24.5 による．

重い陽子は質量のほとんどを担い，軽い電子は圧力のほとんどを生じる．電子は互いに斥け合うので，半径 R の球の体積に A 個の電子がすべて存在するように，個々の電子は特徴的な大きさ λ の体積を占めていると考えることができる．つまり，$\lambda \sim R/A^{1/3}$ である．ド・ブロイの関係式 $p = 2\pi\hbar/\lambda$ から，電子の特徴的な運動量 p_F(フェルミ運動量と呼ばれる) は

$$p_F \sim \hbar/\lambda \sim A^{1/3}\hbar/R \tag{a}$$

となる．

もし球が圧縮されると，R は縮み，p_F は大きくなり，電子のフェルミエネルギーも上昇し，圧縮により仕事が行われなければならない．簡単のため，電子が相対論的になり，個々のエネルギーが $E = [(p_F c)^2 + (m_e c^2)^2]^{1/2} \approx p_F c$ であるような点にまで圧縮されると仮定する．この仮定は最も重い白色矮星に対して正当化されることがわかる（問題 2）．この近似で全フェルミエネルギーは

$$E_F \sim A(p_F c) \sim A^{4/3}\hbar c/R \tag{b}$$

である．陽子は重力エネルギー E_G のほとんどを与え，ほぼ

$$E_G \sim -G(m_p A)^2/R \tag{c}$$

である．ここで m_p は陽子質量であり，$m_p A$ は全質量である．重力エネルギーは負である．

フェルミエネルギーと重力エネルギーはともに $1/R$ のように変化する．A が十分大きければ，全エネルギーは負になり，エネルギー的に崩壊する形態をとりやすくなる．重力崩壊しやすい臨界的な A は

$$A_{\text{crit}} \sim (\hbar c/G m_p^2)^{3/2} \sim 10^{57} \tag{d}$$

となる．臨界質量はオーダーの評価をすると

$$M_{\text{crit}} \sim m_p A_{\text{crit}} \sim M_\odot \tag{e}$$

となる．最大質量の厳密解はチャンドラセカール質量と呼ばれ，ほぼ $1.4M_\odot$ であり，第 24 章で考察することにする．

12.1 シュワルツシルトブラックホール

エディントン–フィンケルシュタイン座標

重力崩壊の物理の本質を捕えるため，理想的な場合を考えよう．それは崩壊天体とその外部の時空が球対称であるという理想的な場合である．ニュートンの定理（47 ページの例 3.1 を見よ）から，球対称物体の外部のニュートン重力ポテンシャルは $-GM/r$ で与えられ，物体が時間とともに変化するかどうかには無関係である．したがって質量が保存するため，外部のポテンシャルは時間に無関係である．一般相対論でも同じような定理から，質量分布は時間に依存するとしても球対称重力崩壊の外部の幾何学は，第 9 章ですでに調べた時間独立なシュワルツシルト幾何学になることが示されている [*1]．

重力崩壊が進むにつれて，シュワルツシルト幾何学（9.1）の姿が現れてくる．そして今から我々は半径 $r = 2M$ と $r = 0$ のシュワルツシルト計量の特異点と，$r = 2M$ で g_{tt} と g_{rr} の符号が逆転する意義を直視しなければならない．この節

[*1] 第 21 章（下巻）をすでに読んでいれば，問題 18 を行うことで自分で確かめられる．

では崩壊物にぶつからないで $r=0$ にまでいたるシュワルツシルト幾何学の特質を考察する．次節で球対称崩壊の詳細にもどる．

シュワルツシルト計量の特異点 $r=2M$ は時空幾何学の特異点ではなく，シュワルツシルト座標の特異点であることがわかるだろう．これは 158 ページで考察した意味で**座標特異点** である．これを示すために，計量が $r=2M$ でも特異にならない座標系を 1 つ示すだけで十分だろう．このような座標系はたくさんあるが，エディントン–フィンケルシュタイン座標は特に簡単な例である．これらの座標を使うと，なぜシュワルツシルト幾何学がブラックホールであるのか理解できるようになるだろう．

エディントン–フィンケルシュタイン座標を導入するために，シュワルツシルト座標 (t, r, θ, ϕ) から出発する．これは（9.9）式でまとめられている．シュワルツシルト時間座標 t を

$$\boxed{t = v - r - 2M \log\left|\frac{r}{2M} - 1\right|} \tag{12.1}$$

で定義される v に置き換える．$r < 2M$ または $r > 2M$ のどちらから始めても，線素（9.9）で t を v に置き換えた場合と同じ結果になる（問題 3）：

$$\boxed{ds^2 = -\left(1 - \frac{2M}{r}\right) dv^2 + 2dvdr + r^2(d\theta^2 + \sin^2\theta d\phi^2)} \tag{12.2}$$

これは決して新しい幾何学ではない．シュワルツシルト計量（9.9）で代表される時間独立球対称幾何学であるが，点の番号づけに別の座標系を使っているだけである．

（12.2）式がシュワルツシルト計量から $r < 2M$ または $r > 2M$ のどちらから出発しても得られるという事実は，これら 2 つの領域はシュワルツシルト計量の特異領域で分けられるけれども，実際には滑らかにつながれていることを示している．さらに（12.2）式に $r=2M$ の特異点がないことから，シュワルツシルト座標のそこにある特異点が，単なる座標特異点であることがわかる．線素（12.2）はシュワルツシルト半径の外側と半径上と，内側の物理を記述するのに適している．特異点のないその特徴は，半径 $r=2M$ を通って落下する観測者は局所時空について何も特別なものは見ないということだ．エディントン–フィンケルシュタイン座標はしたがって外側から重力崩壊する星の研究に便利である．

大きな r で計量（12.2）は平坦時空に近づく.（12.1）式の対数部分が r に対して無視できるようになるので，t の代わりに $v-r$ で置き換えた通常の平坦計量（7.4）になる．したがって線素（12.2）は r の大きな領域と小さな領域をつなぐ架け橋となる．計量には $g_{vr}=g_{rv}=1$ があり非対角的であるが，これは大きな r と小さな r の物理を特異点なしに接続することの利点に対する小さな代償である.

$r=2M$ の状況と $r=0$ の状況を対比してみる．そこではシュワルツシルト座標系とエディントン–フィンケルシュタイン座標系ともに特異である．21.3 節（下巻）で定量的に調べることになるが，$r=0$ は時空曲率と重力が無限大となる位置であり，そこは現実の物理的特異点である．$r=0$ に落下している観測者は局所時空に確実に何か特別なものを見るだろう．そして観測者は死ぬであろう.

シュワルツシルト幾何学の光円錐

シュワルツシルト幾何学をブラックホールとして理解するためのカギは動径方向に進む光線の振る舞いにある．光線は $d\theta=d\phi=0$（動径的），$ds^2=0$（ヌル）の世界線を進み,（12.2）式から

$$-\left(1-\frac{2M}{r}\right)dv^2+2dv\,dr=0 \tag{12.3}$$

である．これからすぐわかる結果は，動径的な光線が

$$\boxed{v=\text{一定}\qquad\text{（内向き動径方向の光線）}} \tag{12.4}$$

の曲線上を進むということだ.（12.1）式から，$r>2M$ では v が一定になるためには，t が大きくなると r は小さくならなければならず，これらが内向きの光線になることがわかる.（12.3）式のもう 1 つの解は

$$-\left(1-\frac{2M}{r}\right)dv+2dr=0 \tag{12.5}$$

である．これは dv/dr について解くことができ，積分により動径方向の光線は曲線

$$\boxed{v-2\left(r+2M\log\left|\frac{r}{2M}-1\right|\right)=\text{一定}\qquad\begin{pmatrix}\text{外向き } r>2M\\ \text{内向き } r<2M\\ \text{の動径方向の光線}\end{pmatrix}} \tag{12.6}$$

を運動することがわかる．これらの光線の 1 つはブラックホールから離れているとき，(12.1) 式が示すように，(12.6) 式は $t = r +$ 定数 となるので，外向きである．しかし，$r < 2M$ のとき，これらの光線は v が増加すると r が減るので内向きである．

$v =$ 一定のヌル曲線と (12.6) 式に加え，(12.3) の特解（特殊解）がある．曲線 $r = 2M$ は (12.3) 式を満たし，内向きや外向きのどちらでもなく，同じ r に留まる定常的な光線を表す．

図 12.2 は，シュワルツシルト幾何学における動径方向の光線の世界線をエディントン–フィンケルシュタイン座標で表した時空図である．v 一定のヌル線は，縦軸に $\tilde{t} \equiv v - r$ を使うことで，平坦空間でそうであるように，45° の角度でプロットされている．$r = 2M$ で光線は太い実線で表されている．数個の交点に未来光円錐が表されている．光円錐は $r = 0$ に近づくほど傾いていく．動径方向の光線は $r = 2M$ の外と内では定性的に違った振る舞いをする．$r > 2M$ の各点で，動径方向の光線（$v =$ 一定のもの）は r の小さい値に向かって進むものもあるし，r の大きな方向に進むものもある．それに対して，$r < 2M$ では，動径方向の光線は両方とも r の小さい値の方向に向かい，最後には $r = 0$ の特異点にぶつかる．2 つの領域を分ける境界 $r = 2M$ で，内向きに運動する光線があり，定常的にシュワルツシルト半径に留まる光線もある．よって，$r = 2M$ 面は時空を 2 つの領域に分ける．光が無限遠に脱出できる $r = 2M$ の外側の領域と，光ですら脱出できないほど重力が強い $r = 2M$ の内側の領域である．これがブラックホール幾何学を明確にする特徴である．$r = 2M$ の面はブラックホールの**事象の地平**（またはより短く単に**地平**）と呼ばれる．

地平と特異点の幾何学

地平 $r = 2M$ は，7.9 節で一般的に考察した種類の時空中の 3 次元ヌル面である．法ベクトルは r 方向に向く，ヌルベクトルである（問題 12）．平坦空間における未来ヌル円錐のように，地平には一方通行の性質があり，一度入ると戻って来ることができない．しかしながら，平坦空間における光円錐と違い，地平は定常的であり膨張していない．地平は，特異点に落ち込まず，無限遠に脱出しない動径方向の光線によって作られる．

地平の $v =$ 一定スライスは，計量 $d\Sigma^2 = (2M)^2(d\theta^2 + \sin^2\theta\, d\phi^2)$ をもつ 2 元

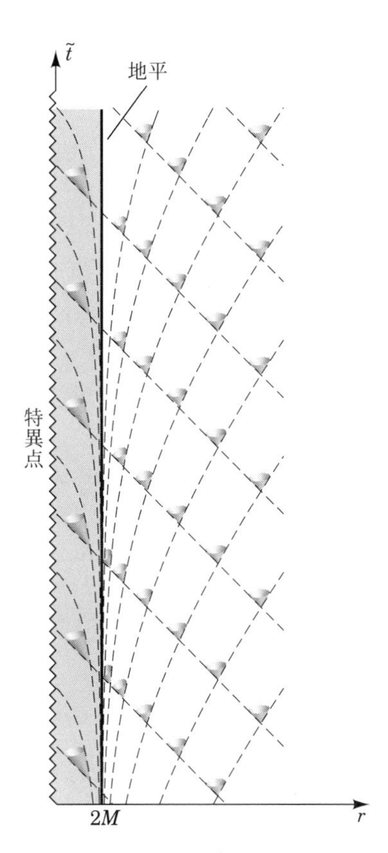

図 **12.2** シュワルツシルト幾何学の動径方向の光線．シュワルツシルト幾何学の典型的な動径方向の光線がエディントン–フィンケルシュタイン座標（$\tilde{t} \equiv v - r, r$）でプロットされている．2 つの動径方向の光線が図の各点を走っている．$v =$ 一定の曲線または等価であるが，$\tilde{t} = -r +$ 一定の曲線上で最終的に $r = 0$ の特異点に到達する内向きの光線が存在する．各点を通るもう 1 つの動径方向の光線は（12.6）式によって与えられる．これは，$r > 2M$ にあれば外向きに無限遠に伝わるが，$r < 2M$ の領域にあれば特異点に内向きに崩壊する．よって光線は $r < 2M$ の領域から脱出することはできない．粒子の時間的世界線は各点の光円錐の内部になければならず，粒子も脱出できない．$r = 2M$ の太い縦の直線はシュワルツシルトブラックホールの地平であり，これは，光線が各点から無限遠に脱出できる領域（影なし）と何ものも脱出できない領域に分かれる．空間がもう 1 次元多い代表例を見るには，図 12.4 へ行こう．

面である（このことを知るためには（12.2）式に $r = 2M$ と $v =$ 一定をただ代入せよ）．これは面積 $A = 16\pi M^2$ の球面の幾何学であり，**地平の面積**と呼ばれる．この面積は時間独立なシュワルツシルト幾何学の中で v に無関係で，変化しない．しかし，物質が球対称な方法でブラックホールに落下すると変わるだろう．そのときには質量は増え，面積は増加するだろう（この状況は 312 ページでさらに考える）．

平坦時空で極座標を使うと［（7.4）式を参照］，$r = 0$ は，常に局所光円錐の内側にある時間的世界線であり，いつでも空間中の場所である．シュワルツシルト幾何学ではそうならない．$r = 2M$ の内側では，r 一定の面は空間的である．（12.2）式で $r =$ 一定とおけば，$r < 2M$ では g_{vv} が正であるため，すべての方向が空間的となる面の線素を得ることができる．特に特異点 $r = 0$ は空間的曲面である．$r = 2M$ の内側の $r =$ 一定空間面は時空を空間と時間に分解する方法を定義する．そこでは r が 7.9 節で述べたように，時間のようなはたらきをする．シュワルツシルト幾何学の $r = 0$ 特異点は空間中の場所ではなく，時間の一瞬である（別の観点として，318 ページの Box 12.4 を見よ）．

Box 12.2　ブラックホールの神話

ブラックホールが呑み込もうとすることには抵抗できない．これは SF にみられるよくある誤解である．それどころか，質量 M の球対称ブラックホールは同じ質量の球対称星以上に外側の質量を強く引きつけることはない．それらの外部の時空は同じシュワルツシルト幾何学である．もしも太陽が明日，同じ質量の球対称ブラックホールにどうにかして置き換わったとすると，地球の天候は大きく変わるだろうが，地球の軌道はほとんど変わらないだろう（「ほとんど」とは太陽が厳密には球対称ではないからである）．

しかし，見方を変えれば，ブラックホール（またはどんな球対称質量でもよい）の近くから脱出することは同じ質量のニュートン的中心体から受ける引力よりも困難なのではないか．ロケット噴射を使って，質量 M の球対称ブラックホールの外側にあるシュワルツシルト座標半径の一定値 R に留まることを思い浮かべよう．質量 m のロケット噴射をどれだけ強くする必要があるのだろうか．この軌道を維持するために必要な 4 元力 $\boldsymbol{f}$ は，ニュートンの第二法則 $F = ma$ の曲がった時空への自然な一般化から求まる：

$$f^{\alpha} = m\left(\frac{d^2x^{\alpha}}{d\tau^2} + \Gamma^{\alpha}_{\beta\gamma}\frac{dx^{\beta}}{d\tau}\frac{dx^{\gamma}}{d\tau}\right). \tag{a}$$

これは，空間が平坦なとき特殊相対論の運動法則（5.35）になり，力が消えたとき測地線運動（8.14）になる．半径 R の定常軌道に対して，$dx^{\alpha}/d\tau \equiv u^{\alpha} = [(1-2M/R)^{-1/2}, 0, 0, 0]$ になる［（9.16）式を参照］．これを使って，(a) 式を評価すると，$\boldsymbol{f}$ の動径方向の座標成分は $f^r = mM/R^2$ になる．しかし，必要とされる噴射を測定するのに重要なものは，ロケットに乗っている観測者の正規直交基底の座標動径成分 $f^{\hat{r}}$ である．これは

$$f^{\hat{r}} = m\left(1 - \frac{2M}{R}\right)^{-1/2}\frac{M}{R^2} \tag{b}$$

である（問題 17）．必要な噴射はニュートン的な M/R^2 よりも大きく，半径 R が $2M$ に近づくと無限に大きくなる．

12.2　ブラックホールへの崩壊

前節のシュワルツシルト幾何学の描像をブラックホールに置き換えて球対称星の崩壊の考察に戻ろう．崩壊している星の表面で動径方向に運動する粒子は，他の粒子と同じように，粒子の通過する時空の各点がつくる光円錐内の時間的世界線にしたがう（図 4.10）．無限遠で静止した状態から落下し始めた無圧力物質の崩壊球の表面上の世界線を例 12.1 で考察し，簡単な例として 306 ページの図 12.3 と 307 ページの図 12.4 で説明する．

崩壊面の外側で，球対称崩壊の幾何学はシュワルツシルト幾何学であり，星がシュワルツシルト半径 $r = 2M$ を通った後にできた地平にも，$r = 0$ にぶつかった後にできた特異点にも使える．面の内側では（図 12.3 の濃い影のついた領域）幾何学は違い，物質の性質に依存するが，表面ではシュワルツシルト幾何学と一致する [*2]．これからの考察で，物質の性質について知る必要はないだろう．

●例 12.1　ダストでできた崩壊球の表面の世界線●　「ダスト」とは相対論用語で無圧力物質を意味する．圧力がないので，ダストの崩壊球の表面をなしている最外粒子は自由に落下し，シュワルツシルト幾何学の動径方向の測地線にしたがう．$t = -\infty$ で $r = \infty$ から始まった球の動径方向の測地線は第 9 章で計算した

*2　もし電磁気学を学んでいれば，似たような状況に慣れているだろう．球対称電荷分布の内部の電位は電荷の分布の仕方に依存するが，外部は全電荷によって決まる $1/r$ の形の電位になる．

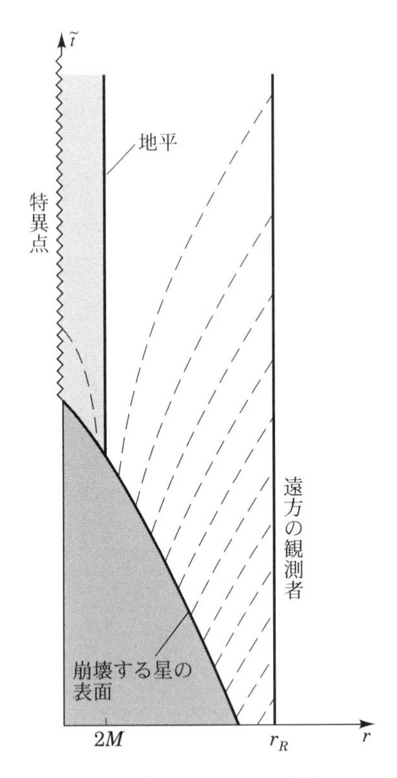

図 12.3　崩壊する球対称星の幾何学にいる 2 人の観測者の物語．一人は星の外に固定されたシュワルツシルト座標半径 r_R にいる．もう一人の観測者は星の表面にしたがい小さい半径へ沈み，表面とともに落下する時計にしたがって等固有時間隔で光信号を発信する．光信号は破線に沿って遠方の観測者に届く．$r = 2M$ の半径に達する以前に放たれた光線だけが遠い観測者に届く．したがって遠方観測者は星の表面が $r = 2M$ を通りすぎるのを見ることはない．パルスの間隔は，遠方の観測者の時計で測るとどんどん長くなっていく．落下している星からの光はどんどん暗くなり，大きく赤方偏移されるようになる．ブラックホールができると，崩壊星表面の外側のエディントン–フィンケルシュタイン図だけ（影が濃くない）が意味がある．表面では幾何学は星の内側の幾何学と一致し，内側はシュワルツシルト幾何学ではない．

［(9.38) 式と (9.40) 式を参照］．この測地線上における r と固有時 τ の関係は (9.38) 式で

$$r(\tau) = (3/2)^{2/3}(2M)^{1/3}(\tau_* - \tau)^{2/3} \tag{12.7a}$$

として与えられる．ここで τ_* は積分定数で，星の表面がどの動径方向の測地線

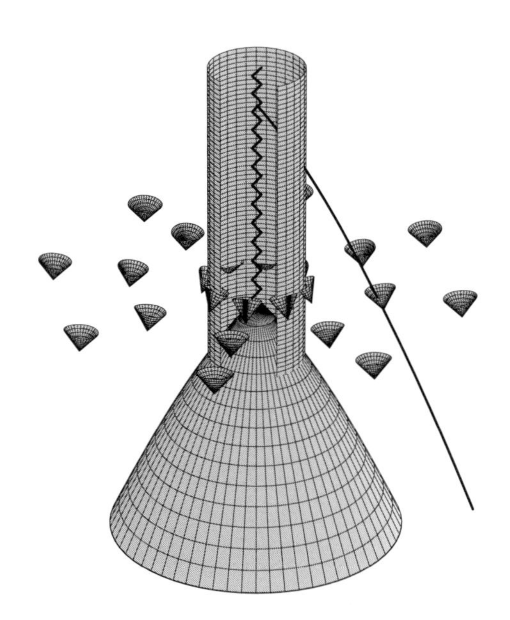

図 **12.4** ブラックホールの形成．ブラックホールを形成する球対称重力崩壊の本質的な特徴がこの 3 次元時空図に表されている．エディントン–フィンケンルシュタイン座標（$\tilde{t} \equiv v - r, r, \phi$）が，図中で点に番号をふるための円筒座標として使われている．$\tilde{t}$ は縦に伸び，r は対称軸からの半径として，ϕ は軸からの方位角として使われている．下の面は，星の半径が小さくなり，$r = 0$ の特異点に進んでいくとき，崩壊星の面によって掃かれる世界面である［(12.7) 式を参照］．縦方向の円筒はシュワルツシルト半径 $r = 2M$ の地平である．地平は遠方の観測者から特異点を隠すが，それがわかるように図中では切り取っている．無限遠において静止状態から自由落下し始めた観測者の世界線が地平を通り特異点に入って行くところを示した．$\tilde{t} =$ 一定面上のいろいろな半径にある未来光円錐の方向が描かれている．図 12.2 の動径方向の光円錐で説明したように，これらは特異点に近づくにつれ中心に傾いていく．

にしたがうかで決まる．表面が $r = 2M$ を通過するシュワルツシルト時間座標 t は，(9.40) 式にしたがうと無限大になる．しかし，そこで無限大になることはシュワルツシルト座標の特異な性質の結果である．落下する観測者がどんな半径から出発しても地平にたどり着くまでの固有時は (12.7a) 式からわかるように有限になる．さらに (9.40) 式と (12.1) 式から（$r = 0$ のとき $\tilde{t} = 0$ に選ぶ）r の関数として v は

$$\frac{v(r)}{2M} = -\frac{2}{3}\left(\frac{r}{2M}\right)^{3/2} + \frac{r}{2M} - 2\left(\frac{r}{2M}\right)^{1/2} + 2\log\left[1 + \left(\frac{r}{2M}\right)^{1/2}\right] \qquad (12.7\text{b})$$

によって与えられるので，特異にならない座標 $v, \tilde{t}$ でも有限である．いちど地平を通りすぎると，球はそれから固有時 $4M/3$ で $r=0$ の特異点にぶつかる．太陽質量のダストでは 10^{-5} 秒のオーダーになる．これらの測地線の 1 つは図 12.3 で説明した面であり，図 12.4 にも示した．

2 人の観測者 —— 内側の物語

球対称崩壊の観測的な結果を理解するために，図 12.3 の太い線の世界線で表される 2 人の観測者を考えよう．一人は星の表面にいて $r=0$ まで行く．もう一人は遠く離れた半径 $r=r_R$ に固定されている．星の表面の外側の幾何学は計量 (12.2) で表されるシュワルツシルト幾何学である．濃い影の領域では，幾何学は星の内部の幾何学に置き換えられる．落下する観測者は時計をもち，自分の時計にしたがって同じ時間間隔で光信号を送ることにより遠い観測者と連絡をとっているとする．これらの光線の世界線は図 12.3 では破線になっている．

星の表面が $r=2M$ を通りすぎた後発光されたパルスは r のより大きな値には進めない．むしろ図 12.2 に示したように r の小さな値に進んで行き，最後には $r=0$ の特異点にたどり着く．いったん $r=2M$ の曲面を通りすぎてしまうと，重力が強すぎて光でさえも無限遠に脱出できなくなり，特異点に引き戻される．いずれにしても $r<2M$ から脱出できる粒子の軌跡は存在せず，その軌跡は光円錐の中にある（問題 10）．したがって落下観測者がいったんシュワルツシルト半径 $r=2M$ の内側に入ってしまうと，遠い観測者と情報をやりとりする方法は存在しない．逆に，遠い観測者は $r=2M$ の内側のどこからも情報を得ることはできない．

一度，シュワルツシルト半径 $r=2M$ を通過すると，特異点への重力崩壊は星にとって避けられない運命となる．高密度では新しい圧力源がないため，大きさ 0 の無限大密度への崩壊から救うことはできない．崩壊が球対称である限り，表面は動径方向のある時間的世界線を進まなければならなず，図 12.2 に示したように，これらのすべては $r=0$ の特異点につながる．星が地平の内部で球対称でなくなっても特異点への崩壊は避けられないことがわかる（Box 12.3 を見よ）．$r=2M$ を通過してしまうと，星に足をつけている観測者には特異点での破滅から逃れる術はない．ロケットを使って，観測者は表面から離れることができるが，ロケットが進むことのできるすべての時間的測地線は有限時間内に $r=0$ 特異点に到達する（問題 14）（動径方向の世界線に対してそうなるのは図 12.2 から明らかである．動径方向でないものについては問題 10 を行ってほしい）．避けることのできない特異点はブラックホールの外にいるすべての観測者から隠されたままである．重力崩壊の本質的な特徴の 3 次元時空図については，図 12.4 をよく見てほしい．

2 人の観測者 —— 外側の物語

潰れる星にしたがう観測者が見る崩壊の歴史は劇的であるが，宇宙物理学でより重要となるのは遠方の観測者から見える一連の事象である．我々がどんな重力崩壊に対しても遠方観測者であるからだ（そう願いたい）．遠方の観測者は，星が半径 $r = 2M$ を通過するのを決して見ることはない．遠方に到達する最後の光信号は，星がこの半径を通りすぎる直前で放出される．さらに，落下観測者が等間隔で発信するパルスは，遠い観測者の時計で長い間隔をおいて到達する．大きい r_R で，時計の測定値は時間間隔 $\tilde{t}$ のよい近似である［(12.1) 式を参照］（同様にシュワルツシルト時間 t の間隔もよい近似である）．図 12.3 から受信信号間隔は，$\tilde{t}$ で時間が経つにつれて長くなることは明らかである．星からの光は大きく赤方偏移を受け，星の表面が $r = 2M$ にたどり着くと赤方偏移は無限大になる（例 12.2 で定量的に考察をする）．

Box 12.3 捕捉面と特異

表面がシュワルツシルト半径の外側にあり，大きな半径の同心球 T で囲まれている球対称星を考える．球 T がフラッシュを発光するところを想像しよう．球対称パルスの中にはシュワルツシルト半径よりも遠くへ進み，面積は広がっていくものもあるし，小さい半径に進んで小さくなるものもある．

次に崩壊している球対称星を囲む，同じような球 T' を想像しよう．それらはともに星のシュワルツシルト幾何学の地平の内側にある．図 12.2 が明確にしているように，内向きと外向きのパルスはより小さいシュワルツシルト座標半径に向かって運動する．両方とも面積は減少する．

球 T' は閉じた捕捉面の一例であり，T' は表面の小さい各面積素から放たれた光のパルスの面積が 2 つの方向で減少するような閉じた空間的 2 次元球面である．球面 T' 上のどんな物質も光速よりも速く運動するのは不可能なので，2 つのパルスの間に

「捕捉」される．2 つのパルスの面積は 0 になっていくので，その間に捕われた物質は面積 0 の球面の内側，つまり特異点に突き進むことになる．

これが一般相対論の**特異点定理**の 1 つの背後にある大雑把なアイディアである．これまでの考察では球対称を仮定したが，特異点定理はずっと広い状況に適用できる．非常に粗っぽく言えば，閉じた捕捉面が時空の中でできると，重力が引力になるのに十分なほど物質のエネルギーが正になっていれば特異点は避けられない．数学的に詳しい定理の内容とともに，**特異点**と**十分正**ということばに正確な意味を与えることができる [*3]．

特異点定理は，特異点が一般相対論の多くの物理的状況で不可避であることを示している．それらは，例えば，宇宙の始めでビッグバン特異点が存在することに対する我々の自信の裏付けとなっている．

●例 12.2　崩壊星から受信した光の赤方偏移●　遠方の観測者の受信時間では，(12.7) 式にしたがう崩壊星の表面から出た光の赤方偏移は無限大になるのだが，エディントン–フィンケルシュタイン座標を使えば，その様子を定量的に分析することができる．図 12.3 で説明した状況を思い出そう．崩壊星の表面上にいる観測者が短い固有時で等間隔 $\Delta\tau$ または，一定の振動数 $\omega_* = 2\pi/\Delta\tau$ で動径方向に光線を放出した．表面が座標値 (v_E, r_E) となる球面を通ったときに放たれた光線は，遠い半径 $r = r_R$ で，静止観測者の固有時 t_R で測った間隔 Δt_R で，つまり $\omega_R(t_R) = 2\pi/\Delta t_R$ で受信された．$\omega_R(t_R)$ は t_R とともにどのように変わるだろうか．

発信と受信の事象をつなぐ外向きの光線は曲線 (12.6) の 1 つである．落下観測者の発信位置 (v_E, r_E) で評価された (12.6) 式の左辺の値は，受信位置 (v_R, r_R) で表されたとき同じ値でなければならない．r_E が $2M$ に近づくと (12.6) 式の対数項がすべての項の中で優勢になるが，r_R が大きくなると，r_R に比べて無視できる．さらに r_R が大きいと，静止観測者の世界線に沿った固有時はシュワルツシルト時間と同じとしてよい．よって (12.1) 式から $v_R \approx t_R + r_R$ となる．(12.6) 式の左辺で発信と受信で優勢な項だけを等しくすると

$$-4M \log\left(\frac{r_E}{2M} - 1\right) \approx t_R - r_R \tag{12.8}$$

[*3] これらは Hawking and Ellis (1973) にある．

または同じだが

$$\frac{r_E}{2M} - 1 \approx e^{-(t_R - r_R)/4M} \tag{12.9}$$

が得られる．この関係から t_R が大きくなると，遠方の観測者が光を受信する半径 r_E は特徴的な時間 $4M$ で $2M$ に指数的に近づく．

赤方偏移を計算するため，静止観測者によって信号が受信される時間間隔 Δt_R について考えよう．信号が発信される r での間隔は $\Delta r_E = u^r \Delta\tau$ である．ここで u^r は崩壊面の 4 元速度の（負の）動径成分である．(12.9) 式から，$\Delta\tau$ とそれに対応する Δr_E は，受信における間隔 Δt_R と

$$-\frac{|u^r|\Delta\tau}{2M} = \frac{\Delta r_E}{2M} \approx -\frac{\Delta t_R}{4M} e^{-(t_R - r_R)/4M} \tag{12.10}$$

の関係にある．受信の振動数は $2\pi/\Delta t_R$ である．表面が $r = 2M$ を通過するとき，特異点のないエディントン–フィンケルシュタイン座標で $|u^r|$ は有限なので［このことは (12.7a) 式から計算することができる］，(12.10) 式から受信振動数は t_R の関数として以下の振る舞いをすることがわかる：

$$\omega_R(t_R) \propto \omega_* e^{-t_R/4M}. \tag{12.11}$$

(12.9) 式と (12.11) 式は，外部の静止観測者が見たとき，$4M$ の特徴的な時間スケールで半径が $r = 2M$ に，赤方偏移が無限大に指数的に近づくことを示している．同様に，光度も $4M$ のオーダーの時間スケールで指数的に 0 に減る．時間の単位では

$$4M = 2.0 \times 10^{-5} \left(\frac{M}{M_\odot}\right) \mathrm{s} \tag{12.12}$$

である．星の大きさ程度の天体の場合，この時間スケールは宇宙物理学的な標準としては非常に小さい．一般的な球対称崩壊ではブラックホールへの道のりは極端に速い．

光は赤方偏移を受けるので，光子当たりのエネルギー ($E = \hbar\omega$) は小さくなる．動径方向に進む光子の振動数とエネルギーはともにどんどん小さくなって到達する．光子が十分動径方向に向いていないと，例 9.2 で示したように，無限遠には到達できない．例 12.2 で定量的に示したように，暗黒へ到達する時間スケー

ルは現実的な状況では非常に短く，太陽質量程度の自由崩壊では 10^{-5} 秒のオーダーである．

まとめると，遠方の観測者からすれば球対称崩壊はすぐゆっくりになり，暗くなり，時間依存しないシュワルツシルト幾何学と区別できなくなる．崩壊が球対称である限り，星の歴史と崩壊の詳細な記録はすべて外部の幾何学から消される．星の進化の第二の最終状態は進行中の重力崩壊であり，シュワルツシルト半径の外から見ると，球対称の場合に特に簡単になる．幾何学は時間に依存せず，1 つの数値 M で特徴づけられる．12.4 節で簡単に述べ第 15 章（下巻）でより詳しく述べるように，実際の非球対称重力崩壊の結果もブラックホールになり，同じように簡単になると信じられている．

球対称崩壊星が暗黒のシュワルツシルト幾何学に速く近づくことから，ブラックホールは発せられた放射を調べても発見できない [*4]．しかし，第 13 章（下巻）で考察するように，ブラックホールは，その周りの軌道上の物体の特徴を観測することによって存在を知ることができる．それは太陽が輝いていないとしても，地球の軌道からその存在を明らかにできるのと同じである．実際には，ブラックホールは，放射の吸収の仕方や，揺らされたときに発生する重力波の放射の仕方によって原理的に暗い星と区別できる．ただし，これらのトピックスは本書では考えない．

地平の面積は増加する

図 12.3 は，ブラックホールを形成する質量 M の球対称崩壊星の外部のシュワルツシルト幾何学中で光がどのように振る舞うかを示している．地平は，動径方向の光線によって作られるヌル 3 元面であり，これらの光線は無限遠に脱出することも，特異点に落ち込むこともできず，$r = 2M$ に留まったままである．図 12.3 では，星の内側の幾何学を描いていないというだけの理由で，地平は星の表面で終わっている．しかし，地平は内側にも同様に続いている．星の中心にいる観測者が動径方向に向けて光線を送っているところを想像しよう．半径 $r = 2M$ をちょうど通りすぎたとき表面に着いた光線は $r = 2M$ に留まり続けるだろう．図 12.5（a）で定性的に説明したように，地平は星の外側だけでなく，内側にも

[*4] 少なくとも古典物理学ではこうなるが，量子力学の場合については，13.3 節（下巻）のホーキング効果の考察を見よ．

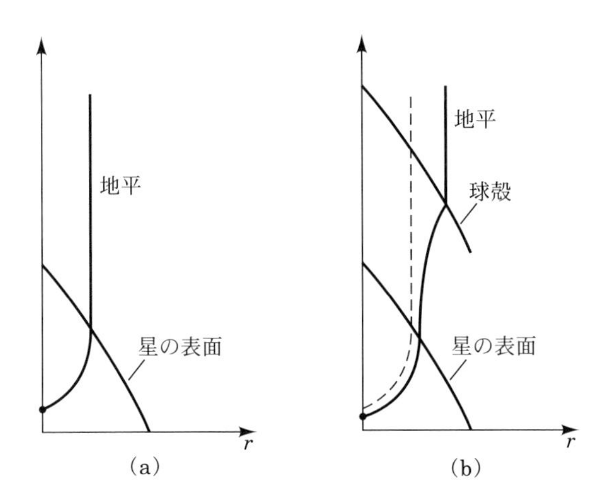

図 12.5 (a) 崩壊星内部の地平．この図は，中心から出発した動径方向の光線によって，地平がどのように作られるかを示した時空図の概略図である．星がシュワルツシルト半径を通過するとき，光が表面にたどり着き，地平ができ，その後静止したままになっている．地平は星の内側で面積が増える．(b) この図は物質の球殻が星の崩壊の後に落下したとき，何が起きるかを示した時空図の略図である．(点線は球殻がない場合の地平の位置を表している)．地平は星の面と球殻の面の間で増加している（縦軸の目盛はこの図の中で示していない．星の内部の座標を決めていないからである．外部では縦軸を $\tilde{t}$ にとることができる）．

同様につくられている（定量的な例としては，問題 18 を行ってほしい）．星の内側で地平の半径と面積は，表面にたどり着くまで増加する．その後は，ブラックホールにさらに何も落下しない限り，地平は静止し変わらない．

図 12.5 (b) に，ブラックホールができた後，質量 $M_{\rm shell}$ の薄い球殻が落下すると何が起きるかを示した．球殻が落下した後，地平は半径 $r = 2(M + M_{\rm shell})$ にあるだろう．地平を作っている光線が出発する以前に，中心から出発し $r > 2M$ の半径で崩壊星の表面を通りすぎ，ちょうど 球殻が $r = 2(M + M_{\rm shell})$ に達したとき，その球殻に到達した光線によって地平は作られることになるだろう．球殻の内側にあり，星の外側にある地平は $r = 2M$ でなく，より大きな半径に広がり，面積は常に増加する．この例は，球対称ブラックホール時空の事象の地平に備わる 2 つの重要な特徴を表している：どんな瞬間でも，地平の位置は，その瞬間の未来を向いた時空の幾何学に依存する．地平の面積は物質のエネルギーが十分正であれば増加する（問題 19）．

12.3 クルスカル–スゼッケル座標

「理解」の本質の 1 つは同一のものをいくつかの異なった視点から表現できることにある．シュワルツシルト幾何学は明らかに，その例になる．シュワルツシルト座標 (t, r, θ, ϕ) は，崩壊している星の中心からずっと離れた現象を理解するための最も直接的な手法である．例えば，平坦時空に近づくときや，テスト粒子や光線の軌道などの現象である．しかし，$r = 2M$ における特異な性質のため，シュワルツシルト座標はブラックホールの事象の地平や $r = 0$ の特異点の特質を理解するにはそれほど便利ではない．エディントン–フィンケルシュタイン座標のような特異点のない座標系を使えばこれらの領域に明るい視野が開ける．この節で紹介するクルスカル–スゼッケル座標はエディントン–フィンケルシュタイン座標とは別の手段として，シュワルツシルトブラックホール近傍の物理的な見方を提供する．あなたの理解がすでに十分達していると思えば，この節は跳ばしても構わない．

シュワルツシルト座標との関係

クルスカル–スゼッケル座標は (V, U, θ, ϕ) で表される．θ, ϕ 座標はシュワルツシルト極座標角と同じであるが，シュワルツシルト t, r は以下の座標変換によって V と U に交換される：

$$\left.\begin{aligned} U &= \left(\frac{r}{2M} - 1\right)^{1/2} e^{r/4M} \cosh\left(\frac{t}{4M}\right) \\ V &= \left(\frac{r}{2M} - 1\right)^{1/2} e^{r/4M} \sinh\left(\frac{t}{4M}\right) \end{aligned}\right\} \quad r > 2M \tag{12.13a}$$

$$\left.\begin{aligned} U &= \left(1 - \frac{r}{2M}\right)^{1/2} e^{r/4M} \sinh\left(\frac{t}{4M}\right) \\ V &= \left(1 - \frac{r}{2M}\right)^{1/2} e^{r/4M} \cosh\left(\frac{t}{4M}\right) \end{aligned}\right\} \quad r < 2M. \tag{12.13b}$$

これらの座標変換をシュワルツシルト計量（9.1）に実行した結果，$r > 2M$，$r < 2M$ のいずれの領域でも

$$\boxed{ds^2 = \frac{32M^3}{r} e^{-r/2M} \left(-dV^2 + dU^2\right) + r^2 \left(d\theta^2 + \sin^2\theta \, d\phi^2\right)} \tag{12.14}$$

となる（問題 20）．ここで r を V と U の関数と考えると，$r = r(V, U)$ は陰に

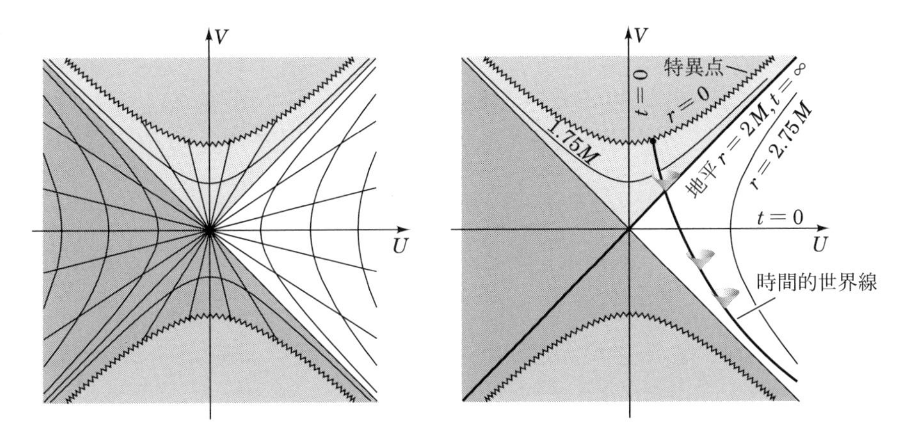

図 **12.6** クルスカル図. 2 つのクルスカル–スゼッケル座標 (U, V) によって定義されるシュワルツシルト幾何学の 2 次元スライスを表している. 左図にシュワルツシルト座標で r, t 一定線を示した. 双曲線の r の値は 0, $1.75M$, $2M$, $2.25M$, $2.75M$, $3.25M$ であり, t 一定の直線の t の値は 0, $\pm M$, $\pm 2.75M$, $\pm 3M$, $\pm 3.25M$, $\pm\infty$ である. 図の影の領域は図 12.2 の影のついた領域に対応する. ブラックホールの外側の影のない領域は $2M < r < \infty$, $-\infty < t < +\infty$ または $-\infty < v < +\infty$ に対応する. 我々はここにいる. $V > -U$ の領域だけがエディントン–フィンケルシュタイン座標の $0 < r < \infty$, $-\infty < v < +\infty$ によって覆われる. 濃い影の領域 $V < -U$ は Box 12.4 で考察したクルスカル拡張の一部である. $r = 0$ 特異点の上下に中間の濃さの領域があるが, この領域は時空のどこにも対応しない. $r = 0$ 特異点の右下に $r = 2M$ の地平と 3 つの未来光円錐のついた落下時間的世界線がある. 動径方向の光線はクルスカル図の 45° の線に沿って運動している.

$$\boxed{\left(\frac{r}{2M} - 1\right) e^{r/2M} = U^2 - V^2} \tag{12.15}$$

の関係によって定義される. これは (12.13a) 式と (12.13b) 式から得られる. クルスカル–スゼッケル計量 (12.14) は $r = 2M$ で特異ではなく, シュワルツシルト座標の $r = 2M$ にある特異点が単に座標特異点であることが再び確認できる.

U と V のグリッド上に r, t の一定座標線をプロットすることによって, この座標変換とシュワルツシルト幾何学の性質についてかなりの洞察が得られる. これはクルスカル図と呼ばれ, それを図 12.6 に示した. (12.15) 式から, r 一定線は $U^2 - V^2$ 一定の曲線であり, つまり UV 面では双曲線になることがわかる. $r = 2M$ の値は直線 $V = \pm U$ のどちらかに対応する. $r = 0$ は双曲線

$$V = +\sqrt{U^2 + 1} \tag{12.16}$$

に対応する［正の平方根でなければならないことを知るためには（12.13b）式を使え］．同じように，t 一定線もクルスカル図上にプロットされる．(12.13) 式から

$$\tanh\left(\frac{t}{4M}\right) = \frac{V}{U} \qquad r > 2M \tag{12.17a}$$

$$\tanh\left(\frac{t}{4M}\right) = \frac{U}{V} \qquad r < 2M \tag{12.17b}$$

が得られる．よって，t 一定の直線は U/V 一定の直線であり，原点を通る．$t = +\infty$ の値は $U = V$ に対応し，$t = -\infty$ は $U = -V$ に対応する．$t = 0$ の値は $r > 2M$ で $V = 0$ に対応するのだが，$r < 2M$ では $U = 0$ になる．クルスカル図で $U > 0$, $-U < V < U$ の影のない象限はシュワルツシルト座標の $-\infty < t < +\infty$, $2M < r < \infty$ によって覆われる．エディントン–フィンケルシュタイン座標の $-\infty < v < +\infty$, $0 < r < \infty$ で覆われる全領域は，$V > -U$ の図の一部分に写像される．これは，すでに述べたように崩壊星の表面の世界線が動く領域であり，球対称崩壊においては，星の外側の部分だけに関係がある．$V < -U$ の領域の意義については 318 ページの Box 12.4 を見よ．

(V, U, θ, ϕ) の全体的な領域では，計量成分 g_{UU}, $g_{\theta\theta}$, $g_{\phi\phi}$ が常に正なのだが，g_{VV} は負である．よって V の方向は常に時間的であり，U の方向は常に空間的である．シュワルツシルト座標と見比べよ．つまり t が増加することは $r > 2M$ では時間的であるが，$r < 2M$ では空間的である．r が増加することは $r > 2M$ では空間的であるが，$r < 2M$ では時間的である．

光円錐と地平，球対称崩壊

特に動径方向の光線はクルスカル座標を用いると分析しやすい．動径方向の光線は $d\theta = d\phi = 0$（動径方向）と $ds^2 = 0$（ヌル）の曲線に沿って運動する．(12.14) 式からこれらはちょうど

$$V = \pm U + \text{定数} \tag{12.18}$$

の曲線である．よって動径方向の光線はクルスカル図で 45° の直線上を運動し，各点で光円錐は鉛直方向と 45° の角度をなす．粒子世界線は時間的であり，通過する各点の光円錐の内側にいなければならない．したがって粒子世界線の傾き

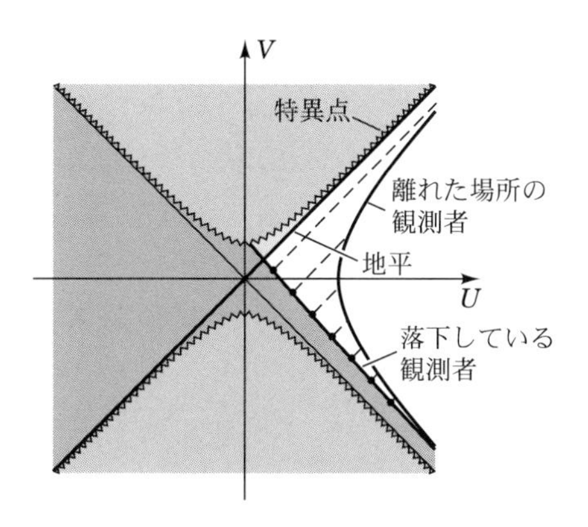

図 12.7 図 12.3 の 2 人の観測者の世界線がこのクルスカル座標で別な物語として語り直されている．影の領域が 2 つの図で似た意味を持っている．1 人の観測者が無圧力ダストでできた崩壊球の表面に乗っており，$t = -\infty$ で大きな半径から $r = 0$ の特異点へ（12.7a）式と（12.7b）式にしたがう世界線に沿って落下する．表面の外側の影のない領域と薄く影のついた領域だけが球対称崩壊と関係がある．$r = 0$ にできた特異点が，$r = 2M$ の地平と同じく示されている．地平はこの図のヌル曲線 $U = V$ になっている．地平の内側の領域には薄く影がついている．大きな r で静止している観測者の世界線も $r > 2M$ の領域の双曲線として描かれている．落下する観測者が固有時で等間隔に放出される光線の世界線もある．崩壊が進むにつれて，時間間隔が遠方の観測者には固有時で長くなって観測される．遠方の観測者にたどり着く最後の光線はちょうど地平の（図における）下の 45° 直線にしたがう．地平をいったん通過してしまうと，時間的世界線はすべて $r = 0$ の特異点に進み，星は 0 の大きさに崩壊し，落下している観測者は破滅する．

は 1 よりも大きく，45° の直線の内側にいなければならない．実際，粒子世界線に対して，動径方向に運動していようがいまいが，$|dV/dU| > 1$ である（問題 21）．例 12.1 で考察した崩壊星の表面の世界線は，同じクルスカル図のあまり忙しくないバージョンの図 12.7 に示した．図中，影のない領域と薄い影の領域だけが崩壊星外部の時空を表している．

エディントン–フィンケルシュタイン座標で発見したシュワルツシルトブラックホール幾何学の本質的な特徴は，図 12.6 のクルスカル図で別の視点から知ることができる．$r = 0$ の特異点は明らかに空間的曲面として見えている．$r = 2M$ の地平は 45° の直線 $V = U$ であり，$r = 2M$ に留まったままの動径方向の光線によってつくられるヌル曲面であることを示している．$r = 2M$ の内側で（図 12.6 の $V = U$ 直線の上側）すべての時間的，ヌル世界線は $r = 0$ の特異点に進み，星の表面がシュワルツシルト半径をいったん横切るとブラックホールの形成は避けられない．光線と時間的世界線は地平の内側から脱出できず，そこで起きた事象は外部のどんな観測者からも隠されたままである．

12.2 節で考察し図 12.3 で説明した情報交換可能な 2 人の観測者の世界線を図 12.7 のクルスカル図で示した．遠い観測者は固定された r の双曲線に沿って進む．落下観測者が等固有時間隔で放出する光線を 45° の破線で示した．崩壊星から放たれた光の赤方偏移が増加するように，また光度が暗くなって消えていくように見えるように遠い観測者は受信時刻が遅くなると，振動数が減っていくことを発見する．受信された最後の光線は，星と落下観測者がシュワルツシルト半径に突っ込む直前に放出されたものである．

多くの点で，シュワルツシルトブラックホールの因果的性質は，エディントン-フィンケルシュタイン座標よりもクルスカル–スゼッケル座標の方がよくわかる．さらに，クルスカル–スゼッケル座標は，ブラックホール幾何学を他の有効な表現で表すための基礎となっている（Box 12.4 と Box 12.5 を見よ）．しかしクルスカル–スゼッケル座標はブラックホールから遠い距離でテスト粒子と光線の軌道を分析するのにはあまり便利でない．エディントン–フィンケルシュタインはブラックホールの近くと遠く離れたところの両方で使うことに利点がある．ブラックホールと同じくらい風変わりな現象を理解するために，いろいろな視点を持つことは便利であるが，相対論でいろいろな視点とはいろいろな座標系のことである．

Box 12.4　シュワルツシルト幾何学のクルスカル拡張

クルスカル図で，崩壊星の表面の世界線より外側の領域だけが（図 12.7 の影のない領域）球対称崩壊に関係がある．しかし，純粋に理論的に，シュワルツシルト幾何学を，物質のないアインシュタイン方程式の静的球対称解として考えることができる．このような視点で眺めると，$r = 0$ の特異点を境界とするクルスカル座標 (U, V) の全体の領域を 1 つの時空と考えない理由はない．$2M < r < \infty$ と $-\infty < t < +\infty$ を覆うシュワルツシルト座標が $U > 0$, $-U < V < U$ の象限だけを覆うため，クルスカル座標全体はシュワルツシルト幾何学のクルスカル拡張と呼ばれる．エディントン–フィンケルシュタイン座標は $V = -U$ より上の半平面を覆う（316 ページの考察を見よ）クルスカル–スゼッケル座標は全体を覆う．

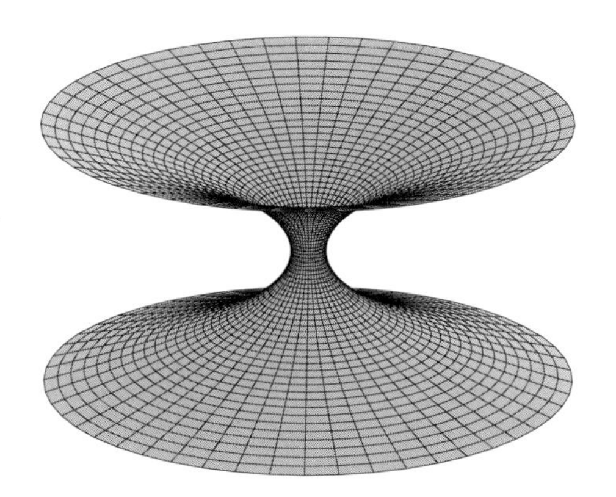

クルスカル拡張は，$r = 0$ で幾何学が特異となる **2** つの空間的曲面を持っている．これらは双曲面 $V = \pm(U^2+1)^{1/2}$ である．**2** つの漸近的平坦領域があり，1 つは $U \to +\infty$ であり，もう 1 つは $U \to -\infty$ である．この事実だけでも，クルスカル拡張は質点を囲む時空とは似ても似つかないことがわかる．実際，$V = 0$ のような空間的曲面上で，まったく特異点はなく，単に空っぽの曲がった空間があるだけだ．この曲面を $U = \infty$ から $U = -\infty$ まで動径方向に進むと，関数 $r(U, 0)$ は $2M$ の最小値に減少し，そして第二の漸近的平坦領域中にある無限遠へ増加する．$V = 0$ の埋め込み図，つまり 7.7 節の方法にしたがって構成された左の $\theta = \pi/2$ の 2 次元曲面は，クルスカル拡張が時空の 2 つの漸近的平坦領域をつなぐワームホールであることを示している（問題 24）．しかし，例 7.7 のトーイ幾何学のような静的ワームホールではない．V が大きな値または小さな値になると，ワームホールの喉の半径は減少し，遂には $r = 0$ の特異点の中に絞り込まれてしまう．この理由のために，もし我々の宇宙にこうしたワームホールの 1 つがあったとしても，特異点から特異点に進化する間に，通り抜けるほど十分速く運動することは不可能だろう．クルスカル図上で直接これを見ることができるだろうか（問題 25）．

Box 12.5　シュワルツシルト幾何学のペンローズ図

新しい座標 (U', V') を注意深く選ぶことで，光線が 45° の直線を進み続け，無限遠の点が無限大でなく有限の座標値で表せるように，クルスカル図の各点を表し直すことができる．シュワルツシルト幾何学のクルスカル拡張（Box 12.4）の全体のスライスを (U', V') 面の有限の領域に移した図はシュワルツシルト幾何学のペンローズ図と呼ばれ，大域的な時空構造を図的に表す便利な方法である．平坦時空ペンローズ図を構成する方法は 159 ページの Box 7.1 で述べたが，シュワルツシルト幾何学に対しても併行して行える．クルスカル–スゼッケル座標（12.14）のシュワルツシルト幾何学から始め，座標 U, V を

$$U = (v - u)/2, \qquad V = (v + u)/2 \tag{a}$$

で定義される新しい座標 u, v で置き換える [*5].

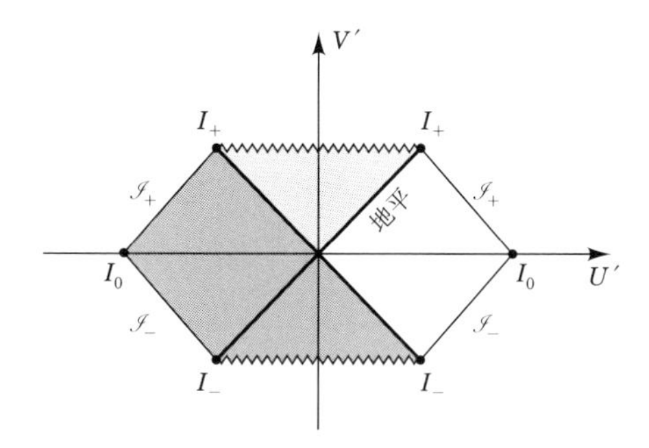

uv 軸は，光線が u と v 一定の曲線上を移動するようにちょうど UV 軸を 45° 回転したものである．

$$\begin{aligned} u' &\equiv \tan^{-1}(u) \equiv V' - U' \\ v' &\equiv \tan^{-1}(v) \equiv V' + U' \end{aligned} \tag{b}$$

にしたがって定義される別の座標 (u', v') と (U', V') を導入する．光線は u' と v' 一定の曲線上を運動する．つまり $U'V'$ 面で 45° の直線上を運動する．u と v の無限大の領域がそれぞれ u' と v' の有限の領域 $(-\pi/2, \pi/2)$ に写像される．少し計算すれば，双曲線 $r = 0, V > 0$ は $V' = \pi/4, -\pi/4 \leqq U' \leqq \pi/4$ の線に写像されるが，$V < 0$ のものは $V' = -\pi/4$ で同じ線に写像されることがわかる．地平 $V = U$ は $U'V'$ 面で同じ 45° の線に写像される．こうしてできたペンローズ図が左にある．平坦空間と同じように，無限遠を区別することができる．無限の光線が始まり終わる，未来と過去ヌル無限遠 $\mathscr{I}_\pm$, 時間的世界線が始まり終わる，未来と過去時間的無限遠 $I_\pm$, すべての空間的面が交わる，空間的無限遠 I_0 である．**2** つの集合と，そ

れぞれ漸近的領域がある．この図から，地平は光線によって未来ヌル無限遠をつなぐ時空の領域の境界であることがわかる．

12.4　非球対称重力崩壊

現実の崩壊の状況は厳密には球対称ではない．崩壊前の星は回転のため歪んでいるかもしれない．重い星がその寿命を終えるときに起きる現実の超新星爆発は確かに球対称ではない．したがって，当然ながら球対称崩壊の描像が実際の場合どの程度まで使えるかという疑問が生じる．この節では証明なしで，簡単な球対称モデルの特徴が非球対称崩壊でどこまで成り立つと推測されるかについて述べる．

- **特異点の形成**　これまで見たように，球対称崩壊星の表面がシュワルツシルト半径 $r = 2M$ をいったん通過してしまうと，特異点への重力崩壊は避けられない．幾何学の構造のため，地平の内側の領域から脱出できないし，または崩壊を止めることもできない．球対称崩壊の特異点の形成は，一般相対論における**特異点定理**の具体的な説明になっており，309 ページの Box 12.3 でそれとなく短く触れた．大雑把にいえば，これらの定理から，崩壊が十分進めばどんな重力崩壊でも時空幾何学の特異点になる．球対称崩壊で形成された特異点は特別な対称性による人工物ではなく，より広い一般的な崩壊の特性である．
- **事象の地平の形成**　球対称崩壊で形成される特異点は地平の内部にあり，外部の観測者から隠されている．隠されているという事実が重要である．特異点は理論の予言力が破綻する場所であるが，この破綻の情報は外部の観測者に決して到達することはないからだ．

  15.1 節でもっと詳しく考察するが，**宇宙検閲官仮説**では，一般的で実際の崩壊で形成される特異点がブラックホールの地平の内側に隠されていると考えられている．この仮説はまだアインシュタイン方程式の結果として証明されておらず，実際，この仮説の正確な定式化すらされていない．しかし，このアイディアの例外はいまのところ見つかっていない．

  もし宇宙検閲官仮説が正しければ，実在の複雑な非球対称重力崩壊の外側の幾何学は，実在の物体の詳細な性質に依存するが，シュワルツシルト

---

*5　(320 ページ) この v をエディントン–フィンケルシュタイン座標 v と混同しないように．

幾何学のものと似た地平をもつブラックホール幾何学になる．シュワルツシルトブラックホールは一般相対性理論によって許される最も一般的なブラックホールではない．しかし第 15 章（下巻）で述べる一般的な場合が複雑すぎるというわけでもない．一般的なブラックホールは 2 つのパラメータだけに依存する．それは質量と角運動量である．したがって宇宙検閲官仮説が正しければ，実在する非球対称重力崩壊の結果，球対称な理想なものと同じくらい簡単な幾何学ができる．

- **面積の増加**　312 ページで述べたように，質量が球対称的に落下するとブラックホールの面積は増加する．しかし，質量が非球対称的に落下しても，地平の面積は増加するだろう．これは，ブラックホールの**面積増大定理**の結果である．ブラックホールの面積の振る舞いから熱力学のエントロピー増大則が思い出される．下巻の 13.3 節で，量子力学ではブラックホールのエントロピーは面積に比例することを知るだろう．

●例 12.3　塊がブラックホールに落下する●　物質の塊がある方角から動径方向にブラックホールに落下する．これは球対称の状況ではない．その結果，ブラックホールは振動し，重力波を放出するが，最終的にはシュワルツシルトブラックホールに落ち着くだろう．角運動量が変わらないからだ．その場合，重力波によって持ち去られるエネルギーは落下する質量よりも大きく，初めのシュワルツシルトブラックホールの質量よりも小さくなるだろうか．答えは no である．ブラックホールの面積は減少することができず，シュワルツシルトブラックホールの面積は質量と $A = 4\pi(2M)^2$ の関係にあるからである．

問　題

1. ［P］太陽の光度を説明するために毎秒何個の陽子がヘリウム原子核にならなければならないか．この割合で太陽が燃え続けるとすべての陽子が使い尽くされるまでにどれくらいかかるか．

2. ［E,B］電子が必ずしも相対論的であるとは仮定せずに，Box 12.1 の白色矮星の最大質量のオーダー評価にしたがって以下の問題を解け．

(a)　Box の (d) 式で定義される A_{crit} より大きいまたは小さい A について R の関数として全エネルギー $E_{\mathrm{TOT}}(A,R) = E_F(A,R) + E_G(A,R)$ の振る舞いの略図を描け．

(b) 全エネルギー $E_{\mathrm{TOT}}(A,R)$ が最小値をとる半径 $R_*(A)$ を求めよ．これは重力とフェルミ圧力がつり合い，平衡状態にある星の半径の評価値となる．R_* は本文で引用された白色矮星の半径と比べてどうか．

(c) それ以上では平衡が不可能な値 A_{crit} が存在することを示せ．その値を求め，本文で評価した A_{crit} と比較せよ．

(d) 電子は平衡状態で相対論的か．

3. ［S］(12.1) 式で定義された，シュワルツシルト座標からエディントン–フィンケルシュタイン座標へ座標変換を実行し，線素 (12.2) を求めよ．

4. 線素

$$ds^2 = -\left(1-\frac{M}{r}\right)^2 dt^2 + \left(1-\frac{M}{r}\right)^{-2} dr^2 + r^2(d\theta^2 + \sin^2\theta d\phi^2)$$

で決められる時空を考えよう．$r = M$ を除いて，座標 t は常に時間的で，r は空間的である．

(a) $g_{rr} = 0$ とした (12.1) 式に類似した，新しい座標 (v, r, θ, ϕ) への変換を求め，幾何学が $r = M$ で特異ではないことを示せ．

(b) 図 12.2 と同じように，$(\tilde{t}, r)$ 図の略図を描き，入ってくる光線と出て行く光線の世界線と光円錐を描け．

(c) これはブラックホールの幾何学になっているか．

5. 観測者が質量 M の球対称ブラックホールに向かって動径方向に落下する．その観測者は，$10M$ のシュワルツシルト座標半径で静止している観測者に対して静止状態から出発する．特異点に衝突するまで，観測者自身の時計でどれくらい時間がかるか．

6. 観測者が質量 M のシュワルツシルトブラックホールの外側の幾何学を探査することを決心し，無限遠からある初期速度で出発し，ブラックホールに近い軌道に自由落下し，無限遠に再び飛び立つ．この種の軌道上のうちで観測者がブラックホールに最も近づくのはどんなものか．$r = 3M$ を通過し，再び通過する間，幾何学を研究するために十分長い時間をかせぐにはどうしたらよいか．

7. ［E］1 メートルの棒が，太陽質量によって作られたニュートン重力の中心に向かい動径方向に落下した．ニュートン物理学を使って棒が壊れるかこなごなになる距離を評価せよ．

8. 球対称ブラックホールに落下する観測者がブラックホールの外部で起きる事象の情報を得ることができるだろうか．ブラックホールの外部で，内部の観測者が最終的に見ることのできない時空領域は存在するか．これらの質問について図

12.2 のような図を使って分析せよ．

9. ［S］ダース・ベイダーはジェダイの騎士を追っていた．ジェダイの騎士がフォースの源を探して大きなブラックホールに飛び込んだ．ダース・ベイダーは，一度ブラックホールの内部に入ると，光線銃から放たれるどんな光でもシュワルツシルト座標の小さい半径に向かって進むことを知っていた．動径方向にその銃を撃ってみることにした．彼が特異点で破滅する前に，銃から出た光線が彼に戻って来ることを憂慮すべきだろうか．

10. 図 12.2 のようなエディントン–フィンケルシュタイン図中で非動径方向に進む光線の $\tilde{t}$-r 曲線の傾きが動径方向の光線によって定義される光円錐の中になければならないことを示せ．

11. 負の質量は自然界では起こり得ない．しかし，練習問題として，負の質量 M のつくるシュワルツシルト幾何学内で動径方向に進む光線の振る舞いを分析せよ．これらの光線を表すエディントン–フィンケルシュタイン図を描け．負の質量のシュワルツシルト幾何学はブラックホールか．

12. ［S］シュワルツシルトブラックホールの地平 3 元曲面の法ベクトルはヌルベクトルであることをチェックせよ．

13. ［C］(a) 観測者が足を見ながらシュワルツシルトブラックホールに足から落下する．自分の足が見えなくなる瞬間はあるだろうか．たとえば，頭が地平を超えているとき足が見えるだろうか．もし見えるなら，どの半径に足があるように見えるか．$r = 0$ の特異点に頭がたどり着くまで無事であることを仮定すると，足が特異点にあたるところを見ることができるだろうか．これらの問についてエディントン–フィンケルシュタインまたはクルスカル図を分析して答えよ．

(b) ブラックホールの内部は暗いか　外側の観測者が見ると，ブラックホールに崩壊している星は暗くなっていく．しかし，表面上にいる観測者が観測して，崩壊星が規則的に放射し続けると仮定すると，ブラックホールの内側は暗いだろうか．

14. ［C］ブラックホールの事象の地平を超えてしまった後，特異点で破滅するまでに観測者が費せる最も長い固有時はいくらか．

15. ［C］ブラックホールの周りの環境を調査する使命を負った宇宙船が，質量 M の球対称ブラックホールの外側のシュワルツシルト座標半径 R にとどまっている．乗組員は無限遠に脱出するために，宇宙船の質量のいくらかを放出して脱出速度までの残りの速度分を加速しなければならない．無限遠に脱出した後に残った静止質量の最大の割合 f を求めよ．R が $2M$ に近づくとこの割合はどうなるか．

16. 9.2 節で，静止観測者から放出された光の重力赤方偏移の公式 (9.20) を導出した．シュワルツシルト幾何学の時間変位対称性から生じる保存則（8.32）から始めた．同じような方法で，自由落下崩壊中の星から放射状に放出された光の赤方偏移の式を遠方の観測者によって受信された時刻 t_R の関数として求めよ．得られた結果を（12.11）式と比べよ．(9.20) 式は放射状でない放射にも成り立つ．崩壊星の表面から発射された放射にも成り立つだろうか（(9.20) 式の R は放射を放つ静止観測者の半径であるが，(12.11) 式を導く例で R は放射を受け取る観測者の位置である）．

17. ［B］Box 12.2 の（b）式のロケット噴射を求めよ．

18. ［C］**崩壊球殻内部の地平**　質量 M の非常に薄い物質の球殻の崩壊を考えよう．球殻は時空中で球対称 3 元面になっている．この面の外側で幾何学は，質量 M のシュワルツシルト幾何学になっている．内部で以下の仮定をする．(1) 球殻の世界線は，ある有限の固有時で 0 になる関数 $r(\tau)$ であることが知られている．(2) 球殻内部の幾何学は平坦である．(3) 崩壊球殻の 3 元面の幾何学は外側と内側で同じである．

(a) 以下の 2 つの時空図を描け．1 つは図 12.2 のようなもので，もう 1 つは，それ相応の座標系で球殻の内側の時空に対応するものである．両方の図で球殻の世界線を描き，内部の点と外部の点がわかるように示せ．球殻の内側に，外側と同様に地平をおけ．

(b) 光線に沿って運動すると，球殻内部の地平の面積はどのように変化するか．

19. 図 12.5（b）は，質量 M_{shell} の球殻が後に入り込むとき，球対称ブラックホールの地平の面積であることを示している．このときの考察で球殻は $M_{\text{shell}} > 0$ の通常の物質からできていると仮定した．質量が負であれば何が起きるだろうか．地平の面積は常に増加するだろうか．図 12.5b のような図を描き負の質量の場合に光の定性的な振る舞いと同様に地平の定性的な振る舞いも説明せよ．中心から出た光線は球殻を通過しなければ地平を作ったであろうが，その光線の振る舞いも示せ．

20. ［S,A］シュワルツシルト座標から（12.13）式で定義されるクルスカル座標への変換を詳しく行え．$r > 2M$ と $r < 2M$ の両方でクルスカル座標の計量を求めよ．

21. クルスカル図で，動径方向に運動しなくても，時間的粒子世界線の $|dV/dU|$ は 1 より大きくなければならないことを示せ．

22. 2 台のロケット内の 2 人の観測者が質量 M のシュワルツシルトブラックホールの上で浮いている．2 人とも

$$\left(\frac{R}{2M}-1\right)^{1/2} e^{R/4M}=\frac{1}{2}$$

となる固定半径 R と固定された角度位置にいる（実際 $R \approx 2.16M$）．第一観測者はこの位置を $t=0$ で離れ，特異点で破壊されるまでブラックホールに向かい，クルスカル図で直線的に進む．衝突点は特異点が $U=0$ の直線を横切るところである．第二観測者は R に留まり続ける．

(a) クルスカル図上で，2 人の観測者の世界線を描け．

(b) ブラックホールに入った観測者は時間的世界線にしたがうか．

(c) 第一観測者が出発した後，第一観測者が特異点で破滅する前に，第二観測者が送った光信号のうち，第一観測者に届くまでにかかった時間の最大値はどれほどか．

23. 公式（12.11）は，崩壊星から来る光の赤方偏移を遠方の静止観測者が受信する時刻 t_R の関数として示している．シュワルツシルト幾何学の場合，特異点のない座標系でこれを計算せよ．クルスカル座標を使って同じ結果を導け．

24. ［B,N］Box 12.4 では $V=0$ の場合と同じようにしてシュワルツシルト幾何学のクルスカル拡張のスライスの埋め込み図を描いた．$V=0.9$ と $V=0.999$ の場合について同じ図を描け．簡単にできれば，軸対称 2 次元面の断面を示してもよい．これらの埋め込み図により，クルスカル拡張のワームホールが時間的に一定ではないことをどのように説明したらよいか．$V>1$ では何が起きるか．

25. ［B,S］我々の銀河中心のブラックホールが，崩壊星によって形成されたのではなく，最大クルスカル拡張そのもので本当に表されているとする．クルスカル図を使って，クルスカル拡張の 1 つの漸近的領域からもう 1 つへ移動することがなぜ不可能なのか説明せよ（Box 12.4 内での質問）．移動できないとしても，拡張の他方の星からの光を見ることができるだろうか．もしできれば，どのように見えるだろうか．

26. ［B］シュワルツシルト幾何学のクルスカル拡張のペンローズ図で境界が Box 12.5 のようなものになることを示せ．

27. ブラックホールの面積が常に増加しなければならないのなら，全質量が保存しても決して 2 つのブラックホールには分けられないことを示せ．

付録A　単位

A.1 単位の一般論

単位についてなにがしかを理解するために，遠い星に住んでいる知的宇宙人に，我々の物理理論を伝えるという問題を思い浮かべてみよう．陽子の質量が電子のほぼ 1835 倍であることをメッセージとして送ることができる．質量の比は無次元の数値なので，ビットとして送ることができる．しかし，陽子の質量が 1.67×10^{-27} kg であることをメッセージとして送ることはバカげている．宇宙人はキログラムが何であるのか知らない．キログラムがパリ郊外のセーブル国際度量衡局に保管されている金属ブロックの質量で定義されているため，正確に説明することができない．標準キログラムはほぼ陽子 5.980×10^{26} 個分であることを伝えることはできる．国際キログラムの質量と陽子の質量の比が無次元量であるからだ．これはあまり興味のわかないメッセージであろう．それは物理法則というよりも人類が法則の予言をどのように構成しているかについて述べているだけだからだ．

基本的物理法則の予言は無次元数に還元できる．単位は便宜上導入しているだけに過ぎず，数値と単位系は「便宜上」の考え方によって大きく変わる．たとえば今日，秒はセシウム原子の低いエネルギーから数えて 2 つの状態の間の遷移に厳密に 9192631770 サイクルにかかる時間と定義されており，メートルは 1/(299792458) 秒であると定義されている．はっきり決まった無次元数を含む定義である．我々は，時間，分，秒を部分的に伝統を引きずって使っているが，一方でセシウム遷移の 28 兆サイクルの長さで講義を話すと表現することは便利ではないという理由もある．もし便利であるということで，長方形の面積を単位とするのではなく，円の面積を測定の単位として導入することもできるであろう．半径 1 cm の円が 1 アルキメデスの面積だと定義することにしよう．1 アルキメデスが $3.14159265\cdots$ cm^2 と等しいという変換則がある．しかし，特殊相対論の観点から空間的，時間的距離を測るために，間隔の単位を使うことは奇妙でも何でもない（4.6 節）．国際キログラムの場合と同じように，測定された量と標準の間で無次元となる比をとって，標準の単位を導入すると便利である．

広く認められている物理理論は単位の選び方において重要な役割を果たす．すべてのセシウム原子が同じであるという原子理論の数多くの成功から確信が得られなければ秒は定義されなかったであろう．光速がすべての慣性系で同じであると特殊相対性理論により断言されているため，この理論への信頼が時間の単位でメートルを定義することの背後にある．

実験の進歩もどんな単位を使うかを決めるのに重要な役割を果たす．質量と長さ，時間に対して別々の単位を使う 1 つの理由は，これらの量にかつて別の基準があったからだ．秒はかつて平均太陽日のある割合として定義されていたし，メートルは特殊な棒にある 2 つのマークの間の距離で定義されていた．太陽日よりもかなり正確に原子遷移の振動数を測定できるようになったとき，時間の単位の定義を我々が今日使っているものに変えることに意味があるようになった．将来の進歩により現在の状況がかわりうる．たとえば，重力質量と慣性質量の等価性，一般相対論，正確な測定しやすさにより信頼をおけるようになれば，キログラムは，テスト質量がある決まった日数で半径 1 m の円軌道を 1 周するような球の質量として定義されるようになるかもしれない（現在の精度ではケプラーの法則（3.24）から 8.90 日となるだろう）．そのときにはニュートンの重力定数も，今日，光速がそうであるように，測定されたものではなく，はっきり定義された量となっているだろう．軌道の周期のようなものを逆 2 乗したものをかけあわせたものを質量とすることにより G は 1 にできるだろう．

A.2　本書で使われる単位

本書では異なった状況でも使いやすいように力学と特殊相対論，一般相対論に対して 3 つの単位系を使う．伝統的な質量–長さ–時間（$\mathcal{MLT}$）系には，我々はグラム，センチメートル，秒の（cgs）単位系を使う．これらは，我々の考える応用のほとんどが宇宙物理学にあり，その分野で標準となっている．特殊相対論で便利な単位系は質量–長さ（$\mathcal{ML}$）系であり，光速が 1（$c = 1$）になる．この単位系ではグラムとセンチメートルが使われる．一般相対論で便利な単位系は長さ（$\mathcal{L}$）系であり，**幾何学単位**と呼ばれ $G = 1, c = 1$ であり，質量と長さ，時間がすべて長さの単位となる．

表 A.1 と A.2 に，いろんな量を $\mathcal{MLT}$ 単位系と $\mathcal{ML}$（$c = 1$）単位系，$\mathcal{L}$（$G = c = 1$）単位系の間で換算する方法を示した．表には 2 通りの使い方がある．

表 **A.1**　質量–長さと質量–長さ–時間単位系

物理量	典型的な記号	$\mathcal{ML}$ 単位系	$\mathcal{MLT}$ 単位系	変換 $\mathcal{MLT} \to \mathcal{ML}$
質量	m	$\mathcal{M}$	$\mathcal{M}$	m
長さ	L	$\mathcal{L}$	$\mathcal{L}$	L
時間	t	$\mathcal{L}$	$\mathcal{T}$	ct
時空距離	s	$\mathcal{L}$	$\mathcal{L}$	s
固有時	τ	$\mathcal{L}$	$\mathcal{T}$	$c\tau$
エネルギー	E	$\mathcal{M}$	$\mathcal{M}(\mathcal{L}/\mathcal{T})^2$	E/c^2
運動量	p	$\mathcal{M}$	$\mathcal{M}(\mathcal{L}/\mathcal{T})$	p/c
速度	V	無次元	$\mathcal{L}/\mathcal{T}$	V/c

表 **A.2**　幾何学単位系と質量–長さ–時間単位系

物理量	典型的な記号	幾何学単位系	$\mathcal{MLT}$ 単位系	変換 $\mathcal{MLT} \to$ 幾何学単位系
質量	M	$\mathcal{L}$	$\mathcal{M}$	GM/c^2
長さ	L	$\mathcal{L}$	$\mathcal{L}$	L
時間	t	$\mathcal{L}$	$\mathcal{T}$	ct
時空距離	s	$\mathcal{L}$	$\mathcal{L}$	s
固有時	τ	$\mathcal{L}$	$\mathcal{T}$	$c\tau$
エネルギー	E	$\mathcal{L}$	$\mathcal{M}(\mathcal{L}/\mathcal{T})^2$	GE/c^4
運動量	p	$\mathcal{L}$	$\mathcal{M}(\mathcal{L}/\mathcal{T})$	Gp/c^3
角運動量	J	$\mathcal{L}^2$	$\mathcal{M}(\mathcal{L}^2/\mathcal{T})$	GJ/c^3
エネルギー発生率（光度）	L	無次元	$\mathcal{M}\mathcal{L}^2/\mathcal{T}^3$	GL/c^5
エネルギー密度	ϵ	$\mathcal{L}^{-2}$	$\mathcal{M}/(\mathcal{L}\mathcal{T}^2)$	$G\epsilon/c^4$
運動量密度（エネルギーフラックス）	$\vec{\pi}$	$\mathcal{L}^{-2}$	$\mathcal{M}/(\mathcal{L}^2\mathcal{T})$	$G\vec{\pi}/c^3$
圧力（応力）	p	$\mathcal{L}^{-2}$	$\mathcal{M}/(\mathcal{L}\mathcal{T}^2)$	Gp/c^4
単位質量当たりの軌道エネルギー	e	無次元	$(\mathcal{L}/\mathcal{T})^2$	e/c^2
単位質量当たりの軌道角運動量	ℓ	$\mathcal{L}$	$\mathcal{L}^2/\mathcal{T}$	ℓ/c
プランク定数	$\hbar$	$\mathcal{L}^2$	$\mathcal{M}(\mathcal{L}^2/\mathcal{T})$	$G\hbar/c^3$

$\mathcal{MLT}$ 単位系から他の単位系に換算するためには，一番右の列に示した因子をかける．たとえばグラムの質量をセンチメートルの質量に換算するには，表 A.2 の初めの行を使い

$$M(\mathrm{cm}) = (G/c^2)M(\mathrm{g}) = 0.742 \times 10^{-28} M(\mathrm{g}) \tag{A.1}$$

とする．2 つの単位系から $\mathcal{MLT}$ 単位系に戻すためには，c と G のある一番右の列の式で置き換えればよい．たとえば，質量 M の球形ブラックホールの外側のシュワルツシルト半径 R から粒子の脱出速度を与える方程式は $V_{\mathrm{escape}} = (2M/R)^{1/2}$ である［(9.42) 式］．同じ関係を $\mathcal{MLT}$ 単位系で探すためには，表 A.1 から V_{escape} を V_{escape}/c で置き換え，表 A.2 から M を GM/c^2 で置き換える．これによって

$$\frac{V_{\mathrm{escape}}}{c} = \left(\frac{2GM}{c^2R}\right)^{1/2}, \quad \text{または} \quad V_{\mathrm{escape}} = \left(\frac{2GM}{R}\right)^{1/2} \tag{A.2}$$

を得る．

参考書・参照論文一覧

この参考書・参照論文一覧は，一般相対論の古典的教科書と，より特徴のある教科書，本書で引用した論文からなっている．論文は主に本書で述べた実験データと観測データの原論文である．包括的であろうとせず，議論されたアイディアの原論文を引くこともしていない．本書で述べたテーマについて興味を覚え詳しく調べたい読者にはまず以下の教科書にあたるよう勧めるのがたぶん最良の助言となろう．

古典的一般的な解説

Landau, L. and Lifshitz, E.M. (1962). *The Classical Theory of Fields*, Pergamon Press, London.（日本語訳：恒藤敏彦/広重徹訳『場の古典論』東京図書，1978）
このテキストのうち 150 ページを一般相対性理論に費し，明解でストレートなランダウ–リフシッツスタイルで相対論の基礎を丁寧に導入している．ただし，応用はそれほど踏み込んでいない．

Misner, C.W., Thorne, K.S., and Wheeler, J.A. (1970). *Gravitation*, W.H. Freeman, San Francisco.（日本語訳：若野省己訳『重力理論』丸善出版，2011）
出版から 30 年以上にわたり *Gravitation* は今なお一般相対論において最も包括的な教科書である．テーマのほとんどどんなトピックでも，権威ある完全な考察が 1300 ページの中に見つかる．オリジナルな文献も広範囲に扱っている．20 世紀の熟練者 3 人に書かれているので，本書を含め，後の多くのテキストのスタイルを定めた．

Taylor, E.F. and Wheeler, J.A. (1963). *Spacetime Physics*, W.H. Freeman, San Francisco.
生き生きとして洞察に富む入門レベルの特殊相対論をうまく説明している．時空の視点を強調している．

Wald, R. (1984). *General Relativity*, University of Chicago Press, Chicago.
General Relativity は一般的な大学院生用のテキストである．一般相対論に必要な微分幾何学が徹底的に厳密にそして現代的な数学のスタイルで展開されている．因果構造，漸近的平坦性，スピノール，曲がった時空での量子論などの数々の進んだトピックスと同様に基本的な議論について細心で明確に述べられている優れた教科書である．

Weinberg, S. (1972). *Gravitation and Cosmology*, John Wiley & Sons, New York. この本は，場の理論と素粒子物理の観点から一般相対論を扱っており，宇宙論への応用に重きをおいている．視点は主に非幾何学的であり，本書とは対照的である．しかし，この別の視点からも理解が進む．出版から 30 年来，観測は大きく変わったが，*Gravitation and Cosmology* は，宇宙論における重力理論の価値ある源泉であることに変わりはない．

専門的なテキスト

Hawking, S.W. and Ellis, G.F.R. (1973). *The Large Scale Structure of Space-Time*, Cambridge University Press, Cambridge.

Kolb, E.W. and Turner, M.S. (1990). *The Early Universe*, Addison-Wesley, Redwood City, CA.

Krolik, J.H. (1999). *Active Galactic Nuclei*, Princeton University Press, Princeton.

Shapiro, S.L. and Teukolsky, S.A. (1983). *Black Holes, White Dwarfs, and Neutron Stars*, Wiley-Interscience, New York.

Thorne, K.S., Price, R.H., and MacDonald, D.A. (1986). *Black Holes: The Membrane Paradigm*, Yale University Press, New Haven.

Will, C.A. (1993). *Theory and Experiment in Gravitational Physics*, Cambridge University Press, Cambridge, UK (revised edition).

歴史

Miller, A.I. (1981). *Albert Einstein's Special Theory of Relativity*, Addison-Wesley, Reading, MA.

Pais, A. (1982). *Subtle is the Lord···*, Oxford University Press, New York. （日本語訳：西島和彦監訳『神は老獪にして… アインシュタインの人と学問』産業図書，1987）

本文中で引用された論文

Alcock, C. *et al.* (1997). "The MACHO Project Large Magellanic Cloud Microlensing Results from the First Two Years and the Nature of the Galactic Dark Halo," *Ap.J.*, **486**, 697.

Alcubierre, M. (1994), "The Warp Drive: Hyper-fast Travel within General Relativity," *Class. Quant. Grav.*, **11**, L73.

Anderson, J.D. and Williams, J.G. (2001). "Long Range Tests of the Equivalence Principle," *Class. Quant. Grav.*, **18**, 2447.

Bailey, J. *et al.* (1977). "Measurements of Relativistic Time Dilation for Positive and Negative Muons in Circular Orbit," *Nature*, **268**, 301.

Bennett, C.L., Banday, A.J, Gorski, K.M., Hinshaw, G., Jackson, P., Keegstra, P., Kogut, A., Smoot, G.F., Wilkinson, D.T., and Wright, E.L. (1996). "4-Yr COBE Cosmic Microwave Background Observations: Maps and Basic Results," *Ap.J.*, **464**, L1.

Biretta, J.A., Moore, R.L., and Cohen, M.H. (1986). "The Evolution of the Compact Radio Source in 3C 345. I. VLBI Observations," *Ap.J.*, **308**, 93.

Braginsky, V.B., and Panov, V.I. (1971). "Verification of the Equivalence of Inertial and Gravitational Mass," *Zh. Eksp. Theor. Fiz.*, **61**, 873 [*Sov. Phys. JETP*, **34**, 463 (1972).]

Brillet, A. and Hall, J.L. (1979). "Improved Laser Test of the Isotropy of Space," *Phys. Rev. Letters*, **42**, 549.

Brown, T.M. *et al.* (1989). "Inferring the Sun's Internal Angular Velocity from Observed p-Mode Frequency Splittings," *Ap.J.*, **343**, 526.

Campbell, W.W. and Trumpler, R. (1923). "Observation on the Deflection of Light in Passing Through the Sun's Gravitational Field Made During the Total Solar Eclipse of Sept. 21 1922," *Lick Observatory Bulletin*, No. 346, **11**, 41.

Chandrasekhar, S. (1983). *The Mathematical Theory of Black Holes*, Oxford University Press, Oxford.

Colless, M., Dalton, G., Maddox, S., Sutherland, W., *et al.* (2001). "The 2dF Galaxy Redshift Survey: Spectra and Redshifts," *MNRAS*, **328**, 1039–1063.

Colley, W.N., Tyson, J.A., and Turner, E.L. (1996). "Unlensing Multiple Arcs in 0024+1654: Reconstruction of the Source Image," *Ap.J.*, **461**, L83.

Cram, T.R., Roberts, M.S., and Whitehurst, R.N. (1980). "A Complete, High-Sensitivity 21-cm Hydrogen Line Survey of M31," *Astron. and Astrophys. Suppl.*, **40**, 215.

de Bernardis, P. *et al.* (2000). "A Flat Universe from High-Resolution Maps of the Cosmic Microwave Background Radiation," *Nature*, **404**, 955.

Dickey, J.O. *et al.* (1994). "Lunar Laser Ranging: A Continuing Legacy of the Apollo Program," *Science*, **265**, 482.

Feynman, R. (1965). *The Character of Physical Law*, MIT Press, Cambridge, MA. （日本語訳：江沢洋訳『物理法則はいかにして発見されたか』岩波書店, 2001）

Fixsen, D.J., Cheng, E.S., Gales, J.M., Mather, J.C., Shafer, R., and Wright. E. (1996). "The Cosmic Microwave Background Spectrum from the Full COBE FIRAS Data Set," *Ap.J.* **473**, 576.

Fomalont, E.B. and Sramek, R.A. (1975). "A Confirmation of Einstein's General Theory of Relativity by Measuring the Bending of Microwave Radiation in the Gravitational Field of the Sun," *Ap.J.*, **199**, 749.

Fomalont, E.B. and Sramek, R.A. (1977). "The Deflection of Radio Waves by the Sun," *Comm. Astrophys.*, **7**, 19.

Freedman, W. L., Madore, B.F., and Kennicutt, R.C. (2001). "The Hubble Space Telescope Key Project to Measure the Hubble Constant," *Ap.J.*, **553**, 47.

Ghez, A.M., Hornstein, S., Tanner, A., Morris, M., and Becklin, E.E. (2002). "Full 3-D Orbital Solutions for Stars Making a Close Approach to the Supermassive Black Hole at the Center of the Galaxy," in M.J. Rees Symposium "Making Light of Gravity," July 8, 2002 (unpublished).

Glendenning, P. (1985). "Neutron Stars Are Giant Hypernuclei?," *Ap.J.*, **293**, 470.

Gustavson, T.L., Bouyer, P., and Kasevich, M.A. (1997). "Precision Rotation Measurements with an Atom Interferometer Gyroscope," *Phys. Rev. Lett.*, **78**, 2046.

Hafele, J.C. and Keating R.E. (1972). "Around-the-World Atomic Clocks: Observed Relativistic Time Gains," *Science*, **177**, 168.

Harrison, B.K., Thorne, K.S., Wakano, M., and Wheeler, J.A. (1965). *Gravitation Theory and Gravitational Collapse*, University of Chicago Press, Chicago.

Hartle, J.B. (1978). "Bounds on the Mass and Moment of Inertia of Non-Rotating Neutron Stars," *Phys. Reports*, **46**, 201.

Hartle, J.B. *et al.* (1999). *Gravitational Physics: Exploring the Structure of Space and Time*, National Academies Press, Washington, DC.

Herrnstein, J.R., Moran, J.M., Greenhill, L.J., Diamond, P.J., Inoue, M., Nakai, N., Miyoshi, M., Henkel, C., and Riess, A. (1999). "A Geometric Distance to the Galaxy NGC 4258 from Orbital Motions in a Nuclear Gas Disk," *Nature*, **400**, 539.

Kramer, D., Stephani, H., MacCallum M., and Herlt, E. (1980). *Exact Solutions of Einstein's Field Equations*, Schmutzer, E., ed. Cambridge University Press, Cambridge.

Lebach, D., Corey, B., Shapiro, I., Ratner, M., Webber, J., Rogers, A., Davis, J., and Herring, T. (1995). "Measurement of the Solar Gravitational Deflection of Radio Waves Using Very-Long-Baseline Interferometry," *Phys. Rev. Letters*, **75**, 1439.

Maddox, S., Efstathiou, G., Sutherland, W., and Loveday, J. (1990). "The APM Galaxy Survey I," *MNRAS*, **243**, 692.

Marey, Étienne-Jules (1885). *La méthode graphique dans les sciences experimentales et principalement en physiologie et en medecine*, G. Masson, Paris.

Mather, J., Fixsen, D., Shafer, R., Mosier, C., and Wilkinson, D. (1999). "Calibrator Design for the COBE Far Infrared Absolute Spectrophotometer (FIRAS)," *Ap.J.*, **512**, 511.

Miyoshi, M., Moran, J.M., Herrnstein, J.R., Greenhill, L.J., Nakai, N., Diamond, P.J., and Inoue, M. (1995). "Evidence for a Massive Black Hole from High Rotation Velocities in a Sub-Parsec Region of NGC 4258," *Nature*, **373**, 127.

Orosz, J.A., Bailyn, C.D., McClintock, J.E., and Remillard, R.A. (1996). "Improved Parameters for the Black Hole Binary System X-ray Nova Muscae 1991," *Ap.J.*, **468**, 380.

Parkinson, B.W., and Spilker, J.J. eds. (1996). *Global Positioning System: Theory and Applications*, vols I and II, American Institute of Aeronautics and Astronautics, Washington, D.C.

Perlmutter, S. *et al.* (1999). "Measurements of Omega and Lambda from 42 High-Redshift Supernovae," *Ap.J.* **517**, 565–586.

Persson, S.E, Madore, B.F., Freedman, W.L., Krzeminski, W., Roth M., and Murphy, D.C. (2004). "New Cepheid Period-Luminosity Relations for the Large Magellanic Cloud: 92 Near-Infrared Light Curves," *A.J.* **128**, 2239.

Pound, R.V. and Rebka, G.A. (1960). "Apparent Weight of Photons," *Phys. Rev. Lett.* **4**, 337.

Pound, R.V. and Snider, J.L. (1964). "Effect of Gravity on Nuclear Resonance," *Phys. Rev. Lett.* **13**, 539.

Riess, A.G. *et al.* (1998). "Observational Evidence from Supernovae for an Accelerating Universe and a Cosmological Constant," *Astron.J.* **116**, 1009–1038.

Roberts, M. (1988). "How Much of the Universe Do We See?" In *Proceedings of the Bicentennial Commemoration of R.G. Boscovich*, Bossi, M. and Tucci, P., eds. Edizioni Unicopli, Milan.

Roll, P.G., Krotkov, R., and Dicke, R.H. (1964). "The Equivalence of Inertial and Passive Gravitational Mass," *Ann. Phys.* (N.Y.), **26**, 442.

Saulson, P. (1994). *Fundamentals of Interferometric Gravitational Wave Detectors*, World Scientific, Singapore.

Shapiro, I.I., Reasenberg, R.D., MacNeil, P.E., Goldstein, R.B., Brenkle, J.P., Cain, D.L., Komarek, T., Zygielbaum, A.I., Cuddihy, W.F., and Michael, W.H., Jr. (1977). "The Viking Relativity Experiment," *J. Geophy. Res.* **82**, 4329.

Shapiro, I. (1990). "Solar System Tests of General Relativity," in *General Relativity and Gravitation* 1989, Ashby, N., Bartlett, D.F., and Wyss, W., eds. Cambridge University Press, Cambridge.

Su, Y., Heckel, B.R., Adelberger, E.G., Gundlach, J.H., Harris, M., Smith, G.L., and Swanson, H.E. (1994). "New Tests of the Universality of Free Fall," *Phys. Rev. D*, **50**, 3614.

Tanaka, Y., *et al.* (1995). "Gravitationally Redshifted Emission Implying an Accretion Disk and Massive Black-Hole in the Active Galaxy MCG:-6-30-15," *Nature*, **375**, 659.

Taylor, J.H. (1994). "Binary Pulsars and Relativistic Gravity," *Rev. Mod. Phys.*, **66**, 711.

Taylor, J.H. and Weisberg, J.M. (1989). "Further Experimental Tests of Relativistic Gravity Using the Binary Pulsar PSR 1913+16," *Ap.J.* **345**, 434.

Thorne, K.S. (1994). *Black Holes and Time Warps: Einstein's Outrageous Legacy*, W.W. Norton, New York. （日本語訳：林一・塚原周信訳『ブラックホールと時空の歪み』白揚社，1997）

Vessot, R.F.C. and Levine, M.W. (1979). "A Test of the Equivalence Principle Using a Space-Borne Clock," *Gen. Rel. and Grav.*, **10**, 181.

Wang, X., Tegmark, M., Zaldarriaga, M. (2002). "Is Cosmology Consistent?," *Phys. Rev. D*, **65**, 123001.

Williams, J.G., Newhall, X.X., and Dickey, J.O. (1996). "Relativity Parameters Determined from Lunar Laser Ranging," *Phys. Rev. D*, **53**, 6730.

図の出典

本書で使った図の出典を次に示す.

図 1.1, Adapted from a figure prepared by Clifford Will for Hartle *et al.* 1999.

図 1.3, Courtesy of Paul Scowen and Jeff Hester (Arizona State University), and the Mt. Palomar Observatories.

図 1.4, Simulation and image courtesy of Rob Hynes.

図 1.5, Courtesy of NASA Jet Propulsion Laboratory.

図 1.6, Courtesy of the Boomerang Collaboration.

Box 2.1, Courtesy of Randall Rickleffs, McDonald Observatory.

Box 2.1, Courtesy of James Williams and the Jet Propulsion Laboratory, California Institute of Technology, Pasadena, California.

Box 2.1, Courtesy of James Williams and the Jet Propulsion Laboratory, California Institute of Technology, Pasadena, California.

Box 2.2, Courtesy of the Boomerang Collaboration.

Box 4.1, Courtesy of John Hall, from Brillet and Hall 1979.

Box 4.2, The author learned of these diagrams from G.W. Gibbons. The example shown is taken from Marey 1885.

Box 4.3, Courtesy of John Biretta, Space Telescope Science Institute. Data from Biretta, Moore and Cohen 1996.

図 6.2, Courtesy of Eric Adelberger, University of Washington.

図 6.3, NASA.

Box 6.2, Courtesy of the US Naval Observatory.

Box 7.2, Drawing of Kip Thorne by Matthew Zimet, reproduced from Thorne 1994 with the permission of W.W. Norton, Inc.

図 10.1, Adapted from Vessot and Levine 1979.

図 10.3, From Campbell and Trumpler 1923.

図 10.5, Courtesy of E. Fomalont and the National Radio Astronomy Observatory.

図 10.6, Courtesy of E. Fomalont, National Radio Astronomy Observatory.

図 10.7, From Shapiro *et al.* 1977, courtesy of Irwin Shapiro.

図 11.4, Courtesy of Tony Tyson, Bell Laboratories, Lucent Technologies and NASA from W. Colley, J.A. Tyson, and E. Turner 1996.

図 11.6, Courtesy of Kim Griest and the MACHO collaboration.

図 11.8, Courtesy of Chris Reynolds from data in Y. Tanaka *et al.* , 1995.

図 11.9, Courtesy of the NAIC-Arecibo Observatory, a facility of the NSF, and David Parker.

図 11.10, Courtesy of J.H. Taylor, Princeton University.

索引

か

さ

た

な

は

ま

ら

わ

著者
ジェームズ・B・ハートル（James B. Hartle）
カリフォルニア大学サンタバーバラ校教授.

訳者
牧野伸義（まきの・のぶよし）
略歴
1966 年生まれ.
1994 年，広島大学大学院理学研究科博士課程修了.
現在，大分工業高等専門学校一般科理系教授．理学博士.

主な訳書
『宇宙論入門』『一般相対性理論入門』（ピアソン・エデュケーション）
『重力（下）』（日本評論社）

重力（上）—— アインシュタインの一般相対性理論入門

2016 年 5 月 25 日　第 1 版第 1 刷発行
2016 年 8 月 15 日　第 1 版第 2 刷発行

著　者　ジェームズ・B・ハートル
訳　者　牧　野　伸　義
発行者　串　崎　浩
発行所　株式会社 日本評論社
〒170-8474 東京都豊島区南大塚 3-12-4
電話　(03) 3987-8621［販売］
(03) 3987-8599［編集］
印　刷　藤原印刷
製　本　難波製本
装　幀　妹尾 浩也

ISBN978-4-535-78779-7

座標と直交基底

- 正規直交基底ベクトルの 4 つの組 $\{\boldsymbol{e}_{\hat{\alpha}}\}$ は次を満たす：

$$\boldsymbol{e}_{\hat{\alpha}}(x)\cdot\boldsymbol{e}_{\hat{\beta}}(x)=\eta_{\hat{\alpha}\hat{\beta}}.$$

- 座標系 x^α の組に関する 4 つの座標基底ベクトルの組 $\{\boldsymbol{e}_\alpha\}$ は

$$\boldsymbol{e}_\alpha(x)\cdot\boldsymbol{e}_\beta(x)=g_{\alpha\beta}(x)$$

  を満たす．ここで線素は $ds^2=g(x)dx^\alpha dx^\beta$ の形をしている．

- もし座標系が直交していれば（$\alpha\neq\beta$ のとき $g_{\alpha\beta}(x)=0$），座標方向を向く正規直交基底の座標基底成分は

$$(\boldsymbol{e}_{\hat{0}})^\alpha=[(-g_{00})^{-1/2},0,0,0],\quad (\boldsymbol{e}_{\hat{1}})^\alpha=[0,(g_{11})^{-1/2},0,0],\quad \text{など}.$$

便利な数値

変換係数

光速	$c\equiv 299792458\,\mathrm{m/s}\approx 3\times 10^{10}\,\mathrm{cm/s}$
ボルツマン定数	$k_B=1.38\times 10^{-16}\,\mathrm{erg/K}=8.59\times 10^{-5}\,\mathrm{eV/K}$
秒角	$1\,\mathrm{arcsec}=1''=4.85\times 10^{-6}\,\mathrm{rad}$
光年	$1\,\mathrm{ly}=9.46\times 10^{17}\,\mathrm{cm}$
パーセク	$1\,\mathrm{pc}=3.09\times 10^{18}\mathrm{cm}=3.26\,\mathrm{ly}$
電子ボルト	$1\,\mathrm{eV}=1.60\times 10^{-12}\mathrm{erg}=1.16\times 10^{4}\,\mathrm{K}$
エルグ（cgs 系でのエネルギーの単位）	$1\,\mathrm{erg}=10^{-7}\,\mathrm{J}$
ダイン（cgs 系での力の単位）	$1\,\mathrm{dyne}=10^{-5}\,\mathrm{N}$

物理定数

重力定数	$G=6.67\times 10^{-8}\,\mathrm{dyn\cdot cm^2/g^2}$
シュテファン–ボルツマン定数	$\sigma=5.67\times 10^{-5}\,\mathrm{erg/(cm^2\cdot s\cdot K^4)}$
放射定数	$a=7.56\times 10^{-15}\,\mathrm{erg/(cm^3\cdot K^4)}$
電子の質量	$m_e=9.11\times 10^{-28}\,\mathrm{g}$
陽子の質量	$m_p=1.67\times 10^{-24}\,\mathrm{g}$
プランク定数	$\hbar=1.05\times 10^{-27}\,\mathrm{erg\cdot s}$

天文定数

地球

天文単位（地球軌道の長軸）	$AU = 1.50 \times 10^8\,\mathrm{km} = 1.50 \times 10^{13}\,\mathrm{cm}$
地球の質量	$M_\oplus = 5.97 \times 10^{27}\,\mathrm{g},\ GM_\oplus/c^2 = 0.443\,\mathrm{cm}$
地球の赤道半径	$R_\oplus = 6.38 \times 10^8\,\mathrm{cm} = 6378\,\mathrm{km}$
回転軸回りの慣性モーメント	$8.04 \times 10^{44}\,\mathrm{g \cdot cm^2} = 0.331 M_\oplus R_\oplus^2$
回転周期	$8.62 \times 10^4\,\mathrm{s}$
角速度	$\Omega_\oplus = 7.29 \times 10^{-5}\,\mathrm{rad/s}$

太陽

太陽の質量	$M_\odot = 1.99 \times 10^{33}\,\mathrm{g},\ GM_\odot/c^2 = 1.48\,\mathrm{km}$
太陽の半径	$R_\odot = 6.96 \times 10^{10}\,\mathrm{cm} = 6.96 \times 10^5\,\mathrm{km}$
回転軸回りの慣性モーメント	$5.7 \times 10^{53}\,\mathrm{g \cdot cm^2}$
赤道の回転周期	25.5 日
赤道の角速度	$2.85 \times 10^{-6}\,\mathrm{rad/s}$
太陽の光度	$L_\odot = 3.85 \times 10^{33}\,\mathrm{erg/s}$

月

月の軌道半径（平均値）	$3.84 \times 10^5\,\mathrm{km}$
月の質量	$M_{\mathrm{Moon}} = 7.35 \times 10^{25}\,\mathrm{g} = M_\oplus/81.3$
月の半径	$R_{\mathrm{Moon}} = 1.74 \times 10^3\,\mathrm{km}$

我々の銀河（銀河系）

見える物質の銀河系の質量	$\approx 10^{11} M_\odot$
明るい銀河系円盤の半径	≈ 20–$25\,\mathrm{kpc}$
銀河系の光度	$\approx 4 \times 10^{10} L_\odot$

宇宙

ハッブル定数	$H_0 \approx (72 \pm 7)[(\mathrm{km/s})/\mathrm{Mpc}]$
	$h \equiv H_0/(100[(\mathrm{km/s})/\mathrm{Mpc}]) \approx 0.7 \pm 0.1$
ハッブル時間	$t_H \equiv H_0^{-1} = 9.78 \times 10^9 h^{-1}\,\mathrm{yr}$
ハッブル距離	$d_H \equiv cH_0^{-1} = 2998\,h^{-1}\,\mathrm{Mpc}$
臨界密度	$\rho_c \equiv 3H_0^2/8\pi G = 1.88 \times 10^{-29} h^2\,\mathrm{g/cm^3}$
CMB の現在の温度	$= 2.73\,\mathrm{K}$

重要な時空（幾何学単位系）

平坦時空

直交座標　$ds^2 = -dt^2 + dx^2 + dy^2 + dz^2 \equiv \eta_{\alpha\beta} dx^\alpha dx^\beta$

空間極座標　$ds^2 = -dt^2 + dr^2 + r^2 d\theta^2 + r^2 \sin^2\theta d\phi^2$

静的弱場計量

$$ds^2 = -(1 + 2\Phi(x^i))dt^2 + (1 - 2\Phi(x^i))(dx^2 + dy^2 + dz^2) \qquad (\Phi(x^i) \ll 1)$$

シュワルツシルト幾何学

シュワルツシルト座標

$$ds^2 = -\left(1 - \frac{2M}{r}\right)dt^2 + \left(1 - \frac{2M}{r}\right)^{-1} dr^2 + r^2(d\theta^2 + \sin^2\theta d\phi^2)$$

エディントン–フィンケルシュタイン座標

$$ds^2 = -\left(1 - \frac{2M}{r}\right)dv^2 + 2dvdr + r^2(d\theta^2 + \sin^2\theta d\phi^2)$$

クルスカル–スゼッケル座標

$$ds^2 = \frac{32M^3}{r} e^{-r/2M}\left(-dV^2 + dU^2\right) + r^2(d\theta^2 + \sin^2\theta d\phi^2)$$

カー幾何学

$$ds^2 = -\left(1 - \frac{2Mr}{\rho^2}\right)dt^2 - \frac{4M\,ar\,\sin^2\theta}{\rho^2} d\phi dt + \frac{\rho^2}{\Delta} dr^2 + \rho^2 d\theta^2$$
$$+ \left(r^2 + a^2 + \frac{2M\,ra^2\sin^2\theta}{\rho^2}\right)\sin^2\theta d\phi^2$$

ここで，$a \equiv J/M$, $\rho^2 \equiv r^2 + a^2\cos^2\theta$, $\Delta \equiv r^2 - 2Mr + a^2$.

線形平面重力波

$$ds^2 = -dt^2 + dx^2 + dy^2 + dz^2 + h_{\alpha\beta} dx^\alpha dx^\beta$$

ここで，z 方向に進む波では（行と列は t,x,y,z の順）